U0119364

自然科普6

金屬材料
化學定性定量分析法（下）

張奇昌　著

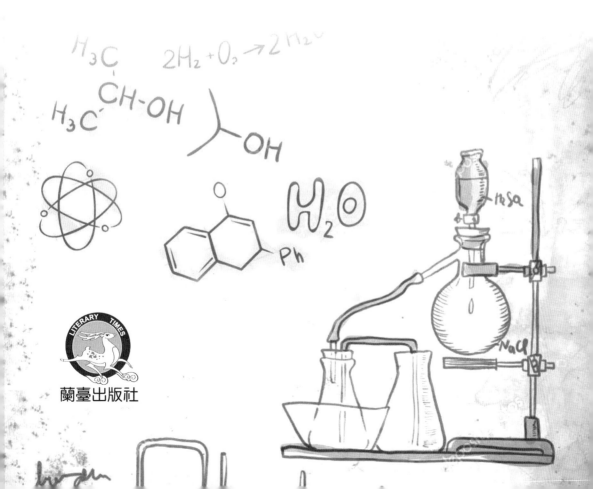

蘭臺出版社

目　　錄

第十四章　鉛(Pb)之定量法

14-1 小史、冶煉及用途

一、小史

　　由於鉛很容易從礦石中萃取而得，因此成為早期人類所使用之金屬之一。在韃靼尼斯(Dardenelles)的阿比都斯(Abydos)城址，曾發現公元前三千年的一塊鉛質圖案。埃及的法老王時代，鉛被用為焊接劑、裝飾物及陶磁釉藥。著名的巴比侖空中花園，利用鉛板構築地板，以維持種植蔬菜所需的濕度。巴比侖人已知利用鉛做為船板接縫之填充物，以及橋樑、堤防與其他石頭結構等土木工程之鐵栓縛住物。現代土木工程，有些地方仍沿用此法。鉛最重要的用途為製造水管。羅馬人曾製造標準直徑之 10 呎長的鉛管，在意大利的龐貝及羅馬城址，仍能發現許多此種形狀完整的鉛管。

二、冶煉

　　鉛的主要礦石為方鉛礦(Galena, PbS)，在美國、西班牙及墨西哥等地有大礦床。此礦石在焙燒爐中，先焙燒至部份成為氧化鉛(PbO)與硫酸鉛，然後停供空氣。再升高溫度，即產生金屬鉛；其反應如次：

$$PbS + 2PbO \rightarrow 3Pb + SO_2$$

$$PbS + PbSO_4 \rightarrow 2Pb + 2SO_2$$

若干鉛亦可由加熱方鉛礦與鐵片而製得：

$$PbS + Fe \rightarrow Pb + FeS$$

鉛礦時常含有銀，可用柏克斯(Parkes)法除去之。

經冶煉而得之鉛，其雜質含量(%, Max.)如下：

Ag：0.0015，Cu：0.0015，Ag + Cu：0.0025，As + Sb + Sn：0.002

Zn：0.001，Fe：0.002，Bi：0.050，Pb (%, Min.)：99.94

　　若干純鉛亦可採用電解法精煉而得，純度可達 99.995%。

　　因為鉛的煉製容易，而鉛製品經過長期使用後，污染並不嚴重，因此市場上二手鉛之交易甚為活絡；主要之二手鉛，來自汽車的廢電池。此種含少許銻之材料，賣給電池工廠後，估計約 80% 用於製造新電池，而再度進入市場。含錫的二手鉛，一般均再用於焊接劑、耐摩合金及其他「錫 - 鉛」合金之製造。

三、用途

　　鉛的用途甚廣，舉例如下：

(1) 鉛對X光等放射線的防禦力大，可用為放射線擋板和放射性元素之容器。

(2) 含 2～3%Sb 的鉛叫做硬鉛（Hard lead），可用作電纜被覆物；含 6～8%Sb 者，可用作化學工業的閥、旋塞等。

(3) 鉛板或鉛箔在空氣中難被腐蝕，在水中又能生成不溶性薄膜，故可用作自來水管。又能耐硫酸、鹽酸之腐蝕，故化工業方面的使用量很大。

(4) 四乙基鉛〔$Pb(C_2H_5)_4$〕添加於汽油中，可防止汽車引擎發生震爆。

(5) 鉛的氧化物，如密陀僧（PbO），可用製鉛玻璃或鉛化合物。鉛丹（Pb_3O_4）用於玻璃之製造及鋼架紅丹之製造。二氧化鉛（PbO_2）主用於製造鉛蓄電池。另外，鉛白〔$Pb_3(OH)_2(CO_3)_2$〕可供作油漆之白色顏料；鉻黃（$PbCrO_4$）亦為良好的黃色顏料。

(6) 鉛由於質軟、熔點低，可供作各種合金，如承軸合金（Bearing metal）、焊鑞（Solder）、活字合金（Type metal）及易熔合金（Fusible alloy）等。

(7) 鉛亦可供做軍事用途。

14-2 性質

一、物理性質

　　鉛原子序數與原子量分別為 82 及 207.21；熔點與沸點分別為 327.4℃

與 1725℃；比重 11.3。金屬鉛塊表面呈現藍白色亮光。

鉛具有許多特性，如密度大、質軟、延展性大、以及熔點、強度與彈性限度（Elastic limit）均小等，再加上潤滑性高、導電性低、膨脹系數高、耐蝕性高等特性，造成鉛在某些領域之特殊用途。

二、化學性質

（一）金屬鉛

金屬鉛能與空氣及水氣產生反應，在表面產生一層能保護底層金屬鉛之鹼式碳酸鉛（Lead Oxycarbonate）薄層。細小鉛粉會發生自燃現象。

缺氧的水，即使在高溫狀況下，與鉛亦不起反應；若水中含氧，則鉛之反應如下：

$$4Pb + O_2 \rightarrow 2Pb_2O$$

$$2Pb_2O + O_2 + 4H_2O \rightarrow 4Pb(OH)_2$$

若水呈酸性，則反應加速；若呈鹼性，尤其是含碳酸鹽或矽酸鹽，則反應殊為緩慢。

在電動勢序列中，鉛高於氫，照理鉛可溶於稀酸，然而氫從鉛表面釋出時，具非常高之過電位（Overpotential），因此酸與鉛的化學反應狀況，與此種事實以及鉛表面生成不溶性鉛化合物之保護層，具有密切之關係。茲分述如下：

（1）硫酸

除非真正不含水，否則由於鉛表面生成不溶性之硫酸鉛，使鉛不會繼續發生反應，故鉛可供處理及儲存硫酸之用。鉛與熱稀硫酸及 200℃以下之濃硫酸，不生反應。

（2）鹽酸

鉛溶於鹽酸之速度甚緩；另外，生成物為不易溶解之氯化鉛，亦阻礙了溶解速度。

（3）硝酸

具強大之氧化力，故易將鉛氧化，而生成硝酸鉛，並釋出氫氣。

（4）醋酸

金屬鉛易溶於含有空氣之醋酸。易於溶解的醋酸鉛複合離子，有助於鉛之溶解作用。

在酸性溶液中，金屬鉛為一良好之還原劑；在鹼性溶液中，其還原性更強，可作許多金屬離子之定量還元之用，與含鋅汞齊之鐘氏還原器（Jones reductor）之功能相似。

鉛在高溫時之揮發性，亦可應用於與其他金屬元素之分離。例如1000℃能將單純的「錫－鉛」合金中之鉛，完全蒸去，遺下金屬錫，其誤差小於 0.1%。

(二)鉛化合物

鉛的氧化數計有 +2 與 +4 兩種，其中以前者最為普遍。四價鉛化合物具強大之氧化性，能被還原為二價鉛。具強酸性之 Pb^{+4} 陽離子，即使在強酸中，亦不會單獨存在溶液中；例如在濃鹽酸，Pb^{+4} 成 $PbCl_6^{-2}$、$PbCl_5^-$……等複合離子而存在；當溶液之酸性減弱時，則生成 $Pb(OH)_4$，脫水後即成褐色的 PbO_2。此種氫氧化物為兩性化合物，故亦能溶於 NaOH，形成 $Pb(OH)_6^{-2}$ 或 PbO_3^{-2}。四價鉛可在含 Pb^{+2} 之鹼性溶液，加入強氧化劑，如 $NaOCl$、$KMnO_4$ 或 H_2O_2，經氧化而得。四價鉛化合物除 $Pb(OH)_4$ 與 PbO_2 外，尚有 $Pb(C_2H_3O_2)_4$。與分析化學有關之各種重要鉛化合物，說明如下：

（1）氧化鉛 (PbO)

俗稱密陀僧，可在空氣中以 880℃燃燒鉛而製得。為黃色粉末，或紅黃色結晶，在水中（25℃）之溶解度，前者為 4.8×10^{-4}M；後者為 2.2×10^{-3}M。

（2）氫氧化鉛〔$Pb(OH)_2$〕

為白色鬆粉，有毒。溶於鹼類，稍溶於水。係氫氧化鈉或氨，加於鉛溶液，生成沉澱後，濾取烘乾而得。

（3）鹵化鉛（Lead halides, PbX_2）

稍溶於水，其溶解度依氟化物、氯化物而漸增，然後再依氯化物、

溴化物、碘化物而漸減。除了碘化鉛呈亮黃色外，其餘鹵化鉛均為無色，故前者可作為鉛定性之用。

鹵化物之溶解度因溫度之升高，而急劇增大，此種現象，可作為鉛在定性分析上之分離方法。在過量鹵離子存在下，氯、溴及碘之鉛化物，由於共同離子作用之影響，其溶解度首先降低；若再繼續增加鹵離子，則由於複合離子之形成，其溶解度反而迅速增加。此種複合離子之安定性， 依次為：$F^- < Cl^- < Br^- < I^-$。溶液中氟的複合物難被測到。

（4）硝酸鉛〔$Pb(NO_3)_2$〕

通常加硝酸於氧化鉛或金屬鉛而得。常用作其他鉛化物之起始原料。溶於水，不溶於濃硝酸。

（5）硫酸鉛（$PbSO_4$）

白色結晶固體，803℃即開始分解。難溶於水和酸；但微溶於濃硫酸，可能係生成二硫酸鉛（Lead bisulfate）或複合離子所致。易與有機酸根，如醋酸根和酒石酸根，形成複合離子而溶解。利用硫酸鉛在醋酸銨溶液中之溶解度，可分離硫酸鋇和其他不溶物質。

（6）醋酸鉛〔$Pb(C_2H_3O)_2$〕

白色，溶於水。屬重要商品，另稱鉛糖（Sugar of lead）。其溶液只有部份離子化，故能使醋酸鹽（OAc^-）成為強力的鉛化合物之溶劑。醋酸鉛在溶液中，呈下列三種複合離子：

$$Pb^{+2} + OAc^- \rightarrow PbOAc^+$$

$$Pb^{+2} + 2OAc^- \rightarrow Pb(OAc)_2$$

$$Pb^{+2} + 3OAc^- \rightarrow Pb(OAc)_3^-$$

（7）硫化鉛（PbS）

黑色，不溶於水，亦不溶於酸（濃鹽酸和具氧化性硝酸除外。）不溶於鹼性多硫化物（Polysulfide）溶液。易被過氧化氫氧化為硫酸鉛。烘乾溫度不得超過 97 ～ 107℃。其在水中之溶解積為 Ksp ＝ 7×10^{-29}（約為 0.8mg/ 公升）。在稀酸溶液中，鉛離子成 PbS 而沉澱，

此種反應可應用於鉛與傳統定性分析學上第Ⅲ、Ⅳ及Ⅴ屬離子之分離。

（8）氰化鉛〔Pb(CN)₂〕

加可溶性氰化物於鉛鹽溶液而得之白色沉澱。若氰化物過量，則易生成鉛氰複合物而溶解。

（9）EDTA 之鉛鹽

EDTA 溶液（pH3.5 ～ 4.5）與過量硝酸鉛，可化合為 EDTA 之鉛鹽〔Ethylenediaminetetraacete atoplumbate, $Pb(PbC_{10}H_{12}O_8N_2) \cdot H_2O$〕之白色結晶沉澱，在 25℃之溶解積為

$$Ksp = [Pb^{+2}] [PbC_{10}H_{12}O_8N_2^{-2}] = 4.34 \times 10^{+6}$$

（10）鉻酸鉛（PbCrO₄）

黃色結晶，於 600℃開始分解。溶於酸，不溶於水。係鉻酸鈉溶液加於硝酸鉛溶液而得。

（11）鉬酸鉛（PbMoO₄）

黃色粉末，有毒。溶於酸類，不溶於冷水、乙醇。係硝酸鉛溶液加於鉬酸溶液，濃縮結晶而得。

（12）二氧化鉛（PbO₂）

在鹼性溶液中，鉛鹽經電解氧化，或使用次氯酸鹽（Hypochlorite）或其他強氧化劑之氧化，即得深棕色之二氧化鉛粉末。此物不溶於水；屬兩性元素，故溶於酸，亦溶於鹼，但酸性特性較顯著。溶於酸後，生成不穩定之四價鉛鹽。電解所得之 PbO_2 不易乾燥，通常均含少量水份。在空氣加熱至 348℃時，即開始釋出氧分子。

（13）四氧化三鉛（Pb₃O₄）

呈亮深紅色粉末，俗稱鉛丹（Red lead）。在空氣中加熱氧化鉛（PbO）至約 450℃，即得 Pb_3O_4。再繼續加熱至 550℃，又還原為 PbO。Pb_3O_4 和硝酸作用，三分之二之鉛溶解，三分之一則呈不溶性 之 PbO_2，因此四氧化三鉛被視為具鹼性氧化劑之 PbO 及具酸性氧化劑之 PbO_2 所組成 。

14-3 分解與分離

一、分解

一般含鉛金屬及合金之分解方法如下：

（1）金屬銻

以 HCl 與 Br_2 之混合液處理之→蒸至近乾→加水、酒石酸及鹽酸，使溶解完成。

（2）金屬銅：加 HNO_3（1：1），並煮沸之。

（3）市場鉛（Pig lead）：加 HNO_3（濃）→加熱溶解之。

（4）錫塊（Ingot tin）

加 HCl 與 HBr 混合液→間歇加入少許 Br_2，至完全溶解→蒸至近乾→添加 HCl，使 HCl 體積達 10% →加數滴 HNO_3。（本法可將錫蒸盡。）

（5）金屬鉻：以 HCl 溶解之。最後加入少許 HNO_3。

（6）白合金（White metal）

以 HBr 與 Br_2 之混合液溶解之，然後蒸乾之，如此重複數次→冷卻→加 HNO_3 →煮沸，以趕盡 Br_2。

（7）鋅合金：以 HNO_3 溶解之。

（8）銅：如鉛需成 $PbSO_4$ 析出，則加 H_2SO_4；否則以 HCl 溶解之。

二、分離

鉛與其他金屬分離的方法甚多，典型的方法如下：

（一）無機沉澱法

（1）硫酸鉛（Lead sulfate）**沉澱**

適用於含有能形成可溶性硫酸鹽之元素。其法如次：加 H_2SO_4，並蒸至發生濃白硫酸煙。加水稀釋，使 $PbSO_4$ 沉澱（無法完全沉澱）。注意，Si、W 及 Ba 能完全沉澱；Sr 及 Cu 能部份伴隨 $PbSO_4$ 而沉澱。

（2）硫化鉛（Lead sulfide）**沉澱**

適用於與 Ca、Sr、Ba、及其他金屬之分離。在 HCl（稀）中通 H_2S（古典定性法），Pb 成 PbS 沉澱而分離。

（3）**鉬酸鉛**（Lead molybdate）**沉澱**

適用於與 Zn、Ni、Co 及 Mn 等元素之分離。鉬酸鉛可在醋酸緩衝溶液中沉澱而出。注意，Cu 及 Cd 亦可沉澱。

（4）**鉻酸鉛**（Lead chromate）**沉澱**

適用於 Cu、Cd、Fe^{+3}、Zn、Ag、Ni、Mn、Al、Sr、Ca 及 Mg 等元素之分離。鉻酸鉛可在 pH < 4.5 之醋酸溶液中沉澱。

（5）**過碘酸鉛**（Lead periodate）**沉澱**

適用於與 Al、Cd、Mg、Mn、Zn 等元素之分離。在 HNO_3（3%，熱）中，加 HIO_3。

（6）**二氧化鉛**（Lead dioxide）**電解沉澱**

適用於金屬銅及許多其他金屬。在 HNO_3（15 ～ 20%）中，以 2 伏特及 1 ～ 2 安培電流電解之。

（二）有機沉澱法

（1）**硫脲**（Thiourea）

適用於與 Hg、Cu、Bi、Cd、As、Sb、Sn、Co、Ni、Fe、Mn、Al、Cr、Zn 等元素之分離。在 HNO_3（1 ～ 2M）中，Pb 與硫脲生成 2Pb-$(NO)_2 \cdot 11CS(NH_2)_2$ 而沉澱。

（2）**TND**（Thionalid）

適用於 Pb 與 Ag、Cu、As^{+3}、Zn、Ni、Co、Fe^{+2}、Al、Cr、Cd 及 Ti 等元素之分離。在「酒石酸鹽－碳酸鹽－氰化物」混合液中，Pb 與 TND 生成 $Pb(C_{12}H_{10}CNS)_2$ 而沉澱。

（3）**硫醇苯噻唑**（Mercaptobenzothiazol）

適用於 Pb 與 As、Sb、Mo、W、V 及其他在酸性中不與 H_2S 生成沉澱之元素之分離。在含氨溶液中，Pb 能與硫醇苯噻唑生成 $PbC_7H_4NS_2$ (OH) 而沉澱。

（4）**水楊醛脲**（Salicylaldoxine）

適用於 Pb 與 Ag、Cd、Zn 等元素之分離。在含氨溶液中，Pb 能與水楊醛脲生成 $PbC_7H_5O_2N$ 而沉澱。

（三）揮發法

PbO、PbO_2、$PbSO_4$ 或 PbS 與過量碘化銨（Ammonium iodide）共同燒灼，能完全揮發而去。

（四）萃取法

1. **戴賽松**（Dithizone）

（1）**Cu、Sn 及 Si 與鉛之分離**

①無機相：pH 9 ～ 10，KCN。

②有機相：氯仿或苯（含戴賽松）。

（2）**其他許多元素與鉛之分離**

①無機相：檸檬酸及 KCN。

②有機相：氯仿或四氯化碳（含戴賽松）。

2. **DDC**〔二乙基二硫氨基甲酸二乙基銨；Diethylammonium diethyl-dithiocarbamate)〕：適用於鉛與 Bi 之分離。

①無機相：1.5M HCl。

②有機相：DDC（含氯仿）。

3.**SDDT**（二乙基二硫氨基甲酸鈉；Sodium diethyldithiocarbamate）：適用於鉛與大量 Mg 之分離。

①無機相：檸檬酸鹽、NaCN 及 SDDT。

②有機相：四氯化碳。

4. **DADC**（二硫氨基甲酸二乙基銨；Diethylammonium dithiocarbamate）：適用於鉛與 Tl 以及其他金屬之分離。

①無機相：酸性溶液

②有機相：氯仿或四氯化碳（含 DADC）。

5. **SRD**（羅戴松二鈉鹽；Sodium rhodizonate）：適用於鉛與許多元素之分離。

　　①無機相：HCl、NH_4^+ 及 SRD。

　　②有機相：氯仿、四氯化碳或氯苯（Chlorobenzene）。

6. **TBAC**（碘化鉀及氯化三正丁基銨；Tri-n-butylammonium chloride；TBAC）：適用於鉛與大量 Mn^{+2}、Ni、Fe 及鹼土族元素（Alkaline earths）之分離。

　　①無機相：酸性溶液（含 KI 及氯化三正丁基銨）。

　　②有機相：氯化甲烯（Methylene chloride）。

（五）吸附法 (Adsorptoin methods)

1. **共沉法**（Coreciptation）：適用於許多金屬元素與鉛之分離。

　　CuS 或 HgS，可與微量 PbS 共沉。另外，微量的鉛，亦可與 $SrSO_4$ 或磷酸鈣共沉。

2. **離子交換法**

　　①**適用於 Bi、Fe**

　　　使用陰離子交換樹酯〔Anion-exchange resin（Dower 1）〕在 HCl(8M) 中，Bi 及 Fe 留下，Pb 則流出。

　　②**適用於 Sn^{+4}**

　　　使用陰離子交換樹酯（Amberlite IRA-400）。在 pH 4.8 之丙二酸（Malonic acid）溶液（3%）中，Sn^{+4} 留下，Pb 則流出。

　　③**適用於 Ba、Sr 及 Al**

　　　使用陽離子交換樹酯柱（Dowex 50W）。Pb 與醋酸銨流出，其餘金屬則留下。

　　④**適用於 Bi^{+3}、Fe^{+3}**

　　　使用 Dowex 50W（Na 型）。在 EDTA 溶液（pH 2.1）中，Pb 留下，其餘金屬則流出。

　　⑤**適用於 Al 及其他金屬元素**

使用 Dowex。在 HCl 溶液（1M）中，Pb 隨同 HCl（8M）流出，其餘金屬留下。

⑥ **適用於 Ni 元素**：使用 $CaCO_3$ 管柱。微量 Pb 留下，Ni 則流出。

以上（一）–（五）五種分離方法中，以硫脲法最適於 Pb 的初期分離，其干擾元素只有 Tl^+。

14-4 定性

（一）Pb^{+2} 之反應

（1）氫氧化鈉

白色沉澱，易溶於過量試劑：

$$Pb^{+2} + 2OH^- \rightarrow Pb(OH)_2 \downarrow$$

$$Pb(OH)_2 + OH^- \rightarrow HPbO_2^- + H_2O$$

（2）氨水

白色沉澱，不溶於過量試劑

$$Pb^{+2} + 2NH_3 + 2H_2O \rightarrow Pb(OH)_2 \downarrow + 2NH_4^+$$

（3）硫化氫

在鹼性、酸性及中性溶液中，均能成黑色沉澱。當溶液含鹽酸時，則有紅色之雙鹽 $PbS \cdot PbCl_2$ 沉澱。鹽酸濃度到達 3M 時，顏色迅速由紅而棕，再變為黑色的 PbS。

（4）鹽酸：白色沉澱，易溶於熱水及濃鹽酸。

（5）碘化鉀：黃色碘化鉛沉澱，能溶於熱水。

（6）鉻酸鉀（Potassium chromate）

亮黃色鉻酸鉛沉澱，不溶於氨水、醋酸、或醋酸銨；溶於過量氫氧化鈉。

（7）硫酸

白色硫酸鉛沉澱，不溶於酸及中性溶液；但溶於氫氧化鈉、熱濃硫酸、醋酸銨及硫代硫酸鈉等。

（8）亞錫酸鈉（Sodium stannite）：在熱鹼溶液中，有黑色鉛金屬沉澱。

（二）點滴試驗（Spot tests）

（1）聯苯胺（Benzidine）

二氧化鉛能與聯苯胺生成一種氧化物，謂之「聯苯胺藍（Benzidine blue）」。許多氧化物亦能引起此種反應，但在鹼性溶液中，Mn、Bi、Co、Ni 及 Ag 等干擾元素，不會產生此種反應。

（2）羅戴松二鈉鹽（Sodium rhodizonate）

此物能與鉛離子生成鹼式有色沉澱物。在中性溶液中，生成紫色 $Pb(C_6H_6) \cdot Pb(OH)_2 \cdot H_2O$；在微酸性溶液中，則生成深紅色 $2Pb(C_6H_6) \cdot Pb(OH)_2 \cdot H_2O$。

（3）TDDM（對 – 四甲二氨基二苯甲烷；p-Tetramethyldiaminodiphenyl-methane）

此物在含鉛及過氧化氫之強鹼性溶液中，能被氧化成相對應之藍色四甲二氨基二苯甲醇〔Hydrol；$(CH_3)_2NC_6H_4CH(OH)C_6H_4N-(CH_3)_2$〕。注意，有些其他氧化物亦能生成相同之反應。

14-5 定量

鉛的定量，計有重量、滴定、光電比色等方法，其中以重量及光電法較重要。茲分別簡述如下：

（一）重量法

鉛的定量，以重量法為主。重量法種類甚多，各有優劣。各種類型之鉛稱重物（Weighingform）之熱安定性，如表 14-1。比較重要的重量法，計有硫酸鉛、鉻酸鉛、鉬酸鉛、電解及有機沉澱等五種。

（1）硫酸鉛

本法簡單、省時，適用於多種樣品。唯硫酸鉛之溶解度甚高，是其缺點。譬如，在 25℃時，當溶液中硫酸含量小於 0.1%（重量計），其溶解度邊增；但當硫酸含量漸增時，其溶解度漸減，至含 0.3%（約 0.03M），溶解度最小；至 10%（約 1M），溶解度最大；然後溶解度又隨硫酸含量之增加而邊減至

最小。本法適用於含鉛量較大之樣品。

表 14-1　各種類型之鉛稱重物之熱安定性

沉澱劑 (Precipitant)	稱重物類型 (Weighing form)	溫度範圍 (Temperature limits)，℃
氫 (Hydrogen)	PbO	>946
氯＋氫氧化鈉或電解 (Chlorine + sodium hydroxide or electrolysis)	PbO	>650
過氧化氫 (Hydrogen peroxide)	PbO_2	100-12(
液氨 (Aqueous ammonia)	$Pb(OH)_2$	155-410
電解 (Electrolysis)	PbO_x	<340
鹽酸 (Hydrochloric acid)	$PbCl_2$	冷
碘酸 (Iodic acid)	$Pb(IO_3)_2$	<400
過碘酸鈉 (Sodium periodate)	$Pb_3(IO_5)_2$	151-280
硫化氫 (Hydrogen sulfide)	PbS	97.5-107.2
亞硫酸鹽、亞硫酸或焦亞硫酸鹽 (Sulfite, hydrogen sulfite,或 pyrosulfite)	$PbSO_3$	<60 與 >900
硫酸 (Sulfuric acid)	$PbSO_4$	271-959
硫酸鉀 (Potassium sulfate)	$PbSO_4 \cdot K_2SO_4$	40-906
磷酸氫二鈉 (Sodium hydrogen phosphate)	$Pb_2P_2O_7$	>355
碳酸鈉 (Sodium carbonate)	$PbCO_3$	<142
硫氰化銨 (Ammonium thiocyanate)	Pb(OH)SCN	冷
磷鉬酸 (Molybdophosphoric acid)	$Pb_{25}Mo_{25}H_{14}P_2O_{112}$	436
草酸 (Oxalic acid)	PbC_2O_4	50-300
酞酸鈉 (Sodium phthalate)	$C_6H_4(CO_2)_2Pb$	288-320
沒食子酸 (Gallic acid)	$C_6H_2O_3CO_2Pb$	<152
水楊酸鈉 (Sodium salicylate)		無
氨基苯甲酸鈉 (Sodium anthranilate)	$Pb(C_7H_6O_3N)_2$	<198
二甲基丁二肟 (Dimethylglyoxime)	$Pb(OH)_2 \cdot PbC_4H_6O_2N_2$	60-88
水楊醛肟 Salicylaldoxime)	$PbC_7H_5O_2N$	45-180
8-羥肟 (Oxine)	$Pb(C_9H_6ON)_2$	冷
5,7-二溴-羥肟 (5,7-Dibromo-oxine)	$Pb(C_9H_4ONBr_2)_2$	冷
派克龍酸 (Picrolonic acid)	$Pb(C_{10}H_7O_5N_4)_2$	58-112
TND (Thionalide)	$Pb(C_{12}H_{10}NS)_2$	71-134
硫醇苯噻唑 (Mercaptobenzothiazole)	$Pb(C_7H_4NS_2)_2$	<120
硫醇苯咪鉛 (Mercaptobenzimidazole)	$PbOH \cdot C_7H_5N_2S$	97-172
7-硝基-5-磺基-羥肟 (7-Nitro-5-sulfo-oxine)	$Pb(C_9H_5O_6N_2S)_2$	<48
碘化鉀 (Potassium iodide)	PbI_2	60-370
亞氯酸鈉 (Sodium chlorite)	$Pb(ClO_2)_2$	<77
氯化鈉與氟化鈉 (Sodium chloride and sodium fluoride)	PbClF	66-538
砷酸氫二鈉 (Disodium hydrogen arsenate)	$PbHAsO_4$	81-269
	$Pb_2As_2O_7$	320-950
鉬酸銨 (Ammonium molybdate)	$PbMoO_4$	>505

(2) 鉻酸鉛

鉻酸鉛之溶解度小於硫酸鉛,是其優點。但其沉澱物之分子式並非完全為 $PbCrO_4$;且鉻量含量過多時,分析結果偏高,均是其缺點。

(3) 鉬酸鉛

鉬酸鉛之溶解度小於硫酸鉛及鉻酸鉛,是其優點。但沉澱時不宜有鹼土(Alkaline earth)族元素存在,否則亦能生成鉬酸鹽沉澱。另外,溶液亦不得有鉻酸鹽(Chromate)、砷酸鹽(Arsenate)及磷酸鹽(Phosphate)存在,否則亦會生成各項鉛化合物而沉澱。

(4) 電解

在硝酸溶液中,鉛在陽極成二氧化鉛沉積於陽極上。因為硝酸被陰極還原之速度較鉛離子為快,故可作為陰極去極劑(Cathodic depolarizer)。若硝酸含量太低(譬如小於 10 ～ 20%,體積計),鉛可能沉積在陰極上。另外硝酸還可阻止二氧化錳與二氧化鉛,同時沉積於陰極上。

有許多元素能干擾二氧化鉛之陽極沉積,如 Ag、Bi 及 Mn 亦能於陽極成過氧化物而沉積;Sb、Co 及 Sn 能摻雜在沉積物內;As 與 P 能阻礙電解。溶液中加氟化物或溴化物,並蒸煮之,能蒸掉 Sn、Sb 及 As 等干擾元素。

(5) 有機沉澱法

說明見 14-3 節第二 –(二) 項。本法所生沉澱物之溶解度較前述各法為小,是其優點。主要應用在含鉛較少之樣品之分析。

(二)滴定法

計有沉澱及複合之生成兩種滴定方法。其中以鉬酸鹽沉澱滴定法較為重要。其原理為 $Mo_7O_{24}^{+6}$ 與 Pb^{+2} 生成沉澱反應,至終點時,過量的 $Mo_7O_{24}^{+6}$ 能與指示劑〔$K_3(SCN)_6$ + $SnCl_2$〕生成紅色的 $\{K_3[Mo(SCN)_6]\} \cdot 4H_2O$。

(三)光電比色法

鉛能與許多有機物,形成有色之複合離子,以供光電比色之用。其中

以 Pb^{+2} 與溶於四氯化碳或氯仿之綠色戴賽松（Dithizone，C$_{13}$H$_{12}$N$_2$S，簡稱 H$_2$Dz）溶液生成粉紅色之 Pb(HDz)$_2$ 之呈色反應最為重要。520μm 之光線具最大吸光度。

　　四氯化碳與氯仿是僅有的萃取液，其選擇則視所需之分析結果而定。使用前者時，試樣溶液之 pH 較使用氯仿時要低；又前者之水溶性與揮發性較後者為低，但比重較後者為大。另外，戴賽松鉛（Lead dithizonate）較易溶於後者，因此對鉛之萃取量較多。

　　每次萃取時，被萃取之鉛量與溶劑、試樣溶液中之陰離子數量與性質、兩液相之體積比、pH、以及有機相中戴賽松之濃度等因素有關。有些陰離子，如醋酸鹽、酒石酸鹽及檸檬酸鹽等，均能與 Pb^{+2} 生成複合物，因而減低萃取效率。另外，pH 若大於 11.5，戴塞松鉛極易分解，影響分析結果甚鉅。

　　如果試樣溶液含有多種干擾元素，宜使用戴賽松萃取法，使鉛分離出來。然後使用稀酸分解戴賽松鉛，再調整 pH，並進行二次戴賽松萃取。

　　在適於鉛萃取之 pH 條件下，Ag$^+$、Cu^{+2}、Zn^{+2}、Cd^{+3}、Co^{+2} 及 Ni^{+2} 等亦均能生成各該元素之戴賽松化合物，故需加氰化物於試樣溶液中，將各元素遮蔽（Masking），以阻止其干擾。若 Ag$^+$、Cu^{+2} 含量各超過 1mg 時，應預先在 pH ＜ 0 之條件下，以戴賽松萃取之。

　　Bi^{+3} 和 Sn^{+2} 兩干擾元素無法被氰化物遮蔽。其中 Bi^{+3} 之干擾性最大，應依以下兩法之一消除之：

　　（1）選擇適當萃取液：將試樣溶液之 pH 調低（通常為 2.0 ～ 3.5），Bi^{+3} 可被萃取而除去，鉛則留在試樣溶液中。反應太慢，是本法缺點。另外，可在 pH 較高之條件下，同時萃取 Bi^{+3} 和 Pb^{+2}，然後以緩衝溶液（若萃取液為 CCl$_4$，則 pH 為 2.3 ～ 2.5；若為 CHCl$_3$，則 pH 為 3.4）將有機層中之鉛洗出。

　　（2）pH 大於 10 之鹽基性溶液中，鉛之萃取效率較鉍為高，故可在 pH 12 之條件下，分次將鉛萃取而出。另外，亦可將 pH 調整至 7 ～ 10，將二者同時萃取而出，然後使用鹼性溶液（通常使用pH ＞11 濃度為 0.5 ～ 1% 之 KCN）洗滌有機層，將戴賽松鉍洗盡。若鉍含量太高，則溶液可加溴水

（Br_2）和氫溴酸（HBr），使鉍生成三溴化鉍（Bismuth tribromide），然後加熱至 300℃，使之揮發逸去。殘渣以熱硝酸溶解之。

在鹼性氰化物溶液中，亞錫（Sn^{+2}）雖亦能生成戴賽松之亞錫化合物，但在分析步驟中，使用硝酸處理樣品溶液時，亞錫即轉化為不能和戴賽松化合之偏錫酸（Metastannic acid）而沉澱。若含大量錫時，應依照上述處理鉍之方式，使偏錫酸生成溴化錫（Stannic bromide）而揮發逸去，以免鉛被偏錫酸吸藏（Occlusion）而損失。

Fe^{+3} 能與氰化物生成能氧化戴賽松之鐵氰化物 {Ferricyanide, $[Fe(CN)]_6^{-3}$]}；若加入還原劑，如 NH_2OH、N_2H_5OH、Na_2SO_3 或 $Na_2S_2O_4$，則鐵氰化物即轉化為不具干擾性之亞鐵氰化物（Ferrocyanide）。銅之反應亦同。

若鐵含量太多時，則可在含 HCl（約 1.2M）之樣品溶液中，以過量之庫弗龍（Cupferron）和氯仿萃取而除去之。在此種情況下，鉛不會與庫弗龍生成沉澱物，故不會被萃取而去。本法除鐵外，亦可應用於 Cu、Bi 和 Sn 之消除。

鈦含量大於 5mg 時，有礙鉛在 pH 7 ～ 11 之含氨和檸檬酸鹽之溶液中之萃取。鋁含量太高時，亦有相同效應。在此種狀況下，宜使鉛先成硫化鉛沉澱而分離之。

有礙鉛萃取之陰離子為數不多，其中最重要者為硫化物。試劑級之氰化鉀時常含有足以妨礙萃取之硫化物數量。能與鉛化合成複合物之陰離子濃度太高時，亦能妨礙萃取。

14-6 分析實例

14-6-1 硫酸鉛沉澱法：本法適用於含 Pb > 6% 之樣品

14-6-1-1 銅鎳鋅或銅鎳合金（註 A）之 Pb

14-6-1-1-1 應備儀器：古氏坩堝

14-6-1-1-2 分析步驟

（1）稱取 1g 試樣於 250ml 燒杯內，並用錶面玻璃蓋好。

(2) 加 20ml HNO$_3$（1：1）（註 B），以溶解之。

(3) 俟試樣溶解完全後，加 50ml H$_2$O（熱），然後觀察溶液；若溶液澄清，則跳從第（10）步做起，否則依次操作下去（註 C）。

(4) 水浴 1 小時（註 D）。

(5) 加少許濾紙屑，再以細密濾紙過濾之。以 HNO$_3$（1：99）洗滌數次。聚濾液及洗液於 250ml 燒杯內，暫存。

(6) 將沉澱連同濾紙置於原燒杯內，並加 15 ～ 20ml HNO$_3$（註 E）及 10 ～ 15mlHClO$_4$.加熱至濾紙消失後，再蒸發至冒出濃白過氯酸煙。

(7) 冷卻後，以水洗盡杯蓋及燒杯內壁。

(8) 加 15 ～ 25ml HBr（註 F）。加熱至冒出濃白過氯酸煙。此時溶液若還未澄清，則應再加適量 HBr，並繼續加熱，至冒出濃白過氯酸煙。如此重複用 HBr 處理，至溶液澄清為止。最後將溶液蒸至近乾（但不得蒸乾。）

(9) 冷卻後，加數 ml H$_2$O，然後將溶液合併於第（5）步暫存之濾液內。

(10) 加 20ml H$_2$SO$_4$（1：1）（註 G），並蒸煮至冒出濃白硫酸煙。

(11) 冷卻後，以水洗淨燒杯內壁。然後再蒸煮至冒出濃白硫酸煙。

(12) 加水稀釋成 150ml，然後於室溫下靜止 1 ～ 2 小時。

(13) 以已烘乾稱重之古氏坩堝過濾。以冷水（註 I）洗滌數次。濾液及洗液棄去。

(14) 將沉澱連同古氏坩堝置於烘箱內，以 105℃烘乾 15 分鐘後，再置於馬福電爐（Muffle Furnace）或空氣浴器（Air bath）（註 J）內，以 500 ～ 600℃（註 K）燒灼至恒重。殘渣為硫酸鉛（PbSO$_4$）。

14-6-1-1-3 計算

$$Pb\% = \frac{w \times 0.6833}{W} \times 100$$

w ＝殘渣（PbSO$_4$）重量（g）

W＝試樣重量（g）

14-6-1-1-4 附註

（**A**）本法適用於含 Pb > 6% 之樣品；若小於 6%，則以採用 14-6-4-3 節之電解法為宜。

（**B**）$PbNO_3$ 不溶於 HNO_3（濃），故應以 HNO_3（稀）做為試樣溶劑：

$$Pb + 2HNO_3（稀）\rightarrow Pb(NO_3)_2 + H_2 \uparrow$$

（**C**）試樣若含 Sn，經 HNO_3（1:1）溶解後，Sn 則生成雲狀之 H_2SnO_3 沉澱，能與第（10）步所生成之 $PbSO_4$ 一併下沉，而使分析結果偏高，故需經第（4）～（9）步之處理。

（**D**）水浴久時，能使 H_2SnO_3 成塊狀下沉，俾利下步過濾。

（**E**）加熱期間，若 HNO_3 不夠，而無法將濾紙完全破壞時，可另酌加少量之 HNO_3。

（**F**）$Sn^{+4} + 4HBr \rightarrow SnBr_4 + 4H^+$

$SnBr_4$ 之沸點為 203℃，而 $HClO_4$ 發煙時溫度已超過 300℃，故可將 $SnBr_4$ 蒸盡。

（**G**）（1）$Pb^{+2} + H_2SO_4 \rightarrow PbSO_4 \downarrow + 2H^+$
　　　　　　　　　　白色

　　　（2）因 $PbSO_4$ 能溶於 H_2SO_4（濃）：

$$PbSO_4 + H_2SO_4（濃）\rightarrow Pb(HSO_4)_2$$

　　　故需使用 H_2SO_4（稀），當做 $PbSO_4$ 之沉澱劑。

（**H**）靜止久時，可使 $PbSO_4$ 沉澱完全。

（**I**）因 $PbSO_4$ 微溶於熱水，故應以冷水洗滌之。

（**J**）（**K**）

　　　（1）參照 3-6-2-4 節附註（L）及（圖 14-1）。

　　　（2）$PbSO_4$ 所含之水份，在 100℃ 以上，即能揮發趕盡；微量之 H_2SO_4，在 400℃ 以上，亦能完全揮發而去。故在約 500～600℃ 之溫度，足可將 $PbSO_4$ 烘乾（本生燈之赤紅色火焰約在 500～600℃ 之間。）

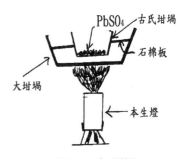

圖 14-1 古氏坩堝

(3) 切忌燒灼溫度過高，否則 $PbSO_4$ 可能分解成 PbO 及 SO_3：

$$PbSO_4 \rightarrow PbO + SO_3 \uparrow$$

14-6-1-2 特殊黃銅及青銅（註 A）之 Pb

14-6-1-2-1 應備儀器：古氏坩堝

14-6-1-2-2 分析步驟：同 14-6-1-1-2 節，唯：

（一）第（**9**）步之 H_2O 改為 HNO_3（1:1）。

（二）第（10）步改為：

(10) 試樣若未含 Si，則加 20ml H_2SO_4（1:1），並在電熱板上蒸煮至 冒出濃白硫酸煙。若試樣含 Si，則將溶液移於鉑盤內，加入足量 HF（註 B），蒸發至 Si 完全揮發趕盡後，再加 20ml H_2SO_4（1:1），並在電熱板上蒸至冒出濃白硫酸煙。

14-6-1-2-3 計算：同 14-6-1-1-2 節

14-6-1-2-4 附註

（**A**）

(1) 特殊黃銅及青銅包括鋁黃銅、錳青銅、磷青銅及銅矽合金等。

(2) 本法適用於含 Pb > 6% 之樣品；若小於 6%，則以採用 14-6-4-2 節之電解法為宜。

（**B**）若試樣含 Si，經 HNO_3 及 H_2SO_4 蒸煮後，此時已成 SiO_2 沉澱，若不以 HF 予以蒸發除去，則能混於最後之 $PbSO_4$ 沉澱中，而使分析結果偏高。

14-6-1-3 市場鉛（註 A）之 Pb

14-6-1-3-1 分析步驟

(1) 稱取 0.1 ～ 0.2 克試樣於 250ml 燒杯內。

(2) 加 10ml HNO_3（1:3）（註 B），再加熱溶解之。

(3) 俟試樣完全溶解後，加 20ml H_2SO_4（註 C）。蒸發至冒出濃白硫酸煙。

(4) 冷卻後，加水稀釋成 100ml。

(5) 用已烘乾稱重之古氏坩堝過濾。分別以 H_2SO_4（5:95）（註 D）及酒

精（註 E）沖洗數次。濾液及洗液棄去。

(6) 將古氏坩堝置於烘箱內，以 105℃烘乾 15 分鐘後，再置於馬福電爐（Muffle furnace）或空氣浴器（註 F）內，以 500 ～ 600℃（註 G）燒至恒重。殘渣為硫酸鉛（PbSO₄）。

14-6-1-3-2 計算：同 14-6-1-1-3 節

14-6-1-3-3 附註

（A）市場鉛之純度約為 99.5%，其雜質計有 Cu、Sb、Sn、Fe、Bi、Ag、Cd 等。此法操作稍微不慎，試驗結果往往偏低，故以使用間接測定法為主。此法係先測出雜質之百分比，然後以百分之百減之，餘數即為試樣含鉛之百分比。

（B）、（C）、（F）（G）

分別依次參照 14-6-1-1-4 節附註（B）、（G）、（J）（K）。

（D）洗液含少量 H₂SO₄，可預防 PbSO₄ 水解。

（E）PbSO₄ 不溶於酒精，但 PbSO₄ 內所含之水份能溶於酒精，故最後以酒精洗滌，可加速沉澱物之乾燥。

14-6-1-4 市場鋅之 Pb：可連續分析 Pd、Cd

14-6-1-4-1 應備儀器：古氏坩堝

14-6-1-4-2 應備試劑

鉛酸（Lead acid）溶液

稱取數克 PbSO₄（註 A）→加 1000ml H₂SO₄（3：97）（註 B）→充分攪拌→靜置過夜→以傾泌法泌取上層澄清溶液。沉澱棄去。

14-6-1-4-3 分析步驟

(1) 稱取 20±0.1 克試樣於 600ml 燒杯內，以錶面玻璃蓋好。

(2) 加 150ml H₂O，再小心緩緩（註 C）加入 30ml H₂SO₄，然後靜止至無氣泡（註 D）生成。

(3) 過濾。以冷水洗滌 4 次。濾液及洗液棄去（註 E）。

(4) 以水將濾紙上之殘渣沖洗於 250ml 燒杯內。

(5) 加 20ml HNO（1：1）（註 F）於第（4）步所遺之濾紙上，以溶解任何
　　遺留於紙上之細金屬粒（註 G）。以熱水洗滌濾紙數次。濾液及洗
　　液合併於第（4）步之主液內。

(6) 加熱，使殘渣（註 H）完全溶解。

(7) 加 10ml H_2SO_4，並加熱至恰恰冒出濃白硫酸煙（註 I）。

(8) 冷卻後，加 10 ～ 20ml H_2O，並以水洗淨燒杯內壁，然後再蒸至冒
　　出濃白硫酸煙（註 J）。

(9) 冷後（註 K），加 100ml H_2O，並充分攪拌之（註 L）。然後靜止至
　　$PbSO_4$ 沉澱完畢。

(10) 以已烘乾稱重之古氏坩堝過濾。依次用 H_2SO_4（2：98）（註 M）或
　　鉛酸（註 N）溶液，以及酒精（95%）（註 O）洗滌數次。濾液及洗液
　　棄去（註 P）。

(11) 將古氏坩堝置於烘箱內，以 105℃烘乾 15 分鐘後，再置於馬福電爐
　　（Muffle furnace）或空氣浴器（Air bath）（註 Q）內，以500 ～ 600℃（註
　　R）燒灼至恒重（約需 5 分鐘）。殘渣為 $PbSO_4$。

14-6-1-4-4 計算：同 14-6-1-1-3 節

14-6-1-4-5 附註

（A）（B）

　　$PbSO_4$ 能微溶於作為沉澱劑及洗滌劑之 H_2SO_4 溶液內，若事先以
　　$PbSO_4$ 或 Pb^{+2} 飽和之，則 $PbSO_4$ 沉澱因受溶解積常數（Solubility
　　Product Constant，Ksp）之限制，即可大大減少其溶解度。

（C）H_2SO_4 與 H_2O 作用，能產生劇熱而濺出，故應小心緩緩加入。

（D）H_2SO_4 與金屬作用後，能產生 H_2 氣；若無氣泡產生，表示作用已停止。

（E）（P）濾液及洗液可繼續供作 Cd 之定量。

（F）（G）（H）

　　$PbSO_4$ 不溶於 H_2SO_4 溶液，因此若以硫酸之水溶液當作試樣之溶
　　劑，則金屬鉛表面生成一層 $PbSO_4$ 後，即往往不再繼續溶解，故需用
　　HNO_3（稀）再溶解一次。

（I）（J）（K）（L）

(1) $Pb^{+2} + H_2SO_4 \rightarrow PbSO_4 \downarrow + 2H^+$
　　　　　　　　　白色

(2) 因 $PbSO_4$ 易溶於 HNO_3，故需蒸至冒出濃白硫酸煙，以趕盡 HNO_3。

(3) $PbSO_4$ 易溶於熱水，故需放冷後，再過濾。

(4) 攪拌能預防過飽和現象之發生，同時可加速 $PbSO_4$ 結晶粒子之長成。

（M）（N）、（O）

　　分別參照 14-6-1-3-3 節附註（D）、（E）。

（Q）（R）參照 14-6-1-1-4 節附註（J）（K）。

14-6-1-5 減摩合金（註A）之 Pb：本法適用於含 Pb = 0.1 ～ 95% 之試樣。並可連續分析 Pb、Cu。

14-6-1-5-1 應備儀器：古氏坩堝

14-6-1-5-2 應備試劑

（1）「氫溴酸（HBr）– 溴水（Br_2）」混合液

　　量取 180ml HBr →加 20ml 溴水 (Bromine water)。

（2）鉛酸溶液

　　量取 800ml H_2SO_4（1：15）→加 200ml $Pb(NO_3)_2$（0.25%）（註 B）→充分混合→靜止24小時→使用細密濾紙，以傾泌法泌取上層溶液。沉澱棄去。

14-6-1-5-3 分析步驟

(1) 稱取 2.00g 試樣於 250ml 廣口燒瓶（Wide mouth flask）內。

(2) 加 20ml「HBr-Br_2」混合液（註 C），以錶面玻璃蓋好。然後緩緩加熱（註 D），至試樣悉數溶解為止。

(3) 加 10ml $HClO_4$。置於通風櫃內，一面攪拌，一面以火焰加熱，至冒出濃白過氯酸煙為止。然後再置於電熱板上，緩緩蒸發，至溴化鉛

（PbBr₂）完全溶解，及 HBr 驅盡為止。

(4) 俟 HBr 驅盡及 PbBr₂ 完全溶解後，溶液內若仍有雲狀物存在，表示錦未驅盡，需再加 5ml HBr，並置於通風櫃內，以火焰加熱至恰恰冒出濃白過氯酸煙。然後再置於電熱板上緩緩蒸煮，至 PbBr₂ 完全溶解及 HBr 驅盡為止（註 E）。如此反復用 HBr 處理及加熱，直至溶液澄清為止。俟溶液澄清後，再繼續蒸發濃縮至 2ml。

(5) 冷卻後，加 100ml 鉛酸溶液，再緩緩加熱，以溶解可溶鹽類。

(6) 冷卻後，保持 50℃（註 F），並靜止 1～2 小時（註 G）。

(7) 冷至室溫後，以已烘乾稱重之古氏坩堝過濾。用鉛酸溶液（冷）洗滌數次。濾液及洗液棄去（註 H）。

(8) 將古氏坩堝置於烘箱內，以 105℃ 烘乾 15 分鐘後，再置於馬福電爐（Mufflefurnace）或空氣浴器（Air bath）（註 I）內，以 500～600℃（註 J）燒灼至恒重。殘渣為 PbSO₄（註 K）。

14-6-1-5-4 計算：同 14-6-1-1-3 節

14-6-1-5-5 附註

　　註：除下列各附註外，另參照 14-6-1-1-4 節、14-6-1-3-3 節及 14-6-1-4-5 節等有關各項附註。

（A）本法適用於含 Pb ＝ 0.1～95% 之試樣。另參照 14-6-1-3-4 節附註（A）。

（B）參照 14-6-1-4-5 節附註（A）（B）。

（C）Sb 能被 HBr 及 Br₂ 之混合液氧化成 SbBr₃ 而溶解。

（D）若加熱溫度過高，溴氣過早揮發完畢，則試樣無法溶解完全。

（E）SbBr₅ 在溶液中呈膠狀或雲狀沉澱，能與 PbSO₄ 一併下沉，使分析結果偏高，故需加 HClO₄ 及 HBr，蒸煮趕盡之。

（F）（G）在較高之溫度下靜止久時，不僅可預防過飽和之現象發生，同時可加速 PbSO₄ 結晶之形成。

（H）濾液及洗液可繼續供 Cu 之定量（電解法）。

（I）（J）（K）參照 14-6-1-1-4 節附註（J）（K）。

14-6-1-6 硬鉛（註 A）之 Pb

14-6-1-6-1 應備儀器：古氏坩堝

14-6-1-6-2 應備試劑

（1）酒石酸（50%）

（2）硫化鈉（Na$_2$S）溶液（25%）

（3）溴鹽酸溶液：量取 500ml HCl →加 70ml 溴水（飽和）。

14-6-1-6-3 分析步驟

(1) 稱取 1g 試樣於燒杯內。

(2) 分別加 8ml 酒石酸（50%）（註 B）及 25ml HNO$_3$（1：3）（註 C），然後加熱至試樣溶解。加熱期間，若有硝酸鉛〔Pb(NO$_3$)$_2$〕析出，可加適量水溶解之。若溶液僅微呈混濁，則可不必顧慮之。

(3) 加 1ml H$_2$SO$_4$（註 D）。攪拌後，靜待少時（註 E）。

(4) 以古氏坩堝過濾。依次用 H$_2$SO$_4$（2：98）（註 F）及酒精（95%）（註 G）洗滌數次。濾液及 H$_2$SO$_4$（2：98）洗液暫存（註 H）。酒精洗液棄去。

(5) 將古氏坩堝置於烘箱內，以 105℃烘乾 15 分鐘後，再置於馬福電爐（Muffle furnace）或空氣浴器（Air bath）（註 I）內，以 500 ～ 600℃（註 J）燒灼至恒重。殘渣為硫酸鉛（PbSO$_4$）。

(6) 加 KOH（25%）或 NaOH（25%）於第(4)步所遺之濾液及 H$_2$SO$_4$（2：98）洗液內，使成鹼性（註 K）。然後加 20ml Na$_2$S（註 L）（25%），並加熱少時（註 M）。

(7) 過濾。用熱水沖洗數次。濾液及洗液棄去。

(8) 將溴鹽酸溶液（註 N）注於濾紙上，以溶解沉澱。溶液透過濾紙，聚於燒杯內。

(9) 加 1g 酒石酸（註 O）。然後加 KOH（25%）使成鹼性後（註 P），加 20ml Na$_2$S（註 Q）（25%），並煮沸（註 R）少時。

(10) 過濾。用熱水沖洗數次。濾液及洗液棄去。

(11) 加數 ml HNO$_3$（註 S）（1：1）於濾紙上，以溶解沉澱。溶液透過濾紙，聚於燒杯內。

(12) 加數滴 H_2SO_4（註 T），並蒸發之（註 U）。

(13) 放冷後，加水稀薄之。然後另用一已烘乾、稱重之古式坩堝，依第 (4) – (5) 步所述之方法，過濾、沖洗、乾燥、燒灼及稱重，最後將此次及第 (5) 步所得殘渣（$PbSO_4$）之重量相加，以備計算。

14-6-1-6-4 計算：同 14-6-1-1-3 節

14-6-1-6-5 附註

（A）參照 12-6-1-1-4 節附註（A）-（2）。

（B）（C）

因金屬銻（Sb）經 HNO_3（稀）溶解後，會生成白色的 Sb_2O_3 沉澱，在第 (4) 步過濾時，能與 $PbSO_4$ 一併析出，使分析結果偏高，故需先加酒石酸，使與 Sb_2O_3 生成複合鹽，而留於溶液內：

$$2Sb + 2NO_3^- + 2H^+ \rightarrow Sb_2O_3 \downarrow + 2NO \uparrow + H_2O$$
$$白色$$

$$Sb_2O_3 + 2C_4H_4O_6^{-2} + 2H^+ \rightarrow 2\left[(SbO)C_4H_4O_6\right]^- + H_2O$$

（D）、（E）、（I）（J）

分別參照 14-6-1-1-4 節附註（G）、（H）、（J）（K）。

（F）、（G）分別依次參照 14-6-1-3-3 節附註（D）、（E）。

（H）因試樣含 Pb 甚多，濾液及洗液中可能仍含少量之 Pb^{+2}，故需再經第 (6)～(13) 步之處理，重新收回之。

（K）（L）

加 Na_2S 於鹼性溶液中，若有黑色硫化物析出，表示溶液可能含 Pb^{+2}、Cu^{+2}、Fe^{+2} 等離子；若無黑色沉澱，則表示濾液內無 Pb^{+2}，故可省去以下各步之回收操作。

（M）（R）加熱煮沸，旨在加速沉澱之凝結析出。

（N）　$PbS + 2HCl \rightarrow PbCl_2 + H_2S$
$$| + Br_2$$
$$\rightarrow 2HBr + S \downarrow$$
$$淡黃色$$

（O）（P）（Q）

在鹼性溶液中，Fe^{+3} 能與酒石酸生成安定之複合離子，故可阻止 Fe^{+3} 與 Na_2S 生成 Fe_2S_3 沉澱；但 Pb^{+2} 則仍成 PbS 析出：

$$Na_2S + Pb^{+2} \rightarrow 2Na^+ + PbS \downarrow$$
黑色

（S）$PbS + 2HNO_3 \rightarrow Pb(NO_3)_2 + H_2S \uparrow$

（T）（U）

(1) $Pb^{+2} + SO_4^{-2} \rightarrow PbSO_4 \downarrow$
白色

(2) 因 HNO_3 能溶解 $PbSO_4$，故需蒸乾趕盡之。

14-6-1-7 易融合金之 Pb：本法可連續分析 Pb、Cd

14-6-1-7-1 分析步驟

(1) 於第 20-6-1-1 節（分析步驟）第(3)步所遺之濾液及洗液中，加入 H_2SO_4（稀），至溶液含 H_2SO_4（濃）之總量達 2～5ml 為度。然後加入與全部溶液體積相等之酒精。擱置片刻。

(2) 以已烘乾稱重之古氏坩堝過濾。用硫酸（冷、稀）沖洗數次（此時所得之濾液及洗液可留作 Cd 定量之用），再用酒精洗滌。酒精洗液棄去。

(3) 將沉澱連同坩堝置於烘箱內，以 105℃烘乾後，再置於馬福電爐（Muffle furnace）或空氣浴器（Air bath）內，以 650℃燒灼至恒重。殘渣為 $PbSO_4$。

14-6-1-7-2 計算：同 14-6-1-1-3 節

14-6-1-7-3 附註：參照 14-6-1-1-4 節及 14-6-1-3-3 節有關各項附註

14-6-2 鉻酸鉛沉澱法

14-6-2-1 市場銻（註 A）之 Pb：本法可連續分析 Pb、Ag

14-6-2-1-1 應備試劑

（1）「氫溴酸（HBr）－溴水（Br_2）」混合液

量取 160ml HBr →加 40ml 飽和之溴水（Bromine water）。

（2）**鉛酸**（Lead acid）**溶液**：同 14-6-1-5-2 節

（3）**醋酸銨**（34%）

稱取 340g 醋酸銨→加 500ml H$_2$O →攪拌溶解之→加 20ml 醋酸→加水稀釋成 1000ml。

（4）**重鉻酸鉀**（K$_2$Cr$_2$O$_7$）**溶液**（10%）。

14-6-2-1-2 分析步驟

（1）稱取 10g 試樣（粉末）於暗色且能抗化學侵蝕之玻璃皿內。

（2）加 60ml「HBr–Br$_2$」混合液（註 B），以錶面玻璃蓋好，置於低溫電熱板上，緩緩加熱（註 C）並不時攪拌之，至試樣悉數溶解為止。

（3）試樣溶解後，置於電熱板上（此電熱板需置於通風櫃內，其表面溫度應低於 300℃），移去杯蓋，繼續緩緩蒸煮至乾。

（4）放冷。以水洗淨皿緣。加 10ml HBr，然後緩緩蒸煮至乾。

（5）冷卻。加 5ml H$_2$SO$_4$（1：1）（註 D），然後蒸至冒出濃白硫酸煙。

（6）放冷。加 100ml 鉛酸（Lead acid）溶液（註 E）。加熱至沸，使可溶鹽溶解。

（7）冷至室溫（註 F）。以細密濾紙過濾。用鉛酸溶液洗滌數次。溶液及洗液棄去（註 G）。

（8）以 30ml 醋酸銨（34%，熱）（註 H）注於濾紙上，以溶解沉澱。濾液透過濾紙，聚於 250ml 燒杯內。

（9）加熱至 90℃。

（10）過濾。以水充分洗滌燒杯及沉澱。聚濾液及洗液於 250ml 燒杯內。沉澱棄去。

（11）加水稀釋成 150ml，然後加熱至 90℃。

（12）趁熱，加 10ml K$_2$Cr$_2$O$_7$（註 I）（10%）。充分攪拌後，緩緩煮沸 1 分鐘。

（13）冷卻後，靜止 1 小時（註 J）。

（14）以已烘乾稱重之古氏坩堝過濾。依次以熱水及酒精洗滌數次。濾

液及洗液棄去。

(15)將坩堝置於烘箱內，以 105℃烘至恒重。殘渣為鉻酸鉛（PbCrO₄）。

14-6-2-1-3 計算

$$Pb\% = \frac{w \times 0.64}{W} \times 100$$

w ＝殘渣（PbCrO₄）重量（g）

W＝試樣重量（g）

14-6-2-1-4 附註

（A）市場銻之純度為 99 ～ 99.9%，其雜質中，除含 0.5% 以下之 Pb 外，通常亦含少量之 Ag、Sb、Sn、As、Cu、Fe、Ni 等元素。

（B）、（C）分別依次參照 14-6-1-5-5 節附註（C）、（D）。

（D）（E）參照 14-6-1-1-4 節附註（G）及 14-6-1-4-5 節附註（A）（B）。

（F）因 PbSO₄ 能微溶於水，故需放冷後過濾。

（G）濾液及洗液可繼續供 Ag 之定量。

（H）

(1) 少量 PbSO₄ 沉澱可能挾雜有雜質（如 SiO₂），故需以醋酸銨（CHCOONH₄）再處理一次。

(2) PbSO₄ 易溶於熱醋酸銨 CHCOONH₄ 溶液內，生成醋酸鉛：

$$PbSO_4 + 2CH_3COONH_4 \rightarrow (CH_3COO)_2Pb + (NH_4)_2SO_4$$

（I）（J）

(1) 在熱醋酸鹽溶液中，K₂Cr₂O₇ 易與 Pb⁺² 生成 PbCrO₄ 之黃色沉澱：

$$2Pb^{+2} + Cr_2O_7^{-2} + 2CHCOO^- + H_2O \rightarrow 2CHCOOH + 2PbCrO_4 \downarrow$$
$$黃色$$

(2) PbCrO₄ 溶解度與溫度成正比，故過濾前，需將溶液冷卻。

(3) 靜止久時，旨在讓 PbCrO₄ 沉澱完全。

14-6-2-2 減摩合金之 Pb

14-6-2-2-1 應備儀器：玻璃濾杯

14-6-2-2-2 應備試劑

（1）**酸性醋酸銨溶液**

　　量取 500ml H$_2$O →加 500ml NH$_4$OH（0.9）→混合均勻→加醋酸（80%），至溶液恰呈酸性為止。

（2）**重鉻酸鉀（K$_2$Cr$_2$O$_7$）溶液（飽和）。**

（3）**「酒精－鹽酸」混合液**：同 11-6-1-3-1 節。

14-6-2-2-3 分析步驟

(1)以「酒精－鹽酸」混合液，將11-6-1-3-2節(分析步驟)第(6)步過濾時，濾紙上所遺少量之氯化鉛（PbCl$_2$）沉澱，吹洗於原燒杯內，然後將原燒杯置於漏斗下，分別用熱水（註 A）及酸性醋酸銨溶液（註 B）沖洗濾紙數次，使濾紙上微量之 PbCl$_2$ 完全溶解，並透過濾紙，聚於漏斗下面之燒杯內。

(2)將燒杯置於電熱板上加熱，至 PbCl$_2$ 完全溶解為止。

(3)趁熱，加 150ml K$_2$Cr$_2$O$_7$（註 O）溶液（飽和）。然後再繼續加熱，至沉澱呈鮮橙色為止。

(4)冷卻後，靜止 1 小時（註 D）。

(5)用已烘乾稱重之玻璃濾杯過濾。依次用冷水、酒精及乙醚沖洗數次。濾液及洗液棄去。

(6)將濾液置於烘箱內，以 105℃烘至恒重。殘渣為鉻酸鉛（PbCrO$_4$）。

14-6-2-2-4 計算：同 14-6-2-1-3 節

14-6-2-2-5 附註

（A）（B）

　　PbCl$_2$ 易溶於熱水或熱酸性醋酸銨溶液內：

$$PbCl_2 + 2CHCOO^- \xrightarrow{H^+} (CHCOO)_2Pb + 2Cl^-$$

（C）（D）參照 14-6-2-1-4 節附註（I）（J）

14-6-2-3 青銅之 Pb

14-6-2-3-1 應備試劑

（1）HNO₃（1:1）

（2）H₂SO₄（1:1）

（3）H₂SO₄（濃）

（4）H₂SO₄（1:100）

（5）NH₄OH（1:1）

（6）重鉻酸鉀（K₂Cr₂O₇）（飽和）

（7）醋酸（1:2）

（8）醋酸銨（25%）

　　　稱取 250g 醋酸銨（CHCOONH₄）→加適量水溶解→加 50ml

　　　醋酸（1:1）→加水稀釋成 1000ml。

（9）醋酸銨洗液：CHCOONH₄（25%）：H₂O ＝ 1:20

14-6-2-3-2 分析步驟

(1) 依下表稱取適量試樣於 500ml 量瓶內。以錶面玻璃蓋好後，再依
下表加入適量 HNO₃（1:1）。加熱溶解後，再繼續加熱至糖漿狀。

樣品含 Pb 量（%）	試樣重量（g）	溶劑 [HNO₃(1:1)] 使用量（ml）
0.1 ~ ＜ 3	1	15
＞ 3 ~ ＜ 6	0.5	10
＞ 6	0.2	10

(2) 加 20ml H₂SO₄（濃），然後蒸發至冒出濃白硫酸煙。

(3) 放冷。分別加 20ml H₂SO₄（1:1）及 100ml H₂O，然後加熱至可溶鹽
溶解完畢。

(4) 置於冷處，使白色硫酸鉛悉數下沉。

(5) 以細密濾紙過濾之。以 H₂SO₄（1:100）洗滌數次。濾液及洗液棄去。
沉澱以溫水吹洗入原燒杯內。

(6) 徐徐加入 NH₄OH（1:1），使溶液呈微鹼性（註 A）。滴加醋酸（1:

2），使溶液呈微酸性。加 30ml 醋酸銨溶液（25%）後，加熱煮沸，至硫酸鉛（$PbSO_4$）悉數溶解為止。

（7）過濾。以醋酸銨洗液洗滌數次。沉澱棄去。

（8）濾液及洗液以水稀釋至約 150ml。加 20ml $K_2Cr_2O_7$（飽和）後，加熱至近沸。

（9）於溫處靜置，至沉澱悉數下沉為止。

（10）以已烘乾稱重之玻璃濾杯過濾。以醋酸銨洗液（溫）洗滌數次，再以溫水洗滌數次。濾液及洗液棄去。

（11）將沉澱連同玻璃濾杯置於烘箱內，以 105℃烘至恒重。殘渣為鉻酸鉛（$PbCrO_4$）。

14-6-2-3-3 計算：同 14-6-2-1-3 節

14-6-2-3-4 附註

註：除下列各附註外，另參照 14-6-2-1-4 節及 14-6-2-2-5 節之有關各項附註。

（A）有輕微氨氣（NH_3）冒出，表示溶液呈微鹼性。

14-6-3 鉬酸鉛沉澱法：適用於含 Pb > 0.01% 之碳素鋼

14-6-3-1 應備試劑

（1）**鉬酸銨**（Ammonium molybdate）（5%）

稱取 10g 七鉬酸銨〔$(NH_4)_6Mo_7O_{24}\cdot 4H_2O$ 或 $3(NH_4)_2MoO_4$ $\cdot 4MoO\cdot 4H_2O$〕→加 200ml H_2O →緩緩加熱，使溶解完全→若有雜質，應予濾去。（此溶液每 ml 約可沉澱 0.055g Pb）。

（2）**硫化氫洗液**：配製適量 HCl（1：99）→引入 H_2S 氣體至飽和。

14-6-3-2 分析步驟

（1）稱取 5 ～ 10g 試樣於 600ml 燒杯內。

（2）加 50 ～ 100ml HCl（1:1）。加熱至試樣溶解後，再繼續蒸發至近乾（但不得全乾）（註 A）。

(3) 加 400ml H_2O（熱）。再加熱至鐵鹽完全溶解，並不時攪拌之。

(4) 加 10g NH_4Cl，然後引入 H_2S 氣體至少 10 分鐘。

(5) 用厚濾紙（譬如 Whaman 41H）過濾。以 H_2S 洗液（冷）洗滌數次。濾液及洗液棄去。

(6) 加適量（約 10ml）HNO_3（1：1，熱）（註 B）於濾紙上，以溶解沉澱物，並用熱水洗淨濾紙。濾液及洗液透過濾紙，聚於 250ml 燒杯內。

(7) 濾紙及洗液若超過 100ml，則應予蒸發濃縮至 100ml 以下（註 C）。

(8) 加 2g 酒石酸（註 D），並攪拌溶解之。

(9) 加 HN_4OH 至溶液恰呈中性後，每 100ml 溶液再過量 5ml（註 E）。然後加熱至沸。

(10) 趁熱加 10ml 鉬酸銨（5%）（註 F）。繼續煮沸數分鐘，使黃色鉬酸鉛全部凝結析出。

(11) 以細密濾紙（內含少許濾紙屑）過濾。以微鹼性之 NH_4NO_3（5%）（註 G）洗滌數次。濾液及洗液棄去。

(12) 將沉澱連同濾紙置於已烘乾稱重之瓷坩堝內。置於馬福電爐內，以 600～650℃ 燒灼至恒重。

(13) 置於乾燥器內，冷後稱重。殘渣為鉬酸鉛（$PbMoO_4$）。

14-6-3-3 計算

$$Pb\% = \frac{w \times 0.564}{W} \times 100$$

w ＝殘渣（$PbMoO_4$）重量（g）

W ＝試樣重量（g）

14-6-3-4 附註

（A）

(1) 蒸發濃縮至近乾，旨在便於下一步 pH 之調節。最適於 PbS 沉澱之酸度為 pH 2.0～2.5；低於此值，則 PbS 開始溶解，致沉澱不完全；高於此值，則 FeS 亦伴隨 PbS 一併下沉，致產生干擾，故應小心依

規定操作之。

（2）若蒸發至全乾，則某些鹽類不溶於第（3）步之熱溶液內。

（**B**）　　　$PbS + 2HNO_3 \rightarrow Pb(NO_3)_2 + H_2S \uparrow$

$3H_2S + 2HNO_3 \rightarrow 3S \downarrow + 2NO \uparrow + 4H_2O$
　　　　　　　　黃色

（**C**）因 $PbMoO_4$ 溶解度與溶液之體積成正比，故需濃縮至 100ml 以下。

（**D**）（**E**）（**F**）

（1）溶液若含 Fe^{+3}，在 NH_4OH 之鹼性溶液中，能與酒石酸生成可溶性之複合鹽，因此不會生成干擾性之 $Fe(OH)_3$ 沉澱。

（2）$Pb^{+2} + MoO_4^{-2} \xrightarrow{\text{微鹼性}} PbMoO_4 \downarrow$
　　　　　　　　　　　　　　黃色

（**G**）因 NH_4NO_3 係電解質，故洗液若含少量之 NH_4NO_3（或 NH_4Cl），可防沉澱物水解成乳膠狀液體，而透過濾紙。

14-6-4 電解法

14-6-4-1 普通黃銅之 Pb（註 A）：本法適用於含 Pb < 6％ 之 樣品。

14-6-4-1-1 應備儀器：電解器（註 B）

14-6-4-1-2 分析步驟

14-6-4-1-2-1 第一法：適用於含 Pb < 6% 之樣品

一、試樣處理

（一）試樣含 Sn < 0.05%

（1）依下表稱取試樣於 250ml 燒杯內，用錶面玻璃蓋好。然後依下表加 HNO_3（1:1）溶解之。

樣品含 Pb 量（％）	試樣重量（g）	溶劑 [HNO₃(1:1)] 使用量（ml）
< 0.1	5.00	50
> 1.0 ～ < 4.0	1.000	20

（2）俟試樣溶解完畢，緩緩煮沸，以驅盡氮氧化物之黃煙。

(3) 稍冷後，洗淨杯蓋及燒杯內部。加水稀釋成 150ml，然後依本法第二步電解之。

（二）樣品含 Sn > 0.05%

(1) 依下表稱取試樣於 250ml 燒杯內，用錶面玻璃蓋好後，然後依下表加 HNO_3（1：1）溶解之。

樣品含 Pb 量（%）	試樣重量（g）	溶劑 [HNO_3(1:1)] 使用量（ml）
< 0.1	5.00	50
> 1.0 ～< 4.0	1.000	20

(2) 俟樣品溶解完畢，緩緩煮沸，以驅盡氮氧化物之黃煙。

(3) 稍冷後，加 5ml H_2O（熱）。水浴 1 小時。

(4) 加少許濾紙屑，然後以細密濾紙過濾。用 HNO_3（1：99，熱）洗滌數次。聚濾液及洗液於 250ml 燒杯內，暫存。

(5) 將沉澱連同濾紙置於原燒杯內，加 15 ～ 20ml HNO_3 及 10 ～ 15ml $HClO_4$，然後加熱至濾紙消失。

(6) 稍冷後，洗淨杯蓋及燒杯內壁。加 15 ～ 20ml HBr，然後加熱至冒出過氯酸煙。此時溶液若仍呈混濁狀，則繼續加 HBr，並蒸至冒出濃白煙。如此反復加 HBr 及加熱，直至溶液澄清為止。最後蒸至近乾。

(7) 加數 ml HNO_3，以溶解殘渣，然後將溶液合併於第（4）步所遺之濾液及洗液內。加 1 滴 HCl（0.1N）。加水稀釋成 150ml，然後依本法第二步電解之。

二、電解手續

(1) 先將陽極（以白金網當做陽極，螺旋形之粗鉑絲當作陰極）洗淨、烘乾、放冷及稱重。

(2) 裝上電極（使陰極完全和杯底接觸，陽極露出液面 1cm）。

(3) 以 1.25 ～ 1.5 安培之電流電解 1 小時。

(4) 以洗瓶沖洗杯蓋、燒杯內壁、及露於液面之電極，然後再繼續電解 30 分鐘。

(5) 觀察由於沖洗而新浸入溶液中之陽極有無黑色 PbO_2 痕跡；若有，
則繼續加水及電解，直至電極上新浸入溶液之處毫無 PbO_2 之痕跡
為止。

(6)（註 C）一面繼續通電流（註 D），一面以玻璃管作虹吸狀，將杯內
溶液徐徐吸出，同時以洗瓶將水輕吹於陽極之上端，洗盡酸液，直
至藍色石蕊試紙幾不變色為止。

(7) 切斷電流，並速置陽極於蒸餾水中，放置少時。然後置於烘箱內，
以 $110^\circ \sim 120^\circ C$ 烘乾 30 分鐘。

(8) 置於乾燥器內，冷後稱之。沉澱物為 PbO_2。

14-6-4-1-2-2 第二法：適用於含 Pb < 0.2% 之樣品。本法能同時電解 Pb 及
Cu（註 E）

一、試樣處理

（一）試樣含 Sn < 0.05%

(1) 稱取 2.0000g 試樣於 250ml 燒杯內，以錶面玻璃蓋好。

(2) 加 25ml HNO_3（1：1），溶解之。

(3) 俟試樣溶解完畢，緩緩煮沸，以驅盡氮氧化物之黃煙。

(4) 稍冷，以水洗淨杯蓋及燒杯內部。加 1 滴 HCl（0.1N）。加水稀釋成
150ml 後，即依本法第二步電解之。

（二）樣品含 Sn > 0.05%

(1) 稱取 2.000g 試樣於 250ml 燒杯內，以錶面玻璃蓋好。

〔以下步驟同 14-6-4-1-2-1 節（第一法）第一－（二）－（2）～（7）步〕

二、電解手續

(1) 先將兩電極分別洗淨、烘乾、放冷、稱重。

(2) 將白金網裝於陰極上，螺旋形粗鉑絲裝於陽極上（註 F）（陽極完
全和杯底相觸，陰極露出液面 1cm），然後以 0.5 安培電流電解 8
小時。

(3) 電解至溶液無色時，用洗瓶沖洗燒杯內壁及露於液面之電極，然後
再繼續電解 30 分鐘。

(4) 觀察由於沖洗而新浸入溶液中之陰極,有無紫銅痕;若有,則繼續加水及繼續電解,直至電極上新浸入溶液處,毫無紫色銅痕為止(註 G)。

(5) (註 H)繼續通電,並一面以水沖洗陰極,一面緩緩移下電解燒杯。

(6) 切斷電流,移下電極(註 I),以水小心洗淨陽極。

(7) 置於乾燥器內,放冷後,稱之。陽極沉澱物為二氧化鉛(PbO$_2$)。

14-6-4-1-3 計算

$$Pb\% = \frac{w \times 0.866}{W} \times 100$$

w = PbO$_2$ 重量(g)

W=試樣重量(g)

14-6-4-1-4 附註

(A)

(1) 普通黃銅除含大量之 Cu、Zn 外,往往亦含4% 以下之 Pb、1.5% 以下之 Sn、及其他微量之雜質(如 Fe、P、As、Sb。)

(2) 本法適用於含 Pb < 6% 之樣品,否則沉積於陽極上之 PbO$_2$ 容易脫落,致使分析結果偏低。

(B) 參照 6-6-2-1-2 節

(C) 第二 – (6)～(8) 步之各項操作均需小心,否則陽極上鱗片狀之 PbO$_2$ 易於脫落,影響分析結果。

(D) 此時不可切斷電流,否則陰極上之 PbO$_2$ 易被酸重新溶解於溶液內,致使分析結果偏低。

(E) (F)

(1) 以螺旋型粗白金絲當陽極,表面積甚小,而 PbO$_2$ 又易從電極上剝落,故試樣含 Pb 百分比,以小於 0.2% 為宜。

(2) 若僅電解 Pb,而不電解 Cu,則可使用白金網當作陽極,而樣品含 Pb 百分比亦可增至 6.0%。

（G）俟電解至新進入溶液之電極毫無紫色銅痕後，取一滴電解液於白瓷板上，加新製硫化氫水 1 滴，觀察其色；若呈暗色，則表示溶液中仍有微量之銅，應繼續電解。

（H）（1）參照附註（D）。

　　（2）第二–（5）～（7）步之各項操作宜加小心，勿讓 PbO_2 從電極上剝落。

（I）陰極上之沉澱物為純金屬銅，依次用水及酒精洗滌，再以 105℃烘乾、稱重後，陰電極所增之重量，即為試樣含 Cu 之重量。

14-6-4-2 特殊黃銅及青銅之 Pb（註 A）

14-6-4-2-1 應備儀器：電解器（電極同 6-6-2-1-2 節）

14-6-4-2-2 分析步驟

14-6-4-2-2-1 第一法：適用於含 Pb < 6%、Sn < 0.05%、及 P < 0.01% 之樣品

（一）試樣處理

　　（1）依下表稱取試樣於 250ml 燒杯內，用錶面玻璃蓋妥。然後依下表加入 HNO（1:1）溶解之。

樣品含 Pb 量（%）	試樣重量（g）	溶劑 [HNO_3(1:1)] 使用量（ml）
< 0.1	5.00	50
0.1 ～< 4.0	1.000	20

　　（2）若試樣含 Si，或溶液混濁，則需另加 HF，至溶液澄清為止。

　　（3）俟試樣溶解完畢，緩緩煮沸，以驅盡氮氧化物之黃煙。

　　（4）稍冷後，洗淨杯蓋及燒杯內壁。加水稀釋成 150ml。然後依下述第（二）步（電解手續）電解之。

（二）電解手續：同 14-6-4-1-2-1 節（分析步驟）第二步（電解手續）。

14-6-4-2-2-2 第二法：適用於 Pb < 0.2%（註 B）、Sn > 0.05% 及 Si < 0.5% 之樣品。本法能同時電解 Pb 及 Cu。

（一）試樣處理：同 14-6-4-1-2-2 節第一 –（二）步。

（二）電解手續：同 14-6-4-1-2-2 節第二步（電解手續）。

14-6-4-2-3 計算：同 14-6-4-1-3 節

14-6-4-2-4 附註

（**A**）參照 14-6-1-2-4 節附註（A）及 14-6-4-1-4 節附註（A）。

（**B**）參照 14-6-4-1-4 節附註（E）（F）。

14-6-4-3 銅鎳合金與銅鎳鋅合金（註A）之 Pb

14-6-4-3-1 應備儀器：電解器（電極同 6-6-2-1-2 節）

14-6-4-3-2 分析步驟

14-6-4-3-2-1 第一法

一、試樣處理

（一）樣品含 Sn ＜ 0.05%

　　（1）依下表稱取及溶解試樣：

樣品含 Pb 量 （%）	試 樣 重 量 （g）	盛取試樣之燒杯型號（ml）	溶劑 [HNO₃(1:1)] 使用量（ml）
＜ 0.1	10	400	60
0.1 ～ 0.6	1.000	250	20

　　（2）俟試樣溶解完畢後，緩緩煮沸，以驅盡氮氧化物之黃煙。

　　（3）以水洗淨杯蓋及燒杯內壁後，再加水稀釋成下表所規定之體積，然後依下述第二步（電解手續）電解之。

試樣重量（g）	稀釋體積（ml）
10	250
1.000	150

（二）樣品含 Sn ＞ 0.05%

　　（1）依下表稱取及溶解試樣：

樣品含 Pb 量 （%）	試樣重量 （g）	盛取試樣之燒杯型號（ml）	溶劑 [HNO₃(1:1)] 使用量（ml）
＜ 0.1	10	400	60
0.1 ～ 0.6	1.000	500	20

　　（2）俟試樣溶解完畢，緩緩煮沸，以驅盡氮氧化物之黃煙。

　　（3）以水洗淨杯蓋及燒杯內壁後，再加水稀釋成下表所規定之體積：

試樣重量（g）	稀釋體積（ml）
10	250
1.000	150

〔以下步驟同 14-6-4-1-2-1 節第一－（二）－（3）～（7）步〕。

二、電解手續：同 14-6-4-1-2-1 節第二步（電解手續）；唯電解時間改為 2 小時。

14-6-4-3-2-2 第二法：可同時分析 Pb 及 Cu

一、試樣處理

(1) 稱取 2.000g 試樣於 250ml 燒杯內，並用錶面玻璃蓋好。

(2) 加 25ml HNO_3 溶解之。

(3) 試樣溶解完畢後，緩緩煮沸，以驅盡氮氧化物之黃煙。

(4) 加 50ml H_2O（熱），然後觀察溶液；若溶液澄清，則跳從第 (11) 步開始作起，否則依次操作下去（註 B）。

(5) 水浴 1 小時（註 C）。

(6) 加少許濾紙屑。以細密濾紙過濾。以 HNO_3（1：99）洗滌數次。聚濾液及洗液於 250ml 燒杯內，暫存。

(7) 將沉澱連同濾紙置於原燒杯內，加 15 ～ 20ml HNO_3（註 D）及 10 ～ 15ml $HClO_4$。然後加熱，至濾紙消失後，再蒸發至冒出濃白過氯酸煙。

(8) 冷卻後，以水洗淨杯蓋及燒杯內壁。

(9) 加 15 ～ 25ml HBr（註 E），再加熱至冒出濃白過氯酸煙。此時溶液若還未澄清，則再加適量 HBr，並繼續加熱至冒出濃白過氯酸煙，至溶液澄清為止。最後將溶液蒸發至近乾。

(10) 冷卻後，加數 ml H_2O。然後將溶液合併於第 (6) 步所遺之濾液及洗液內。

(11) 加 1 滴 HCl（1：99）及 5ml 氨基磺酸（註 F）。加水稀釋成 150ml，然後依下述第二步（電解手續）電解之。

二、電解手續：同 14-6-4-1-2-2 節第二步（電解手續）。

14-6-4-3-3 計算：同 14-6-4-1-3 節

14-6-4-3-4 附註：參照 14-6-1-1-4 節有關附註，以及 7-6-2-2-1-5 節附註（H）
　　　　（I）第（2）項。

14-6-4-4 市場鋁及鋁合金（註 A）之 Pb：本法可連續分析 Pb、Cu。

14-6-4-4-1 應備儀器：電解器（電極如 6-6-2-1-2 節）

14-6-4-4-2 應備試劑

（1）蟻酸混合液

　　量取 200ml 蟻酸（HCOOH）（1.20）→加水稀釋成約 900ml →加
　　30mlNH₄OH →加水稀釋成 1000ml。

（2）蟻酸洗液

　　量取 25ml 上項蟻酸混合液→加水稀釋成 1000ml →引入 H₂S 氣體
　　至飽和。

（3）甲基紅溶液（Methyl red）（0.04%）：

　　稱取 0.1g 甲基紅→加 4ml NaOH（0.1N）→加水稀釋成 250ml →濾
　　去雜質。

（4）酒石酸溶液（25%）

14-6-4-4-3 分析步驟

（一）樣品之前處理

（1）依照樣品含 Pb、Cu 量之多寡（註 B），稱取 1.0 ～ 10.0g（精稱至
　　1mg）試樣於適當大小之燒杯內。

（2）每克試樣加 25ml HCl（1：1）（註 C），以溶解之。俟作用停止後，觀
　　察溶液；若無不溶性之黑色矽質析出，則加 1ml HNO₃（註 D），然
　　後跳從第（9）步開始做起。否則依次操作下去。

（3）蒸發至乾。

（4）冷卻後，加適量熱水，以溶解可溶鹽。

（5）以中速濾紙（Medium paper）過濾。用熱水洗滌數次。濾液及洗液
　　暫存。

(6) 將沉澱連同濾紙置於鉑坩堝內，以 500℃（註 E）燒灼久時。

(7) 冷卻後，分別加數滴 H_2SO_4（1：1）（註 F）、數滴 HNO_3（濃）（註 G）及 2～5ml HF（註 H），然後將矽蒸發趕盡。

(8) 加約 1ml HNO_3，以溶解殘渣。然後將溶液合併於第（5）步所遺之濾液及洗液內。

(9) 蒸煮至氮氧化物之黃煙驅盡。

(10) 每 g 試樣加 25ml 酒石酸（註 I）（25%）。加適量熱水稀釋之。然後以數滴甲基紅溶液當作指示劑，加 NH_4OH（註 J），至溶液恰呈中性為止。

(11) 加 25ml 蟻酸混合液（註 K）。所取試樣若小於 3g，則再加水稀釋成 200ml。

(12) 加熱至近沸時，快速通入 H_2S（註 L）氣體 15 分鐘。

(13) 加少許濾紙屑，再加熱至沉澱凝結下沉。

(14) 使用中速濾紙（Medium paper）過濾。以蟻酸洗液洗滌 8 次。濾液及洗液棄去。

（二）Sn、Sb、Bi 等元素之分離

(1) 將沉澱連同濾紙置於瓷坩堝內，以 500℃燒灼久時（註 M）。

(2) 將殘渣移於原燒杯內，以少量 HNO_3 將坩堝洗淨。洗液合併於主液內。

(3) 分別加 10ml HNO_3（1：1）（註 N）及 50ml H_2O。

(4) 若有沉澱，則使用細密濾紙過濾。以 HNO_3（1：99，熱）洗滌數次。沉澱棄去。若樣品不含 Bi（註 O），則可跳從第（8）步開始做起；否則依次操作下去。

(5) 加 NH_4OH 於濾液及洗液內，至溶液內有少量雲狀物出現為止。

(6) 加 1ml HCl（1：1）（註 P），然後以熱水稀釋成 300ml（註 Q）。於近沸溫度下，靜止 1 小時。

(7) 使用細密濾紙（Fine paper）過濾。以熱水洗滌數次。沉澱棄去。

(8) 加 5ml 酒石酸溶液（註 R），然後以數滴甲基紅溶液作為指示劑，加 NH$_4$OH（註 S），至溶液恰呈中性。

(9) 加 5ml 蟻酸混合液（註 T），再調整溶液至最少 200ml 以上。

(10) 加熱至近沸，然後趁熱通入 H$_2$S（註 U）氣體 15 分鐘。

(11) 加少許濾紙屑，再加熱至沉澱凝結下沉。

(12) 使用中速濾紙（Medium paper）過濾。以蟻酸洗液沖洗 8 次。濾液及洗液棄去。

(13) 將沉澱連同濾紙置於坩堝內，以 500℃燒灼久時（註 V）。

(14) 將殘渣移於原燒杯內，並以 2ml HNO$_3$（註 W）洗淨坩堝。洗液聚於盛殘渣之原燒杯內。

(15) 加 5ml HNO$_3$（註 X）。然後加熱至殘渣溶解後，再繼續蒸發至 2ml。

(16) 加水稀釋成 150ml，然後依下述第（三）步（電解手續）電解之。

（三）**電解手續**：同 14-6-4-1-2-2 節；惟電流改為 1 ～ 2 安培。

14-6-4-4-4 計算：同 14-6-4-1-3 節

14-6-4-4-5 附註

（A）

(1) 鋁合金往往含多量之 Zn、Cu、Fe、Mg、Mn、Ni 等，有時亦含少量之 Bi、B、Cr、Pb、Sn 及 Ti 等。

(2) 上列元素中，惟 Bi、Sn、Sb 在電解 Pb 時，會產生干擾作用，故在分析步驟第（二）步特予除去。

(3) 本法可同時電解 Pb 及 Cu；Cu 在陰極沉澱。

（B）本法係為同時電解 Pb、Cu 而設計的；若僅電解 Pb，則稱取試樣時，不必考慮 Cu 之含量。

（C）（D）

因金屬鋁與 HCl 作用甚為劇烈，故加入 HCl 時，宜小心緩慢。金屬銅不溶於 HCl，故需另加 HNO$_3$ 溶解之。

（E）（F）（G）（H）

(1) 矽之沉澱物可能吸藏 Pb^{+2}、Cu^{+2} 而一併下沉，故需經第（3）～（8）步之處理，予以收回。

(2) $Si + O_2 \xrightarrow{\text{高溫}} SiO_2$

(3) H_2SO_4 及 HNO_3 能預防 Pb 及 Cu 生成難溶或易揮發之氟化物（Fluoride）。

(4) 參照 4-4-1-1-4 節附註（G）（H）（I）。

（I）（J）（K）（L）（R）（S）（T）（U）

(1) 參照 14-6-3-4 節附註（A）第（1）項，以及（D）（E）（F）第（1）項。

(2) 蟻酸混合液內之蟻酸銨（$HCOONH_4$）（弱酸鹽）與蟻酸（$HCOOH$）（弱酸）共存，生成緩衝溶液，能自動調整溶液至最適於 PbS 與 CuS 沉澱之 pH 值。而第（10）、（11）步旨在調節溶液之 pH 值，宜小心操作。

(3) 若溶液存有 Bi、Pb、Sn 等具有干擾性之元素，此時亦均成各該元素之硫化物，而與 PbS 及 CuS 等一併下沉。

（M）（N）（V）（W）（X）

(1) 以高溫燒灼久時，旨在使硫化物盡成氧化物：

$$PbS + O_2 \xrightarrow{\text{高溫}} PbO_2 + S \uparrow$$
$$SnS_2 + O_2 \xrightarrow{\text{高溫}} SnO_2 + 2S \uparrow$$
$$SnS + O_2 \xrightarrow{\text{高溫}} SnO_2 + S \uparrow$$
$$2Bi_2S_3 + 3O_2 \xrightarrow{\text{高溫}} 2Bi_2O_3 + 6S \uparrow$$
$$2Sb_2S_3 + 3O_2 \xrightarrow{\text{高溫}} 2Sb_2O_3 + 6S \uparrow$$
$$2Sb_2S_5 + 5O_2 \xrightarrow{\text{高溫}} 2Sb_2O_5 + 10S \uparrow$$
$$CuS + O_2 \xrightarrow{\text{高溫}} CuO_2 + S \uparrow$$

(2) 以上各氧化物中，惟獨 SnO_2 及 Sb_2O_5 不溶於 HNO_3 之溶液中，故得以過濾分開。

（**N**）（**O**）（**P**）（**Q**）

(1) Bi_2S_3 經 500℃之燒灼，最後生成 Bi_2O_3，經 HNO_3 溶解後，則生成 $Bi(NO_3)_3$，加 NH_4OH 則生成 $Bi(OH)_3$ 之白色沉澱。以 HCl 溶解成 $BiCl_3$ 後，最後與過量之水生成不溶於水之次氯酸鉍（Bismuthyl Chloride）之白色沉澱，而於第 (7) 步中濾去：

$$Bi_2O_3 + 6HNO_3 \rightarrow 2Bi(NO_3)_3 + 3H_2O \quad \cdots\cdots\cdots\cdots\cdots ①$$

$$Bi(NO_3)_3 + 3NH_4OH \rightarrow 3NH_4NO_3 + Bi(OH)_3 \downarrow \cdots\cdots\cdots ②$$
$$\text{白色}$$

$$Bi(OH)_3 + 3HCl \rightarrow BiCl_3 + 3H_2O \quad \cdots\cdots\cdots\cdots\cdots\cdots ③$$

$$BiCl_3 + 2H_2O \rightleftarrows Bi(OH)_2Cl + 2HCl \rightleftarrows H_2O + 2HCl$$
$$+ BiOCl \downarrow \cdots\cdots\cdots\cdots\cdots\cdots\cdots\cdots ④$$
$$\text{白色}$$

(2) 因第④式係可逆反應，故第 (6) 步之 HCl 不可加過量，否則次氯酸鉍（BiOCl）會再溶解成 $BiCl_3$。

14-6-5 光電比色法

14-6-5-1 市場鎂及鎂合金（註 A）之 Pb

14-6-5-1-1 應備儀器：光電比色儀

14-6-5-1-2 應備試劑

（**1**）**檸檬酸銨**（Ammonium Citrate）（5%）

稱取 50g 檸檬酸〔$C_3H_4(OH)(COOH) \cdot H_2O$〕→以 NH_4OH 中和之→加水稀釋成 1000ml。

（**2**）**戴賽松**（Dithizone）（註 B）**溶液**

稱取 0.025g 戴賽松→加 100ml 氯仿（chloroform, CHCl）溶解之。

（**3**）**氰化鉀**（KCN）**溶液**（5%）。

（**4**）**第一萃取液**

量取 435ml H$_2$O →分別加 30ml 上項氰化鉀溶液（5%）、30ml 上項檸檬酸（5%）及 5ml NH$_4$OH（濃）。

（5）第二萃取液

量取 500ml H$_2$O →分別加 10ml 上項氰化鉀溶液（5%）及 5ml NH$_4$OH（濃）。

（6）標準鉛溶液（1ml ＝ 0.001mg Pb）

稱取 0.1342mg PbCl$_2$（純）於 100ml 量瓶內→加適量水→加 1ml HCl →攪拌溶解之→加水稀釋至刻度。

14-6-5-1-3 分析步驟

（一）試樣溶液之製備

(1) 稱取適量試樣（以含 0.1 ～ 0.7mg Pb 為宜，並精稱至 1mg）於 250ml 燒杯內。另取 250ml 燒杯一個，供作空白試驗。

(2) 加 30ml H$_2$O。然後每 g 試樣加 20ml HCl（1：1），以溶解之。

(3) 俟試樣溶解完畢，加 1ml HNO$_3$（註 C）。然後加熱煮沸之（空白溶液則需蒸煮濃縮至小體積。）

(4) 加水稀釋成 200ml。冷卻之。

(5) 移溶液於 500ml 量瓶內，並加水稀釋至刻度。

〔空白試驗可省去第（6）步，而直接跳從第（二）步（呈色與萃取）開始操作。〕

(6) 以吸管吸取 10ml 試樣溶液於小燒杯內，以數滴甲基紅溶液作為指示劑，以滴管慢慢滴入 NH$_4$OH（1：9），至溶液恰呈中性為止。記錄所耗 NH$_4$OH（1：9）之體積後，將溶液棄去。再以吸管另取 10ml 試樣溶液於 125ml 分液漏斗內，分別加 15ml 第一萃取液（註 D）及適量 NH$_4$OH（1：9）（註 E）（其量需與剛才滴定小燒杯內之試樣溶液時所耗之量相同。）

（二）呈色與萃取

(1) 以滴管慢慢加入載賽松（註 F）（每次加 1ml），至充分振盪及靜置片刻後，下層液體（註 G）恰呈顯明之紫色至綠色為止（勿加過多。）

(2)以另一滴管加入氯仿（Chloroform）（註H），至氯仿及載賽松溶液合起來之總體積恰為 10ml 為止。

(3)充分振盪後，靜止少時，讓兩層溶液完全分離。

(4)將下層氯仿溶液，排於另一已盛有 20ml 第二萃取液（註I）之分液漏斗內。上層水溶液棄去。

(5)充分振盪後，靜止少時，讓兩液層完全分開。

(6)將下層氯仿溶液，排於另一已盛有 20ml 第二萃取液（註J）之分液漏斗內。

(7)充分振盪後，靜止少時，讓兩液層完全分離。

(8)排棄數 ml 下層氯仿溶液，以洗淨分液漏斗之漏水管，然後以棉花輕輕塞住漏水管。

（三）吸光度之測定

　　經由分液漏斗管口之棉花，排下適量之下層氯仿於儀器所附之乾燥試管內（註K）。首先以 $520\mu m$ 光波之光線測定空白溶液（註L）之吸光度（不必記錄），次將指示吸光度之指針撥至（0）的位置，然後抽出試管，換上盛有試樣溶液之試管，以測其吸光度（註M），並記錄之。然後由「吸光度 - 溶液含 Pb 量（mg）」標準關係曲線圖（註N），查出試樣含 Pb 之重量（mg）。

14-6-5-1-4 計算

$$Pb\% = \frac{w}{W \times 10}$$

w ＝溶液含 Pb 量（mg）

W ＝試樣重量（g）

14-6-5-1-5 附註

（A）

(1)參照 10-6-5-5 節節附註（A）。

(2)Bi、Tl、Zn 等均能干擾。

（B）Dithizone 為 Diphenylthiocarbazone 之縮寫，分子式為

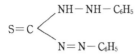

係藍黑色之結晶粉末，不溶於水，亦難溶於酒精，但可溶於四氯化碳（CCl$_4$）及氯仿（CHCl）。溶液不安定。為檢驗 Co、Cu、Pb 及 Hg 等重金屬之敏感試藥。

(C)

(1) 試樣若含 Sn，經 HCl 溶解後，則生成 Sn^{+2}：

$$Sn + 2HCl \rightarrow SnCl_2 + H_2$$

Sn^{+2} 對本法能產生干擾作用，故需加 HNO$_3$，將 Sn^{+2} 氧化成對本法無害之 Sn^{+4}。

(2) 若試樣不含 Sn，則不必另加 HNO$_3$。

(D)（E）（F）（H）

(1) 加 NH$_4$OH（1：9）於分液漏斗內，若仍有 Al(OH)$_3$ 之白色沉澱，顯示第一萃取液所含之檸檬酸銨含量不夠，應另酌加檸檬酸銨溶液（5%），至沉澱恰恰溶解為止；但檸檬酸鹽能阻礙 Pb^{+2} 之萃取，故切忌多加。

(2) 在以檸檬酸銨做緩衝劑之溶液（pH = 8.5 ～ 9.5）中，戴賽松（Dithizone）易與 Pb^{+2} 生成粉紅色之複合離子：

$$\frac{1}{2}Pb^{+2}+S=C\diagdown \cdots \rightarrow \cdots S=C\diagdown \cdots Pb/2+H^+$$

此種複合離子能溶於氯仿。若能防止氯仿揮發或分解，則顏色相當穩定。

(3) 許多金屬離子（如 Cu^{+2}、Hg^{+2}、Ag+、Zn^{+2} 等）亦能與戴賽松生成各種具有顏色之複合離子，例如：

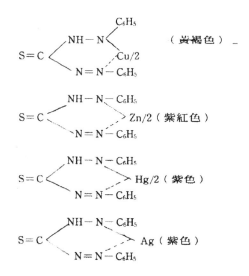

　　有的複合物甚至能溶於氯仿中，而干擾吸光度之測定；但各干擾
元素與第一萃取液內所含之檸檬酸鹽〔$C_3H_4(OH)(COO)$〕$^{-3}$ 或 CN^-
所生成之複合離子之溶解積常數（Ksp）較與戴賽松所生之複合離
子之溶解積常數為小，故只要溶液內含足夠之 $[C_3H_4(OH)(COO)]^{-3}$
及 CN^-，各干擾元素即能轉而與之生成既無顏色又不溶於氯仿（但
易溶於水）之複合離子。

　　(4)因 Pb^{+2} 與戴賽松在 pH ＝ 8.5 ～ 9.5 之溶液內，才易化合，故每一步
　　　均需依照規定加入各種溶液，方能有效控制 pH 值。

（G）氯仿之比重大於水，故下層液體為氯仿。

（I）（J）

　　(1)氯仿溶液中，可能仍含有微量能與戴賽松化合成有色之複合離子之
　　　元素，故需再用第二萃取液洗滌兩次。

　　(2)參照本節附註（D）（E）（F）（H）。

（K）注入試管內之溶液，以每 10ml 含 0.002 ～ 0.015mg Pb 為宜。

（L）試藥內所含微量之 Pb，及戴賽松之氧化物所生成之顏色，均能干擾
　　吸光度之測定，故需作空白試驗以校正之。

（M）因氯仿易揮發，故測定吸光度時，操作宜速，否則影響分析結果。

（N）「吸光度－溶液含 Pb 量（mg）」標準曲線圖之製備：

  （1）分別以吸管吸取 0.0（即空白試驗）2.0、5.0、10.0 及 15.0ml 標準鉛（Pb）溶液（1ml ＝ 0.001mg Pb）於五個 125ml 分液漏斗內（分液漏斗需先用 HNO₃，再用水徹底洗淨。）

  （2）各以水稀釋成 15ml，再加 15ml 第一萃取液，然後依 14-6-5-1-3 節（分析步驟）第（二）步（呈色及萃取）所述之方法處理之，以測其吸光度。

  （3）依下表記錄其結果：

標準鉛使用量（ml）	吸光度	溶液含 Pb 量（mg）
0.0	0	0
2.0		0.002
5.0		0.005
10.0		0.010
20.0		0.015

  （4）以「吸光度」作縱軸，「溶液含 Pb 量（mg）」作橫軸，作其標準關係曲線圖。

14-6-5-2 市場鋅之 Pb（註A）:本法適用於含 Pb ＝ 0.0005 ～ 0.1% 之樣品。

14-6-5-2-1 應備儀器：光電比色儀

14-6-5-2-2 應備試劑

  （1）**標準鉛溶液**（1ml ＝ 0.1mg Pb）

    稱取 0.100g 純金屬鉛（Pb）於小燒杯內→加 20ml HNO₃（1:1）→緩緩加熱，以溶解試樣，並驅盡氮氧化物之黃煙→冷卻→將溶液移於 1000ml 量瓶內→加水稀釋至刻度。

  （2）**標準鉛溶液**（1ml ＝ 0.005mg Pb）

    量取 5ml 上項標準鉛溶液（1ml ＝ 0.1mg Pb）於 100ml 量瓶內→加水稀釋至刻度。

  （3）**「檸檬酸－醋酸鹽」緩衝液**

    分別稱取 100g 檸檬酸鈉及 100g 醋酸銨於燒杯內→加適量水溶解後，再繼續加水稀釋成 500ml。

（4）戴賽松（Dithizone）（註 B）溶液（濃）

稱取 0.025g 戴賽松→加適量氯仿溶解後，再繼續加氯仿稀釋成 250ml →混合均勻→儲存於冷涼之暗處。

（5）戴賽松（Dithizone）溶液（稀）

量取 25ml 上項戴賽松溶液（濃）→以氯仿稀釋成 250ml →混合均勻（本溶液應即用即配）（註 C）。

（6）氰化鉀（KCN）（20%）

稱取 200g KCN（純）（註 D）→加適量水溶解後，再繼續加水稀釋成 1000ml →靜置過夜→用厚濾紙濾去雜質→儲於聚乙烯塑膠瓶內。

（7）萃取液

稱取 1g Na2SO3 於 1000ml 量瓶內→加 300ml H2O 溶解之→加 475ml NH_4OH（1:1）→加 20ml 上項 KCN（20%）→加水稀釋至刻度。

14-6-5-2-3 分析步驟

一、溶解

（一）樣品含 Sn

（1）稱取 0.5g 試樣於 125ml 圓錐瓶內。另取 125ml 圓錐瓶一個，供作空白試驗。

（2）加 1ml HBr（註 E）及 5 滴溴水（飽和）（註 F），以溶解之。

（3）俟試樣溶解後，加 10ml $HClO_4$，再加熱至冒出濃白過氯酸煙（註 G）。

（4）冷卻後，溶液內若仍有雲狀物存在，則依上項第（2）步所述之方法，酌加 HBr 及溴水（Br_2），並蒸發至冒出濃白過氯酸煙。如此重複，直到溶液澄清為止。最後蒸至近乾（註 H）。

（5）加 20ml HNO_3（3:17），並加熱至恰沸。

（二）樣品不含 Sn

（1）稱取 0.5g 試樣於 125ml 圓錐瓶內。另取一 125ml 圓錐瓶，供作空白試驗。

(2) 加 20ml HNO3（3：17），再加熱至試樣溶解及氮氧化物之黃煙恰恰
驅盡。

二、呈色與萃取

(1) 分別加 5.0ml「檸檬酸鹽－醋酸鹽」緩衝溶液（註 I）、約 10mg 鹽
酸羥氨(NH2OH・HCl)及 1 小片酸度指示紙(Indicator Paper)(pH 8)
（註 J），然後小心加入 NH4OH(1:1)（註 K），將溶液調整至 pH 8（註
L）。

(2) 加 10ml 醋酸（1：4），再冷卻之。

(3) 將溶液移於已盛有 20ml KCN（20%）（註 M）之 250ml 分液漏斗內，
並以最少量之水洗淨燒杯。洗液合併於主液內。

(4) 加 25ml 戴賽松溶液（稀）（註 N）。塞妥後，劇烈震盪 1 分鐘。

(5) 打開分液漏斗蓋子，靜置 3 分鐘，讓上下兩液層完全分開。

(6) 將下層氯仿溶液排於另一已盛有 50ml 萃取液（註 O）之 250ml 分
液漏斗內（此漏斗之漏水管必須保持乾燥），並劇烈振盪 1 分鐘。

(7) 打開分液漏斗蓋子，靜置 3 分鐘，讓上下兩液層完全分開。

(8) 排棄數 ml 下層氯仿溶液，以洗淨漏水管，然後以棉花輕輕塞住漏
水管。

三、吸光度之測定

　　經由塞於分液漏斗管口之棉花，排下適量之下層氯仿溶液於儀器所附
之乾燥試管內，先以 515μm 光波之光線測定空白溶液之吸光度（不必記
錄），次將指示吸光度之指針撥至「0」的位置，然後抽出試管，換上盛有
試樣溶液之試管，以測其吸光度（註 P），並記錄之。然後由「吸光度－溶
液含 Pb 量（mg）」標準曲線圖（註 Q），查出試樣含 Pb 之重量（mg）。

14-6-5-2-4 計算：同 14-6-5-1-4 節

14-6-5-2-5 附註

（A）

(1) 市場鋅（Zine spelter）除含 2% 以下之 Pb 外，有時亦含 1 % 以下之
Cd 及 0.1% 以下之 Fe。

（2）本法適用於含 Pb ＝ 0.0005 ～ 0.1% 之樣品；若超過 0.1%，宜使用 14-6-1-4 節之硫酸鉛沉澱法。

（3）Bi、Tl、In 雖均能干擾本法，但在市場鋅中，很少發現這些元素。

（**B**）參照 14-6-5-1-5 節附註（B）。

（**C**）因氯仿易揮發，故應即配即用。

（**D**）KCN 不得含 Sn 及 Pb，前者能使分析結果偏低；後者能使分析結果偏高。但 KCN 甚少含此兩種元素。KCN 溶液極毒，宜小心處理之。

（**E**）（**F**）（**G**）

（1）因 Sn 對本法能產生干擾作用，故需加 HBr 及 Br_2，予以趕盡。

（2）Sn 能被 HBr 與 Br_2 之混合液氧化成 $SnBr_4$。$SnBr_4$ 在 203℃即開始成氣體而逸去，在蒸至冒出過氯酸之濃白煙時，溫度已達 300℃以上，故能將 $SnBr_4$ 完全蒸發趕盡。

（**H**）蒸至近乾，旨在驅盡 $HClO_4$、HBr 及 Br_2。

（**I**）（**L**）（**M**）（**N**）參照 14-6-5-1-5 節附註（D）（E）（F）（H）。

（**J**）指示 pH 8 之指示紙，種類甚多，其中以氫離子指示紙（Hydrion Paper）為最佳。當氫離子指示紙呈淡綠色時，溶液酸度恰為 pH 8。

（**K**）NH_4OH（1：1）應以新開瓶之濃 NH_4OH（0.9）配製之。

（**O**）

（1）萃取液內除 Na_2SO_3 與 KCN 外，尚含大量之 NH_4OH，故 pH 值較第一次萃取時為高。在 pH 值較高之 NH_4OH 溶液內，過多之戴賽松能被 Na_2SO_3 還原破壞而除去。

（2）萃取液所含之 KCN 能與氯仿層內微量之雜質，化合成複合物而除去。

（**P**）參照 14-6-5-1-5 節附註（M）。

（**Q**）「吸光度－溶液含 Pb 量（mg）」標準曲線圖之製備：

（1）分別依次量取 0.0ml（供作空白試驗）、1.0、2.0、3.0、4.0、5.0、6.0、7.0 及 8.0ml 標準鉛（Pb）溶液（1ml ＝ 0.005mg Pb）於九個 125ml 圓錐瓶內。

（2）各加 20ml HNO₃（3：17）。加熱至恰沸，然後冷卻之。

（3）依 14-6-5-2-3 節（分析步驟）第（二）步（呈色與萃取）所述之方法處理之，以測其吸光度。

（4）依下表記錄其結果：

標準鉛使用量（ml）	吸光度	溶液含 Pb 量（mg）
0.0	0	0
1.0		0.005
2.0		0.010
3.0		0.015
4.0		0.020
5.0		0.025
6.0		0.030
7.0		0.035
8.0		0.040

（5）「吸光度」為縱軸，「溶液含 Pb 量（mg）」為橫軸，作其關係曲線圖。

第十五章　鎂（Mg）之定量法

15-1 小史、冶煉及用途

一、小史

　　Sir Humphrey Davy 於公元 1808 年，以電解法還原鎂的氧化物時，在汞陰極處所形成之汞齊中，發現了金屬鎂，並稱之為 Magnisium。然後，Bussy 首先以鉀蒸氣，還原氯化鎂而得金屬鎂。後來 Bunsen 電解熔融的氯化鎂，而得金屬鎂；今日絕大部份的鎂，仍是沿用此法而得之。

　　早年，鎂價甚昂，至 1896 年，德國開始大量生產，才能得到廉價金屬鎂。1990 年才有鎂合金問世；在此之前，鎂主要用於火藥工程及照相工業。

二、冶煉

　　鎂是分佈很廣的元素之一，約佔地殼的 2.5%。因其化學活性（Chemical reactivity）甚大，故均成化合物而存在。鎂礦種類甚多，但鎂大體存在於菱鎂礦（Magnesite, $MgCO_3$）。海水中也含有少量的氯化鎂。從這些原料提取氯化鎂或氧化鎂後，可採用電解法而得金屬鎂。

三、用途

　　鎂除用於火工及照相工業外，主要用於製造鎂合金和鎂化合物。茲分述如下：

（一）鎂合金

　　鎂合金（表 15-1）是鎂中加入 Al、Mn、Cd 等元素，而改良其機械性或耐蝕性者。其比重較鋁合金小，抗拉強度達 15 ～ 3kg/mm² 可用於飛機、汽車、紡織機械、光學機械零件等之製造。鎂合金可分為鑄造用和鍛造用兩種（表 15-1），簡述如下：

表 15-1　鎂合金舉例

名　稱	化　學　成　分（%）					抗拉強度（kg/mm²）	伸長率（%）	備註
	Mn	Si	Zn	Al	Mg			
Elktron VI	0.2~0.5	—	—	10	其餘	13~18	4~2	壓鑄
Piston 用	0.2~0.5	2~3	—	10	其餘	—	—	—
Elktron AZF	0.2~0.5	—	3	4	其餘	17~20	6~4	砂模
Elktron AZG	0.2~0.5	—	3	6	其餘	17~20	5~3	砂模
Elktron AZM	0.2~0.5	—	1	6~6.5	其餘	28-32	14~12	軋延
Elktron Z 26	—	—	4.5	—	其餘	25~27	18~16	鍛造
ElktronAM 502	1.5~2.2	<0.3	<0.1	<0.1	其餘	19~23	10~7	軋延
Dow metal A	—	—	—	8	其餘	17.5	4	鑄件
Dow metal D	0.15	Cd 1.0	0.5	8.5	Cu 2.0	15.5	2	鑄件
Dow metal E	0.25	—	—	6.0	Cu 2.0	18	7	鑄件

（1）鑄造用鎂合金

　　適於鑄造的鎂合金，有 Mg-Al 系合金（含 8 ～ 10% Al）和 Mg-Al-Zn 系合金。為了改良耐蝕性，可另添加少量 Mn。這些合金一般稱為 Dow metal 或 Elktron。此種合金之化學成份和機械性質見表 15-1。

　　近來，含有 Zr 的 Mg-Zn-Zr、Mg-Ce-Zr 及 Mg-Zn-Th-Zr 系合金，也已被採用。前者組成為 3 ～ 6% Zn、0.5 ～ 0.8% Zr、其餘為 Mg；中者為 3% Ce、0.5%Zr、其餘為 Mg；後者則為 Mg-Zn-Zr 合金中，再加 2 ～ 3%Th，以改良高溫特性。

　　鎂合金也可用於壓鑄。通常使用 Mg-Al 系合金，用來製造較薄鑄件以及較輕的小型機械或照相機零件等。

（2）鍛造用鎂合金

　　在 300 ～ 400℃時，容易加工，可鍛造成各種形狀。主要為 Mg-Mn 系合金與 Mg-Al-Zn 系合金。

（二）鎂化合物

　　在工業用途上，較重要的鎂化合物，計有氧化鎂（MgO），可供製造耐火

磚材料、金屬鎂及氧氯化水泥（Oxy-Chloride cement）；氫氧化鎂〔$Mg(OH)_2$〕，可作抗胃酸藥、瀉藥及製造金屬鎂；氯化鎂（$MgCl_2$）可製造金屬鎂和氧氯化水泥；硫酸鎂（$MgSO_4$）可作瀉藥和止痛劑；碳酸鎂（$MgCO_3$）可作耐火磚。

15-2 性質

一、物理性質

鎂銀白色金屬，是最輕的結構金屬基礎材料，可用在減重結構上，譬如可攜行的設備、輕量型架子或箱子、汽車、飛機、飛彈、人造衛星及飛彈發射架平台等。其物理性質，見表 15-2。

表 15-2　99.8%　Mg 的物理性質

性質	數值
熔點	650℃
沸點（760 mm Hg）	1107℃
熔解熱	89 cal/g
比重（20 ℃）	1.74
導電度（Cu＝100%）	38.6%
比電阻（20 ℃）	4.46 $\mu \Omega$-cm
比熱（25 ℃）	0.25 cal/g・℃

二、機械性質

鎂在常溫加工比較困難，但是提高溫度時（350 ～ 450℃），便容易加工。工業上很少使用純鎂，通常製成合金後，用為鍛造材料和鑄造材料。

三、化學性質

在週期表中，鎂屬於第Ⅱ屬（Group Ⅱ），介於 Be 與 Ca 之間。性質與鹼金屬相似。其標準氧化電位（Standard oxidation potential）為 +2.34V，由其電動勢序列的位置可知，其化性（Chemical activity）甚高。電化學特性見表 15-3。鎂能取代 Zn 和 Fe。由於鎂能產生鎂的氧化物、硫酸鹽、鉻酸鹽、釩酸鹽、磷酸鹽或氟化物等覆蓋層，故金屬鎂能抗拒大氣或化學藥品之腐蝕。除了硫酸外，鎂幾乎能與各種通常所用的酸（尤其是鹽酸）作用，但不能與中性或鹽基性介質發生作用。鎂粉極易燃燒，其焰溫約為 1000 ～ 1200 °F，並發生白色強光；若浮懸於空氣中，則易產生爆炸。

表 15-3 元素之電動勢序列

氧化-還原	E°	氧化-還原	E°
$Li = Li^+ + e^-$	3.05	$Cd = Cd^{+2} + 2e^-$	0.40
$Cs = Cs^+ + e^-$	2.92	$Co = Co^{+2} + 2e^-$	0.28
$Rb = Rb^+ + e^-$	2.92	$Ni = Ni^{+2} + 2e^-$	0.25
$K = K^+ + e^-$	2.92	$Sn = Sn^{+2} + 2e^-$	0.14
$Ba = Ba^{+2} + 2e^-$	2.90	$Pb = Pb^{+2} + 2e^-$	0.13
$Sr = Sr^{+2} + 2e^-$	2.89	$H_2 = 2H^+ + 2e^-$	0.00
$Ca = Ca^{+2} + 2e^-$	2.87	$Cu = Cu^{+2} + 2e^-$	-0.34
$Na = Na^+ + e^-$	2.71	$2I^- = I_2 + 2e^-$	-0.53
$La = La^{+3} + 3e^-$	2.52	$Ag = g^+ + e^-$	-0.80
$Mg = Mg^{+2} + 2e^-$	2.34	$Hg = Hg^{+2} + 2e$	-0.85
$Be = Be^{+2} + 2e^-$	1.85	$2Br^- = Br_2 (l) + 2e^-$	-1.06
$Al = Al^{+3} + 3e^-$	1.67	$Pt = Pt^{+2} + 2e^-$	-1.2
$Mn = Mn^{+2} + 2e^-$	1.18	$2H_2O = O_2 + 4H^+ + 4e^-$	-1.23
$Zn = Zn^{+2} + 2e^-$	0.76	$2Cl^- = Cl_2 + 2e^-$	-1.36
$Cr = Cr^{+3} + 3e^-$	0.74	$Au = Au^+ + e^-$	-1.68
$Fe = Fe^{+2} + 2e^-$	0.44	$2F^- = F_2 + 2e^-$	-2.65

（左側箭頭：強還原性↑）　（右側箭頭：強氧化性↓）

　　許多金屬的鹽，能與鎂共熱而析出該金屬（如 Ti、Zr）。另外，鎂與非金屬之反應，常應用於冶金，譬如移除銅和黃銅中之氧，以及鎳與鐵中之硫等。熔融的鎂與碳或碳化矽（Silicon carbide）無反應；與 Mo、W 或 Fe，則生輕微反應。有些金屬（如 Al、Pb、Zn、Ni、Cu 及 Fe）摻入少量 Mg，能改進其物理特性。在有機化學領域中，鎂可作觸媒劑，用以促進縮合（Condensation）、還原、加成及脫鹵（Dehalogenation）等反應。另外，鎂的古林諾（Grignard）反應，對於有機合成相當重要。

　　鎂鹽幾皆無色並溶於水。氫氧化鎂、碳酸鎂、磷酸鎂及砷酸鎂等溶解度很小，可視同不溶於水。硫化鎂易水解成氫氧化鎂及硫化氫。

　　將強鹼〔如 NaOH、KOH 或 Ba(OH)$_2$〕加入含 Mg^{+2} 之溶液，會產生白色膠狀的 Mg(OH)$_2$ 沉澱；溶液內若不含 NH$_4^+$，則沉澱更趨完全。此乃

一旦溶液含有 NH_4^+，便無法從此種弱鹼中，提供足夠的 OH^-，以完全滿足 $Mg(OH)_2$ 之溶解度。因此若加入 NH_4OH，使溶液含足夠的 NH_4^+，則無沉澱發生。

　　鹼性碳酸鹽，能使 Mg^{+2} 生成鹽基性碳酸鹽〔$Mg(OH)_2 \cdot MgCO_3 \cdot 3H_2O$〕而沉澱；若通入 CO_2，則此種浮懸狀的碳酸鹽，即成 $Mg(HCO_3)_2$ 而溶解。此時溶液若為冷卻狀態，即使加入鹼性碳酸氫鹽（Alkali bicarbonate），亦不會使 Mg^{+2} 沉澱；如被煮沸，由於 CO_2 逸去，則鹽基式碳酸鎂即又沉澱。

　　加 Na_2HPO_4 於含 Mg^{+2} 之中性溶液，可生微溶性之磷酸氫鎂（$MgHPO_4^- \cdot 3H_2O$）。若含 Mg^{+2} 與 PO_4^{-3} 之酸性溶液，以氨水還原成鹼性，即可生成磷酸氨鎂（$MgNH_4PO_4 \cdot 6H_2O$）沉澱。

15-3 分解與分離

一、分解：鎂或鎂合金通常均使用無機酸，尤其是鹽酸溶解之。

二、分離

　　為能得到精確之分析結果，除了鹼性元素（Alkalies）和銨鹽外，尚需與其他金屬分離。因無特定試劑，以供鎂之分離，故通常均從溶液中，除去干擾元素。

　　由於所使用之試劑，在性質上均為選擇性（Selective），而非特定性（Specific），故在分離步驟中，需分離各個族群離子（Group of ions）；而其分離之前後次序和方法，則視樣品種類及元素性質而定；總之，以步驟數目最少，鎂的損失最小為原則。

(一) 沉澱法

1. 無機沉澱劑：通常可依次根據下列各法，分離各族元素。

（1）酸不溶物沉澱劑（Acid insoluble precipitants）

　　樣品經酸溶解後，Si、W 均成水合氧化物而沉澱。若使用鹽酸作脫水劑，Ag、Pb 則成氯化物而沉澱；若使用過氯酸（Perchloric acid）作脫水劑，則 Sn 成氧化物而沉澱。

（2）硫化氫

在含 0.3N HCl 或 H₂SO 之溶液中，定性化學上屬於第二族之元素，As、Cu、Ag、Sb、Bi、Sn、Cd、及 Pb 等，能與硫化氫或乙硫脲（Thioacetamide,CH₃CSNH₂）生成硫化物沉澱，而與鎂分離。乙硫脲在酸中水解後，生成硫化氫。使用此種沉澱劑，所產生之硫化物沉澱，具有結晶粗鬆、易於過濾、不易被其他離子污染、並可消除硫化氫之惡味等優點，故較使用硫化氫沉澱劑為佳。

在含蟻酸（Formic acid）和蟻酸銨（Ammonium formate）緩衝劑之微酸性溶液（pH2.5）中，鋅亦可沉澱而除去。溶液若加入醋酸鹽緩衝劑，則鈷、鎳亦可沉澱而除去。

（3）氨

能被氨沉澱之金屬族群甚多，包括 Al、Fe、Cr⁺³、Ti、Zr、以及稀土族元素。沉澱時，溶液需含足夠氯化銨，以防鎂成氫氧化鎂而沉澱。若此種膠狀沉澱物很多，為免發生局部沉澱（Localized precipitation）和夾沉（Inclusion），故需行二次沉澱。若係在混合均勻之溶液中，使用尿素（Urea）沉澱，則無此弊。

溶液若含大量砷酸鹽（Arsenate）或磷酸鹽（Phosphate），亦可能與上述金屬生成沉澱物；若加足夠 Fe⁺³，可避免鎂之損失。

在上述條件中，錳會發生部份沉澱。若在氨水中加溴水或高硫酸銨（Ammonium persulfate）氧化劑，則錳成無水二氧化錳（MnO₂）而析出。

（4）硫化銨

在含氯化銨（NH₄Cl）之氨水溶液中，加硫化銨〔（NH₄）₂S〕、硫化氫、或乙硫脲（CH₃CSNH₂），Fe、Co、Ni、Zn 和 Mn 均生成硫化物而沉澱。

（5）氫氧化鈉

在氫氧化鈉溶液中，鎂能與大多數之兩性金屬（Amphoteric metal）分離。本法尤其適用於鋁和鋅合金中鎂的分離。Mg 能與 Fe、Cr⁺³、Mn、Co、Ni、Cu、以及小量 Al 和 Zn 一併下沉。溶液若含氧化劑，如 H₂O₂，鉻轉化為鉻酸離子（Chromium ion），而不會沉澱；若含 NaCN，Ni、Co 及 Cu 等，則與 CN⁻ 生成複合物而溶解。

（6）磷酸銨鎂（Magnesium Ammonium phosphate）

　　在含酒石酸或檸檬酸鹽之氨水中，鎂能與磷酸二銨鹽（Diammonium phosphate）生成沉澱，而與 Al、Fe 分離。大量的 Al 和 Fe 先經分離後，本法可使鎂與少量的 Fe 和 Al 分離。Mn、Cu、Sr 及 Ba 等，亦能一併下沉；Zn、Cd 及 Co 等，則能與 NH₃ 生成複合物而留於溶液內。

（7）其他方法

　　Fe、Al、Cr^{+3} 及 Mn 等元素能與 ZnO 浮懸液生成沉澱，而與鎂分離。在 -15℃ 之鹽酸溶液中，鋁能成 $AlCl_2 \cdot 6H_2O$ 而沉澱，而與微量鎂分離。

2. 有機沉澱劑

（1）庫弗龍（Cupferron）

　　在酸性之冷溶液中，Fe^{+3}、Ti、Zr、V^{+5} 及 Sn^{+4} 等，能與庫弗龍生成複合物沉澱，而與鎂分離。在 HCl（10%）中，Cu、Fe^{+3}、Su^{+4}、Ti、Zr 及 V^{+5} 與庫弗龍所生成之複合物可完全被氯仿或乙醚所萃取；而 Mo^{+6} 則幾乎可完全被萃取。許多三和四價之金屬，例如 Fe、Bi、Zr、Ti 及 Sn 等，與庫弗龍所生成之複合物，在 pH0.3 ～ 1.0 之間，可完全被苯和異戊醇（Isoamyl alcohol）混合液（1：1）所萃取；而 Al、Cu 和稀土族元素則部份被萃取。

（2）8- 羥喹啉（8-Hydroxyquinoline）

　　本試劑可作為許多金屬（包括鎂在內）之沉澱劑和定量劑之用。在氫離子濃度控制得宜之條件下，可使鎂與許多金屬分離。Al、Ti、Fe^{+3}、Cu、Co、Ni、Zn 及 Cd 等元素，在含醋酸鹽緩衝劑之熱溶液中，可與 8- 羥喹啉生成複合物沉澱，而與鎂分離；沉澱物可藉過濾或使用有機溶劑（如氯仿）萃取而除去。

　　在含酒石酸鹽之鹼性溶液中，鎂能與 8- 羥喹啉生成複合物沉澱，而與小量 Al 和 Fe^{+3} 分離。Cu、Zn 及 Cd 之作用與鎂同，故屬干擾元素。另外，在 pH9 ～ 12 之溶液中，鹼性金屬（Alkali metal）不會沉澱，可與鎂分離。

（3）SDDC（Sodium diethyldithiocarbamate）

　　在中性或微酸性溶液中，Fe、Ni、Co、Pb、Bi、Cu、Zn、Cd 及 Mn 等元素能與 SDDC 生成各該元素之複合物而沉澱，可藉過濾或使用有機溶劑（如氯仿或異戊醇）萃取，而使鎂與小量之前述金屬元素分離。

（4）安息香酸（Benzoic acid）

在醋酸溶液中，Fe^{+3}、Al、Cr^{+3}、Zr、Ti^{+4}、Bi 及 Sn^{+4} 等元素能與安息香酸（或稱苯甲酸）生成各該元素之安息香酸鹽複合物沉澱，而與鎂分離。本法通常用於取代 Fe 和 Al 之氨沉澱（Ammonia precipitation）；因為使用本試劑取代氨時，其沉澱物較易過濾，共沉作用（Coprecipitation）亦較輕微。進行沉澱時，可加安息香酸銨（Ammonium benzoate）於含有氯化銨和稀醋酸之樣品溶液中；Fe^{+3} 和 Al 可用醋酸乙酯（Ethyl acetate）、丁醇（Butyl alcohol）、或戊醇（Amyl alcohol）等有機溶劑萃取之。

（二）電解法

使用鉑或汞陰極在酸性溶液中進行電解，可除去重金屬族元素。

（1）鉑陰電極

在電動序列（Electromotive series）中，氫以下之元素（如 Ag、Cu 等），在酸性溶液中均可沉積於鉑陰極上；在適當條件下，其他某些元素，尤其是鉛，則以較高之氧化物形態沉積在陽極上。電解質以硫酸、硝酸、或過氯酸為宜；不宜使用鹽酸，否則電解期間釋出之氯氣，能侵蝕鉑極。電解期間若使用較高之電流密度，並攪拌溶液，能快速完成分離。

（2）汞陰極

在酸性溶液中，Fe、Co、Ni、Cr 及 Zn 能與 Hg 生成汞齊（Amalgam），沉積於汞陰極內。本法可使鎂與大量干擾元素（如 Fe、Zn）分離。電解液通常採用硫酸，硝酸和過氯酸亦可。

15-4 定性

由於氫氧化鎂能與顏料發生吸附作用，因此在鹼性溶液中，鎂能與下述試劑，產生呈色反應。太旦黃（Titan yellow），學名為 Sodiumdehydrothio-p-toluidinesulfonate，能與鎂產生紅色反應。Ag、Cu、Cd、Co、Ni 及 Zn 等干擾元素可用 KCN 遮蔽之。Bi、Fe、Cr、Sn、As、Mn 及 Al 會產生干擾。

「美生 I（Magneson I , p-Nitrophenylazoresorcinol）」、「美生 II（Magneson II，p-Nitrophenylazo-1-naphthol）」、QNZ（Quinalizarin，1,2,5,

8-Tetrahydroxyanthraquinone）等試劑，均能與鎂產生藍色反應；使用前二者時，Ni、Co、Cu、Ag、Cd 和 Zn 等干擾元素，可用 KCN 遮蔽之。NH_4^+、Al、Sn、Mn、醋酸鹽、酒石酸鹽、以及能與 OH^- 生成沉澱之金屬，均屬干擾物。使用後者時，Co、Ni、Cu 等干擾元素，可用 KCN 遮蔽之；Fe 可用酒石酸鹽遮蔽之。NH_4^+、Zr、以及能與 OH^- 生成沉澱之金屬，均為干擾物。

　　鹼性次碘酸鹽（Alkali hypoiodite）能與鎂產生深紅棕色反應；干擾物計有：多種還原劑、能與 OH^- 生成有色氫氧化物之金屬、以及 Bi、Fe^{+3}、Mn、Co、Ni、Al、Pb、Cb 及 NH_4^+ 等。

　　Mg^{+2} 能與 AAPH（5-p-Acetoaminophenylazo-8-hydroxyquinoline，5-對 - 乙醯氨基苯偶氮 -8- 羥喹啉）產生紫色反應；Sn 和能與 OH^- 生成有色沉澱之金屬均會產生干擾。

　　薑黃素（Curcumin）與 DPC（Diphenylcarbazide）能與 Mg^{+2} 分別生成橙黃色及藍紫色反應；前者之干擾物為能與 OH^- 生成有色沉澱物之金屬。

　　另外，在 NH_4OH 溶液中，ANS（1-amino-2-naphthol-6-sulfonate，1-氨基 -2- 萘酚 -6- 磺酸鹽）能與鎂生成黃色沉澱；Fe^{+3}、Cu^{+2} 及 Mn^{+2} 等會產生干擾。

15-5 定量

一、重量法

（一）磷酸銨鎂法

　　本法屬於古典型的重量法。鎂成磷酸銨鎂（Magnesium ammonium phosphate,$MgNH_4PO_4 \cdot 6H_2O$）沉澱，經燒灼後即成焦磷酸鎂（Magnesium pyrophosphate, $Mg_2P_2O_7$），可供稱重。本法適用之鎂濃度範圍甚大。鎂沉澱之前，除了鹼金屬（Alkali metal）和銨鹽外，其他金屬元素幾乎都需除去。另外，鎂亦可能生成 $Mg_3(PO_4)_2$ 沉澱，而使分析結果偏低；以及成 $Mg-(NH_4)_2(PO_4)_2$ 沉澱，而使結果偏高。故宜在氨水（5 ～ 10%，體積計）中，加入 10 倍過量之新製磷酸氫二銨〔$(NH_4)_2HPO_4$〕溶液（10%），生成第一次磷

酸銨鎂沉澱。過濾後，以 HCl（1：4）溶解沉澱。然後再加小量磷酸氫二銨及足量氫氧化銨，使氫氧化銨含量達到 5%（體積計），生成第二次磷酸銨鎂沉澱。沉澱需靜置數小時。

為了能生成顆粒粗大之磷酸銨鎂沉澱，亦可在磷酸鎂溶液中，加入氯化銨與甲醇胺（Methanolamine）；此二者作用後，能緩緩釋出銨離子（NH_4^+），而與磷酸鎂，生成磷酸銨鎂沉澱。沉澱前加入乳酸（Lactic acid），能與 Fe、Al 和 Ti 等，生成複合離子，而消除其干擾性。

沉澱物與濾紙，宜儘量以低溫及緩速燒灼之，以防磷質發生還原與揮發作用。若開始即以高溫燒灼，易遺下未燃碳質（Unburned Carbon）。沉澱物若含鈉質，燒灼時濾紙會生成一層塗敷物，以致不易除去碳質，亦不易獲得組成均勻之焦磷酸鎂。

（二）8- 羥喹啉鎂法

8- 羥喹啉能與鎂生成黃綠色之 8- 羥喹啉鎂（Magnesium 8-hydroxy-quinolate or Magnessium Oxinate）複合物而沉澱。此試劑能使三十多種元素沉澱，因此對鎂而言，具有選擇性但不具特定性，故在沉澱前，應除去所有干擾性元素。大量的銨鹽和鹼金屬不會干擾；但大量之草酸銨能阻礙沉澱作用，故需以濕氧化法（Wet Oxidation）除去之。

在 pH9 ～ 12 之含氨或鹼性溶液中進行沉澱，可得結晶形之水合沉澱物。沉澱物以 105 ～ 110℃燒灼之，可得帶二結晶水之稱重物，$Mg(C_9H_6-ON)_2 \cdot 2H_2O$；若以 130 ～ 160℃燒灼之，可得無水稱重物，$Mg(C_9H_6OH)_2$。這些沉澱物若敷以一層草酸（Oxalic acid），經燒灼後，可得稱重物，MgO。草酸旨在促進有機物之燒灼，並防止沉澱物之昇華。

本法之沉澱劑用量不宜超過 50%，否則易與沉澱物生成共沉作用（Coprecipitation）。共沉之沉澱劑以 160℃燒灼之，可揮發而去。樣品含鎂量宜在 10 ～ 100mg 之間，並宜在含有氯化銨之含氨溶液中進行沉澱。溶液於熱至 60 ～ 80℃時，一面攪拌，一面緩緩加入 8- 羥喹啉溶液（5%），至溶液上面浮著一層深黃色液體為止。沉澱經蒸煮、過濾、使用 NH_4OH（稀）洗淨、以及乾燥後，可供稱重。

二、滴定法

(一) EDTA 法

　　Ethylenediaminetetraacetic acid, 簡稱 EDTA，屬於一系列氨基聚羧酸（Aminopolycarboxylic acids）之其中一種，能與許多金屬生成微量離子化之螯鉗複合物。

　　屬自由酸（Free acid）之本試劑，其水溶性甚小〔2g/l（22℃）〕，故 在 分 析 化 學 上，均 使 用「EDTA 之 二 鈉 鹽（Disodium salt of ethylenediaminetetraacetic acid，$Na_2H_2 \cdot C_{10}H_{12}O_8N_2 \cdot 2\ H_2O$）」，以 替 代 EDTA。本書所謂之 EDTA，即指 EDTA 之二鈉鹽。

　　EDTA 為一白色結晶複合物，在水中呈中度溶解性〔11.1 克 /100 克溶液（21℃）〕。在溶液中呈微酸性；在 0.1M 溶液中，其酸度約為 pH5。因易得 EDTA 之純物，故可配製標準溶液。EDTA 之商品名稱甚多，如 Complexone III、Trilon B、Disodium Versenate、Versene、Complexon、Calsol、Nervanaid、Nullapon、Sequestrene 及 Chelaton 等。

　　設 Na_2H_2Y 為 EDTA 分子式之簡寫，則

$$Na_2H_2Y + Mg^{+2} \rightarrow Na_2MgY + 2H^+$$

　　由上式可知，EDTA 每與 1 Mole Mg 生成複合物，可釋出 2 當量 H^+，故可使用標準氫氧化鈉溶液滴定之，以計算鎂含量。

　　自從發現多種對金屬具敏感性之指示劑（Metal-sensitive indicator）後，因而改善了 EDTA 之滴定終點。這些化合物均為「酸 - 鹽基指示劑（Acid-base indicator）」，具兩個或兩個以上之顏色改變敏感帶，並能與金屬生成複合物。至滴定終點時，EDTA 能除去金屬與指示劑所生成之複合物中之金屬，轉而與此金屬生成更安定之複合物。對金屬具敏感性之指示劑，需具備下列條件：(1) 安定性良好；(2) 能迅速並可逆的從指示劑複合物中移出金屬；(3) 顏色反應靈敏，尤以靠近終點時為然；(4) 指示劑應具備特定性，或至少選擇性，以便消除干擾；(5) 在滴定時之 pH 範圍內，指示劑應符合前述條件。

　　在許多羥代偶氮染料（Hydroxylated azo dye）中，能符合上述各項條

件，並能與鎂生成有色化合物者，以 EBT（Eriochrome Black T）最佳。此物之商業名稱甚多，如 Eriochrome Schwartz T、Pontachrom Black S、Chrome T、Solochrome Black T、TS、WDFA、以及 Chromogen Black ET BO 等。學名：Sodium1-(1-hydroxy-2-naphthylazo)-6-nitro-2- naphthol-4-sulfonate。此物屬三鹽基酸（Tribasic acid）（以 H_3In 代表其分子式），並具兩個變色敏感帶：

$$H_2In^- \underset{pH6.3}{\overset{\longleftarrow}{\longrightarrow}} HIn^{-2} \underset{pH11.5}{\overset{\longleftarrow}{\longrightarrow}} In^{-3} \cdots\cdots\cdots\cdots\cdots ①$$
　　酒紅　　　　藍色　　　　桔紅

加鎂於含此種指示劑之溶液中，則產生如下之平衡：

$$Mg^{+2} + In^{-3} \overset{\longleftarrow}{\longrightarrow} MgIn^- \cdots\cdots\cdots\cdots\cdots\cdots ②$$
　　　　　桔紅　　　酒紅

$$Mg^{+2} + HIn^{-2} \overset{\longleftarrow}{\longrightarrow} MgIn^- + H^+ \cdots\cdots\cdots\cdots ③$$
　　　　　藍　　　　酒紅

在 pH8 ～ 10 之間，第③式之反應，在實用上已趨於完全，因其所生成之 H^+ 能與鹽基（Base）發生反應而被除去。

當加 EDTA 於上述之溶液時，由於指示劑複合物中之鎂被 EDTA 所萃取，因此溶液立刻由酒紅色，轉化為指示劑本身原來的藍色：

$$MgIn^- + H_2Y^{-2} \overset{pH10}{\overset{\longleftarrow}{\longrightarrow}} MgY^{-2} + HIn^{-2} + H^+ \cdots\cdots\cdots ④$$
　　酒紅　　　　　　　　　　　　藍

④式所生成之 H^+，亦能被溶液中之鹽基所中和，故其平衡向右移，而使反應趨於完全。

在含氫氧化銨與氯化銨緩衝劑，同時酸度調整至 pH10 ～ 11 之溶液中，鎂和 EBT 之顏色反應最為明確。以 EDTA 滴定鎂時，所用之其他指示劑列如表 15-4。

表 15-4　以 EDTA 滴定鎂所用之指示劑

指　示　劑	有效 pH	緩衝劑	顏色變化
（1）EBBB（Eriochrome Blue Black B）	10	「NH₄OH-NH₄Cl」	紅→藍
（2）EBBR（Eriochrome Blue Black（Calcon）	10–11	同上	紅→藍
（3）酸性鉻藍顏料（Acid Chrome Blue Dyes）	10	同上	紅－藍→灰
（4）兒茶酚紫（Pyrocatechol Violet）	10	同上	綠－藍→紅－紫
（5）溴焦性沒食子酸紅(Bromopyrogallol Red)	10	同上	藍－紅→紫
（6）酚紫（Naphthol Violet）	10	NH₄OH	紅－紫→藍
（7）金屬酚酞（Metalphthalein）	10–11	NH₄OH	紅→粉紅
（8）甲基麝香草酚紫（Methylthymol Blue）	10	「NH₄OH-NH₄Cl」	灰→藍

　　以 EDTA 滴定鎂時，最佳酸度為 pH10 ～ 11，通常均使用 NH₄OH-NH₄Cl 緩衝液控制之。另外，亦可使用「乙醇胺（Monoethanolamine）-鹽酸」緩衝劑或「硼酸鈉（Sodium borate）－氫氧化鈉」緩衝劑。

　　EDTA 與鎂之間的反應，並非選擇性的，故需加遮蔽劑，以消除干擾元素。氰化物能與 Cd、Zn、Ni、Co、Ag 和 Cu 等元素，生成非常安定之複合物。所有這些複合物之安定性較相對的 EDTA 複合物為強，因此在滴定前，加氰化鈉或氰化鉀於含氨之試樣溶液內，即能消除這些干擾元素。

　　另外，三乙醇胺（Triethanolamine）能與 Fe⁺³、Al 及 Mn⁺³ 等元素，生成安定性良好之複合物。中等濃度之 Fe⁺³，能與三乙醇胺生成明顯的棕黃色溶液；若溶液變為鹼性，則顏色消失。在含氨溶液中，Mn⁺³ 與三乙醇胺生成綠色複合物，由於此種顏色甚為明顯，故只有 3mg Mn⁺³ 能被遮蔽。由於 Mn⁺³ 亦能氧化 EBT，因此若含量很大，宜使用鹼性氧化法或 DDC（Diethyldithiocarbamate）萃取法除去之，否則一旦被還原，則其滴定反應同鎂，因而能提高鎂之分析結果。三乙醇胺能使 EBT 指示劑發生顏色「倒褪反應（Back-fading）」，故在滴定前宜使樣品溶液冷至 5℃，俾能產生明確、清晰之終點。在滴定鋁合金試樣中的鎂時，如使用三乙醇胺，則無需作干

擾元素之前期分離。

在含氨溶液中，Cd、Zn、As、Sb、Sn、Pb 及 Bi，能與 2,3- 二丙硫醇（2,3-Dimercaptopropanol）生成無色或淡黃色之複合物；而 Fe^{+3}、Cu、Co、Ni 及 Mn^{+2}，則生成顏色較深之複合物。除了 Mn、Ni 以外，所有前述各元素，與此試劑所生成之複合物之安定性，均較相對之 EDTA 複合物為強，故可提昇 EDTA 滴定之選擇性。

遮蔽劑加添之順序應加以注意，因為某些金屬能生成深顏色之複合離子，而遮住 EBT 之終點。在大部份之情況下，氰化鉀應在三乙醇胺或 2,3-二丙硫醇之前加入。含量太多之干擾元素，應以分離法予以除去。

溶液若含磷，能使分析結果偏低。加入鉬酸鈉（Sodium molybdate），能使磷酸離子生成異性酸複合物（Heteropoly complex），並可使用「丁醇（n-Butylalcohol）- 氯仿」混合物萃取而分離之。

（二）8- 羥喹啉法

8- 羥喹啉（8-Hydroxyquinoline）溴化（Brominated）後，能產生「二溴取代生成物（Dibromosubstituted Product）」。其定量過程之典型反應如下：

$$Mg^{+2} + 2C_9H_6NOH \rightarrow Mg(C_9H_6NO)_2 \downarrow + 2H^+ \cdots\cdots\cdots\cdots ①$$
黃綠色

$$Mg(C_9H_6NO)_2 + 2HCl \rightarrow Mg^{+2} + 2C_9H_6NOH + 2Cl^- \cdots\cdots ②$$

$$KBrO_3 + 5KBr + 6HCl \rightarrow 3Br_2 + 6KCl + 3H_2O \quad \cdots\cdots\cdots ③$$

$$C_9H_6NOH + 2Br_2 \rightarrow C_9H_4Br_2NOH + 2HBr \cdots\cdots\cdots\cdots ④$$

從②、④兩式可知，1 原子 Mg 相當於 $4Br_2$；亦即其當量為 Mg/8 或 3.040g Mg。因此 1ml $KBrO_3$（0.1N）等於 0.304mg Mg。由當量可知，本法之樣品含鎂量宜少，通常為 5～30mg/100ml 溶液。

從重量法所得之 8- 羥喹啉與鎂之複合沉澱物，可供作本法作快速而靈敏之測試。此沉澱物經 HCl（2N）溶解後，可用「$KBrO_3$（0.1N）–KBr」溶液直接滴定。直接滴定時，很少使用甲基紅（Methyl red）或靛藍紅（Indigo carmine）作為指示劑，因二者之終點顯示不明確，甚至在近終點時，會有褪色之虞。因此通常加入過量「溴酸鉀 – 溴化鉀」溶液，然後再加入碘化鉀；

釋出之碘，以硫代硫酸鈉標準溶液滴定之，並以澱粉作為指示劑。在此期間應避免溴的損失，尤其在處理小量之複合物時為然。

　　當碘化鉀加入經過量「溴酸鉀－溴化鉀」溶液滴定過之複合物溶液時，會產生咖啡色之 8- 羥喹啉之碘加成生成物（Iodine addition product）沉澱，在硫代硫酸鈉滴定時，此沉澱物會逐漸分解。若 8- 羥喹啉含量太多，則會生成二溴取代（Dibromosubstituted）之 8- 羥喹啉結晶；可加二硫化碳（Carbon disulfide）溶解之。

　　本法之干擾元素同本節重量法（8- 羥喹啉鎂法）。

三、光電比色法

(一)有機金屬複合物法（Organometallic complexes）

　　在 pH9.5 ～ 10.1，並含「氨－氯化銨」緩衝劑之溶液中，鎂與 EBT 能生成紅色之複合物，其顏色與鎂含量成正比。顏色在 1 小時內很安定；其最大吸光度在 $520\mu m$ 處。干擾元素有 Zn、Cu、Ni、Co、Cd 及 Fe 等，可用氰化鉀遮蔽之；Ca 則可成草酸鈣沉澱而除去之。另外，氟化物、磷酸鹽、硫酸鹽及草酸鹽等，亦應消除之。

　　在含氨溶液中沉澱之 8- 羥喹啉鎂（Magnesium hydroxyquinolate），經過濾後，再溶於鹽酸中，可生成淡綠色溶液，其顏色深淺與鎂含量成正比。此溶液在數日內很安定；其最大吸光度在 $356\mu m$ 處。

　　加水溶性有機溶劑，丁基賽洛梭夫（Butyl cellosolve）於含氨之試樣溶液中，可使用含 8- 羥喹啉之氯仿，完全萃取 8- 羥喹啉鎂。萃取時，樣品溶液應含 5% 丁基賽洛梭夫；酸度為 pH10.0 ～ 10.2。氯仿萃取劑應含 3% 8- 羥喹啉。干擾元素計有 Ni、Co、Cu、Ag 及 Ca 等。

(二)間接光電比色法

　　磷酸銨鎂之磷含量，可藉生成黃色磷鉬酸鹽（Phosphomolybdate），或以氯化亞錫（Stannous Chloride）、磺酸氨基萘酚（Aminonaphtholsulfonic acid）、或羥菎（Hydroquinone）還原磷鉬酸鹽成鉬藍（Molybdenum blue）而測定之。然後再藉此計算鎂的含量。

　　8- 羥喹啉鎂鹽中之 8- 羥喹啉，有許多用途。8- 羥喹啉鎂沉澱，以稀

酸或醋酸溶解後，8- 羥喹啉能與氯化鐵，生成能被氯仿或四氯化碳萃取之有色 8- 羥喹啉鐵（Ferric Oxinate），其色澤之深淺與鎂含量成正比。另外，8- 羥喹啉若與 4- 氨基恩梯吡啶（4-Aminoantipyrine）化合，再於鹼性溶液中，與亞鐵氰化鉀（Potassium ferrocyanide）作用，可生成桔紅色化合物。又 8- 羥喹啉鎂溶於稀鹽酸後，8- 羥喹啉能還原鉬鎢酸（Molybdotungstic acid）、磷鎢酸（Phosphotungstic acid）、或磷鎢鉬酸（Phosphotungstomolybdic acid），而生成藍色生成物。另外，8- 羥喹啉鎂沉澱後，亦可藉測定過剩之 8- 羥喹啉而計算鎂之含量。

「樹脂酚黃（Tropeolin OO）」與鎂所生成之複合物沉澱，經過濾後，以硫酸再溶解之，可得紫紅色溶液，其顏色深淺與鎂含量成正比。

15-6 分析實例

15-6-1 重量法

15-6-1-1 磷酸氫二銨沉澱法：本法適用於市場鋁及鋁合金（註 A）之 Mg，以及含 Mg < 12% 之樣品。

15-6-1-1-1 第一法

15-6-1-1-1-1 應備試劑

（1）硫化銨〔$(NH_4)_2S$〕溶液

量取適量 NH_4OH（1：9）→引入 H_2S 氣體至飽和。

（2）硫化銨〔$(NH_4)_2S$〕洗液

稱取 10 克 NH_4Cl →加數滴 NH_4OH →加 1000ml H_2O →加 10ml 上項 $(NH_4)_2S$ 溶液→攪拌混合。

（3）溴水（飽和）

（4）甲基紅溶液（0.04%）

稱取 0.1g 甲基紅（Methyl red）→加 3.72ml NaOH（0.1N）→攪拌溶解→加水稀釋成 250ml →若有雜質應予濾去。

（5）氫氧化鈉溶液（20%）

稱取 200g NaOH →加適量水溶解後，再繼續加水稀釋成

1000ml →儲存於塑膠瓶內。

（6）碳酸鈉（Na_2CO_3）洗液（0.5%）

稱取 5g Na_2CO_3 →加適量水溶解後，再繼續加水稀釋成 1000ml →儲存於塑膠瓶內。

（7）磷酸氫二銨〔$(NH_4)_2HPO_4$〕溶液（10%）

稱取 100g〔$(NH_4)_2HPO_4$〕→加水溶解後，再繼續加水稀釋成1000ml。

15-6-1-1-1-2 分析步驟

（1）稱取適量試樣（註 B）（以含 0.5～50mg Mg 為宜，並精稱至 1mg）於 400ml 燒杯內。另備 400ml 燒杯一個，供作空白試驗。

（2）每 g 試樣加 30ml NaOH（20%）溶解之（註 C）。

（3）俟作用停止後，再加熱助溶。

（4）俟氫氣（註 D）不再冒出後，趁熱小心加入數滴 H_2O_2（註 E），使 Cr、Zn、Si 等元素氧化分解完全。

（5）加水稀釋成 150ml。加 3～5g Na_2CO_3。充分攪拌後，靜止至沉澱凝結下沉。

（6）使用快速濾紙過濾。以 Na_2CO_3（0.5%，熱）沖洗數次。濾液及洗液棄去。

（7）加 40ml HCl（1:1）（註 F）於濾紙上，以溶解殘渣。以熱水洗滌數次。濾液及洗液透過濾紙，聚於原燒杯內。

（8）加 NH_4OH 至溶液呈中性後，再過量數滴，使溶液呈鹼性（註 G）。然後加 5ml $(NH_4)_2S$ 溶液（註 H）。

（9）使用中速濾紙（Medium paper）過濾。以 $(NH_4)_2S$ 洗液沖洗數次。濾液及洗液暫存。

（10）加 15ml HCl（1:1）於濾紙上，以溶解沉澱。然後用熱水徹底洗淨濾紙。濾液及洗液透過濾紙，聚於原燒杯內。濾紙暫存。

（11）加 NH_4OH 至溶液呈中性，再過量數滴，使溶液呈鹼性。然後加 5ml$(NH_4)_2S$ 溶液。

(12) 使用原濾紙過濾。以 $(NH_4)_2S$ 洗液沖洗 4 次。沉澱棄去。濾液及洗液合併於第 (9) 步所遺之濾液內。

(13) 劇烈煮沸，以驅盡 $(NH_4)_2S$。

(14) 俟 $(NH_4)_2S$ 驅盡後，若仍有硫化物沉澱，則使用中速濾紙（Mediumpaper）過濾之。以水洗滌數次。沉澱棄去。

(15) 煮沸濾液及洗液。

(16) 趁熱加過量溴水（飽和）。再繼續煮沸，至黃色硫磺氧化消失為止。

(17) 將溶液調整至 75ml 後，再加 10ml 溴水（飽和）（註 I）。然後一面攪拌，一面加 NH_4OH 至微鹼性後，再過量 15 滴。

(18) 緩緩蒸煮，使微量之黑色二氧化錳（MnO_2）完全析出（註 J）。在蒸煮時，溶液需一直保持鹼性，否則應另酌加 NH_4OH。煮沸後，並應不時攪拌之（註 K）。

(19) 使用中速濾紙過濾。以熱水洗滌數次。沉澱棄去。

(20) 以數滴甲基紅溶液作指示劑，加 HCl（1:1）至溶液成微酸性，再過量 1ml。若甲基紅溶液無法保持其顏色（註 L），則加熱煮沸，以趕盡溴氣（Br_2）（註 M），然後再加入數滴甲基紅溶液。

(21) 一面攪拌，一面加 10ml $(NH_4)_2HPO_4$（10%）（註 N）。加數滴 NH_4OH，使溶液呈微鹼性（註 O）。然後劇烈攪拌，至白色磷酸銨鎂（$MgNH_4PO_4$）開始沉澱為止。

(22) 一面繼續攪拌，一面一滴一滴加入 NH_4OH（註 P），至不見有新的沉澱析出為止。然後以每 100ml 溶液加 5ml NH_4OH（註 Q），並劇烈攪拌之。

(23) 蓋好後，靜止一夜（註 R）。

(24) 使用細密慢濾紙（Fine paper）過濾。以 NH_4OH（5:95）（註 S）沖洗 2 次。濾液及洗液棄去。

(25)（註 T）加少量 HCl（1:3）於濾紙上，以溶解沉澱，並聚於原燒杯內。

(26) 加水稀釋成 100ml，再加 2ml $(NH_4)_2HPO_4$（10%）。然後以數滴甲基紅（Methyl red）溶液當指示劑，加 NH_4OH，至溶液呈微鹼性為止。

　　　　然後攪拌至白色磷酸銨鎂（$MgNH_4PO_4$）開始沉澱。

（27）一面繼續攪拌，一面一滴一滴加入 NH_4OH，至不見有新的沉澱析出為止。然後以每 100ml 溶液加入 5ml NH_4OH，並劇烈攪拌之。

（28）蓋好後，靜止至少 4 小時。

（29）使用細密慢濾紙（Fine paper）過濾。用 NH_4OH（5：95）徹底洗淨。濾液及洗液棄去。

（30）將沉澱連同濾紙移於已烘乾稱重之坩堝中，置於烘箱內烘乾之。再利用噴燈或馬福電爐（Muffle furnace），以低溫燒灼濾紙（註 U）。然後逐漸增高溫度，至殘渣燒成白色後，再以 1000～1100℃（註 V）燒灼至恒重（約需 30 分鐘）。殘渣為焦磷酸鎂（$Mg_2P_2O_7$）（註 W）。

15-6-1-1-1-3 計算

$$Mg\% = \frac{(w_1 - w_2) \times 0.2185}{W} \times 100$$

　　w_1 ＝試樣溶液所得殘渣（$Mg_2P_2O_7$）重量（克）

　　w_2 ＝空白溶液所得殘渣（$Mg_2P_2O_7$）重量（g）

　　W ＝試樣重量（g）

15-6-1-1-1-4 附註

（A）一般鋁合金通常含大量 Zn、Cu、Fe、Mg、Mn、Si、Ni；往往亦含少量之 Bi、B、Cr、Pb、Sn、Ti 等。

（B）（C）試樣若含高量之 Si，以 NaOH 溶解後，能生成一種難於處理之矽化合物沉澱（可能為矽酸鋁），故需改依下法處理之：

稱取 1g 試樣於 250ml 燒杯內→加 125ml H_2O（冷）→加 25ml NaOH（20%）分解之（需一小份一小份加入，使分解作用緩緩進行）→使用細密濾紙過濾。以 Na_2CO_3 洗液（0.5%，熱）將濾紙上之沉澱沖入原燒杯內（濾紙保留）→加 5g NaOH →緩緩蒸煮，並不時加入 H_2O_2，至所有黑色矽化物完全分解為止→使用原濾紙過濾，以 Na_2CO_3（0.5%，熱）洗滌數次。濾液及洗液棄去→然後接從第(7)步開始做起。

（C）（D）（E）

(1) 此時鋁合金所含有之金屬鉻若未溶解，則在第(7)步用 HCl 處理後，所棄去之殘渣內，可能含少量 Mg，使分析結果偏低，故需加 H_2O_2，促其氧化分解。同時 H_2O_2 亦可促進 Si 及 Zn 之氧化分解作用。

(2) 大量之鋁易溶於 NaOH，生成 $NaAlO_2$，並釋出 H_2 氣：

$$2Al + 2NaOH + 2H_2O \rightarrow 2NaAlO_2 + 3H_2 \uparrow$$

（F）未溶解之金屬鎂，此時可溶於 HCl 內：

$$Mg + 2HCl \rightarrow MgCl_2 + H_2 \uparrow$$

（G）（H）

(1) 在鹼性溶液中，定性分析上屬硫化銨族之元素（如 Fe、Co、Ni、Mu、Al、Zn、Cr 等）及 Cu 均能與 $(NH_4)_2S$ 化合成硫化物或氫氧化物之沉澱而於第(9)步除去。

(2) 因硫化物或氫氧化物沉澱能吸藏 Mg^{+2} 而一併下沉，故需再經(10)～(12)步，重新用 $(NH_4)_2S$ 溶液處理一次，予以回收。

（I）（J）（K）

(1) 任何少量之 Mn^{+2}，均能在第(21)及(26)步與 $(NH_4)_2HPO_4$ 化合成 $MnNH_4PO_4$，而與 $MgNH_4PO_4$ 一併沉澱析出，使分析結果偏高，故需在鹼性溶液中，再加溴水處理之，使成黑色 MnO_2 沉澱而除去：

$$Mn(OH)_2 + Br_2 \rightarrow MnO_2 \downarrow + 2HBr$$
$$\text{黑色}$$

(2) 溶液開始沸騰時，若能充分攪拌，可促使 MnO_2 凝結下沉。

（L）（M）

因 Br_2 能氧化甲基紅，使之無法呈色，故應煮沸趕盡。

（M）（O）（P）

(1) 在 NH_4OH 之鹼性溶液中，$(NH_4)_2HPO_4$ 能與 Mg^{+2} 生成磷酸銨鎂（$MgNH_4PO_4 \cdot 6H_2O$）之白色沉澱：

$$Mg^{+2} + NH_4^+ + PO_4^{-3} + 6H_2O \rightarrow MgNH_4PO_4 \cdot 6H_2O \downarrow$$
$$\text{白色}$$

（2）能干擾 $MgNH_4PO_4$ 沉澱之元素，計有 Ni、Mn、Cu、Be、Ca、Sr、Ba、Ti、Zr、Cr、Fe、Al、Pb、Sb 及 Bi 等。有些元素在鋁合金中甚為罕見，有的已經在各步除去，故 $MgNH_4PO_4$ 遂得獨自析出。

（Q）在過量約 5 ～ 10%NH_4OH 之溶液中，$MgNH_4PO_4$ 之溶解度最小，故 NH_4OH 應依規定加入。

（R）靜置愈久，$MgNH_4PO_4$ 沉澱愈完全。

（S）以 NH_4OH（稀）洗滌沉澱，可預防 $MgNH_4PO_4$ 水解：

$$MgNH_4PO_4 + H \cdot OH \rightarrow Mg^{+2} + HPO_4^{-2} + NH_4OH$$

（T）$MgNH_4PO_4$ 係在中等溫度，且體積較小之溶液中沉澱。在此種條件下沉澱，雖能減低 $MgNH_4PO_4$ 之溶解度，但亦能促使 $MgNH_4PO_4$ 吸附其他元素之離子，而一併下沉，使分析結果偏高，故需經（25）～（29）步，重新沉澱及過濾一次。

（U）（V）（W）

（1）溫度達 250℃時，即有少量 $MgNH_4PO_4$ 開始轉變成為 $Mg_2P_2O_7$：

$$2MgNH_4PO_4 \cdot 6H_2O \longrightarrow 2NH_3 + 13H_2O + Mg_2P_2O_7 \downarrow$$

白色

此時濾紙若仍未燒化，則 $Mg_2P_2O_7$ 能逐漸被濾紙所含之碳素，還原成磷，最後燒至高溫時，即揮發而去，致使分析結果偏低，故應先於低溫下燒毀濾紙。

（2）最後燒灼之溫度不得太低或太高，太低則 $MgNH_4PO_4$ 最後只變成 $Mg(NH_4)_4(PO_4)_2$，致使分析結果偏高；太高則 $Mg_2P_2O_7$ 能被分解：

$$3Mg_2P_2O_7 \xrightarrow{\text{高溫}} 2Mg_3(PO_4)_2 + P_2O_5$$

故應依規定燒灼之。

（3）若時間允許，開始燒灼時，宜將盛沉澱之坩堝，先置於常溫的馬福電爐內漸漸加熱，至 750℃時，燒灼 3 小時，再漸漸升至 1100 ～ 1150℃，燒灼至恒重。

15-6-1-1-2 第二法

15-6-1-1-2-1 應備試劑

（1）**HCl**（1：1）

（2）**HNO₃**

（3）**H₂SO₄**（1：1, 1：3, 1：5）

（4）**酒石酸**（20%）

　　稱取 20g 酒石酸→以 100ml H_2O 溶解之→若有雜質，應予濾去。

（5）**NH₄OH**

（6）**NH₄OH**（1：10）

（7）**NaOH**（20%）

　　稱取 20g NaOH →以 100ml H_2O 溶解之→以 PE（聚乙烯）瓶保存之（使用時取上層清液。）

（8）**Na₂CO₃**（固體）

（9）**高硫酸銨**〔$(NH_4)_2S_2O_8$〕（固體）

（10）**NH₄Cl**（20%）

　　稱取 20g NH₄Cl →以 100ml H_2O 溶解之→若有雜質應予濾去（使用時取上層清液。）

（11）**NH₄PO₃**（固體）

（12）**磷酸氫二銨**〔$(NH_4)_2HPO_3$〕（20%）

　　稱取 20g$(NH_4)_2HPO_4$ →以 100ml H_2O 溶解之→若有雜質，應予濾去。

（13）**KCN**（10%）

（14）**H₂O₂**（3%）

（15）**甲基紅溶液**

　　稱取 0.1 克甲基紅（Methyl red）→以 90ml 酒精溶解之→加水稀釋成 100ml。

15-6-1-1-2-2 分析步驟

（1）依照下表稱取適量試樣（註 A）於 300ml 燒杯內，以錶面玻璃蓋好。

樣品含 Mg 量（%）	試樣重量（g）
＜ 0.1	5
0.1 ～＜ 0.3	2
0.3 ～＜ 2	1
＞ 2	0.5

(2)（註 B）每 g 試樣加 15ml NaOH（20%）分解之。

(3)（註 C）俟反應停止後，加 5ml H_2O_2（3%）。然後加熱分解之。

(4) 加 2g Na_2CO_3〔若樣品含 Ni、Cu，則需另加約 10ml KCN（10%）〕（註 D），及少量濾紙屑，再加熱少時，使沉澱完全。

(5) 過濾。以溫水洗滌數次。濾液及洗液棄去。

(6) 以 20ml H_2SO_4（1：5，熱）溶解沉澱。濾紙用熱水洗淨。溶液透過濾紙，聚於原燒杯內。

(7) 加 5ml H_2SO_4（1：1）及 1ml HNO_3。加熱至開始冒出濃白煙後，再繼續加熱 30 分鐘。

(8) 於冷後，加 50ml H_2O（熱），再加熱至可溶鹽溶解。

(9) 過濾。以熱水洗滌數次。沉澱棄去。

(10)（註 E）加 NH_4OH 於濾液及洗液內，至溶液呈中性（或至氫氧化物之沉澱開始生成，）再一滴一滴加入 H_2SO_4（1：3），至沉澱恰恰溶盡為止。然後加 100ml H_2O（熱）。

(11) 煮沸後，加 1g $(NH_4)S_2O_8$。再煮沸數分鐘，使沉澱（MnO_2）完全析出。

(12)（註 F）過濾。以溫水洗滌數次。沉澱棄去。

(13) 濾液及洗液煮沸後，分別加入 10ml 酒石酸（20%）（註 G）及 10ml NH_4Cl（20%）。以數滴甲基紅溶液為指示劑，加 NH_4OH 至中和，再過量 20ml（註 H）。然後加水稀釋成 200ml。

(14) 冷卻至室溫後，加 $(NH_4)_2HPO_4$（20%），至不再有白色沉澱生成為止（約需 10 ～ 30ml）。然後靜置 4 小時。

(15) 過濾。以 NH_4OH（1：10）洗滌數次，再以 NH_4OH（1：10）（已先加 NH_4NO_3 至飽和）（註 I）洗滌 1 次。濾液及洗液棄去。

(16) 將沉澱連同濾紙移於瓷坩堝內。先以低溫燒灼，至濾紙灰化後（註J），再徐徐增高溫度，最後以 1000 ～ 1100℃燒至恒重。置於乾燥器內冷卻後，稱重。殘渣為焦磷酸鎂（$Mg_2P_2O_7$）。

15-6-1-1-2-3 計算

$$Mg\% = \frac{w \times 0.2185}{W} \times 100$$

w ＝殘渣（ $Mg_2P_2O_7$ ）重量（g）

W＝試樣重量（g）

15-6-1-1-2-4 附註

※ 註：除下列附註外，另參照 15-6-1-1-1-4 節之有關各項附註。

(**A**) 試樣以含 1 ～ 20mg Mg 為宜。

(**B**) (**C**)

若試樣含高量之 Si，則第（2）～（3）步應以下法代之：

加適量 HCl（1：1），以溶解試樣→蓋好→俟反應停止後，加 5ml HNO_3 →煮沸，使銅完全溶解→加約 30ml H_2O（溫）→過濾。以溫水洗滌數次。洗液與濾液合併於原燒杯內。沉澱棄去→徐徐加入 NaOH（50%），至沉澱〔Al(OH)$_3$〕開始溶解後，再過量 10ml →加熱，至氫氧化鋁〔Al(OH)$_3$〕完全溶解為止→然後接從第（4）步開始做起。

(**D**) Cu^{+2}、Ni^{+2} 均能與 CN^- 生成安定之複合離子〔如 $Cu(CN)_4^{-2}$、$Ni(CN)_4^{-2}$ 等〕，而於第（5）步隨濾液濾去，以免其干擾第（14）步 $MgNH_4PO_4$ 之沉澱。

(**E**) (**F**)

第（10）～（12）步，旨在除去 Mn〔參照 15-6-1-1-1-4 節附註（I）（J）（K）。若試樣不含 Mn，則可省去，而直接從第（13）步開始做起。〕

(**G**) 在第（13）步加過量 NH_4OH 後，Fe^{+3} 能成 $Fe(OH)_3$ 沉澱，至第（14）步時，即能與 $MgNH_4PO_4$ 一併下沉，使分析結果偏高，故需先加酒石酸，使與 Fe^{+3} 生成比 $Fe(OH)_3$ 更安定之複合離子：

$$Fe(OH)_3 + C_4H_4O_6^{-2} \rightarrow C_4H_2(FeOH)O_6^{-2} + 2H_2O$$

試樣若含 Ca，則加 NH_4OH 中和後，再過量數滴。然後加約 10ml 草酸銨（飽和）。加熱至沸點，並保持此溫度 1 小時，再過濾之。用熱水洗滌數次。沉澱棄去。濾液及洗液蒸發至約 180ml 後，加 20ml NH_4OH。然後從第（14）步開始做起。

（I）（J）

(1) 因沉澱物（$MgNH_4PO_4$）中含有 NO_3^-，濾紙灰化時，可防碳素發生還原反應。

(2) 另參照 15-6-1-1-1-4 節附註（U）（V）（W）。

15-6-1-2 8- 羥喹啉沉澱法：適用於市場鈦及鈦合金（註A）之 Mg

15-6-1-2-1 應備儀器

(1) 30ml 中速古氏玻璃濾杯（Gooch Crucibles, fritted-glass, medium porosity）。

(2) 350ml 中速布氏玻璃漏斗（Buchner funnels, fritted-glass, medium porosity）。

15-6-1-2-2 應備試劑

(1) 氫氧化銨洗液：量取 1000ml H_2O →加 10ml NH_4OH（濃）。

(2) 過氧化氫（H_2O_2）（30%）

(3) 氫氧化鈉（NaOH）（35%）

　　稱取 350g NaOH →加適量水溶解後，再繼續加水稀釋成 1000ml。

(4) 氫氧化鈉（NaOH）（1%）

　　稱取 10g NaOH →加適量水溶解後，再繼續加水稀釋成 1000ml。

(5) 8- 羥喹啉（5%）

　　稱取 5g 8- 羥喹啉（C_9H_7NO）→ 加 10ml 冰醋酸（Glacial acetic acid）→加水稀釋成 100ml →濾去雜質→儲於琥珀瓶內（時間不得超過 1 星期。）

15-6-1-2-3 分析步驟

(1) 稱取 10g 試樣於 600ml 燒杯內。

(2) 加 300ml H_2SO_4（1：5），再緩緩煮沸（註 B），至試樣溶解完畢為止。

(3) 以中速濾紙過濾（註 C）。濾液聚於 500ml 量瓶內。沉澱棄去。

(4) 冷至室溫後，加水稀釋至刻度，並均勻混合之。

(5) 以吸管吸取 200ml 試樣溶液於 600ml 燒杯內。

(6) 一面攪拌，一面加 150ml NaOH（35%）（註 D）。煮沸後，再繼續煮沸 5 分鐘。

(7) 冷至 50℃，即加 35ml H_2O_2（30%）（註 E）。緩緩攪拌，至氫氧化鈦〔$Ti(OH)_4$〕溶解為止（註 F）。

(8) 使用 350ml 中速布氏玻璃漏斗過濾。用 NaOH（1%，熱）沖洗數次。濾液及洗液棄去，並洗淨下面之過濾瓶（Filter flask）。

(9) 將 400ml HCl（1：3）注於過濾漏斗上，溶解沉澱。用熱水沖洗數次。濾液及洗液透過濾紙，聚於下面洗淨之過濾瓶內。

(10) 將溶液移於 400ml 燒杯內。加 NaOH 至溶液呈微鹼性後，再過量 5ml（註 G）。

(11) 加水稀釋成 150ml。若試樣含 Mn，則溶液稀釋後，需再另加 10ml 飽和溴水，然後煮沸 5 分鐘（註 H）。

(12) 使用快速濾紙過濾。以熱水洗滌數次。聚濾液及洗液於 400ml 燒杯內，暫存。

(13) 將 40ml HCl（1：3）注於濾紙上，溶解沉澱。用熱水沖洗數次。濾液及洗液透過濾紙，聚於 400ml 燒杯內。

(14) 加 NH_4OH 至溶液呈微鹼性，再過量 5ml。

(15) 使用快速濾紙過濾。以熱水洗滌數次。將濾液及洗液（註 I）合併於第（12）步所遺之濾液及洗液內（註 J）。沉澱棄去。

(16) 將溶液調整至約 225ml。加 5ml NH_4OH（註 K）。視溶液含 Mg 之濃度（註 L），加 5～10ml 8-羥喹啉溶液（5%）（註 M）。然後煮沸之。

(17) 從熱處移下，靜止 20～30 分鐘，讓 8-羥喹啉鎂〔$Mg(C_9H_6NO)_2$〕沉澱完全。

(18) 使用烘乾稱重之30ml中速古氏玻璃濾杯過濾。以NH_4OH洗液（熱）

洗滌數次。濾液及洗液棄去。

(19) 置於烘箱內，以 160℃烘乾 2 小時。

(20) 置於乾燥器內，冷卻後稱重。殘渣為 8- 羥喹啉鎂〔$Mg(C_9H_6NO)_2$〕。

15-6-1-2-4 計算

$$Mg\% = \cfrac{w \times 0.0778}{W \times \cfrac{2}{5} \text{（註 N）}} \times 100$$

w ＝殘渣〔$Mg(C_9H_6NO)_2$〕重量（g）

W＝試樣重量（g）

15-6-1-2-5 附註

（A）

(1) 一般鈦合金（Titanium-base alloys）除鈦外，均含大量之 Al、Cr、Fe、Ti、Mn、Mo 及 Si 等。有時亦含少量 Cl⁻、Mg、N_2、O_2 等。

(2) 鈦合金內 Mg 之含量約為 1% 以下。

（B）煮沸期間，若溶液濃縮過度，可酌加水分。

（C）沉澱不必洗滌。

（D）Mg、Ti、Cr、Mn、Fe、Co、Ni、Cu 等元素，均成氫氧化物沉澱；但 Al 則留於溶液內，於第 (8) 步隨濾液濾去。

（E）（F）

(1) H_2O_2 能溶解氫氧化鈦〔$Ti(OH)_4$〕，故 Mg^{+2} 得以與大量、且對本法深具干擾之 Ti 分離。

(2) H_2O_2 經久儲後，效力易消失，宜注意之。使用於本法之 H_2O_2 必須為最濃者（即 30%）。

(3) 煮沸約 5 分鐘後，$Ti(OH)_4$ 如仍不溶解，則需再加 H_2O_2，並攪拌助溶。

（G）（H）

在沸騰之 NH_4OH，或 NH_4OH 與 Br_2 之混合液中，具有干擾性之元素，

如 Cr、Ti、Mn、Fe、Al、Co 等，均成氫氧化物或氧化物沉澱，而 Mg^{+2} 則留在溶液中，故得以分離。但沉澱物中可能仍含少量 $Mg(OH)_2$ 沉澱，故需經（13）～（15）步，重新回收一次。

（I）洗液及濾液之總體積應保持在 75ml 左右。

（J）濾液及洗液合併後，若仍含有 Cu^{+2}、Co^{+2}、Ni^{+2} 等離子，則應以 H_2S 移除之；其法如下：

通 H_2S 氣體 15 分鐘→過濾。以熱水洗滌數次。沉澱（CuS、NiS、CoS）棄去→然後接從第（16）步開始做起。

（K）（L）（M）

（1）在 NH_4OH 之鹼性溶液中，Mg^{+2} 能與 8- 羥喹啉生成複合物沉澱：

$$MgCl_2 + 2NH_4OH + 2C_9H_7NO \rightarrow Mg(C_9H_6NO)_2 \downarrow + 2NH_4Cl + 2H_2O$$

（2）能夠干擾 $Mg(C_9H_6NO)_2$ 沉澱之元素，計有 Cr、Mn、Fe、Al、Ti、Mo、Ni、Co、Cu 等元素；前三項已在第（8）、（12）及（15）步成氫氧化物沉澱濾去；Al、Ti、Mo 等元素，因能溶於 NaOH 或含 H_2O_2 之 NaOH 溶液中，故在第（8）步即隨濾液濾去；Ni、Co、Cu 等亦在第（15）步成硫化物濾去〔參照附註（J）〕。故 $Mg(C_9H_6NO)_2$ 得以獨自沉澱析出。

（3）每 10ml 8- 羥喹啉（5%）足夠沉澱 0.03 克 Mg。設試樣溶液含 Mg 濃度甚高時，可另酌加 8- 羥喹啉溶液；但切忌加入過多，否則不易洗掉，最後鹽析（Salt out）而出，使分析結果偏高。

（N）在第（5）步時，因係在 500ml 溶液中吸取 200ml 作為試樣，故試樣重量需乘 2/5。

15-6-2 滴定法

15-6-2-1 EDTA 滴定法：適用於市場鋁及鋁合金之 Mg（註 A）

15-6-2-1-1 第一法

15-6-2-1-1-1 應備試劑

（1）溴水（飽和）

（2）氰化鉀（KCN）（25%）（註 B）

稱取 250g KCN →加適量水溶解後，再繼續加水稀釋成 1000ml →儲於塑膠瓶內。

（3）氫氧化鈉（NaOH）（20%）

稱取 200g NaOH（含低量碳酸鹽）→以適量水溶解之→冷卻→加水稀釋成 1000ml →儲於 PE（聚乙烯）塑膠瓶內。

（4）EBT（註 C）指示劑

稱取 0.4g EBT（Eriochrome Black-T）→分別加 20ml 酒精及 30ml 氨基三乙醇〔$(HOCH_2CH_2)_3N$〕（註 D）→攪拌溶解→儲於緊密塑膠滴瓶內。

（5）標準鎂（Mg）溶液（1ml ＝ 1.00mg Mg）

稱取 1.000g 鎂屑（純度需大於 99.9%）於 1000ml 量瓶內→加 25ml HCl（1：1）溶解之→冷至室溫→加水稀釋至刻度→混合均勻。

（6）EDTA 標準溶液（0.05M）

①溶液製備

稱取 18.6g EDTA（$Na_2H_2 \cdot C_{10}H_{12}O_8N_2 \cdot 2H_2O$）（特級）於 1000ml 量瓶內→以適量水溶解後，再加水至刻度→均勻混合之（1ml 約相當於 1.25mg Mg）（註 E）。

②因數標定

量取 20ml 上項標準鎂溶液（1ml ＝ 1.00mg Mg）於 400ml 燒杯內。另取 400ml 燒杯一個，供做空白實驗→加 40ml HCl（1：1）→加 NH_2OH 至溶液恰呈中性→加水稀釋成 250ml →分別加 70ml NH_4OH、10 滴上項 KCN（25%）及 7 ～ 10 滴上項 EBT 指示劑→以新配之 EDTA 標準溶液滴定，至酒紅色溶液恰恰變成純藍色為止。

③因數計算

$$F = \frac{W}{(V_1 - V_2) \times 1000}$$

　　F＝滴定因數（g/ml）

　　V₁＝滴定標準鎂溶液時，所耗新配 EDTA 標準溶液之體積（ml）

　　V₂＝滴定空白溶液時，所耗新配 EDTA 標準溶液之體積（ml）

　　W＝所取標準鎂溶液之含 Mg 量（mg）

15-6-2-1-1-2 分析步驟

(1) 精稱 1,000g 試樣於 250ml 燒杯內。另取 250ml 燒杯一個（供作空白試驗）。小心加入 30ml NaOH（20%）（註 F），以溶解試樣。

(2) 俟作用停止後，以少量水清洗燒杯內壁。然後煮沸至作用停止。

(3) 依次加數滴 H_2O_2（註 G）、5ml KCN（25%）（註 H），然後煮沸之。

(4) 加熱水稀釋成 150ml。使用快速濾紙過濾。以熱水洗滌數次。濾液及洗液棄去。

(5) 加 40ml HCl（1：1）（註 I）於濾紙上，以溶解沉澱，並用熱水徹底洗淨濾紙。濾液及洗液透過濾紙，聚於燒杯內。

(6) 加 10ml 溴水（飽和），再加 NH_4OH 至溶液內之溴水顏色消失（註 K），再過量 6 ～ 8 滴（註 J）。

(7) 煮沸至少 3 分鐘（註 K）。

(8) 靜止 1 分鐘後，使用中速濾紙（Medium paper）（內加少量濾紙屑）過濾。以熱水洗滌數次。沉澱棄去。（註 L）

(9) 將濾液及洗液冷卻至室溫。

(10) 加水稀釋成 250ml。分別加 70ml NH_4OH、10 滴 KCN（25%）及 7 ～ 10 滴 EBT 指示劑。然後用 EDTA 標準溶液（0.05M）滴定，至酒紅色溶液恰恰完全變成純藍色為止。（註 M）

15-6-2-1-1-3 計算

$$Mg\% = \frac{(V_1 - V_2) \times F}{W} \times 100$$

　　V₁＝滴定試樣溶液時，所耗標準 EDTA 溶液之體積（ml）

　　V₂＝滴定空白試樣時，所耗標準 EDTA 溶液之體積（ml）

$$F = 滴定因數（g/ml）$$

$$W = 試樣重量（g）$$

15-6-2-1-1-4 附註

（A）

(1) 參照 15-6-1-1-1-4 節附註（A）。

(2) 本法適用於含 Mg = 0.1 ～ 5% 之樣品；若 Mg% 太高，宜改用 15-6-1-1 節所述之方法。

(3) Ca 雖能干擾本法，但一般鋁合金均不含 Ca。

（B）、（C）、（D）、（E）分別參照 13-6-1-1-1-5 節附註（B）、（C）、（D）、（E）。

（F）（G）（H）（I）

(1) 參照 15-6-1-1-1-4 節附註（C）（D）（E）、（F）。

(2) 在 H_2O_2 存在下，Cu 能微溶於 NaOH，並成 $Cu(OH)_2$ 沉澱。但 $Cu(OH)_2$ 旋又與 KCN 生成 $Cu(CN)_4^{-2}$ 而溶解，最後在第 (4) 步予以濾去。另外，大部分之金屬因不溶於 HCl，故得在第 (5) 步與 Mg 分開，而使其無法干擾第 (10) 步之滴定終點。

（J）（K）

(1) 因 Fe、Al、Mn 等元素，均能干擾第 (10) 步之滴定終點，故需加 NH_4OH 及 Br_2，使之成氫氧化物或氧化物之沉澱，而於第 (8) 步除去：

$$Al^{+3} + 3NH_4OH \rightarrow Al(OH)_3 + 3NH_4^+$$

$$2Fe^{+2} + 6NH_4OH + Br_2 \rightarrow 2Fe(OH)_3 \downarrow + 2Br^- + 6NH_4^+$$

$$Fe^{+3} + 3NH_4OH \rightarrow Fe(OH)_3 \downarrow + 3NH_4^-$$

$$Mn^{+2} + 4NH_4OH + Br_2 \rightarrow MnO_2 \downarrow + 2Br^- + 4NH_4^+ + 2H_2O$$

第 (7) 步煮沸久時，旨在促使 $Al(OH)_3$、$Fe(OH)_3$ 及 MnO_2 完全沉澱，並驅盡過量之 NH_4OH。

(2) NH_4OH 不得加入過多，否則少量 $Al(OH)_3$ 能與 NH_4OH 生成 NH_4AlO_2 而溶解。

(3) $2NH_4^+ + 3Br_2$（棕色）$\rightarrow N_2 \uparrow + 6Br^- + 8H^+$

（L）若沉澱含大量暗色之 Fe(OH)₃ 及 MnO₂，則沉澱應依第（5）～（8）
步所述之方法，重新溶解、沉澱、過濾之，最後將濾液及洗液合併於
第（8）步所遺之濾液及洗液內。

（M）

（1）在 pH8.0 ～ 10 之 NH₄OH 溶液中，EBT 溶液（藍）能與 Mg^{+2} 化
合成酒紅色之化合物，若以 EDTA 滴定之，則 Mg^{+2} 轉而與 EDTA
生成無色之「EDTA 二鈉鎂鹽（Disodium magnesium salt of
Ethylenediamine tetraacetate）」：

$$Mg^{+2} + Na_2H_2C_{10}H_{12}O_8N_2 \rightarrow Na_2MgC_{10}H_{12}O_8N_2 + 2H^+$$

俟滴定完畢，溶液中無 Mg^{+2} 存在，則 EBT 指示劑即回復原來之藍
色，故可當做滴定終點。

（2）溶液中可能仍含有干擾元素，如 Cu^{+2}、Zn^{+2}、Cd^{+2} 等，故加 KCN，
使與 CN^- 生成各該元素之複合離子，而不致干擾滴定終點。

15-6-2-1-2 第二法

15-6-2-1-2-1 應備試劑

（1）**HCl**（1：1）

（2）**HNO₃**

（3）**H₂SO₄**（1：10）

（4）**溴水**（飽和）

（5）**NH₄OH**

（6）**NaOH**（20%、1%）（以聚乙烯瓶保存之，用時取上層清液。）

（7）**H₂O₂**（3%）

（8）**NH₄Cl**（20%）

（9）**草酸銨**（飽和）

（10）**KCN**（20%）

（11）**醋酸鈉**（20%）

（12）**KMnO₄**（0.1%）

（13）標準鎂溶液（1ml ＝ 1.0mg Mg）：同 15-6-2-1-1-1 節。

（14）**EBT 指示劑**

稱取 0.5g EBT → 分別加 100ml 酒精及 4g 鹽酸羥銨（Hydroxylamine hydrochloride，NH$_2$OH・HCl）→攪拌至溶解。

（15）**EDTA 標準溶液（0.05M）（註 A）**

①**溶液製備**：同 15-6-2-1-1-1 節。

②**標定因數**

量取 25ml 標準鎂溶液於 300ml 燒杯內→依照下述 15-6-2-1-2-2 節（分析步驟）第（8）～（11）步所述之方法操作之，然後依下式計算其滴定因數。

③**因數計算**

$$F = \frac{W}{V \times 1000}$$

F＝滴定因數（g/ml）

V＝滴定標準鎂溶液時，所耗新配 EDTA 標準溶液之體積（ml）

W ＝所取標準鎂溶液之含 Mg 量（mg）

15-6-2-1-2-2 分析步驟

(1) 依下表稱取適量試樣於適當燒杯內，以錶面玻璃蓋好。

試樣含鎂量（%）	試樣重量（g）
＜ 0.1	5
0.1 ～＜ 1	2
1 ～＜ 3	1
3 ～＜ 6	0.5
＜ 6	0.2

(2)（註 B）每 g 試樣加 20ml NaOH（20%），以分解之。

(3)（註 C）俟反應停止後，加 5ml H$_2$O$_2$（3%）。加熱至試樣完全溶解。

(4) 加 2g Na$_2$CO$_3$〔若樣品含 Cu、Ni，則需另加約 10ml KCN（10%）〕，及少量濾紙屑。然後加熱少時，使沉澱完全。

(5) 過濾。依次以 NaOH（1%，溫）（註 D）及溫水洗滌數次。濾液及洗液棄去。

(6) 以 15ml H_2SO_4（1：10，熱）溶解沉澱，濾紙以溫水洗滌數次。濾液與洗液透過濾紙，聚於原燒杯內。

(7) 若試樣含 Cr > 0.5mg（註 E），則加 1 ~ 2ml $KMnO_4$（0.1%）於濾液及洗液。然後加熱煮沸，使 Cr 氧化，並分解過剩之 $KMnO_4$。

(8) 分別加 10ml NH_4Cl（20%）（註 F）及 5ml 溴水（飽和）。俟鐵氧化後，加少量 NH_4OH，至溴（Br_2）之顏色完全消失為止（註 G）。然後加 10ml 醋酸鈉（20%）（註 H），並煮沸 3 ~ 5 分鐘（註 I）。

(9) 過濾。以溫水洗滌數次。濾液及洗液聚於原燒杯內。沉澱棄去。

(10)（註 J）將溶液蒸煮至約 130ml。

(11) 加 10ml KCN（20%）、10ml NH_4OH（註 K）（此 時 溶 液 應 為 150ml）及 0.1ml EBT 指示劑。然後用 EDTA 標準溶液（0.05M）（註 L）滴定，至溶液之酒紅色恰恰完全變成藍色為止。

15-6-2-1-2-3 計算

$$Mg\% = \frac{V \times F}{W} \times 100$$

V＝滴定試樣溶液時，所耗 EDTA 標準溶液之體積（ml）

F＝EDTA 標準溶液之滴定因數（g/ml）

W＝試樣重量（g）

15-6-2-1-2-4 附註

　　註：除下列各附註外，另參照 15-6-1-1-1-4 節及 15-6-2-1-1-4 節之各項附註。

（**A**）亦可用水稀釋成其他濃度，但滴定因數需重新標定。

（**B**）（**C**）試樣若含高量之 Si，以 NaOH 溶解後，能生成一種難於處理之矽化合物（可能是矽酸鋁），故第（2）～（3）步需以下法代之：

　　加適量 HCl（1：1）以溶解試樣 → 蓋好 → 俟作用停止後，加 5ml

HNO$_3$→煮沸，使銅完全溶解→加約 30ml H$_2$O（溫）→過濾。以溫水洗滌數次。洗液及濾液聚於原燒杯內。沉澱棄去→徐徐加入 NaOH（50%）至沉澱（Al(OH)$_2$）開始溶解後，再過量 10ml→加熱，至氫氧化鋁〔Al(OH)$_3$〕完全溶解為止→繼續從第（4）步開始做起。

（D）以 NaOH（1%，溫）洗滌，旨在除去鋁質。

（E）若試樣含 Cr < 0.5mg，則第（7）步可省去，而直接從第（8）步開始做起。

（F）（H）（K）

(1)加 NH$_4$Cl 可防止 Mg^{+2} 在第（11）步鹼性溶液中成 Mg(OH)$_2$ 沉澱析出。

(2) 在含 NH$_4$Cl 及 NH$_4$OH，且 pH 約為 10 ～ 11 之緩衝溶液中，最適於 EDTA 之滴定。

(3) 為調節溶液之 pH 值，第（10）步需依規定蒸發；同時各種溶液之使用量及濃度，亦應與規定相等。

（G）2NH$_4^+$ + 3Br$_2$（棕色）→ N$_2$ + 6Br$^-$（無色）+ 8H$^+$

（I）煮沸少時，旨在促進 Fe、Al、Mn 等之氫氧化物沉澱析出，以免其干擾第（11）步 EDTA 之滴定。

（J）Ca 雖能干擾本法，但一般鋁合金均不含 Ca，但試料若含 Ca，則第（10）步需以下法代之：

加 NH$_4$OH 於濾液及洗液，至中和後，再過量數滴→加約 10ml 草酸銨（飽和）→加熱至近沸，並保持此溫度 1 小時→過濾。用熱水洗滌數次。沉澱棄去→濾液及洗液蒸煮至 130ml →然後接從第（11）步開始做起。

（L）若試樣含 Mg < 0.1%，並稱取 5g 試樣時，EDTA 之濃度宜以 0.02M 代替 0.05M。

第十六章　鎢（W）之定量法

16-1 小史、冶煉及用途

一、小史

　　鎢的早期歷史，與一種可能含有錫的礦物有密切關聯。十八世紀時，Wallerius 稱此礦物為 Lapides stanniferi spathacei；在瑞典則被稱為 Tungsten。在瑞典語中，tun 代表厚重（Heavy），ten 則代表石頭（Stone）。至十九世紀，德人 Breithaupt 稱之為 Wolframite，後來稱為 Wolfram。如今，在德國稱鎢為 Wolfram；英語系國家及某些地方人，則稱為 Tungsten。Elhyar 兄弟於 1783 年，以碳還原鎢的氧化物礦石，首次從礦石中分離出金屬鎢。

二、冶煉

　　地殼中的鎢，均成化合物而存在。雖分佈甚廣，但存量甚少，在火成岩中，約佔 5×10^{-3}%。主要之鎢礦為，鎢酸鈣礦（Scheelite, $CaWO_4$）與鎢錳鐵礦〔Wolframite, $(Fe, Mn) WO_4$〕。鎢礦主要產地為緬甸、中國、美國、非洲、澳洲、葡萄牙、韓國及玻利維亞等地。鎢礦所含之 WO_3，少有超過 2% 者。

　　礦石冶煉成鎢金屬時，若原料為鎢錳鐵礦，則首先轉化成鹼性鎢酸、鎢酸或不溶性「對鎢酸銨（Ammonium paratungstate）」。然後將這些生成物，燒結成三氧化鎢，再以碳或氫還原之；以氫還原可獲得高純度之金屬鎢。若原料為鎢酸鈣礦，則通常先以鹽酸處理，使成鎢酸，再還原成金屬鎢。前述二法所生成之鎢粉，先壓縮成鎢塊，再置於管狀爐（Tube furnace）內，在 1000℃ 與充滿還原氣之空氣（Reducing atmospbere）中，衝壓成適度強度之成品；最後在約 3200℃ 並充滿氫氣之空氣（Hydrogen atmosphere）中，以電器燒結之。

三、用途

　　鎢為強而重之金屬,熔點極高(3370℃),具重要之用途,如電燈泡中之燈線、內燃機火星塞中之電接觸點、X射線管中之電靶、以及製造在高溫下仍能保持其硬度之各種特殊用途之合金工具鋼。這些供特殊目的用的合金工具鋼就是,在碳工具鋼內添加 W、Cr、Mo、V、Mn 及 Si 等元素者。其特點為硬化能高,耐磨性強。因用途不同,可分為切削用、耐衝擊用、耐磨用、熱加工用等工具鋼及高速鋼。茲分別簡述如下:

(1) 切削合金工具鋼

　　含碳量甚高;另含 Cr、W、Ni 或少量 V。又可分為鉻鋼、鎢鉻鋼、鎢鉻釩鋼及鎳鋼等。其化學成分和用途見表 16-1。

表 16-1　切削合金工具鋼化學成分和用途

種類	記號	化　學　成　分　(%)					用　途　例	外國類似規格
		C	Ni	Cr	W	V		
切削合金工具鋼	S135 CrW (TC)	1.30~1.40	—	0.50~1.00	4.00~5.00	—	切削刀具,冷拉線模。	AISI F3 JIS SKS!
	S125 CrWV (TC)	1.20~.130	—	0.20~0.50	3.00~4.00	0.10~0.30	同上	AISI F3 JIS SKS!1
	S105 CrW (TC)	1.00~1.10	—	0.50~1.00	1.00~1.50	—	螺絲攻,鑽頭,弓鋸,成形模。	AISI 07 JIS SKS2
	S105 CrWV (TC)	1.00~1.10	—	0.20~0.50	0.50~1.00	0.10~0.25	同上	AISI 07 JIS SKS21
	S80NiCr1 (TC)	0.75~0.85	0.70~1.30	<0.50	—	—	圓鋸,帶鋸。	AISI L6 JIS SKS5
	S80NiCr2 (TC)	0.75~0.85	1.30~2.00	<0.50	—	—	同上	AISI L6 JIS SKS51
	S115 CrW (TC)	1.10~1.20	—	0.20~0.50	2.00~2.50	—	弓鋸	AISI W4 JIS SKS7
	S140Cr (TC)	1.30~1.50	—	0.20~0.50	—	—	銼	AISI W5 JIS SKS8

(Si:<0.35%; Mn:<0.50%; P:Si:<0.030%; S:<0.030%)

(2) 耐衝擊合金鋼

　　可供製鑿、衝頭、鉚釘頭模等承受衝擊力的工具。為增加韌性, 故含碳量甚高。其化學成分和用途見表 16-2。

表 16-2　耐衝擊合金工具鋼化學成分和用途 CNS 2965 G79

種類	符號	化　學　成　分（%）						用　途　例	外國類似規格
		C	Si	Mn	Cr	W	V		
耐衝擊金工具鋼	S 50Cr W（TS）	0.45~0.55	<0.35	<0.50	0.50~1.00	0.50~1.00	—	鑿, 衝頭, 柳釘頭模	AISI S3 JIS SKS 4
	S 40 Cr W（TS）	0.35~0.45	<0.35	<0.50	1.00~1.50	2.50~3.50	—	同上	AISI S1 JIS SKS4I
	S 80 Cr WV（TS）	0.75~0.85	<0.30	<0.50	0.25~0.50	1.50~2.50	0.15~0.30	鑿, 鉾, 切鉾紋刃, 衝頭, 刃尖。	JIS SKS42
	S 105V （TS）	1.00~1.10	<0.25	<0.30	0.25~0.50	1.50~2.50	0.10~0.25	鉾岩機內活塞	AISI W2 JIS SKS 43
	S 85V （TS）	0.80~0.90	<0.25	<0.30	0.25~0.50	1.50~2.50	0.10~0.25	鍛頭模	AISI W2 JIS SKS 44

（Ni：<0.25%； Cu：<0.25%； P：<0.030%； S：<0.030%）

(3)耐磨合金工具鋼

　　具硬度高、耐磨性和耐蝕性良好、熱膨脹係數小、不易發生變形或裂痕、以及尺寸不會因時間而變化等性質，故可供製精密測定工具。另稱「不收縮鋼（Non-Shrinkage steel）」。其化學成分和用途見表 16-3。

表 16-3　耐磨合金工具鋼化學成分和用途 CNS 2965 G79

種類	記號	化　學　成　分（%）							用途例	外國類似規格
		C	Si	Mn	Cr	Mo	W	V		
耐磨合金工具鋼	S 95CrW （TA）	0.90~1.00	<0.35	0.90~1.20	0.50~1.00	—	0.50~1.00	—	量規, 螺絲攻模, 剪刀片。	JIS SKS3
	S 100 Cr W（TA）	0.95~1.05	<0.35	0.90~1.20	0.80~1.20	—	1.00~1.50.	—	量規, 成形模。	JIS SKS31
	S210 Cr （TA）	1.80~2.40	<0.40	<0.60	2.00~15.00	—	1.00~1.50.	—	拉線模 成形模。	AISI D3 JIS SKD1
	S150 Cr MO V （TA）	1.40~1.60	<0.40	<0.50	11.00~13.00	0.80~1.20	1.00~1.50	0.20~0.50	螺紋滾筒, 量規成形模。	AISI D2 JIS SKD11
	S 100 Cr MO V （TA）	0.95~1.05	<0.40	0.60~0.90	4,50~5.50	0.80~1.20	1.00~1.50.	0.20~0.50	拉線模 成形模。	AISI A2 JIS SKD12
	S200 Cr W（TA）	1.80~2.20	<0.40	<0.60	2.00~15.00	—	2.50~3.50.	—	同上	AISI D6 JIS SKD2

（Cu：≦0.25%； P：<0.030%； S：<0.030%）

(4) 熱加工合金工具鋼

在高溫時，強度和耐磨性均高，可供製高溫加工用工具，如衝模。其化學成分和用途見表 9-3。

(5) 高速鋼

可供製高速強力的切削工具，含有 W、Cr、V 和 Mo 等特殊元素。其種類很多，但是含 0.8%C、18%W、4%Cr 及 1%V 的所謂 18-4-1 型高速鋼則是最基本的高速鋼。其硬度及耐磨性均強。其切削能力和壽命比普通碳鋼工具大數倍。尤其以高速切削金屬材料時，刀尖因為切削的磨擦而使溫度上升至相當程度時，不僅不會軟化，反而增加硬度和切削能力。這種現象就是所謂的二次硬化（Secondary hardening）。因為可以高速切削材料，所以叫做高速鋼。其化學成分和用途見表 16-4。

表 16-4　高速鋼化學成分和用途 CNS 2904 G66

種 類		記 號	化　學　成　分 (%)					用途例	外國類似規格
			C	Cr	W	V	Co		
高 速 鋼	1 號	S 80W1 (HS)	0.70~ 0.85	3.50~ 4.50	17.00~ 19.00	0.80~ 1.20	—	高強切削車刀， 鑽頭，銑刀。	AISI T1 JIS SKH2
	2 號	S 80W Co (HS)	0.70~ 0.85	3.50~ 4.50	17.00~ 19.00	0.80~ 1.20	4.50~ 5.50	隨 Co 含量之增 加 可耐更強力切 削。	AISI T4 JIS SKH3
	3 號	S 80W Co2 (HS)	0.70~ 0.85	3.50~ 4.50	17.00~ 19.00	1.00~ 1.50	9.00~ 11.00		AISI T5 JIS SKH4A
	4 號	S 80W Co3 (HS)	0.70~ 0.85	3.50~ 4.50	18.00~ 20.00	1.00~ 1.50	14.00~ 16.00		AISI T6 JIS SKH4B
	5 號	S 80W 2 (HS)	0.70~ 0.85	3.50~ 4.50	10.00~ 12.00	1.60~ 2.00	14.00~ 16.00	同 S 80W1- (HS)	
	6 號	S 80W Co4 (HS)	0.70~ 0.85	3.50~ 4.50	17.00~ 19.00	0.80~ 1.20	2.00~ 3.00	切削能力介於 S 80W1 (HS) 與 S 80W Co (HS) 之間。	
	7 號	S 85W Mo (HS)	0.70~ 0.90	3.50~ 4.50	6.00~ 7.00	1.80~ 2.30	Mo 4.00~ 6.00		AISM26 JIS SKH9

（Si＜0.35%，　Mn＜0.60%，　P＜0.030%，　S＜0.030%，Ni≦0.25%，Cu≦0.25%）

16-2 性質

一、物理性質

原子序數為 74，原子量 183.92 克，熔點 3380℃，沸點 5900℃，密度 19.3g/ml.，彈性係數（單向）3600g/mm^2。鎢是碳以外熔點最高的元素，也是密度最高的元素之一，與黃金相同。在 500℃ 時，其抗張強度（Tensile strength）和彈性（Elasticity）不變，是其重要特性。

二、化學性質

鎢在週期表中，屬於VI A 族之過渡元素（Transition element）。鎢的氧化價數（Valency state）為 +2 ～ +6。含較高價數之鎢的化合物具有酸性；而含較低價數者則具鹼性。鎢在常溫之空氣中很安定，加熱則生成三氧化鎢。氮能與鎢在約 1500℃ 以上，生成氮化鎢（WN_2）。氟與鎢反應，生成揮發性氟化鎢。與氯在 250 ～ 300℃，能生成六氯化鎢（WCl_6）；若有潮濕空氣存在，則生成鎢的氧氯化物（Oxychloride）。

酸與氫氟酸不易與鎢作用；硝酸、王水或濃硫酸亦反應緩慢；但氫氟酸與硝酸混合液則溶解甚速。另外，鎢易熔於熔融之鹼性碳酸鹽；鎢粉亦易熔於熔融之硫酸氫鉀（Potassium hydrogen sulfate）（事先加少許 H_2SO_4 於鎢粉內。）

具有明確組成之氧化物，計有兩種，即三氧化鎢（WO_3）和二氧化鎢（WO_2）。W_2O_5 經加熱後，即分解為 WO_2 和 WO_3。其餘氧化物呈不安定狀態。

三氧化鎢和三氧化鉬相似，是鎢和其化合物在空氣中加熱，所得之最終生成物。純三氧化鎢在常溫下，呈淡檸檬黃色粉末，加熱後呈桔色，於約 1477℃，則熔解為綠色液體。沸點為 1750℃。不溶於水，但溶於鹼性溶液，生成鎢酸（M_2WO_4）；亦溶於氫氟酸，但不溶於其他無機酸。以氫還原之，則視溫度而定，可還原為二氧化鎢或金屬鎢。

加無機強酸於鹼性鎢酸鹽之熱溶液中，能生成淡黃色之正鎢酸（Orthotungstic acid, H_2WO_4）；若改為冷溶液，則生成可能含一分子水之膠狀鎢酸沉澱。

　　鎢酸與鉬酸相似,極易形成同性異構(Isopoly)和異性(Heteropoly)離子,前者如正鎢酸鹽($M_2O \cdot WO_3 \cdot nH_2O$)、鄰鎢酸鹽($M_2O \cdot 4WO_3 \cdot nH_2O$)及對鎢酸鹽($3M_2O \cdot 7WO_3 \cdot nH_2O$ 或 $5M_2O \cdot 12WO_3 \cdot nH_2O$)。M 表示正一價金屬離子。

　　許多「聚鎢酸鹽(Polytungstate)」可經製備而得,其 WO_3/M_2O 之比值,可高達 10/1。異性物均含一中心原子,如 P、As、V、I 或 Si 等,典型例子為磷鎢酸(Phosphotungstic acid, $P_2O_5 \cdot 24WO_3 \cdot 51H_2O$)和矽鎢酸(Silicotungstic acid, $SiO_2 \cdot 12WO_3 \cdot 24H_2O$)。

　　三氧化鎢與氫,以低溫加熱至紅色,或以三氧化鎢與碳,共熱至 1000℃,則生成二氧化鎢(WO_2)。若溫度過高,則 WO_3 能被 H_2 還原成金屬鎢;若溫度高達 1500℃～1600℃,則分解為金屬鎢和 WO_2。

　　鎢能與所有鹵族元素作用,其生成物性質與非金屬鹵化物相同,譬如均易於水解。鎢能與 F_2、Cl_2 及 Br_2 等,生成六價鹵化物,如氧氟化鎢(Tungsten oxyfluoride, WOF_4)、氧氯化鎢($WOCl_4$ 和 WO_2Cl_2)以及氧溴化鎢(WO_2Br_2)等。五價化合物則有氧氯化鎢和氧碘化鎢。二價化合物則有氧氯化鎢、氧溴化鎢及氧碘化鎢等。

　　鎢與鉬均能與碳化合成碳化物,但吾人對碳化鎢之了解較多,迄今已證實者,有 W_2C 和 WC 兩種化合物。這些碳化物,以及 WB_2 與 WSi 等二元素化合物等之特性就是,硬度和熔點均高。

　　鹽酸與硫鎢酸鹽(Thiotungstate)作用,即得三硫化鎢(WS_3)。三氧化鎢、硫及碳酸鉀共熔,可得二硫化鎢(WS_2)。

　　鎢能生成由 $M_2(WO_3S)$ 至 $M_2(WS_4)$ 之各種硫鎢酸鹽。M 代表正一價金屬離子。

　　三氧化鎢和鎢酸鹽分別與過氧化氫作用,均能生成過鎢酸鹽(Pertungstate)。

　　鎢酸鹽能被氯化亞錫之鹽酸溶液還原,而生成「鎢酸鹽藍(Tungstate blue)」。此種反應,可供做鎢的定性。

　　含五價鎢之各種化合物,能溶於鹽酸或硫酸,並生成藍色溶液。此種溶液,可能只含簡單的五價鹽,亦可能為相當於 $M_2(WOCl_5)$ 之複合鹽。五

價鎢化合物之性質與五價鉬相似，其重要化合物為氧鹵化物（Oxyhalide）、氰化物（Cyanide）、硫氰酸鹽（CNS⁻）、以及螯鉗有機衍生物（Chelate oganic derivative）等。四價鎢較重要之化合物為，與氰化物所形成之複合鹽，此物性質與氰化鉬相似。鎢酸溶於強鹽酸中，經電解後，可還原成各種三價鎢與氯之複合鹽，其分子式為 $M_3W_2Cl_9$。此種鹽呈黃綠色，乾燥時很安定。二價鎢與二價鉬，均能與氯鹽和溴鹽，生成分別相當於 $M_2W_6Cl_{14} \cdot 2H_2O$ 和 $M_2W_6Br_{14} \cdot 2H_2O$ 之複合鹽。M 代表正一價金屬離子。

16-3 分解與分離

一、分解

　　金屬鎢不溶於鹽酸或硫酸，僅緩緩溶於硝酸、王水或鹼性溶液，但易溶於硝酸和氫氟酸之混合液中。鎢粉亦能溶於氫氟酸和過氧化氫之混合液。

　　鎢能與鹼性硫酸氫鹽（Alkali hydrogen sulfate）或碳酸鈉共熔。在熔解前，宜製成鎢粉或碎片，在空氣中以 700℃ 氧化之。

　　三氧化鎢不易溶於酸，但易溶於鹼性溶液，如氨水。

　　碳化鎢可先溶於氫氟酸和硝酸混合液，然後再加過氯酸，蒸至冒出濃白煙。另外，碳化鎢亦可先燒灼成氧化物，再以碳酸鈉熔解之。

　　少數正鎢酸鹽（Ortho tungstate）能溶於水；偏鎢酸鹽（Metatungstate）則均易溶於水。

二、分離

（一）沉澱法

　　最常用的方法就是，以硝酸和鹽酸混合液將試樣溶解，再緩緩加熱，促進鎢酸沉澱，最後加辛克寧，使鎢酸沉澱完成。

　　從鐵、鈦、鋯、鎂、及錳等元素中，分離鎢之方法如次：試樣與碳酸氫鈉或氫氧化鈉共熔。冷後，以水萃取之。此時 Fe、Ti、Zr、Mg 及 Mn 等元素生成各該元素之氫氧化物而沉澱；而 W 則存於溶液中。Mo、Cr、V、As 及 P 等，亦伴隨鎢而留於溶液中。Sn 則可同時存於沉澱物和溶液中。此法

所生成之共沉（Coprecipitation）損失，比在溶液中進行沉澱之方法為低。

（二）萃取法

在含還原劑之鹽酸（10N）溶液中，鎢能與戴賽歐（Dithiol）生成淡藍色之複合鹽；此物能被醋酸戊酯、醋酸丁酯及其他某些溶劑所萃取。鉬會干擾本法。若非含大量的鉬，可先在冷鹽酸（4N）中，以有機物萃取戴賽歐與鉬所生成之「戴賽歐鉬複合鹽（Molybdenum dithiol complex）」。另外，亦可在「硫酸－磷酸混合液」中，以石油醚（Petroleum ether）萃取之。

在含有還原劑（通常使用 $SnCl_2$）之鹽酸或硫酸溶液中，硫氰化鎢複合物（Tungsten thiocyanate complex）可使用二乙醚（Diethyl ether）、異丙醚（iso-Propyl ether）、或「戊醇（Amyl alcohol）- 氯仿」混合液（1：1）等有機物萃取之。釩具干擾性，因此需在含氟鹽之溶液中，以庫弗龍（Cupferron）沉澱去除之。

W^{+4} 和鉬以安息香肟沉澱後，可使用氯仿萃取之。此法可使鎢和鉬與 Cr、V、及其他金屬元素分離。

鎢與 8- 羥喹啉（8-Hydroxyquinoline）所生成之 8- 羥喹啉鎢複合物（Tungsten 8-hydroxyquinolate），亦能被氯仿所萃取。其法如次：含 W^{+6}（< 1.5mg）試樣溶液中，加 5ml EDTA（0.02M）→將 pH 調至 2.4，再稀釋至 100ml →以每次 10ml 氯仿溶液（含 1 %8- 羥喹啉）萃取 2 次。

另外，鎢亦能與磷酸鈉（Sodium phosphate）生成異性酸（Heteropoly），以供萃取。其法如次：加過量正磷酸三鈉（Trisodium orthophosphate）於含 0.1g 鎢之樣品溶液→加足夠硫酸，至溶液含 15ml 硫酸（6N）為止→加與溶液同體積之 1- 戊醇（1-Pentanol），並搖震 3 分鐘。As、Fe、Cr、Cu 及 99%W，均能被 1- 戊醇所萃取。

（三）離子交換法

採用陰離子交換法，以及使用不同之洗出液（Eluent），可使鎢與 Ni、Cr、Co、Fe、Ti 及 Mo 等離子分離。若採用陽離子樹脂，則可使用含過氧化氫之氨溶液作為洗出液，而使鎢和鈦分離。鈦滯留在管柱內，可用稀硫酸洗出；而鎢則不會被吸附，因而首先被洗出。

16-4 定性

加 HCl、H$_2$SO$_4$ 或 HNO$_3$ 於冷鹼性鎢酸鹽（Alkali tungstate）溶液，能生成鎢酸之白色沉澱；再煮沸之，則沉澱轉呈黃色。

自由鎢酸（Free tungstic acid）能緩緩溶於煮沸之鹼性鎢酸鹽（Alkali tungstate），並生成不溶於無機酸之「偏鎢酸鹽（Metatungstate）」。

加氯化鈣、氯化鋇、醋酸鉛、硝酸銀或硝酸汞於鎢酸溶液中，均能生成白色沉澱。

加丹寧（Tannin）於鎢酸溶液，再加酸至呈酸性，能生成棕色沉澱。

加還原劑（如鋅和鹽酸、或氯化亞錫之鹽酸溶液）於鎢酸溶液，能生成藍色化合物。

加水楊酸（Salicylic acid）於鹼性鎢酸鹽內，則溶液呈現黃色；加二羥順丁烯二酸（Dihydroxymaleic acid），則先呈現棕色，再轉為藍色；加磺酸茜素（Alizarine sulphonic acid），則呈紫色。

硫酸喹啉（Quinine sulphate）、辛克寧丁鹼（Cinchonidine）及鹽酸聯苯胺（Benzidine hydrochloride）等，均能使鎢生成定量沉澱。

加亞鐵氰化鉀（Potassium ferrocyanide）於鎢酸溶液中，即呈現深紅棕色。

加磷酸於苛性鹼鎢酸鹽內，能生成磷酸鎢酸鹽（Phosphatotungstate）；此物能溶於過量的磷酸。

於含過量硫化銨（Ammonium sulfide）之鎢酸鹽溶液，加酸至酸性，能生成三硫化鎢（Tungsten trisulfide）沉澱；此物易溶於硫化銨溶液中。

鋼鐵中鎢之定性方法如下：

10ml 試樣溶液→加 0.5ml 磷酸（濃）和 0.07ml 過氯酸（比重 1.68）→加熱→加 0.1ml 過氯酸和 0.2ml 硫酸（4：1）→加熱至冒濃白硫酸煙→冷卻→加 1ml 鹽酸（濃）及 100mg 氯化亞錫（SnCl$_2$）→以 70℃ 加熱 5 分鐘→加 0.25ml 醋酸異戊酯（iso-Amyl acetate）及 5ml 戴賽歐（Dithiol）→以 70℃ 水浴 5 ～ 10 分鐘，並不時劇烈振動之→加 5ml 戴賽歐→加熱 5 分鐘。此時若有鎢存在，有機層會顯示淡藍至深翠綠色。

另外，亦可採用點滴測試法（Spot test）。分述如下：

（一）氯化亞錫法

（1）試劑：含 25% 氯化亞錫之鹽酸溶液。

（2）試驗步驟

取 1～2 滴試樣溶液於白瓷板（Spot plate）上→加 3～5 滴含 25% 氯化亞錫之鹽酸溶液，並混合之。此時若有鎢存在，則有藍色沉澱物發生；若氯化亞錫溶液夠多，則顏色穩定〔註：若為鉬藍（Molybdenum blue），則顏色會逐漸消褪。〕

（二）硫氰化鉀法

（1）試劑

HCl（1：1）

KSCN（10%）

$SnCl_2$〔5%，溶於鹽酸（3N）〕

（2）試驗步驟

加一滴鹽酸於一片濾紙上→加一滴試樣溶液於鹽酸滴液中央。此時若有鎢存在，則會呈現含水三氧化鎢之鮮黃色斑點→依次加一滴 KCN（10%）與 $SnCl_2$（5%）。此時，顏色會由黃轉藍。（註：在此種條件下，若有鉬存在，則顏色轉紅；若加鹽酸，則紅色消褪。）

（三）孔雀石綠法

（1）試劑

氯化亞鈦（Titanous chloride）溶液（1 %）

孔雀石綠（Malachite green）（0.005%）

（2）試驗步驟

取一滴中性試樣溶液於白色瓷板上→依次加入一小滴氯化亞鈦溶液（1%）及同量之孔雀石綠（0.005%）。此時若有鎢存在，則視其量之多寡，溶液顏色或快或慢的轉變成淡紫色。NO_3^- 和 F^- 具干擾性。鉬亦能促使顏色消褪。如有鉬存在，則在加入氯化亞鈦

溶液時，試樣溶液會出現黃至棕色。另外，能被氯化亞鈦還原之金屬，亦均具干擾性。

（四）DDH 法

（1）**試劑**：含 1%DDH（Diphenyline 4,2'-diaminodiphenylhydrochloride）之鹽酸（2N）溶液。

（2）**試驗步驟**

取 1 滴試樣溶液於一小容器內→加 1 滴試劑→混合後，放置 15 分鐘。此時若有鎢酸鹽存在，則有雲狀沉澱物出現。本法宜做空白試驗。

16-5 定量

（一）重量法

樣品含鎢大於約 1% 時，通常使用本法；若大於約 10% 以上時，目前趨向於使用光電比色法。另外，本法之可靠性較相對之滴定法為佳。本法通常加鹽酸或硝酸、辛克寧（cinchonine），然後緩緩蒸煮，使鎢完全成鎢酸沉澱，而與其他元素分離。鎢酸燒灼成三氧化鎢後，稱重之。助沉劑辛克寧亦可使用「辛克寧 – 苯安息香肟（α-Benzoin Oxime）混合液」、丹寧（Tannin）（可與鎢化合成複合物而沉澱）、或「辛克寧 – 萘酚喹啉（β-Naphthoquinoline）混合物」替代之。

與酸緩緩共煮，可使鎢成鎢酸沉澱；若試樣含有其他元素，尤其在鎢的含量小於 2% 之狀況下，必須加入辛克寧，以保證沉澱完全。在與酸共煮時，Na、K、NH_4^+、P、As、F^-、Mo 及有機酸等，均會干擾鎢的沉澱；但溶液含辛克寧時，干擾性減少。

試樣若含中量之 Sb、Cr、Fe、Mo、P、Si、V 及 Sn 等元素，能與鎢酸共沉，故分析步驟中應予適當處理。

燒灼鎢酸時，溫度以 800℃為宜；超過此溫度，三氧化鎢會緩緩揮發而去；低於 750℃，則結晶水不易脫乾。

（二）滴定法：本法準確度較差，干擾元素又多，故迄今未被採用。

(三)光電比色法

本法的優點就是簡單、快速及靈敏度高。如果準確度要求高,則試樣含鎢量宜低(如低於 2%),否則本法適用於含鎢量高至約 10%,甚或更高之樣品。本法主要發色劑為硫氰化物(Thiocyenate)、戴賽歐(Dithiol)或對苯二酚。此三者經使用多年,效果良好。茲分述如下:

(1)硫氰化物法

在含有還原劑〔如氯化亞錫(Stannous chloride)或氯化亞鈦(Titanous chloride)〕之「硫酸－鹽酸混合溶液」中,鎢(W^{+6})能與硫氰化物生成含 W^{+5} 之黃色複合物;此物對於波長為 400μm 之光線,吸收率最高。此複合物能在水溶液中呈色和測定,亦可使用不溶性有機溶劑萃取之。這些溶劑包括異丙醚(iso-Propyl ether)、二乙醚(Diethyl ether)、異戊醇(iso-Amyl alcohol)和氯仿(Chloroform)之混合物(1:1)、以及正丁醇(n-Butyl alcohal)和氯仿(Chloroform)之混合物(2:3)等。

在水溶液中呈色時,溶液中之鹽酸濃度、總酸量及硫氰化物濃度,分別不得小於 8M、10M 及 0.2M。

在還原作用和硫氰化鎢生成以前,鎢(W^{+6})必須呈活化狀(Reactive form)。例如在微鹼性溶液中成鎢酸鹽(Tungstate)或在酒石酸鹽(Tartrate)或檸檬酸鹽(Citrate)溶液中,成複合物而存在。不宜在微酸性溶液中呈色,否則會生成聚合或膠狀鎢。

在水溶液中呈色時,最嚴重之干擾元素為釩,應在含氟鹽之溶液中,以庫弗龍(Cupferron)沉澱而分離之。Cr、Ni 及 Co 等之鹽類具有顏色,故具干擾性。Cu 具干擾性,但可生成硫氰化亞銅(Cuprous thiocyanate)沉澱而除去。Mo 能與硫氰化物生成具有顏色之干擾性複合物,但靜置後會褪去顏色;靜置 20 分鐘後,其顏色強度只有同重之鎢所呈顏色之百分之一。使用不溶性有機物萃取時,鉬的干擾性較大。F$^-$ 和 NO$_3^-$ 能阻礙鎢的呈色。若試樣溶液含大量鈦,則以在水溶液中呈色為宜,否則在有機溶液中易被干擾。

(2)戴賽歐法

在含還原劑之鹽酸(9 ～ 11N)中,鎢能與戴賽歐(Dithiol)生成藍綠

色複合物；此物能被不溶性有機溶劑，如醋酸戊酯、醋酸丁酯以及石油醚等所萃取。

　　鉬亦會發生相同之反應，故應除去之。在冷鹽酸（≦ 4N）中，鉬與戴賽歐所生成之複合物，先以有機溶劑萃取之；然後將鹽酸濃度增至 9N 以上，再進行鎢之萃取。若鉬之濃度很高，則不直採用此法。

　　含檸檬酸之溶液，能抑制鎢與戴賽歐之複合物生成；而鉬複合物則無此現象。此種現象可應用於此二元素之分離。

　　呈色溶液中必須含足量的鐵，否則鎢與戴賽歐複合物有展色不完全之虞。

(3) 對苯二酚法

　　在含有還原劑〔如氯化亞錫（$SnCl_2$）〕之「硫酸－磷酸」混合溶液中，鎢與磷酸所生成之複合物（$PO_4 \cdot 12WO_3^{-3}$），能與對苯二酚（$C_6H_4OH)_2$，化合成褚紅色之複合物；此物對於波長為 $400\mu m$ 之光線，吸收率最高。

16-6 分析實例

16-6-1 重量法

16-6-1-1 鋼鐵之 W

16-6-1-1-1 應備試劑

　　（1）混酸〔HCl（1.20）：HNO_3（1.42）＝ 1：1〕

　　（2）HNO_3（1.42）

　　（3）HCl（1.20）

16-6-1-1-2 分析步驟

　　(1) 稱取 1.5 ～ 2g 試樣（註 A）於瓷蒸發皿內，用錶面玻璃蓋好。

　　(2) 緩緩加入 60ml 混酸（註 B），然後加熱助溶。待作用停止後，若皿內底部殘渣不呈鮮黃色，則再加少量混酸，並繼續加熱，至鎢之殘渣呈鮮黃色（註 C）為止。然後取下錶面玻璃，繼續蒸發（註 D），至皿內物質之體積約為 15ml 為止。蒸發溫度不宜過高，以免皿內

液質濺出。

(3) 放冷後，加 50ml HNO₃（1.42）（註 E）。用錶面玻璃蓋好，加熱至作用停止。然後取下蓋子，再繼續蒸發（註 F），至皿內物質約為 15ml。

(4) 冷後，加 50ml HNO₃（1.42）（註 G）。再蒸發（註 H）至皿內物質乾硬。

(5) 置皿於火焰上燒灼（註 I），至皿內物質呈暗紅色。

(6) 置皿於溫處，聽其自冷。

(7) 當皿尚溫時，蓋上錶面玻璃，由皿口加入 50ml HCl（1.20）（註 J），然後煮沸，至皿底殘渣呈鮮黃色（註 K）。

(8) 將蓋取下，蒸發至皿內溶液約為 15ml。

(9) 冷卻後，加少許濾紙屑，再加適量水稀釋之。

(10) 使用 11cm 無灰濾紙過濾。以 HCl（1：1）洗淨鐵質（註 L），再用熱水沖洗 3～4 次。沉澱（註 M）暫存。濾液及洗液移入原蒸發皿內（註 N）。

(11) 蒸發至皿內流質之邊際生鹼性鐵質之圈痕，而該圈痕於搖動瓷皿時，恰能緩緩溶解為止。

(12) 加 20ml H₂O（熱），再煮沸之。

(13) 使用 9cm 無灰濾紙過濾。以 HCl（1：1）洗淨鐵質（註 O），再用沸水沖洗 3～4 次。濾液及洗液棄去。

(14) 將第（10）與第（13）步所遺之沉澱連同濾紙，置於已烘乾稱重之鉑坩堝內，徐徐（註 P）燒灼，至黑色物質消失（註 Q）。

(15) 分別加 1～2 滴（H₂SO₄）（1：3）及 10～30ml HF（註 R）。然後置於通風櫃內之電熱板上，加熱蒸發至乾涸。

(16) 將坩堝置於馬福電爐內，以 750～800℃（註 S）燒灼至恒重。殘渣為不純之三氧化鎢（WO₃）（註 T）。

(17) 加六倍於不純三氧化鎢重量之純無水碳酸鈉（Na₂CO₃）（註 U）。攪拌均勻後，灼熱熔解之。

(18) 以適量水，將坩堝內之可溶性固體溶質，完全溶於燒杯內。

(19) 用小號無灰濾紙過濾。加少量 $(NH_4)_2CO_3$ 於濾紙上。以熱水沖洗數次，聚濾液及洗液於小號燒杯內。若溶液為無色，則不含有 Cr，可棄去；若呈黃色，則留供第 (21) 步鉻（Cr）之定量（註 V）。

(20) 將沉澱連同濾紙置於原用鉑坩堝內，以高溫燒灼至恒重。殘渣為 Fe_2O_3。

(21) 設第 (19) 步所遺之濾液及洗液呈黃色，則加 HCl，至溶液呈微酸性（註 W）。此時若有鎢酸析出，無需顧慮（註 X）。然後加少量 KI（註 Y）及澱粉液。擱置少時，用硫代硫酸鈉（$Na_2S_2O_3$）（N/10）（註 Z）標準溶液（$1ml = 0.002533g\ Cr_2O_3$）滴定之，至溶液之藍色恰恰消失為止。

16-6-1-1-3 計算

$$W\% = \frac{W_1 \times 0.793}{W_2} \cdot 100$$

$W_1 =$ 不純三氧化鎢（WO_3）減去雜質（Fe_2O_3、Cr_2O_3）後之重量（g）

$W_2 =$ 試樣重量（g）

16-6-1-1-4 附註

（**A**）試樣是否含 W，除了 16-4 節所述方法外，亦可使用下法定性之：

第一法：

以沙輪磨擦試樣，若火花呈深紅色，則係含鎢之證〔普通鋼不含鎢時，磨擦所生之火花成淺色慧星狀（見 1-2-1 節）。〕

第二法：

取試樣少許（約 0.1g），加稀鹽酸後，加熱溶解之。此時若溶解完全，則試樣不含鎢，或含鎢量甚低（通常＜ 1%）；若有灰色之殘渣，則應依下法再檢驗之：

加數滴 HNO_3（濃）於上項溶液，煮沸少時。溶液中若有黃色沉澱（H_2WO_4），乃試樣含鎢之證。若試樣含 Cr，則所得沉澱顏色不純潔，應使用小號濾紙過濾，用 HCl（熱、稀）洗淨。濾液及洗液棄去。然後以約 10ml NH_4OH（熱、稀）注於濾紙上，將沉澱溶解於燒杯

　　　內。加 HCl 於溶液，至呈酸性後，再加 SnCl$_2$。此時溶液若呈藍色
　　　（WCl$_5$），即試樣含 W 之證。

（B）（C）（D）（E）（F）（G）（H）（I）

　　（1）金屬鎢在鋼中呈 2Fe$_3$C・3WC 或 Fe$_3$C・WC 而存在，加混酸後，能
　　　　被混酸所含之 HNO$_3$，氧化成鮮黃色之鎢酸（H$_2$WO$_4$）沉澱。

　　（2）不斷加 HNO$_3$ 蒸煮及燒灼，旨在促使鎢完全成 H$_2$WO$_4$ 沉澱析出。

（J）（K） 黃色之鎢酸（H$_2$WO$_4$）不溶於 HCl；其餘金屬類經煮沸後即溶於
　　　HCl 內，故皿底呈鮮黃色。

（L）（O） 於新滴下之洗液內，加入數滴硫氰化物（SCN$^-$），若變紅色，即表
　　　示沉澱尚含鐵質。

（M） 沉澱為主量之 H$_2$WO$_4$、H$_2$SiO$_3$ 及微量之 Fe、Cr 等質。

（N） 濾液及洗液可能仍含少量之鎢，故需依第（11）～（13）步所述之方法，
　　　予以回收。

（P）（Q）

　　（1）沉澱內黑色物質消失，即表示濾紙內所含之 C 素，完全成 CO$_2$ 而
　　　　揮發逸去。

　　（2）若遽然以高溫燒灼，固然黃色之 H$_2$WO$_4$ 能立刻變成 WO$_3$，然而濾
　　　　紙所含之 C 素，若未能及時化成 CO$_2$ 逸去，可能將 WO$_3$ 還原成金
　　　　屬鎢或低價鎢之氧化物（如 WO$_2$），致使分析結果偏低，故需徐徐
　　　　燒毀濾紙。

（R） 參照 4-4-1-1-4 節附註（G）（H）（I）。

（S） 以 750℃燒灼，H$_2$WO$_4$ 能緩緩轉化成 WO$_3$：

$$H_2WO_4 \xrightarrow{\quad 750℃ \quad} WO_3（棕紅色）+ H_2O$$

　　　高於 750℃，即有微量 WO$_3$ 昇華；但若溫度低於 850℃，則昇華速度
　　　極緩。

（T） 此時之三氧化鎢（WO$_3$）不純物為 Fe$_2$O$_3$、Cr$_2$O$_3$。

（U）（V）

(1) WO_3 與 Na_2CO_3 共溶，能生成可溶性之鎢酸鈉：

$$Na_2CO_3 + WO_3 \rightarrow Na_2WO_4 + CO_2 \uparrow$$

(2) Fe_2O_3 與 Na_2CO_3 共融，將融質溶於水後，則成 $Fe(OH)_3$ 沉澱析出，經第(20)步燒灼後，即成 Fe_2O_3。

(3) Cr_2O_3 與 Na_2CO_3 共融，即生黃色之 $NaCrO_4$：

$$2Cr_2O_3 + 4Na_2CO_3 + 3O_2 \rightarrow 4Na_2CrO_4 + 4CO_2 \uparrow$$

Na_2CrO_4 溶於水後，即生成黃色之 Na_2CrO_4 溶液。以第(21)步所述之方法滴定之，即可算出 Cr_2O_3 之重量。

(4) 純潔之 Na_2CO_3 能完全溶於水，故不會影響不純物之定量。

(W)(Y)(Z) $2CrO_4^{-2} + 2H^+ \rightarrow Cr_2O_7^{-2} + H_2O$

$Cr_2O_7^{-2} + 6I^- + 14H^+ \rightarrow 2Cr^{+3} + 3I_2 + 7H_2O$

$I_2 + 2S_2O_3^{-2} \rightarrow S_4O_6^{-2} + 2I^-$

(X) 加 HCl、H_2SO_4 或 HNO_3 於冷鹼性鎢酸鹽（Aali tungstate）溶液，能生成鎢酸之白色沉澱；再煮沸之，則沉澱轉呈黃色。

$$Na_2WO_4 + 2HCl \rightarrow H_2WO_4 \downarrow + 2NaCl$$

16-6-1-2 市場鎢及鎢鐵（Ferrotungsten）之 W

16-6-1-2-1 應備試劑

(**1**) 辛克寧（Cinchonine）（12.5%）

稱取 12.5g 辛克寧（$C_{19}H_{22}O_{20}$）→加適量 HCl（1：1）溶解後，再繼續加 HCl（1：1）稀釋成 100ml。

(**2**) 安息香肟（α-Benzoin Oxime）（5%）

稱取 5g 安息香肟於暗色瓶內→分別加 95ml 丙酮、5ml H_2O（冷）→攪拌溶解→儲於冷處。本溶液在五天內有效。

(**3**) 「辛克寧－安息香肟」洗液

分別量取 30ml 上項辛克寧溶液（12.5%）及 30ml 上項安息香肟溶液（5%）→加水稀釋成 1000ml。

16-6-1-2-2 分析步聚

(1) 稱取 1.0g 試樣於 60ml 有蓋之鉑坩堝（最好使用大鉑皿。）

(2) 加 5ml HF（註 A）。然後一面加熱，一面一滴一滴加入 HNO_3（註 B），至試樣完全溶解為止。

(3) 將蓋取下，並用水洗淨。然後加 15ml H_2SO_4（1：1）。置於電熱板上，加熱至冒出濃白硫酸煙（註 C）。

(4) 放冷後，將坩堝內之物質移於 600ml 燒杯內。坩堝以水洗淨，再以一小片濾紙拭淨（註 D）。洗液及濾紙置於溶液內。

(5) 再依次以 NH_4OH（1：1，溫）（註 E）、適量水、及數 ml HCl（1：1，熱），各沖洗坩堝 1 次以後，依原次序再沖洗 1 次（註 F）。洗液合併於試樣溶液。

(6) 加水稀釋至約 150ml，然後加 10ml HCl。煮沸 5 分鐘（註 G）。

(7) 加水稀釋成 450ml（註 H），再加 10ml 辛克寧（12.5%）（註 I）及少許濾紙屑（註 J）。然後以 10 ～ 15℃放置 30 ～ 45 分鐘（最好過夜）。放置期間，應不時加以攪拌。

(8) 加 5ml 安息香肟（5%）（註 K），並劇烈攪拌數分鐘。

(9) 使用 11cm 濾紙（上置少量濾紙屑）過濾。以冷「辛克寧 - 安息香肟」洗液洗淨，最後以 HCl（1：99，冷）沖洗數次。

(10) 將沉澱連同濾紙置於已烘乾、稱重之鉑坩堝內，徐徐燒灼（註 L），至黑色濾紙灰消失為止（註 M）。

(11) 加數滴 HNO_3（註 N），再置於電熱板上烘乾。

(12) 置於馬福電爐內，以約 750 ～ 800℃（註 O）燒灼至恒重（約 30 分鐘）。殘渣為不純之三氧化鎢（WO_3）（註 P）。

(13) 加約 5g Na_2CO_3，均勻混合後，再加 1 ～ 2g Na_2CO_3（註 Q），覆於殘渣上面，灼熱熔解之。熔解期間，需不時轉動坩堝，使堝緣之 WO_3 均能熔解完全。

(14) 以適量熱水，將坩堝內之固體熔質，完全溶於燒杯內。

(15) 加少量酒精，然後加熱少時。

(16) 趁熱過濾。以熱水洗淨沉澱。濾液及洗液棄去。

(17)將殘渣連同濾紙置於坩堝內，燒灼至乾。

(18)加少量 Na_2CO_3（註 R），均勻混合後，灼熱熔解之。

(19)以適量水將坩堝內之可溶性固體熔質，完全溶解於燒杯內。

(20)加少量酒精後，過濾之。以熱水充分洗滌，以除去微量之 Na_2CO_3。濾液及洗液棄去。

(21)將沉澱連同濾紙置於原用之鉑坩堝內。加 $1 \sim 2$ 滴 H_2SO_4 及 0.5ml HF（註 S）。置於電熱板上，蒸發至乾涸後，再以高溫燒灼至恒重。殘渣為不純物（Fe_2O_3）。

16-6-1-2-3 計算

$$W \% = \frac{(W_1 - W_2) \times 0.793}{W_3} \times 100$$

$W_1 =$ 不純三氧化鎢（WO_3）重量（g）

$W_2 =$ 不純物（Fe_2O_3）重量（g）

$W_3 =$ 試樣重量（g）

16-6-1-2-4 附註

（A）（B）

(1)試樣所含之 Si，能被 HF 分解成 H_2SiF_6 而溶解，或成 SiF_4 氣體而逸去。金屬鐵則被 HNO_3 分解成 $Fe(NO_3)_2$ 而溶解。金屬鎢則被 HNO_3 分解成 H_2WO_4 沉澱。

(2)因 HNO_3 能分解第(7)步所加之辛克寧，故切忌加入太多。

（C）因 HNO_3 能分解第(7)～(8)兩步所加之有機沉澱劑；F^- 能阻礙第(7)步 H_2WO_4 之沉澱，故需加 H_2SO_4，並蒸至濃白硫酸煙，使過剩之 HNO_3 及 HF 成氣體揮發而去。

（D）（E）

(1)因鎢酸易緊黏於坩堝內壁，故需用紙擦拭。

(2)黏於坩堝內壁之 H_2WO_4，易與 NH_4OH 生成鎢酸銨而溶解：

$$H_2WO_4 + 2NH_4OH \rightarrow (NH_4)_2WO_4 + 2H_2O$$

（**F**）意即用 NH_4OH、H_2O 及 HCl 沖洗後，再依次用 NH_4OH、H_2O 及 HCl 沖洗一次。

（**G**）因 NH_4^+ 能與 H_2WO_4 生成 $(NH_4)_2WO_4$ 而溶解，而阻礙第（7）～（8）步之 H_2WO_4 沉澱，故需煮沸（300℃以上）含有 H_2SO_4 之溶液，以除去 NH_4^+。

（**H**）此時溶液不宜含 Na^+、K^+、PO_4^{-3} 及有機酸（如檸檬酸、酒石酸等），否則能阻礙 H_2WO_4 之沉澱。前二者之作用與 NH_4^+ 相同，能與 H_2WO_4 生成可溶性鹽；PO_4^{-3} 則易與 H_2WO_4 生成可溶性之複合鹽，如 $(PO_4 \cdot 12WO_3)^{-2}$；而有機酸亦能與 H_2WO_4 生成各種可溶性複合鹽。故所用試劑宜避免含這些物質。

（**I**）（**J**）少量濾紙屑 能促使沉澱凝結析出。另參照 2-4-3-4-4 節附註（B）（C）。

（**K**）溶液中可能仍含有微量 WO_4^{-2}，故加安息香肟：

$$C_6H_5 - C = NOH$$
$$|$$
$$C_6H_5 - CH - OH$$

此劑在強酸溶液中，能與 WO_4^{-2} 生成安定之化合物而沉澱。

（**L**）（**M**）參照 16-6-1-1-4 節附註（P）（Q）。

（**N**）可能有少量之 WO_3 被上步燃燒之濾紙所還原，故需加少量 HNO_3 氧化之。

（**O**）參照 16-6-1-1-4 節附註（S）。

（**P**）此時 WO_3 之不純物為 Fe_2O_3。

（**Q**）（**R**）殘渣內可能仍含有鎢，故需用 Na_2CO_3 處理兩次。另參照本 16-6-1-1-4 節附註（U）（V）。

（**S**）Na_2CO_3 可能遺下少量 Si，故需再用 HF 除去之。

16-6-2 光電比色法

16-6-2-1 對苯二酚法（註A）：適用於含 W＜0.5% 之鋼鐵

16-6-2-1-1 應備儀器

（1）光電比色儀

（2）汞陰極電解裝置：同 10-6-4-1-1 節

16-6-2-1-2 應備試劑

（1）**H_2SO_4**（濃）

（2）**H_2SO_4**（1：1）

（3）**H_3PO_4**（1：3）

（4）**H_2O_2**（15%）：量取 50ml H_2O_2（30%），加水稀釋成 100ml。

（5）**H_2O_2**（3%）：量取 10ml H_2O_2（30%）→ 加水稀釋成 100ml。

（6）**$KMnO_4$**（1%）

（7）**NH_4SCN**（45%）

（8）**$SnCl_2$**（45%）：

稱取 45g $SnCl_2 \cdot 2H_2O$ → 加 40ml HCl 溶解之 → 加水稀釋成 100ml。

（9）**對苯二酚**（Hydroquinone）（5%）：

稱取 10g 對苯二酚〔$C_6H_4(OH)_2$〕→加 200ml H_2SO_4（濃）溶解之→靜置約 1 小時。此溶液需即用即配。

（10）**標準鎢溶液**（1ml ＝ 0.1mg W）：

稱取 1.7960g 鎢酸鈉（$Na_2WO_4 \cdot 2H_2O$）於 1000ml 量瓶內→加適量水溶解後，再繼續加水稀釋至刻度。

16-6-2-1-3 分析步驟

（1）依下表稱取試樣（註 B）於 300ml 燒杯內：

試樣含W量（％）	試樣重量（g）
＜ 0.01	1
0.01 ～＜ 0.1	0.5
0.1 ～ 0.5	0.1

（2）分別加 20ml H_2SO_4（註 C）及 4ml H_3PO_4（1:3）（註 D），再加熱分解之。

（3）加 10ml H_2O_2（15%）（註 E）。俟鐵氧化後，再繼續煮沸，蒸去過剩之 H_2O_2。

(4) 滴加 $KMnO_4$（1 %）（註 F），至二氧化錳（MnO_2）（註 G）開始沉澱析出時，再滴加 H_2O_2（3%）（註 H），至沉澱恰恰溶解為止。然後煮沸，以蒸去過剩之 H_2O_2。

(5) 冷卻後，將溶液移於汞陰極電解裝置內，以 15 安培電流電解約 20 分鐘，直至電解液內，不再有鐵離子（Fe^{+3}）存在為止（註 I）〔以 NH_4SCN（註 J）當做指示劑〕。

(6) 電解後，將溶液移於 300ml 燒杯內，並以少量水（註 K）洗淨電解糟。洗液合併於主液內。

(7) 加 10ml H_2SO_4（註 L）。加熱至冒出濃白硫酸煙後（註 M），再繼續加熱 10 分鐘（註 N）。

(8) 冷卻後，加 1～2 滴 $SnCl_2$（45%）。將溶液移於乾燥之 50ml 量瓶內。然後加 30ml 對苯二酚（5%）（註 O）（分兩次加入。）以 H_2SO_4（濃）洗淨盛溶液之燒杯，並將洗液合併於主液內，再繼續加 H_2SO_4（濃）至刻度。

(9) 分別移適量蒸餾水（當作空白溶液）及試樣溶液於儀器所附之兩支吸光試管內，以光波為 500μ m之光線，測定前者之吸光度（不必記錄）。將指示吸光度之指針調整至「0」之刻度後，抽出盛空白溶液之吸光試管，換上盛有試樣溶液之試管，繼續測其吸光度，並記錄之。然後由「吸光度－溶液含W量（mg）」標準曲線圖（註 P），直接查出試樣含W之重量（mg）。

16-6-2-1-4 計算

$$W \% = \frac{W_1}{W_2 \times 10}$$

W_1 ＝試樣含W量（mg）

W_2 ＝試樣重量（g）

16-6-2-1-5 附註

（A）使用本法時，樣品不得含鈮（Nb），否則會產生干擾作用。

（B）（C）（D）（E）

(1) 若試樣含高量 Cr，致無法使用 H_2SO_4、H_3PO_4 及 H_2O 分解時，則可改依下法操作之：

將所稱取之試樣置於 300ml 燒杯內 → 分別加 40ml 王水、3ml H_2SO_4 及 4ml H_3PO_4（1：3）→ 加熱至試樣分解完畢 → 過濾。以 H_2SO_4（2：100，熱）洗淨之。濾液及洗液暫存 → 將沉澱連同濾紙移於鉑坩堝內 → 以低溫燒灼至濾紙灰化 → 分別加 3 ～ 5ml HF 及 1 ～ 2 滴 H_2SO_4（1：1）→ 以低溫蒸發至乾涸 → 加 1g Na_2CO_3 → 加熱熔解之 → 加適量水溶解可溶性固體融質 → 合併於上項所遺之濾液及洗液內 → 然後直接從第（5）步開始做起。

(2) 試樣經溶解後，鎢生成 H_2WO_4 沉澱，能與 PO_4^{-3} 化合成可溶性之複合離子（$PO_4 \cdot 12WO_3^{-3}$）。

（F）（G）（H）

因 H_2O_2 能還原第（8）步所加之還原劑（$SnCl_2$），故需加 $KMnO_4$，以氧化第（3）步所遺微量之 H_2O_2。然而所生成之 MnO_2 亦能氧化 $SnCl_2$，故需再加 H_2O_2，使 MnO_2 恰恰還原完全：

$$5H_2O_2 + 2MnO_4^- + 6H^+ \rightarrow 2Mn^{+2} + 8H_2O + 5O_2 \uparrow$$

$$2MnO_4^- + 3Mn^{+2} + 2H_2O \rightarrow 5MnO_2 \downarrow + 4H^+$$
$$\text{棕黑色}$$

$$MnO_2 + H_2O_2 + 2H^+ \rightarrow Mn^{+2} + 2H_2O + O_2 \uparrow$$

（I）（J）

(1) 電解後，Fe、Cr、Ni、V、Mo 等元素，能溶解於汞槽內，與汞生成汞齊，而鎢則留在溶液中。

(2) 電解後，溶液中 Fe 含量不得超過 4mg、V 不得超過 0.5mg，否則均能干擾第（9）步吸光度之測定。

(3) 吸取一滴電解液於白瓷板上，加入 1 滴 NH_4SCN，若不變紅色，則表示溶液無 Fe^{+3} 存在。

（K）（L）（M）（N）

加 H_2SO_4 蒸煮久時，旨在脫去溶液中之水份；否則加對苯二酚之硫酸溶液時，會產生高熱，致呈色後，顏色較淡，且不安定，影響分析結果，故第 (6) 步洗滌電解糟時，用水不宜過多。

(**O**) 鎢與磷酸之複合物 $(PO_4 \cdot 12WO_3)^{-3}$ 能與對苯二酚化合成褚紅色之複合物；其顏色深度與鎢之含量成正比，故可供光電比色之用。

(**P**)「吸光度－溶液含 W 量 (mg)」標準關係曲線圖之製備：

(1) 分別依次量取 0.0 (空白試驗)、1.0、2.0、3.0、4.0 及 5.0ml 標準鎢溶液 (1ml ＝ 0.1mg) 於六個 300ml 燒杯內→分別加 10ml H_2SO_4 及 4ml H_3PO_4 (1：3)。然後依照 16-6-2-1-3 節 (分析步驟) 第 (7)～(9) 步所述之方法，量測其吸光度。

(2) 依下表記錄其結果：

標準鎢溶液之體積 ml	吸光度	溶液含W量（mg）
0.0	0	0.0
1.0		0.1
2.0		0.2
3.0		0.3
4.0		0.4

(3) 以「吸光度」為縱軸，「溶液含W量」為橫軸，作其關係曲線圖。

(4)「吸光度－溶液含W量 (mg)」標準曲線圖亦可使用已知W含量 (%) 之標準鋼當做試樣，以製備之。

16-6-2-2 硫氰化銨法 (註 A)：適用於含 W ＝ 0.5～5% 之鋼鐵

16-6-2-2-1 應備儀器：光電比色儀

16-6-2-2-2 應備試劑

(1) HCl

(2) HNO_3

(3) $HClO_4$

(4) HF

(5) NaOH (10%)

稱取 10g NaOH →加適量水溶解後，再稀釋成 100ml。此液應即用即配。

（6）辛克寧（Cinchonine）（12.5%）

稱取 12.5g 辛克寧→加 100ml HCl（1：1）溶解之。

（7）辛克寧洗液

量取 30ml 上項辛克寧溶液（12.5%）→加水稀釋成 1000ml。

（8）混酸

分別量取 250ml H_2O、250ml $HClO_4$、250ml H_3PO_4 及 250ml H_2SO_4 →均勻混合。

（9）氯化亞錫（$SnCl_2$）（7%）

稱取 7g $SnCl_2 \cdot 2H_2O$ →加適量 HCl 溶解後，再繼續加 HCl 稀釋成 100ml。本液應即用即配。

（10）硫氰化銨（NH_4SCN）（20%）

稱取 20g NH_4SCN →加適量水溶解後，再繼續加水稀釋成 100ml（本液應即用即配。）

（11）標準鎢溶液（1ml ＝ 0.1mg W）：同 16-6-2-1-2 節。

16-6-2-2-3 分析步驟

(1) 依照下表稱取試樣於 500ml 量瓶內：

試樣含W量（%）	試樣重量（g）
0.5 ～＜ 1	1
1 ～＜ 3	0.5
＞ 3	0.2

(2) 分別加 20ml HCl 及 5ml HNO_3。加熱至試樣分解完畢。

(3) 分別加 20ml $HClO_4$、5 ～ 6 滴 HF。繼續加熱至冒出濃白過氯酸煙。俟鉻（Cr）完全氧化成重鉻酸（$H_2Cr_2O_7$）（註 B）後，再繼續蒸煮冒煙 3 ～ 5 分鐘。

(4) 冷卻後，加約 100ml H_2O。攪拌，至可溶鹽全部溶解。

(5) 加 5ml 辛克寧（12.5%）（註 C）。煮沸約 10 分鐘，然後靜置少時，

讓沉澱沉析完畢。

(6) 過濾。以辛克寧洗液沖洗數次（註 D）。濾液及洗液棄去。

(7) 將沉澱連同濾紙移於燒杯內。加 20ml NaOH（10%）（註 E）。加熱至沉澱完全溶解。

(8) 分別加 30ml HNO_3 及 20ml 混酸。加熱至濾紙溶解消失後，再繼續蒸煮，至冒出濃白煙、且溶液澄清為止。

(9) 冷卻後，加 50ml H_2O。將冷溶液移於 100ml 量瓶內，加水稀釋至刻度。

(10) 以吸管吸取 5ml 溶液於 100ml 量瓶內。加 40ml $SnCl_2$（7%）（註 F），然後水浴（60℃）約 10 分鐘。

(11) 以冷水冷卻之。加 10ml NH_4SCN（註 G）後，加水稀釋至刻度。然後於 15～20℃處，靜置 10 分鐘。

(12) 分別移適量蒸餾水（空白溶液）及試樣溶液於儀器所附之兩支吸光試管內，然後以 400μm 光波之光線，測定前者之吸光度（不必記錄）；將指示吸光度之指針調整至「0」之刻度後，抽出試管，換上盛有試樣溶液之試管，繼續測其吸光度，並記錄之，然後由「吸光度 - 試樣含 W 量（mg）」標準關係曲線圖（註 H），直接查出試樣含 W 之重量（mg）。

16-6-2-2-4 計算

$$W \% = \frac{W_1}{W_2 \times 10}$$

$W_1 =$ 試樣含W量（mg）

$W_2 =$ 試樣重量（g）

16-6-2-2-5 附註

(A) 試樣不得含鈮（Nb），否則能干擾本法吸光度之測定。

(B) 試樣若含 Cr，經 $HClO_4$ 氧化後，Cr 即被氧化成桔紅色之 $H_2Cr_2O_7$。

(C)(D) 參照本章 16-6-1-2-4 節附註（I）（J）。

（E）H_2WO_4 能溶於 NaOH，而生成鎢酸鈉：

$$H_2WO_4 + 2NaOH \rightarrow Na_2WO_4 + 2H_2O$$

（F）（G）

(1) 此時若仍有鐵質存在，在加入 NH_4SCN 以前，Fe^{+3} 已被 $SnCl_2$ 還原成 Fe^{+2}，故對本法無干擾作用。

(2) 在含 Sn^{+2} 之溶液中，Cr、Mo 雖能與 $(SCN)^-$ 生成桔紅色之複合離子，但此二元素在第（6）步時，即隨濾液濾去，故 Cr、Mo 對本法不生干擾。

(3) 在未加 Sn^{+2} 以前，鎢成 W^{+6} 而存於溶液中，經 Sn^{+2} 還原成藍色之 W^{+5} 後，即能與 $(SCN)^-$ 生成黃色之複合離子，其顏色隨鎢之含量而加深，故可供光電比色之用。

（H）「吸光度－溶液含W量（mg）」關係曲線圖之作法：

(1) 分別量取 0.0（即空白溶液）、2.0、4.0、6.0、8.0、10.0、12.0、14.0、及 16.0ml 標準鎢溶液（1ml ＝ 0.1mg W）於九個 300ml 燒杯內→分別加 20ml NaOH（10%）、30ml HNO_3 及 20ml 混酸→蒸煮至冒出濃白硫酸煙及溶液澄清為止→然後依照本法 16-6-2-2-4 節（分析步驟）第（9）～（12）步所述之方法，以測定其吸光度。

(2) 依下表記錄其結果。然後以「吸光度」為縱軸，「試樣含 W 量（mg）」為橫軸，作其標準關係曲線圖。標準曲線之 製備，亦可使用已知 W 含量之標準鋼代替標準鎢溶液：

所取標準鎢溶液之體積 ml	吸光度	溶液含W量（mg）
0.0	0	0.0
2.0		0.2
4.0		0.4
6.0		0.6
8.0		0.8
10.0		1.0
12.0		1.2
14.0		1.4
16.0		1.6

第十七章　鉻（Cr）之定量法

17-1 小史、冶煉及用途

一、小史

　　J.G. Lehmann 於 1766 年，曾敘述一種產自蘇俄西伯利亞的新礦石。其明亮的桔紅色，引起當時化學家的濃厚興趣。後來 Lehmann 確定，此物屬於鉛鹽，但仍不知其陰離子之性質。迄 1797 年，L.N. Vauquelin 和 M.H. Klaproth 二人確定，此物係由一種新元素衍生而來的一種酸的鉛鹽，後來稱此礦物為 Crocoite。因為此種新元素之所有化合物均有顏色，因此根據希臘語 $\chi\rho\omega\mu\alpha$（表示顏色之意），而稱此元素為 Chromium。Klaproth 在致友人 Crell's Annalen 之信中，承認 Vauquelin 是首位發現此種元素的人。

　　不久，Vauquilin 加熱氧化鉻（Chromium Oxide）和碳之混合物，分離出不純之鉻金屬。鉻的物理性質與其雜質，有密切關係。

　　此新元素之化學發展甚速。1798 年確定此新元素，就是今日所謂之鉻鐵礦（Chromite）之主要金屬成份。此礦為今日最重要之鉻礦，首先發現於蘇聯，後來發現在美國、土耳其、菲律賓、古巴、印度等均有大量蘊藏量，顯示此礦分佈於全世界。

　　鉻工藝和鉻化學有密切關聯，例如發現鹼金屬氧化法，能使礦石生成鉻酸鹽之後，此法即刻成為鉻酸鹽（Chromate）和重鉻酸鹽（Dichromate）之商業製造法。

　　不溶於水之鉻酸鹽，在分析化學上甚為重要。Andreas Kurts 於 1816 年用為商用顏料（Pigment）。迄 1820 年，由於鉻座標化學（Chromium coordination chemistry）之應用，以及鉻酸鹽作為媒染劑染料（Mordant dyeing），至此世人已大致瞭解鉻的狀況；雖然此時距了解其操作化學（Chemistry of operation）前約一世紀。其他鉻化學之重要里程碑包括：亞鉻化合物（Chromous compound）（1844 年）及鉻醯基化合物（Chromyl compound）（1824 年）等之發現。另外，最近在羰基（Carbonyl）、有機金屬、以及高溫化學等領域之研究與發現，確立鉻元素之價數為 0 ～ +6。

二、冶煉

金屬鉻可採用鋁熱法（Aluminothermic process），以鋁粉與氧化鉻（Ⅲ）粉之混合物，灼熱而製取之：

$$Cr_2O_3 + 2Al \xrightarrow{\triangle} Al_2O_3 + 2Cr$$

另外，亦可藉電解法，還原鉻化物（通常利用鉻酸水溶液），製取金屬鉻。

三、用途

鉻的主要用途計分三類，約 36% 用於耐火磚（Refractory），約 15% 用於化學藥劑（Chemical），其餘用於最重要的合金鋼。分述如下：

（一）耐火磚

用於耐火磚之鉻礦石約含 35% Cr_2O_3。

（二）化學藥劑

鉻是許多黃、橙紅及綠等色料之基本成份。另外 Cr_2O_3 亦可製作鉻揉皮（Chrome-tanned leather）。許多電鍍及表面處理配方，含有鉻〔通常為重鉻酸或氧化鉻（Ⅵ）〕。工業用循環水含有微量 Na_2CrO_4，以抑制腐蝕。用於處理木材之所有無機防腐劑，幾乎均含有鉻，可防火災、腐蝕等。有些玻璃和陶磁含有鉻，用以呈現所需顏色。鉻化合物，如重鉻酸鉀、亞鉻及鉻酸鉀，可供作定量分析之標準試劑及指示劑之用。

鉻為極強之金屬，並具高熔點，能防止槍、砲管中灼熱火藥氣體之侵蝕，故槍、砲管內常鍍以鉻薄層。

鉻之陽電性較鐵為強，易於形成氧化物薄層，而呈 "鈍" 態（即不活潑）現象，故能保護其內部不再繼續受化學侵蝕。此種性質及其悅目之顏色，使其常被鍍於鐵及銅物件之表面上。

鉻鐵（Ferrochrome）為一種高鉻與鐵之合金，可在電爐中以碳還原亞鉻鐵鹽而得。可用製合金鋼。

（三）合金鋼

合金鋼概分為構造用合金鋼和特殊目的用合金鋼兩類（見表17-1）。此二類均含鉻元素。茲分別簡述並舉例如下：

1. 構造用合金鋼

（1）易切鋼

因鋼中含 MnS 與 P，可使切屑變細與增加切面光滑度。若含鉛，切削時切屑變細，而且有滑潤作用。其化學成份見表 17-2。

（2）高強度合金鋼

其化學成份與機械性能見表 17-3。主用於製造車身、船舶、壓力容器以及建築上的鋼架與橋樑等。

（3）熱處理用合金鋼

常用的熱處理用合金鋼的種類與其成份見表 17-4。分述如下：

①鉻鋼

鉻鋼是碳鋼中加入約1%Cr 和約 0.8%Mn 者。硬化能良好，強靭性佳。其化學成份和用途見表 17-5。

②鎳鉻鋼

鋼中所添加的 Cr 量超過1% 以上時，對硬化能而言不會有更大的功效。為增進硬化能，可添加 Ni。Ni-Cr 鋼是構造用合金鋼中較重要的一種。其化學成分與用途見表 17-6。

③鉻鉬鋼

這種鋼硬化能大、靭性強、熱處理性能良好，故用途很廣。因為高溫加工容易，成品的表面光滑，故適於製造薄板和管類。其化學成分和用途見表 17-7。

④鎳鉻鉬鋼

是構造用合金鋼中最優秀者。因熱處理性良好，而能得到很高的強靭性。其化學成分和用途見表 17-8。

表 17-1 合金鋼種類

分 類		鋼 種	實 用 合 金 鋼
構造用合金鋼		高強度低合金鋼	低 Mn 鋼, 低 Si-Mn 鋼。
		熱處理用中合金鋼 (強韌鋼)	Ni 鋼, Cr 鋼, Ni-Cr 鋼, Cr-Mo 鋼, Ni-Cr-Mo 鋼, B 鋼。
		彈簧鋼	C 鋼, Si-Mn 鋼, Si-Cr 鋼, Cr-V 鋼。
		滲碳鋼	Ni 鋼, Ni-Cr 鋼, Cr-Mo 鋼, Ni-Cr-Mo 鋼。
		氮化鋼	Al-Cr 鋼, Al-Cr-Mo 鋼, Al-Cr-Mo-Ni 鋼。
特殊目的用合金鋼	工具鋼	切削用鋼	W 鋼, Cr-W 鋼, Cr-Mn 鋼, 高速鋼。
		耐衝擊用鋼	Cr-W 鋼, Cr-W-V 鋼。
		耐磨用鋼	高 C-高 Cr-鋼, Cr-W 鋼, Cr-Mo-V 鋼。
		熱加工用鋼	Mn 鋼, Cr-W-V 鋼, Ni-Cr-Mo 鋼, Mn-Cr 鋼。
	軸承鋼		高 C-高 Cr-鋼, 高 C-Cr-Mn 鋼。
	耐蝕鋼	不銹鋼	Cr-鋼, Ni-Cr 鋼。
		耐酸鋼	Ni 鋼, 高 Cr-高 Ni-鋼, 高 Si 合金鋼。
	耐熱鋼		高 Cr-鋼, 高 Cr-高 Ni 鋼, Si-Cr-鋼, Ni-Cr 鋼, Al-Cr 合金。
	電器用鋼	非磁性鋼	Ni 鋼, Ni-Cr 鋼, Cr-Mn 鋼。
		矽鋼	Si 鋼板 (電氣鐵板)
	磁石鋼		Cr-鋼, W 鋼, Cr-W-Co 鋼, Ni-Al-Co 鋼。

表 17-2 易切鋼之化學成分 (%)

種 類	化 學 成 分 (%)					
	C	Si	Mn	P	S	Pb
S 系易切剛	< 0.15	< 0.04	0.40~0.80	0.050~0.15	0.10~0.25	
	0.14~0.40	0.10~0.30	0.60~0.95	< 0.40~0.50	0.10~0.20	
Pb 系易切剛	0.35~0.57	0.15~0.35	0.35~0.65			0.10~0.20

表 17-3　高強度低合金鋼之化學成分與物理特性

名　稱	化　學　成　分 (%)						降伏點 kg/mm²	抗拉強度 kg/mm²	伸長率 %
	C	Si	Mn	Cu	Cr	其它			
Ducol 鋼（英）	0.21	0.160	1.58	0.35			39	60	< 20
ST 52（德）	0.16~0.20	0.45~0.55	1.00~1.25				< 36	52~64	< 18
Man-Ten（美）	< 0.31	< 0.30	1.10~1.60	< 0.20			< 35	< 49	< 22
Cor-Ten（美）	< 0.12	0.25~1.00	0.10~0.50	0.30~0.50	0.50~1.50	Ni < 0.55 P：0.07~0.20	< 35	< 49	< 22
低 Mn 鋼（日）	0.18~0.35	< 0.50	< 1.70				31~39	48~68	< 20

表 17-4　熱處理用合金鋼種類與其化學成分

鋼種	化　學　成　分 (%)					規　格　例
	C	Mn	Ni	Cr	Mo	
Cr 鋼	0.30~0.45	0.70~0.85	< 0.30	1.00~1.05		CNS-S30~45Cr；JIS-SCr1~5；SAE 5130, 5132, 5135, 5140, 5145。
Nu-Cr 鋼	0.30~0.36	0.50~0.65	1.25~3.25	0.70~0.80		CNS-S35NiCr1, 2；JIS-SNC1~3, SAE 3130, 3135, 3140。
Cr-Mo 鋼	0.30~0.45	0.45~0.70	< 0.30	1.05~1.25	0.25	CNS-S32~45CrMo；JIS-SCM1~5, SAE 4130, 4137, 4140, 4145。
Ni-Cr-Mo	0.25~0.47	0.50~0.85	0.55~3.25	0.50~3.0	0.2~0.6	CNS-S47NiCrMo, S40NiCrMo1~2；JIS-SNCM1~2, 5~9；SAE4348630, 9840。

表 17-5　構造用鉻鋼之化學成分與用途

種類	符號	化 學 成 分 (%)			用 途 例	外國類似規格
		C	Mn	Cr		
構造用鉻鋼	S 30 Cr	0.28~0.33	0.60~0.85	0.90~1.20	螺栓，螺帽，大形軸，齒輪	AISI 5130 JIS SCr 2
	S 35 Cr	0.33~0.38	0.60~0.85	0.90~1.20	齒輪，大形軸，螺栓，臂，螺椿	AISI 5135 JIS SCr3
	S 40 Cr	0.38~0.43	0.60~0.85	0.90~1.20	齒輪，大形軸，強力螺栓，臂	AISI 5140 JIS SCr4
	S 45 Cr	0.43~0.48	0.60~0.85	0.90~1.20	齒輪，大形軸，強力螺栓，鍵，鎖銷。	AISI 5145, 5147 JIS SCr5

$$\left(Si\ 0.15\text{~}0.35\%,\ P \leq 0.030\%,\ S \leq 0.030\%,\ Ni \leq 0.25\%,\ Cu \leq 0.30\% \right)$$

表 17-6　構造用鎳鉻鋼 (CNS 2800 G63) 的化學成分與用途

種類	符號	化 學 成 分 (%)				用 途 例	外國類似規格
		C	Mn	Ni	Cr		
構造用鉻鎳鋼	S 35Ni Cr1	0.32~0.40	0.50~0.80	1.00~1.50	0.50~0.90	小形軸，螺栓，螺帽，螺椿	AISI 3135 JIS SNC1
	S 35Ni Cr2	0.32~0.40	0.35~0.65	3.00~3.50	0.60~1.00	曲柄軸，軸，齒輪，螺栓槳	JIS SNC3
	S 30Ni Cr	027~0.35.	0.35~0.65	2.50~3.00	0.60~1.00	曲柄軸，軸，齒輪，強力螺栓	JIS SNC2

$$\left(Si\ 0.15\text{~}0.35\%,\ P \leq 0.030\%,\ S \leq 0.030\%,\ Cu \leq 0.30\% \right)$$

表 17-7　構造用鉻鉬鋼 (CNS 2800 G63) 的化學成分與用途

種類	符號	化 學 成 分 (%)				用 途 例	外國類似規格
		C	Mn	Cr	Mo		
構造用鉻鉬鋼	S 32Cr Mo	0.27~0.37	0.30~0.60	1.00~1.50	0.15~0.30	輪，螺栓，螺椿。	AISI 4130 JIS SCM1
	S 30Cr Mo	0.28~0.33	0.60~0.85	0.90~1.20	0.15~0.30	齒輪 螺栓 小形軸 螺椿。	AISI 4130 JIS SCM2
	S 35Cr Mo	0.33~0.38	0.60~0.85	0.90~1.20	0.15~0.30	齒輪，強力螺栓，曲柄軸，車軸，臂，螺椿。	AISI 4135 JIS SCM3
	S 40Cr Mo	0.38~0.43	0.60~0.85	0.90~1.20	0.15~0.30	同　　　上	AISI 4140 JIS SCM4
	S 45Cr Mo	0.43~0.48	0.60~0.85	0.90~1.20	0.15~0.30	齒輪，大形軸，強力螺栓，螺椿。	AISI 4145 JIS SCM5

$$\left(Si\ 0.15\text{~}0.35\%,\ P \leq 0.030\%,\ S \leq 0.030\%,\ Ni \leq 0.25\%\ Cu \leq 0.30\% \right)$$

表 17-8　構造用鎳鉻鉬鋼 (CNS 2800 G63) 的化學成分與用途

種類	符號	化　學　成　分　(%)					用　途　例	外國類似規格
		C	Mn	Ni	Cr	Mo		
構造鎳鉻鉬鋼	S 47 Ni Cr **Mo**	0.44~ 0.50	0.60~ 0.90	1.60~ 2.00	0.60~ 1.00	0.15~ 0.30	齒輪，中小形軸。	JIS SNCM9
	S 45 Ni Cr **Mo**	0.43~ 0.48	0.70~ 1.00	0.40~ 0.70	0.40~ 0.65	0.15~ 0.30	齒輪，中小形軸 各種桿。	JIS SNCM9
	S 40 Ni Cr **Mo1**	0.38~ 0.43	0.70~ 1.00	0.40~ 0.70	0.40~ 0.65	0.15~ 0.30	同　　　上	AISI 8640 JIS SNCM6
	S 40 Ni Cr **Mo2**	0.36~ 0.43	0.60~ 0.90	1.60~ 2.00	0.60~ 1.00	0.15~ 0.30	齒輪，中小形軸。	AISI 4340 JIS SNCM8
	S 30 Ni Cr **Mo1**	0.27~ 0.35	0.60~ 0.90	1.60~ 2.00	0.60~ 1.00	0.15~ 0.30	曲柄軸 連桿，輪機葉片。	JIS SNCM1
	S 30 Ni Cr **Mo2**	0.25~ 0.35	0.35~ 0.60	2.50~ 3.50	2.50~ 3.50	0.50~ 0.70	齒輪，強力螺栓，	JIS SNCM5
	S 25 Ni Cr **Mo**	0.20~ 0.30	0.35~ 0.60	3.00~ 3.50	1.00~ 1.50	0.15~ 0.30	齒輪，大形軸，曲柄軸，各種桿。	JIS SNCM2

$\left(\text{Si：0.15~0.35\%，P}\leq0.030\%，\text{S}\leq0.030\%，\text{Ni}\leq0.25\%\ \text{Cu}\leq0.30\%\right)$

2. 特殊目的用合金鋼

（1）合金工具鋼：見 16-1 節第三項（用途）

（2）高速鋼：同上

（3）軸承用鋼

製造軸承用。具靭性大、硬度高、耐磨性強以及彈性限和疲勞限均高等特性。約含 1.05 ～ 1.45%Cr。

（4）彈簧鋼

彈簧種類很多，大的有車輛的板片彈簧（Leaf spring），小的有螺旋彈簧、鐘錶彈簧等。具疲勞限高、耐衝擊性強、且不容易產生永久變形等性質。其化學成分和用途見表 17-9。

（5）不銹鋼

在鋼中添加 Cr 和 Ni，可改良鋼的耐蝕性，而不容易生銹。Cr 含量較多的鋼，稱為不銹鋼。目前最常用的不銹鋼有兩種：①含有 Cr 的鉻系不銹鋼；②含有 Cr、Ni 的鎳鉻不銹鋼。後者對硫酸或鹽酸

的耐蝕性較前者為佳。二者之化學成分與用途分別見表 17-10 及 17-11。

（6）耐熱鋼

具耐高溫、高壓及氣體侵蝕等性質。適用於如飛機、石油工業、火力發電等之高溫部分的機械構造物之製造。可分為鉻系耐熱鋼和鎳鉻系耐熱鋼兩大類，後者之耐蝕性和高溫機械性質較前者為佳。其化學成分和用途分別見表 17-12 及 17-13。

表 17-9 彈簧鋼 (CNS 2905 G67) 的化學成分與用途

種 類		記 號	化 學 成 分 (%)					主要用途	外國類似規格
			C	Si	Mn	Cr	V		
彈簧鋼	1 號	S 80C (S)	0.75~ 0.90	0.15~ 0.35	0.30~ 0.60	—	—	疊板彈簧	SAE 1078~86 JIS SUP3
	2 號	S 100C (S)	0.90~ 1,10	0.15~ 0.35	0.30~ 0.60	—	—	螺旋彈簧	SAE 1095 JIS SUP4
	3 號	S60SiMn1 (S)	0.55~ 0.65	1.50~ 1,80	0.70~ 1.00	—	—	疊板彈簧, 螺旋彈簧	JIS SUP6
	4 號	S60SiMn2 (S)	0.55~ 0.65	1.80~ 2.20	0.70~ 1.00	—	—	同上	SAE 9255~60 JIS SUP7
	5 號	S55Cr1 (S)	0.50~ 0.60	0.15~ 0.35	0.65~ 0.95	0.65~ 0.95	—	同上	SAE 5155 JIS SUP9
	6 號	S50CrV (S)	0.45~ 0.55	0.15~ 0.35	0.65~ 0.95	0.80~ 1.10	0.15~ 0.25	螺旋彈簧	JIS SUP10

(P＜0.035%, S＜0.035%, Cu≦0.35%)

表 17-10　鉻系不繡鋼 (CNS 2800 G63) 的化學成分與用途

記號	化　學　成　分 (%)				用　途　例	備　註	外國類似規格
	C	Si	Cr	Mo			
S3CrMo (CR)	0.08~ 0.18	<0.60	11.50~ 14.00	0.30~ 0.60	條, 耐潛變零件。	13Cr-Mo	JIS SUS37
S2Cr (CR)	<0.08	<1.00	11.50~ 14.00	Al 0.10~ 0.30~	條, 板, 帶, 汽輪機葉片, 冷凍工業, 容器內襯。	13Cr-Al	AISI 405 JIS SUS37
S12Cr (CR)	<0.15	<0.50	11.50~ 13.00	—	汽輪機葉片, 閥, 噴射引擎, 受高應力的零件。	13Cr-低 C-低 Si	AISI 403 JIS SUS50
S12Cr2 (CR)	<0.15	<1.00	11.50~ 13.00	—	條, 板, 帶, 線條, 閥座, 幫浦軸, 一般機械零件, 刀具。	13Cr-低 C	AISI 410 JIS SUS51
S20Cr (CR)	0.16'~ 0.25	<1.00	12.00~ 14.00	—	刀具, 外科用器具, 彈簧螺帽。	13Cr-中 C	AISI 420 (中 C) JIS SUS52
S33Cr (CR)	0.26~ 0.40	<1.00	12.00~ 14.00	—	刀具, 外科用器具。	13Cr-	AISI 420 (高 C) JIS SUS53
S10Cr (CR)	<0.12	<0.75	16.00~ 18.00	—	條, 板, 帶, 線, 散熱器, 爐零件, 化學設備。	18Cr	AISI 430 JIS SUS24
S18NiCr (CR)	<0.20	<1.00	15.00~ 17.00	Ni 1.25~ 2.50	條, 船用軸, 飛機零件, 製紙機械, 彈簧軸承。	16Cr-2Ni	AISI 431 JIS SUS44

(Si<0.030%,　P<0.040%,　Mn<1.00%)

表 17-11　鎳鉻系不繡鋼 (CNS 2800 G63) 的化學成分與用途

記 號	化 學 成 分 (%)					用途例	備　註	外國類似規格
	C	Ni	Cr	Mo	Cu			
S12NiCr1 (CR)	< 0.15	6.00~8.00	16.00~18.00	—	—	輸送設備, 食品工業用器具。	17Cr-7Ni	AISI 301 JIS SUS 39
S12NiCr2 (CR)	< 0.15	8.00~10.00	17.00~19.00	—	—	一般用, 化工裝置, 食品製造設備。	18Cr-8Ni 高 C	AISI 302 JIS SUS 40
S 6NiCr1 (CR)	< 0.08	8.00~10.00	18.00~20.00	—	—	一般熔接, 熱交換器, 過熱器。	18Cr-8Ni	AISI 304 JIS SUS 27
S2NiCr (CR)	< 0.03	9.00~13.00	18.00~20.00	—	—	改良 18~8 鋼的粒間腐蝕	18Cr-8Ni 極低 C	AISI 304L JIS SUS 28
S6NiCr2 (CR)	< 0.08	12.00~15.00	22.00~24.00	—	—	熱處理設備需耐氧化的熔接部分	22Cr-12Ni	AISI 309、309S JIS SUS 41
S6NiCr3 (CR)	< 0.08	19.00~22.00	24.00~26.00	Si <1.50	—	熱交換器化學高溫裝置	25Cr-20Ni	AISI 310、310S JIS SUS 42
S6NiCr (CR)	< 0.08	10.00~14.00	16.00~18.00	2.00~3.00	—	合成化學工業裝置	18Cr-12NiMo	AISI 316 JIS SUS 32
S2NiCrMo (CR)	< 0.03	12.00~16.00	16.00~18.00	2.00~3.00	—	同上	18Cr-12NiMo 極低 C	AISI 316L JIS SUS 33
S6NiCr4 (CR)	< 0.08	9.00~13.00	17.00~20.00	Ti < 5×C%	—	須熔接的製造設備, 原子爐用。	18Cr-8NiTi	AISI 321 JIS SUS 29
S6NiCr5 (CR)	< 0.08	9.00~3.00	17.00~20.00	Nb + Ta < 10×C %	—	同上	18Cr-8Ni-Nb	AISI 347 JIS SUS 43
S6NiCrMoCu (CR)	< 0.08	10.00~14.00	17.00~19.00	1.20~2.75	1.00~2.50	須耐酸、耐蝕的部分	18Cr-12N-Mo-Cui	JIS SUS 35
S2NiCrMoCu (CR)	0.030	12.00~16.00	17.00~19.00	1.20~2.75	1.00~2.50	同上	18Cr-12N-Mo-Cui 極低 C	JIS SUS 36

$\left(\text{Si} \leqq 1.00\%,\quad \text{P} \leqq 0.040\%,\quad \text{S} \leqq 0.030\%,\quad \text{Mn} \leqq 2.\% \right)$

表 17-12　鉻系耐熱鋼 (CNS 2800 G63) 的化學成分與用途

記 號	化 學 成 分 (%)					用 途 例	外國類似規格
	C	Si	Mn	Ni	Cr		
S 45Cr (HR)	0.40~ 0.50	3.00~ 3.50	<0.60	—	7.50~ 9.50	750℃以下之耐氧化用，引擎排氣閥。	JIS SUH1
S 40Cr (HR)	0.35~ 0.45	2.00~ 2.80	<0.60	—	12.00~ 51.00	600℃以下之潛變強度，抗拉特性良好，850℃以下之耐氧化用。	JIS SUH2
S 40CrMo (HR)	0.35~ 0.45	1.80~ 2.50	<0.60	Mo 0.70~ 1.30	10.00~ 12.00	高級進氣閥及較低級的排氣閥。	JIS SUH3
S 80NiCr (HR)	0.75~ 0.85	1.75~ 2.25	0.20~0.60	1.15~ 1.65	19.00~ 20.00	高速引擎排氣閥。	JIS SUH4

$$\left(P \leqq 0.030\%，S \leqq 0.030\% \right)$$

表 17-13　鎳鉻系耐熱鋼 (CNS 2800 G63) 的化學成分與用途

記 號	化 學 成 分 (%)						用 途 例	外 國 類 似 規 格
	C	Si	Mn	Ni	Cr	W		
S40NiCrW (HR)	0.35~. 0.45	1.50~ 2.50	<0.60	13.00~ 15.00	14.00~ 16.00	2.00~ 3.00	高擎排氣閥，大形柴油引擎。	JIS SUH 31
S18Ni Cr (HR)	<0.20	<1.00	<2.00	12.00~ 15.00	22.00~ 24.00	—	飛機加熱器，熱處理設備，爐零件。	AISI 309 JIS SUH 32
S20Ni Cr (HR)	<0.25	<1.50	<2.00	19.00~ 22.00	24.00~ 26.00	—	熱交換器，爐零件，燃燒室。	AISI 310 JIS SUH 33
S10Ni Cr (HR)	<0.15	<1.50	<2.00	33.00~ 37.00	14.00~ 17.00	—	爐零件，加熱箱，噴射引擎燃燒室。	SAE 30330 IS SUH 34

17-2 性質

一、物理性質

(一)鉻元素

　　金屬鉻質硬而脆，呈鋼灰色，在週期表中，屬於第 VI-A 族之過渡。原子序數 24，原子量 51.996，密度 7.11g/cm³，熔點 1930±10℃，沸點 2480℃。

因純鉻不易煉製，故其精確之熔點、傳導性、硬度及強度等性質仍在研究中。即使小量的雜質，尤其是氮，亦能大大的影響其物理性質。

(二) 鉻化合物

鉻的氧化數為 0 ～ +6，在分析化學上比較重要者為 +3 和 +6。鉻在分析化學上較重要之化合物，及其在各氧化數時之典型化合物之物理性質，見表 17-14。除表內這些化合物外，鉻也能生成性不安定之過氧化物，如 Na_2CrO_6、$CrO_4 \cdot 2NH_3$ 及 CrO_5 等。

表 17-14 典型鉻化合物之物理性質 (1/2)

化合物名稱	分子式	外表	熔點 °C	沸點 °C	溶解性
(一) Cr^0 和 Cr^{-1} 化合物					
①羰鉻 (Chromiun carbonyl)	$Cr(CO)_6$	無色結晶	150	151	溶於 CCl_4; 不溶於 H_2O、C_6H_6。
②二苯鉻 (O) [Bis-benzene chromium(O)]	$(C_6H_6)^2Cr$	棕色結晶	284	150	不溶於 H_2O; 溶於 C_6H_6。
③三苯碘化鉻 (I) [Bis-biphenyl chromium (I) iodide]	$(C_6H_5 \cdot C_6H_5) \cdot CrI$	橙色片狀	178		溶 於 $CICH_3$、酒 精、 吡 啶 (Pyridine)。
(二) Cr^{+2} 化合物					
①乙酸亞鉻 (Chromous acetate)	$Cr_2(C_2H_3O_2)_4 \cdot 2H_2O$	紅色結晶			溶於水、酸。
②氯化亞鉻 (Chromous chloride)	$CrCl_2$	白色結晶	815	1120	溶於水，生成藍色溶液，並能吸收 O_2。
(三) Cr^{+3} 化合物					
①氯化鉻 (Chromic chloride)	$CrCl_3$	亮紫色結晶	昇華	885	不溶於水。
②鉻礬 [Chromic potassium sulfate (chrome alum)]	$KCr_2(SO_4)_2 \cdot 2H_2O$	深紫紅色結晶	89	–	溶於水。
③六水合氯化鉻 (Chromic chloride hexahydrate)	$[Cr(H_2O)_6]Cl_3$	藍紫色結晶粉末	90	–	溶於水，並由紫色轉變為綠色。
④鉻綠 (Chromic oxide)	Cr_2O_3	綠色粉末或結晶	2435		不溶性。

表 17-14　典型鉻化合物之物理性質 (2/2)

化合物名稱	分子式	外表	熔點 °C	沸點 °C	溶解性
(四) Cr⁺⁴ 與 Cr⁺⁵ 化合物					
①二氧化鉻 [Chromium (IV) oxide]	CrO_2	深棕色或黑色粉末			溶於酸。
②四氯化鉻 [Chromium (IV) chloride]	$CrCl_6$		830		
③鉻酸鋇 [Barium chromate (V)]	$Ba_3(CrO_4)_2$	暗綠色結晶		分解	溶於水及稀酸。
(五) Cr⁺⁶ 化合物					
①三氧化鉻 [Chromium (VI) oxide]	CrO_3	寶石紅結晶	197	分解	溶於水。
②鉻醯氯化物 (Chromyl chloride)	CrO_2Cl_2	櫻桃紅液體	-96.5	115.8	不溶於水，能被水解，溶於 CS_2、CCl_4。
③重鉻酸鉀 (Potassium dichromate)	KCr_2O_7	桔紅結晶	398	分解	溶於水，25℃ 時之溶解度為 13.8%。
④鉻酸鈉 (Sodium chromate)	Na_2CrO_4	黃色結晶	792	–	溶於水，25℃ 時之溶解度為 45.6%。
⑤氯鉻酸鉀 (Potassium clorochromate)	KCr_3Cl	橙黃色結晶	分解		溶於水；能被水解。
⑥鉻酸銀 (Silver chromate)	Ag_2CrO_4	紅褐色或粟色固體			溶於稀酸。0℃ 時之水之溶解度為 0.0014%。
⑦鉻酸鋇 (Barium chromate)	$BaCrO_4$	淡黃色固體	分解		易浴於酸。於 16℃ 時水的溶解度為 0.00034%。
⑧鉻酸鍶 (Strontium chromate)	$SrCrO_4$	橙黃或紅色固體		844	溶於酸。25℃ 時之水的溶解度為 0.0000058%。

二、電化學性質

　　鉻之電化學反應與電極電壓見表 17-15。

表 17-15　鉻之電化學反應與電極電壓

電　　極　　反　　應	$E°$, V.
①$Cr(OH)_3 + 3e^- \rightleftarrows Cr + 3OH^-$	-1.3
②$CrO^- + 2H_2O + 3e^- \rightleftarrows Cr + 4OH^-$	-1.2
③$Cr^{+2} + 2e^- \rightleftarrows Cr$	-0.91
④$Cr^{+3} + 3e^- \rightleftarrows Cr$	-0.74
⑤$Cr^{+3} + e^- \rightleftarrows Cr^{+2}$	-0.41
⑥$CrO_4^{-2} + 4H_2O + 3e^- \rightleftarrows Cr(OH)_3 + 5OH^-$	-0.13
⑦$Ag_2CrO_4 + 2e^- \rightleftarrows 2Ag + CrO_4^{-2}$	$+0.446$
⑧$Cr_2O_7^{-2} + 14H^+ + 6e^- \rightleftarrows 2Cr^{+3} + 7H_2O$	$+1.33$

三、化學性質

　　鉻在週期表中屬VI –A 族，係第一過渡系列（Transition series）之重要元素。由表 17-15 可知，其正電極電壓甚高，理論上其電化學性甚為活躍，然而在空氣和氧化劑中，鉻易形成鈍態（Passive state），而具貴金屬（Noble metal）性質，因而不易被空氣或酸所侵蝕。在非氧化性酸液（如 HCl 或 H_2SO_4）中，易被鋅或鐵活化而溶解。

　　由於金屬鉻能產生氧化層保護膜，故能抗拒高溫氧化。鉻在高於熔點時，即與空氣生成明亮火焰。鉻能以 0 價之狀態與 H_2、C、Si 及 B 等生成具金屬或半金屬性之化合物。另外，亦能與許多金屬生成渦渡或介穩金屬化合物（Intermetallic compound）和固態溶液（Solid solution），如 CrFe、$CrAl_3$、$CrAl_4$、$CrAl_7$、Cr_2Al、Cr_2Al_{11}、Cr_4Al_9、CrSb、$CrSb_2$、$CrMn_3$、Cr_2Ti、$CrZn_{10}$ 以及 Cr_2Zr 等。

　　Cr^0 化合物無法使用鉻元素製備之，但可使用鉻的無水氯化物製之，譬如鋁、鋁烷化物（Aluminum alkyls）及 $CrCl_3$ 共同反應，可得二苯鉻

〔Bis-benzene Chromium（0）〕；若在此系統中加壓，並添加一氧化碳，則生成羰鉻〔$Cr(CO)_6$〕。另外 Cr^+ 的化合物，例如 $(C_6H_5 \cdot C_6H_5) CrI$，則不常見。$Cr^0$ 和 Cr^+ 化合物在分析化學上並不重要。

Cr^{+2} 屬強還原劑。在分析化學上，硫酸亞鉻（Chromous sulfate）溶液可做還原劑及氧吸收劑。在中性、鹼性、或強酸性溶液中，Cr^{+2} 能使 H_2O 釋出 H_2。含 Cr^{+2} 之化合物，如同 Cl^- 和 SO_4^{-2}，易被氧化。

在各種電價之鉻中，以 Cr^{+3} 最為安定；在大部分的狀況下，其他電價的鉻，均易轉變為 Cr^{+3}。其無水氧化物和相近似的混合氧化物，如鉻鐵礦（Chromite），均為極安定之物質，在分析上需使用特殊方法方能溶解之。Cr^{+3} 之無水氯化物不溶於純水，但溶於含強還原劑或 Cr^{+2} 之水中。

Cr^{+3} 之水溶液化學，在分析化學上甚為重要。簡單的水合 Cr^{+3} 能存在於常溫之硝酸、過氯酸（Perchlorate）以及氟硼酸（Fluoborate）等溶液中，並呈現紫色；加熱時可促進其水解作用，並生成大量的綠色鹽基性離子；若有 SO_4^{-2} 或 Cl^- 存在，則代出水，而生成複合離子。另外能與多種有機酸，如蟻酸、醋酸、草酸及羥基（Hydroxy）酸等，化合成安定的複合離子。因為這些複合物甚為安定，故能阻礙 Cr^{+3} 與鹼，生成 Cr^{+3} 的無水氧化物沉澱。

鹽基性之 Cr^{+3}，經加熱並靜置後，能生成 -ol 及 -oxo 橋，此種現象稱為 Olation 與 Oxolation。這些離子之某些關聯，見次頁圖 17-1。

Cr^{+3} 能生成水合氧化物或磷酸鹽而沉澱，前者經燒灼後，即成無水氧化物；若係在氧化性大氣下燒灼，可能有價數較高之氧化物生成。後者在化學分析上少有利用價值。

Cr^{+3} 能被「鋅 - 酸」混合物、次磷酸鹽（Hypophosphite）、以及其他強還原劑，還原成 Cr^{+2}。另外，在高壓之鹼性溶液中，Cr^{+3} 能被次氯酸鹽（Hypochlorite）、次溴酸鹽（Hypobromite）、過氧化物、以及氧等氧化劑，氧化成 CrO_4^{-2}。

在酸性溶液中，Cr^{+3} 不易被氧化。其典型氧化劑計有：氯酸鹽（Chlorate）、過氯酸鹽（Perchlorate）（濃）、二氧化鉛（Lead dioxide）、鉍酸鈉（Sodium bismuthate）、「過硫酸鹽－硝酸銀」混合物等。其生成物包括「聚鉻酸根離子（Polychromate ion）」；若是鉻的濃度很高或水的濃度很低，則生成物

含有 CrO_3。

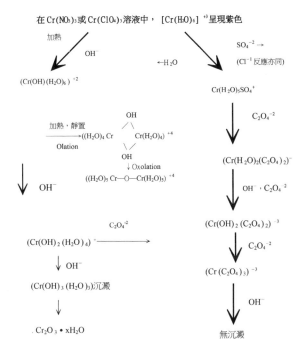

圖 17-1　水合 Cr^{+3} 所生成之複合離子之某些關聯圖

　　在酸性溶液中，過氧化物（Peroxide）能與鉻酸鹽（Chromic salt）生成能被乙醚萃取之藍色 CrO_5，此種現象可供作鉻之定性測試。但此種顏色並不安定；同時藍色的過鉻酸（Perchromic acid）很快就分解為氧和鉻酸。在鹼性溶液中，則生成紅色 CrO_8^{-3} 離子鹽類；但亦不安定，最後分解成 CrO_4^{-2} 離子。咸認這兩類過氧化合物，係由 Cr^{+5} 衍生而得，但因不安定，而難確定其構造。

　　Cr^{+4} 及 Cr^{+5} 之化合物均為非水溶性，在鹼性溶液中，能生成水合物：

$$3Cr^{+5} + 16OH^- \rightarrow [Cr(H_2O)_6]^{+3} + 2CrO_4^{-2} + 2H_2O$$

$$8H_2O + Cr^{+4} + 8OH^- \rightarrow 2[Cr(H_2O)_6]^{+3} + CrO_4^{-2}$$

　　Cr^{+4} 及 Cr^{+5} 之化合物，在分析化學上並無用途。可藉其他鉻化合物在高溫下經分解或氧化而得：

$$2CrO_3 \rightarrow 2CrO_2 + O_2$$

$$2BaO + 4BaCrO_4 \rightarrow 2Ba_3(CrO_4)_2 + O_2$$

$$2CrCl_3 + Cl_2 \rightarrow 2CrCl_4$$

鉻在分析化學中，最有用的是具酸性的 Cr^{+6}。鉻酸是明確的二鹽基酸（Dibasic acid），其解離平衡方程式為：

$$H_2CrO_4 \leftrightarrows H^+ + HCrO_4^- \qquad K = 0.16$$

$$HCrO_4^- \leftrightarrows H^+ + CrO_4^{-2} \qquad K = 3.0 \times 10^{-7}$$

或　$$2HCrO_4^- \leftrightarrows Cr_2O_7^{-2} + H_2O \qquad K = 43.5$$

由上可知，鉻酸在第一次離解時，酸性頗強。第二次離解時，其酸性約等於碳酸之第一次離解。在高濃度及低 pH 條件下，有助於橙色重鉻酸離子（$Cr_2O_7^{+2}$）的生成。若濃度非常高，則會生成 $Cr_3O_{10}^{-2}$ 及 $Cr_4O_{13}^{-2}$。

重鉻酸是一種強氧化劑，其氧化強度可藉降低 pH 值而增強之。

鉻的醯基化合物（Acyl compound）是一種紅色、且可水解之液體。其中以鉻醯氯化物（Chromyl chloride）最為重要。

Cr^{+6} 在分析化學及商業上，以金屬鉻酸鹽和重鉻酸鹽最為重要。

鹼金族和鹼土族的鉻酸鹽呈現紅色。其中鉻酸鉀是測定氯離子之莫耳（Mohr）滴定法之指示劑。另外，鉻酸鋇和鉻酸鍶在溶解度上之不同，亦可供分析化學上之元素分離和分析方法上之應用。

重金屬，如 Zn、Cu、Ni 等之鉻酸鹽，易生成鹽基性鹽（Basic salt）和雙鹼性鉻酸鹽（Double alkali chromate）。這些鉻鹽通常呈紅褐、棕、或黑色。鉻酸鉛係黃色結晶，可供作有機物燃燒時之氧化劑。鉻酸銀呈紅褐色；此物生成時，可供作莫耳（Mohr）氯化物滴定法之終點。

鉻酸鹽在中強度酸性溶液中，能轉化成重鉻酸鹽。由於重鉻酸鹽易溶於水，因此不易溶於水之鉻酸鹽可循此法溶於水中。但鉛、鋇、及鎳等之鉻酸鹽則易溶於強酸中，或具還原條件之溶液中。

重鉻酸鹽通常均易溶於水，其分子體積愈大以及其陽離子價數愈高，其溶解度愈大。能生成黃色鉻酸鹽之陽離子，即能生成橙色或桔紅色之重鉻酸鹽。除了較重的鹼金屬和銀的重鉻酸鹽外，其餘元素之重鉻酸鹽均

易生成水合物。在氧化滴定法（Oxidimetry）中，重鉻酸鉀是第一標準物，可供硫代硫酸鹽、亞鐵溶液以及氯化亞錫（Stannous chloride）標定之用。另外，$Cr_2O_7^{-2} \rightarrow Cr^{+3}$ 之電位變化很明顯，故可供作電位滴定法之終點。

重鉻酸銨經加熱至 220℃ 時，即依下式分解：

$$(NH_4)_2Cr_2O_7 \rightarrow N^2 + Cr_2O_3 + 4H_2O$$

Cr^{+6} 能生成數種顏色反應，例如在酸性溶液中，Cr^{+6} 能與對稱二苯基二氨脲（sym-Diphenyhcarbazide）生成亮紫色化合物；二苯胺（Diphenylamine）能被氧化成藍或紫色，故可作為重鉻酸鹽滴定時之指示劑；鉻酸鉛是最不易溶解之鉻酸鹽，因此當其沉澱時，可作為濁度測試法（Turbidimetric test）之終點。

四、供作分析標準劑、試劑以及指示劑用之鉻化合物

許多鉻化合物是實驗室中重要之標準劑、試劑及指示劑，諸如重鉻酸鉀、亞鉻鹽（Chromous salt）及鉻酸鹽等，尤以第一項最為重要。

(一) 重鉻酸鉀

重鉻酸鉀是「氧化 – 還原」滴定法中，重要之氧化滴定劑，如果改變滴定條件，則 $Cr_2O_7^{-2} \rightarrow Cr^{+3}$ 之氧化電位，可由在稀酸中的 0.9V 提昇至在 H_2SO_4 (8M) 中之 1.36V（理論值）。其指示劑甚多，通常使用：二苯胺（Diphenylamine）及其相關化合物、對稱二苯氨基聯苯（Diphenylbenzidine，DPB）、磺酸二苯胺（Diphenylamine sulfonic acid）及磺酸二苯胺鋇（Barium diphenylamine sulfonate）等。另外，亦可使用 正苯氨基苯甲酸（n-Phenylanthranilic acid）、5,6- 二甲基弗洛因（5,6-Dimethylferroin）、3,4,7,8- 四甲基弗洛因（3,4,7,8-Tetramethyl ferroin）、4,7- 二甲基弗洛因（4,7-Dimethylferroin）及弗洛因（Ferroin）等。

高錳酸鉀的優點是易於純化、安定；而且在甚高之溫度下，其水份含量不變。高錳酸鉀溶液最常作為亞鐵離子（Ferrous iron）之氧化滴定劑。若以反滴定法（Back-titration）滴定過剩的亞鐵鹽，或滴定所生成的亞鐵鹽，則此種滴定法可擴大應用於 Cr、Cu^+、Co、NO_3^-、ClO_3^-、以及有機過氧化物之滴定。

(二) 亞鉻鹽 （Chromous salt）

亞鉻鹽是還原性極強之還原劑：

$$Cr^{+3} + e^- \leftrightarrows Cr^{+2}$$

上式之氧化-還原電位為 -0.41V。在強酸溶液中，亞鉻離子能取代水中之氧。

亞鉻鹽能使大部分之金屬，還原至最低價位。另外可用於水中含氧量之測定，或供作氣體分析時之氧氣吸收劑。

亞鉻鹽溶液呈深藍色，經氧化後，則變為深綠色。標定亞鉻鹽時，需先以亞鉻鹽使鐵還原成亞鐵，再以重鉻酸鉀滴定亞鐵離子。

(三) 鉻酸鉀 （Potassium Chromate）

在光電比色法中，若直接讀取 Cr^{+6} 濃度，則鉻酸鉀可作為比色標準劑。另外，在 Cl^- 之莫耳（Mohr）滴定法中，硝酸銀滴定液之過量第一滴，能與鉻酸鉀（指示劑）生成紅褐色之鉻酸銀，故可定為滴定終點。

17-3 分解與分離

一、分解

高鉻合金不易分解，通常使用過氧化鈉熔融法，或過氯酸或其混合物溶解法分解之。茲分述如下：

(一) 熔融法

適用於鉻鐵（Ferrochrome）之分解。熔融時，樣品和熔劑可置於鐵、鎳、陶磁、銀、或鉑等坩堝內，在本生燈上或馬福電爐（Muffle furnace）中，以約 700℃ 燒灼之。坩堝之選擇，以經濟、簡便為原則，但無論那一種坩堝，都會受到或多或少之熔解。

鐵坩堝的優點就是便宜，且最適用於日常分析（Routine determination）。在本生燈上燒灼時，可供使用 4 ～ 5 次；在電爐內加熱時，可用次數更多。熔融期間，可能釋出 Mn、Si、難溶的鐵酸鹽（Ferrate）、甚至 Cr，故宜作空白試驗。釋出過量的錳，會影響分析之準確度。

　　鎳坩堝通常不含 Cr。可供使用 1 次以上。會釋出難溶的 NiO_2。

　　陶磁坩堝通常不含 Cr。只能提供使用 1 次。能釋出大量 Al 和 Si，但無鐵酸鹽和 NiO_2 釋出。其溫度控制較鐵和鎳坩堝為嚴。

　　鉑坩堝內需先熔融 Na_2CO_3，並旋轉坩堝，俟冷卻後，坩堝內覆上一薄層 Na_2CO_3，以免樣品熔融時，損失鉑金屬（每次可能損失約 1mg。）

　　銀坩堝易被熔劑過氧化鈉熔蝕，故宜小心使用。以前很少使用此種坩堝。

　　添加數粒氫氧化鈉，使與過氧化鈉共熔，可降低熔點，因而可大大降低鎳坩堝之熔蝕。

　　鉻與過氧化鈉共熔後，可完全氧化成 CrO_4^{-2} 離子。除非樣品含大量鋇或鉛，否則鉻鹽為可溶性；另外，Al、As、Mo、W、V 及 Si 等所生成之鹽亦為可溶性。而 Fe、Ti、Zr、Ni、Co、Cu 及大部份重金屬所生成之鹽則屬不溶性，可經過濾而除去之。另外，錳經熔融後，生成極易溶於酸之 Mn^{+4} 氧化物，故需經至少 30 分鐘之煮沸，使 Mn 轉化為不溶於酸之生成物，同時消除未反應之過氧化物，以免干擾爾後 Cr 之定量。

（二）溶解法

　　過氯酸（Perchloric acid）是含鉻材料之主要溶劑。若樣品為不銹鋼及類似合金，為加速溶解速度，可使用磷酸和過氯酸之混酸溶解之。

　　過氯酸之熱溶液（即蒸煮至冒出濃白過氯酸煙時之溶液），能使鉻完全氧化為 Cr^{+6} 而溶解；若為冷溶液，則 Cr^{+6} 成 CrO_3 結晶而沉澱；若為中等溫度，可能有「似過氧化物（Peroxide-like compound）」生成和分解，因而可能有部份 Cr^{+6} 發生還原反應，故不能保證所有鉻都生成 Cr^{+6}，而僅適用於高鉻合金之日常分析。但若溶液含 Ag^+，則氧化結果甚佳；若含 Cl^- 或 F^-，則 Cr 可能成 CrO_2Cl_2 或 CrO_2F_2 而揮發逸去，故需使用冷凝管回收之。

二、分離

　　在進行鉻之定量時，通常無需將鉻分離，因為在主要的鉻定量方法中，許多元素都不生干擾。但鉻倒是經常干擾其他元素之定量，因而需加以分離。鉻之分離法簡述如下：

(一) 沉澱法

1. 生成可溶性鉻鹽〔例如生成鉻酸鹽（Chromate）〕

（1）在鹼性溶液中

在鹼性溶液中，鉻易被過氧化物（Peroxide）、次氯酸鹽（Hypo-chlorite）、或次溴酸鹽（Hypobromite）等氧化劑氧化成鉻酸鹽。在 pH > 11 之溶液中過濾之，Al、As、Si、Mo、W、V 及 Zn 等能伴隨鉻酸鹽留在濾液內；而 Mg、Mn、Fe、Cu、Ti、Zr、Ni 及 Co 則成沉澱而分離。若加銨鹽（Ammonium salt），使溶液酸度降至 pH9，則 Al 和 Zn 亦沉澱而出，而 Mg 則溶於溶液中。溶液中若含 Ba 或 Pb，則部份鉻生成 $BaCrO_4$ 或 $Pb_2(OH)_2CrO_4$ 沉澱。

（2）在酸性溶液中

鉻合金與過氯酸（Perchloric acid）共熱至冒出濃白過氯酸煙時，鉻易被氧化而留於溶液內。過濾之，可濾去其他沉澱物。

2. 生成三價鉻

（1）在中性或鹼性溶液中

三價鉻通常能在中性或鹼性溶液中沉澱。若添加「螯鉗試劑（Chelating agent）」，如草酸鹽、酒石酸鹽、或檸檬酸鹽（Citrate）等，則鉻生成安定之可溶性複合物。若使用「氫氧化銨-硫化銨（Ammonium hydroxide-Ammonium sulfide）」古典定性法，且溶液含草酸鹽，則鉻能與 Fe、Ni、Co、Zn 及 Mn 等元素分離。

（2）在酸性溶液中

使用古典的硫化氫沉澱法，可使鉻與硫化物族元素（Sulfide group element），如 Pb、Ag、Hg、As、Sb、Cd 及 Bi 等元素分離。

氯化鋇能同時與硫酸鹽和鉻酸鹽生成鋇的硫酸及鉻酸鹽沉澱。此沉澱物與鹽酸和還原劑（如甲醇與乙醇）共煮，則可將此二鹽之混合物分離。

在冷、稀酸溶液中，庫弗龍（Cupferron）能與 Fe、Ti、V 及 Zr 等元素生成沉澱物；而 Cr、Mn、Ni 及 Al 則留於溶液中。若改變沉澱方

法，亦能與 Sn 和 Cu 生成沉澱物。其法如下：

在 200ml 樣品溶液中，需含 20 ～ 25ml H_2SO_4。若庫弗龍沉澱物需繼續供 Fe、Zr、Ti、或 V 等元素之定量時，則樣品溶液不應含 Si、W、H_2S 族、以及大量的 PO_4^{-3}、鹼土族（Aaline earths）及鹼族（Alkalies）等物質→加高錳酸鹽溶液，至呈粉紅色→冷至 10℃時，一面搖動，一面緩緩添加新製庫弗龍溶液（6%，冷），至不再生成新沉澱為止→加少許濾紙屑，並攪拌之→靜置 2 ～ 3 分鐘，然後以抽氣法過濾之→以洗液〔含 1.5g 庫弗龍 /1000ml H_2SO_4（1：10）〕洗滌之。沉澱物供作其他元素定量之用。濾液濃縮至 50ml →加 20ml HNO_3 →加熱至冒出濃白硫酸煙→再加 HNO_3，並繼續蒸煮，至有機物消除為止。（＊註：若欲得六價鉻，俾利進一步之分離，則在第一次硝酸處理後，即加 $KClO_4$ 或 $HClO_4$，再加 HNO_3 蒸煮之，使鉻氧化成六價鉻。如此重複操作，至溶液成為純淨橙色為止。）

3. 生成沉澱物

（1）生成氧化鉻（VI）

如前所述，含鉻材料經過氯酸（$HClO_4$）氧化後，其溶液迅速冷卻至室溫時，氧化鉻（VI）即成易於過濾之細小、明亮之紅色針狀物而沉澱，可用古氏坩堝過濾，並用 $HClO_4$（70%）洗滌之。本法適用於高鉻合金，並幾乎可與所有元素分離；但 Si、Sn、Sb、W 及 Mo 則隨鉻一併沉澱。

（2）生成鉻酸鉛

在含 H^+（1M）及過量 Pb^{+2}（約 0.02N）之溶液中，Pb^{+2} 能與 Cr^{+6} 生成鉻酸鉛沉澱。此法能使鉻與大部分元素分離。溶液中不可含 Cl^-。

（3）生成鉻酸鋇

Cr^{+6} 能與 Ba^{+2} 生成鉻酸鋇沉澱。過濾後，以 $HClO_4$（稀）溶解之。溶液可供鉻之定量滴定或光電比色之用。$BaCrO_4$ 較 $PbCrO_4$ 易溶於酸液，是其優點。

（4）生成複合氟化物

加固體氟化鈉（Sodium fluoride）於含 Cr^{+3}、Zn、Cu、Ni、Co 及 Cd 之溶液中，再加 $1 \sim 1.5ml\ H_2SO_4/100ml$ 溶液，只有鉻能生成 Na_3CrF_6（也可能為 $Na_2CrF_5 \cdot H_2O$）而沉澱，而與 Zn、Cu、Ni、Co、及 Cd 分離。

Cd 含量不得太多；而 Mn 則無法分離。

（二）揮發法

鉻能成氯鉻醯（Chromyl Chloride）而揮發。鉻在過氯酸中加熱，至冒出濃白過氯酸白煙，然後一面煮沸，一面一滴一滴加入濃鹽酸，或小心加入食鹽，鉻即成氯鉻醯而揮發逸去。但有少量鉻可能被還原成 Cr^{+3}，而無法揮發，故需再重行氧化及揮發。

鉻亦能與氟化物生成氟鉻醯（Chromyl fluoride）而揮發，且無被還原之虞。

（三）萃取法

Cr^{+3} 能生成鉻的乙醯丙酮（Acetylacetonate）及 8- 羥喹啉鉻（Chromium 8-Quinolinolate）等可供氯仿萃取之複合物。

在弱酸至強酸之溶液中，過氧化物能與鉻生成有色之過鉻酸（Perchromic acid）。此物含量若在 $0.5 \sim 5mg$，可全被醋酸乙酯（Ethyl acetate）所萃取。最佳萃取條件為 pH1.7±0.2、H_2O_2 濃度為 0.02 Mole、以及溫度小於 10℃。

萃取物若與氫氧化鈉混合，則鉻成鉻酸鹽而重新溶於水。鉻酸鹽亦能與 DDC（Diethyldithiocarbamate）生成能被氯仿所萃取之複合物。

在鹽酸溶液中之 Cr^+ 能被 MPT〔4-Methyl-2-Pentanone，4- 甲基 - 烯 -[3]- 酮 -[2]〕所萃取。鐵亦同。

在 HCl（7N）中，Cr^{+3} 能被氧化三辛膦（Tri-n-octyl phosphine oxide）所萃取。然而，Sb^{+3}、Fe^{+3}、Mo^{+6}、Sn^{+4}、Ti^{+4}、V^{+4} 及 Zr 亦同。

鉻與對稱二苯基二氨脲〔sym-Diphenyl carbazide，$(C_6H_5NHNH)_2CO$〕所生成之有色複合物能被異戊醇（iso-Amylalcohol）、氯仿、己醇（Hexanol）、或環己醇（Cyclohexanol）所萃取。

(四) 電解

使用汞陰極（Mercury cathode）分離法時，Cr、Zn、Fe、及其他正電荷（Electropositive）較小之元素，易生成汞齊（Amalgam）而沉澱；而 Al、Ti、V、及鹼土族與鹼族元素則留於溶液中。每 25ml Hg 所移除之 Cr 不宜超過 0.3g。

(五) 層析法和離子交換法

在溶液中，過量的 8- 羥喹啉能與 Cr、Fe、Al、Ti、Ni、Co、Mo、Mn、Cu、Zn、V^{+5} 及 W 等元素生成複合物沉澱，經過濾、乾燥後，再溶於氯仿，然後以「活化氧化鋁管柱（Column of activated alumina）」吸附（Adsorbing）之，鉻能隨「氯仿 - 苯」混合物而洗出（Elute），而其餘元素則被管柱所吸附而留下。

鉻與硫氰化鉀（KSCN）生成 $[Cr(SCN)_6]^{-2}$ 複合物後，能通過陽離子交換樹脂（Cation-exchange resin），而與其他元素分離。

17-4 定性

(一) 沉澱反應

在弱酸溶液中，鋇和鉛能與鉻酸根離子生成鉻酸鋇和鉻酸鉛沉澱。鉻酸鋇呈淡檸檬色，可測出 30p.p.m. 之鉻酸鹽；其靈敏度雖不及鉻酸根離子本身所呈現之黃色，但可確定黃色是否由鉻酸根離子所呈現。干擾物計有硫酸鹽、大量草酸鹽、及氟化物等。鉻酸鉛則呈現較深之黃色，可測出 4p.p.m. 之鉻酸鹽。干擾物計有硫酸鹽及大量的氟化物。

Cr^{+3} 之含水氧化物濃度在高於 30p.p.m. 時，會呈現綠色至紫色之沉澱。另外，可溶性鉻（Ⅲ）鹽與 8- 羥喹啉共熔後，在仍有熱度期間，鉻（Ⅲ）呈現粗短之針狀物。

(二) 顏色反應

其實鉻的許多重要定性方法與其本身之化合物有關，譬如無色之固體或溶液必不含大量之鉻。唯一無色之鉻化合物為羰鉻〔$Cr(CO)_6$〕。在 50ml 涅斯勒（Nessler）管內，可以目視法鑑別出含約 1p.p.m. Cr 之鉻酸鹽。

Cr^{+2} 之顏色和 Cr^{+3} 近似。

最重要的顏色反應，應屬在酸性溶液中，Cr^{+6} 與對稱二苯基二氨脲〔sym-Diphenylcarbizide〕生成明顯的紅～紫色化合物。若使用新配製、且安定性良好之試劑，則可測出 0.01p.p.m. 之鉻。在 H_2SO_4（0.2N）中之安定性最佳；對波長為 540μ m 之光線之吸光度最大。其發色機制迄今尚未完全明瞭，但已知其呈色之化合物為 Cr^{+3} 與 DPC（Diphenyl carbazone）所生成之複合物。Cr^{+3} 係 Cr^{+6} 被對稱二苯基二氨脲還原而得；亦可由 DPC 氧化 Cr^{+2} 而得。

其實在鹼性溶液中，鉻酸鹽本身的顏色，就足可作為定性之用；對波長為 370μ m 之光線之吸光度最大。

在酸性溶液中，過氧化氫能與鉻離子（Chromic ion）或鉻酸鹽生成能被乙醚或醋酸乙酯所萃取之紫～藍色之過鉻酸（Perchromic acid），其靈敏度與鉻酸根離子同，約為 2p.p.m.。

在酸性溶液中，過氧化物能與鉻酸鹽溶液生成短暫紅色的 CrO_8^{-3} 離子。另外在酸性溶液中，「1,8- 羥基萘二磺酸 -[2,7]（1,8-Dihydroxy-phthalene-3,6-disulfonic acid，或簡稱 Chromotropic acid）」溶液（含 1% 鈉鹽）能與 Cr^{+6} 生成紅色化合物，可測出 0.02mg Cr。但 Fe^{+3} 亦能與此試劑生成綠色化合物；V 和 Ti 生成棕色化合物。

染有 SBR（Serichrome Blue R）染料之棉毛，會變為深紅色，一旦浸在含 Cr^{+6} 之酸性溶液中，則轉變為藍色。

17-5 定量

鉻除了作為市場鉻和鉻鐵之主要成份外，通常也是鋼鐵、鋁合金、鈦、及高溫合金等之合金元素。鉻通常只與熔點較高之過渡金屬生成合金，因此鋅、錫和鉛等合金含鉻較少。通常在酸性溶液中，以「高硫酸鹽氧化 - 滴定」法定量之；此法之干擾性元素較少，因此用途較廣。鉻含量較少時，則適用「對稱二苯基二氨脲」光電比色法。鉻的各種定量方法，分述如下：

一、重量法

因滴定法既簡單又適用，因此很少使用重量法。採用本法時，鉻可

生成鉻酸鋇（Barium Chromate）、鉻酸鉛（Lead Chromate）、鉻酸亞汞（Mercurous Chromate, Hg_2CrO_4）、或氧化鉻（Chromic Oxide，Cr_2O_3）等不溶性沉澱，經適當處理及燒灼後，即可供稱重與計算。

二、滴定法

滴定法計分：沉澱反應法（Precipitation reaction）、複合物測定法（Complexometric method）、極化或電流測定法〔Polaragraphic 或 Amperometric method〕、光度測定法（Photonometric method）、以及「還原-氧化」法（Redox reaction）等五種，其中「還原－氧化」法之簡單性和準確性均佳，故最廣被採用。

所謂複合物測定法就是，以過量之 EDTA（Ethylenediamine tetraacetic acid）與 Cr^{+3} 生成安定之複合物，再使用能與過量 EDTA 快速生成螯鉗複合物之離子，進行反滴定；同時使用對滴定液之離子，具有反應靈敏性之染料（Dye）作為指示劑。例如，硫酸鉻〔Chromium（Ⅲ）sulfate〕溶液與過量的 EDTA 混合，然後將酸度調整至 pH3。煮沸後，以 $FeCl_3$（0.1N）滴定過量之 EDTA，並以賓雪羅綠（Bindschedler's green）指示劑之棕色分解生成物，當作終點。

光度測定法的原理就是，利用反應方程式：

$$2Fe^{+3} + C_2O_4^{-2} \rightarrow 2Fe^{+2} + 2CO_2$$

對光度之靈敏性，以及 Fe^{+3} 被還原之程度，與一定強度之紫外線源之照射時間成正比。如果加入 Cr^{+6}，則 Fe^{+2} 立刻被氧化，而使溶液保持一定濃度之 Fe^{+3}。而由 Cr^{+6} 還原而得之 Cr^{+3} 之數量，則與曝光時間成正比，其增量可使用光度計（Photometer）測定之。當 Cr^{+6} 反應完畢，即無吸光度增量現象發生。

所謂沉澱反應法就是，利用鋇鹽或鉛鹽當作滴定劑，與溶液中之 Cr^{+6} 生成鋇或鉛之鉻酸鹽（Chromate）沉澱。以鋇鹽或鉛鹽為滴定液時，可分別使用四羥蒽或戴賽松（Tetrahydroxyquinone 或 Dithizone）作為指示劑。本法會被硫酸鹽干擾，而且準確性不佳。

金屬材料之鉻定量滴定法中，以還原－氧化反應法最為重要，其中最常採用亞鐵鹽滴定法，其次是碘滴定法。茲分別說明如下：

（一）亞鐵鹽滴定法

有關本法之文獻極多，不勝枚舉，但其主要分析原理係依據下面定量化學方程式而來：

$$6Fe^{+2} + Cr_2O_7^{-2} + 14H^+ \rightarrow 6Fe^{+3} + 2Cr^{+3} + 7H_2O$$

干擾元素很少；最常見的干擾元素為高錳酸鹽（Permangnate）和釩酸鹽（Vanadate）；但校正容易。滴定以前，溴、氯、氯酸鹽（Chlorate）、溴酸鹽（Bromate）、硒（IV）、以及其他強氧化劑應予除去或予以還原。

本法通常包括三個步驟：(1)將 Cr^{+3} 氧化成 Cr^{+6}，並除去干擾元素；(2)以 Fe^{+2} 滴定 Cr^{+6}；(3)如果需要，將過剩之 Fe^{+2}，予以反滴定。茲將各步驟分述如下：

1. Cr^{+3} 氧化成 Cr^{+6}，並除去干擾元素

本法可在鹼性或酸性溶液中進行。分述如下：

（1）在鹼性溶液中進行

在鹼性溶液中進行時，通常所使用之氧化劑為過氧化物、次氯酸鹽（Hypochlorite）、或次溴酸鹽（Hypobromite）。本法氧化速度甚快。因此在需要將鐵或其他金屬以氧化物之形態予以濾去，而使與鉻分離之狀況下，最常使用本法。本法缺點是，在酸性溶液時，包括 Cr^{+6} 在內之氧化物呈不安定狀態，尤其使用過氧化物時為然。因此，硫代硫酸鹽（Thiosulfate）若未被鹼性過氧化物所消除，則在滴定前將溶液酸化後，就能與 Cr^{+6} 發生化學反應。許多有機物亦然。

過剩的鹼性氧化劑必須加以消除，否則過氧化物在酸性溶液中能還原 Cr^{+6}；而次氯酸鹽或次溴酸鹽在酸化時，所生成之自由氯或溴（Free Chlorine or Bromine），在滴定時會氧化 Fe^{+2}。次溴酸鹽氧化後，若遺下太多的溴鹽，則 Br^- 在滴定前會還原 Cr^{+6}。溶液中之酸度不高時，氯化物含量之允許度較大；不過，若欲以高錳酸鹽滴定過剩的亞鐵鹽時，則不宜有氯化物存在。

煮沸至少 30 分鐘以上，才能消除鹼性溶液中之過氧化物；但若含有 Fe^{+3}，或添加硫酸銨鐵（Ferric ammonium sulfate），則煮沸 10 分鐘，足可消除過氧化物。

將溶液酸度調整至約 0.5N，並煮沸之，可消除過量之次氯酸鹽。另外次氯酸鹽亦易被酚（Phenol）所分解。

含有氧化劑之鹼性溶液，經長時煮沸後，錳即轉化成非水合（Dehydrate）和無化性（Unreactive）之不具干擾性之二氧化錳。

（2）在酸性溶液中進行

在酸性溶液中進行氧化作用時，可供使用之氧化劑計有：過氧化錳、高錳酸鉀、高硫酸鹽（含 Ag⁺）、過氧化銀（Silver peroxide）、過氯酸（Perchloric acid）（濃）、氯酸鹽（Chlorate）、二氧化鉛（Lead dioxide）、鉍酸鈉（Sodium bismuthate）、硒離子（Ceric ion）、或其他強氧化劑。

高錳酸鉀是一種清除（Clean-up）型的氧化劑，同時適用於少量鉻之氧化。其反應式如下：

$$2MnO_4^- + 2Cr^{+3} + 3H_2O \rightarrow 2MnO_2 + Cr_2O_7^{-2} + 6H^+$$

所生成之大量二氧化錳，使用稀鹽酸消除之速度很慢；又由於顆粒很細，不易濾去，故需長時煮沸，以鈍化之。若要提高分析結果之準確度，樣品經過氧化物熔解、煮沸後，通常需使用高錳酸鉀進行第二次氧化；過量的高錳酸鉀和所生成之二氧化錳通常使用稀鹽酸消除之。

鉻合金經硝酸、硫酸、磷酸、或過氯酸等混合物溶解後，通常使用高硫酸鹽（Persulfate）和硝酸銀氧化之。在不含氯化物之溶液中，首先調整至 1.5N 之酸度，再添加硝酸銀，作為觸媒。每克鉻需加 1 克硝酸銀。加高硫酸銨後，需煮沸至 Cr^{+3} 氧化為 Cr^{+6}。樣品中通常含錳，因此若溶液生成高錳酸鹽顏色時，即表示氧化完成。如果需要，可加少量錳（Ⅱ）鹽，作為指示劑。加 HCl（1：4）或 NaCl（1：4）於溶液中，並加熱之，可使錳還原為無害之 Mn^{+2}。

加過氯酸於試樣中，並蒸至冒出濃白過氯酸煙，能使 Cr^{+3} 完全氧化為 Cr^{+6}。使用本法時，冷卻速度要快，否則 Cr^{+6} 易被還原；尤其溫度降至 90 ～ 100℃時為然。另外，若溶液中含有 Cl⁻，則易生成氯鉻醯（Chromyl Chloride）而揮發逸去。因此若需高準確度之分析，或試樣含鉻很少時，不宜使用此法。本法的優點是，酸性溶液可加以稀釋，並能作直接滴定。

氯酸鹽之作用同過氯酸，能夠消除有機殘質，如過剩的庫弗龍

（Cupferron）。氯酸鹽不僅不能使鉻完全氧化，過剩之氯酸鹽還需以煮沸法，或添加氯化物，加以消除。

二氧化鉛或鉍酸鈉之硝酸溶液，亦常被使用，但不比「高硫酸鹽－硝酸銀」法佳。過剩之氧化劑屬不溶性，應予濾去。

硒鹽（Ceric salt）能將 Cr^{+3} 迅速完全氧化成 Cr^{+6}。過剩之硒鹽需加硝酸和草酸鹽消除之。本法常用於 Cr^{+3} 之直接滴定。

2. 以 Fe^{+2} 滴定 Cr^{+6}

以 Fe^{+2} 直接滴定 Cr^{+6} 是最簡單的方法，適用於鉻的大量定量分析（Macrodetermination）。

溶硫酸亞鐵（Ferrous sulfate）或硫酸銨亞鐵（Ferrous ammonium sulfate）於含硫酸之水溶液，即成亞鐵滴定液。此種滴定液，會被空氣緩緩氧化，是其缺點。大玻璃瓶（Carboy）儲存時，其氧化速度約為 0.1 ～ 0.2%／天，故至少每日均需以標準反滴定液（Back-titrant）或標準鉻溶液標定之。重鉻酸鉀（Potassium dichromate）屬優良之標準鉻滴定液。

另外亦可在亞鐵滴定液內，加入少許錫屑，以改進之。錫因有足夠的過電壓（Overvoltage），而不會與試劑中之 H^+ 作用，但能與因氧化作用而生成之 Fe^{+3} 作用，而使滴定液大致保持其原有濃度：

$$Sn + 4Fe^{+3} \rightarrow Sn^{+4} + 4Fe^{+2}$$

硫酸銨亞鐵溶液較硫酸亞鐵安定，且較易購得純度較高之產品，但不宜用作標準滴定液。

如果酸度夠高，則滴定速度甚快，而且反應完全。在約 250 ～ 350ml 之試樣溶液中，應含約 20 ～ 25ml H_2SO_4（1:1）。滴定終點可使用附有平整鉑電極之電位量測計（Potentiometer）、或弗洛因〔Ferroin，另稱菲南透林亞鐵複合劑（o-Phenanthroline ferrous complex）〕指示劑測定之。如果使用重鉻酸鹽進行反滴定，則亦可使用硫酸二苯胺（Diphenylamine Sulfate）或磺酸二苯胺鋇（Barium diphenylamine sulfonate）指示劑，量測其終點。

除非試樣溶液之酸度和氯化物含量太高，以及鉑電極反應遲鈍，否則電位量測法之終點極為明顯。如果電極反應不良，應予清洗，並置於氧化焰中燒灼數分鐘，使其活化。若為鉻（VI）的稀溶液，亦可使用旋轉式鉑

電極，以電流量測法 (Amperometry) 測其終點。

　　如果試樣溶液之酸度夠高，則弗洛因指示劑所測得之終點，亦相若於電位量測法。本法宜在試樣溶液之黃綠色幾近消失，而逐漸轉變為藍綠色時，加入指示劑。到達終點時，指示劑由無色變為深紅色。

　　二苯胺及其衍生物能與 Cr^{+6} 生成不易被 Fe^{+2} 消除之深藍色複合物，因此　宜用作外指示劑 (External indicator)，到達終點時，深藍色複合物即消失。

　　干擾元素有 V^{+5}、$Mn^{+4,+7}$ 等。V^{+5} 可完全還原為 V^{+4}。單獨測定釩之含量，可藉以校正之。亦可使用更簡單的方法：將含有 HNO_3（約 3N）之被滴定過之溶液煮沸 1 小時，使釩再氧化為 V^{+5}。然後冷至 20℃，再以硫酸亞鐵（1：1）滴定之。加熱時，燒杯口需打開，以免濃酸迴流。迴流的濃酸能氧化部份 Cr^{+3} 為 Cr^{+4}，而使校正值偏高。

3. 過量 Fe^{+2} 之反滴定

　　反滴定通常使用高錳酸鹽或重鉻酸鹽。所加過量之還原劑亞鐵鹽通常使用高錳酸鹽標定之。以高錳酸鹽滴定過量之亞鐵，當到達終點時，顏色由藍綠轉變為灰綠，如果溶液呈明顯之粉紅色，即表示高錳酸鹽滴定過度。使用二苯胺可改進滴定終點。Cl^- 會干擾終點測定。如果溶液之酸鹽度不太高，被亞鐵還原成 V^{+4} 之釩，能被高錳酸鹽再度氧化為 V^{+5}，故無需校正。

　　重鉻酸鹽較少被用作反滴定溶液。滴定時，傳統上係使用鐵氰化物（Ferricyanide）作為外指示劑；但二苯胺和弗洛因二者亦均為優良之內指示劑。亦可採用電位量測滴定法 (Potentiometric titration)。Cl^- 不會干擾滴定終點；而釩則無法校正。

(二) 碘滴定法 (Iodometric titration)

　　因許多陽離子都能使碘化物釋出碘，故本法少被採用。其干擾元素除了前述亞鐵鹽滴定法所列者外，尚有 Fe^{+3}、Cu^{+2}、As 及鉬酸鹽（Molybdate）等。

　　所謂碘滴定法就是，在酸性溶液中，過量的碘化鉀能被 Cr^{+6} 還原，而釋出碘，然後以硫代硫酸鹽（Thiosulfate）滴定之。滴定時，通常每 100ml

試樣溶液含約 2 ～ 5ml HCl。澱粉指示劑應在接近滴定終點時加入。適當的攪拌，可增加滴定速度。滴定前應靜置 2 ～ 5 分鐘。

三、光電比色法

(一)對稱二苯基二氨脲法

　　本法是最常被採用之光電比色法。其原理為：鉻酸鹽或重鉻酸鹽在酸性溶液中，能與「對稱二苯基二氨脲（Diphenyl Carbazide）」生成紅～紫色之複合物。呈色物質為陽離子(Cation)；其與醋酸、過氯酸鹽(Perchlorate)、或氯化物所形成之鹽，能被異戊醇（iso-Amylalchol）或氯仿所萃取。又在硫酸烷酯介面劑（Akyl sulfate surfactant）中，此種呈色複合物能被氯仿、己醇（Hexanol）、環己醇（Cyclohexanol）及「丙酮－異戊醇」混合物所萃取。另外，Cr^{+6} 在苯中，可先用「氧化三辛膦(Tri-n-octyl phosphine oxide)」萃取，再加入酒精配製之對稱二苯基二氨脲，使其呈色，然後直接測定其吸光度。

　　最大吸光度之光波為 500 ～ 580μ m，通常以 530 或 540μ m測定之。鉻含量大於 0.4p.p.m. 時，小於 200p.p.m. 之鉬無干擾性。但 200p.p.m. 之鐵和 4p.p.m. 之釩因能呈現棕色，具輕微之干擾性，如需求高精確度，則需除去之。然而釩的顏色維持時間較鉻為短，因此若釩之含量未超過 10 倍的鉻，在讀取量測數字以前，靜置 10 ～ 15 分鐘，即可得到良好的結果。另外，如果銅的含量比鉻大 500 倍，測定結果將會減少10%。

　　最好在酸性溶液中呈色，其中以鹽酸最常被使用。亦可使用磷酸。若使用硫酸，則可減少鐵之干擾程度。最適呈色酸度為 0.2N 或 pH1.3 ～ 1.7。酸度太低，則呈色不完全；太高則顏色不安定。在此種酸度下，釩的顏色會迅速消失。

　　以「酒精－水」混合溶液配製之呈色劑，易氧化而變黑。以鄰苯二甲酐（Phthalicanhydride）配製者，可儲存一個月以上。

(二)鉻酸根或重鉻酸根離子法

　　本法適用於中等鉻（VI）含量之樣品。通常以鹼性氧化法（Alkaline oxidation process）分離其他元素後所得之濾液，作為樣品。在酸性溶液中，Cr^{+6} 存在於多種陰離子中，如 CrO_4^{-2}、$HCrO_4^-$、$Cr_2O_7^{-2}$ 及 $HCr_2O_7^-$ 等，以

及 $HSCrO_7^-$、$H_2PCrO_7^-$ 等複合離子；但在鹼性溶液中，則只成 CrO_4^{-2} 而存在，因此具有單一選擇性。其最強吸光度位於 $366\mu m$ 之光波。膠狀鐵（Colloidal iron）呈現黃色，故具干擾性。

　　本法需依本節前述之方法，首先將鉻轉化為 Cr^{+6}，然後分別將酸度調整為 pH8.5 ～ 9.5，鉻濃度調整為 5 ～ 100p.p.m.。最後以 365 ～ 370 μm 測定其吸光度，並與重鉻酸鉀或鉻酸鉀標準溶液所測得者相比較。標準溶液之 pH 和所含惰性鹽（Inert salt）濃度，應和試樣溶液相等。

17-6 分析實例

17-6-1「氧化－滴定」法

17-6-1-1「高硫酸銨－高錳酸鉀」法：適用於含 Cr ＞ 0.1% 之鋼鐵。

17-6-1-1-1 鎢鋼、鎢鉻鋼及鎢鉻釩鋼之 Cr：可繼續供作 V 之定量分析。

17-6-1-1-1-1 應備試劑

（1）硫酸銨亞鐵〔$FeSO_4 \cdot (NH_4)_2SO_4 \cdot 6H_2O$〕（1.2%）

　　量取 950ml H_2O →緩緩加入 50ml H_2SO_4（1.84）→冷至室溫→加 12g 硫酸銨亞鐵→攪拌溶解。

（2）混酸

　　量取 600ml H_2O →緩緩加入 320ml H_2SO_4（1：1）→加 80mlH_3PO_4（85%）。

（3）高錳酸鉀（$KMnO_4$）標準溶液（N/20）

　①溶液製備

　　稱取 1.6g $KMnO_4$ 於 1000ml 燒杯內→加適量水溶解之→移溶液於 1000ml 量瓶內→加水至刻度→移暗處靜置過夜→以古氏坩或細孔玻璃濾杯（Fine porosity fritted-glass cruicible）濾去雜質（切勿洗滌）→濾液儲於暗色瓶內，以清潔玻璃塞塞好。

　②濃度（N）標定〔即求取新配高錳酸鉀標準溶液之濃度（N））〕

　　稱取約 0.5 ～ 1.0g 草酸鈉（純），平均攤開於錶面玻璃上→以 150 ～ 200℃烘乾 40 ～ 60 分鐘→置於乾燥器內放冷→精確稱取 0.150

克上項烘乾之草酸鈉於 600ml 燒杯內。另取同樣燒杯一個，供作空白試驗→加 100 ml H_2O →攪拌溶解之→加 10 ml H_2SO_4（1：1）→加熱至 80℃→以上項新配高錳酸鉀標準溶液滴定，至溶液恰呈微紅色，且經攪拌後，仍不退色為止。

③濃度（N）計算

$$C = \frac{W \times 14.904}{V_1 - V_2}$$

C＝新配高錳酸鉀標準溶液之濃度（N）

W＝草酸鈉重量（＝ 0.150 克）

V_1＝滴定草酸鈉溶液時，所耗高錳酸鉀標準溶液之體積（ml）。

V_2＝滴定空白溶液時，所耗高錳酸鉀標準溶液肢體積（約 0.03 ～ 0.05ml）。

④因數計算〔（即求每 ml 新配高錳酸鉀標準溶液，相當於若干 ml 高錳酸鉀標準溶液（N/20）〕

滴定因數（註 A）＝C ×20

C＝高錳酸鉀之實際濃度（N）

17-6-1-1-1-2 分析步驟

(1) 稱取 2g 試樣（註 B）於瓷蒸發皿內。

(2) 加 70ml HCl（1：1）。加熱溶解之。

(3) 作用停止後，逐漸注加 10ml HNO_3（1.2）（註 C）。蒸乾之。

(4) 放冷後，加 45ml HCl（2：1）。加熱至可溶物質完全溶解。

(5) 加等量體積之水（註 D）。煮沸之。

(6) 過濾。以 HCl（1：9）洗淨鐵質。沉澱棄去。

(7) 將濾液及洗液蒸煮濃縮至小體積。

(8) 加少量 HNO_3（1.42）（註 E）。煮沸久時，以除去溶液內之 HCl（註 F）。俟 HCl 蒸盡後，若有不溶物，應予濾去。

(9) 分別加 60ml 混酸及 10ml HNO_3（1.20）。再煮沸久時，以除盡氮氧

化物之黃煙。

(10)加 10ml AgNO₃（0.5%）（註 G）。加熱水稀釋成 300ml 後，煮沸之。

(11)趁熱，加 8ml (NH₄)₂S₂O₈（15%）（註 H）。

(12)俟溶液呈現紅色（註 I）後，加 5ml NaCl（5%）（註 J）。再繼續煮沸，至氯之氣體完全消失為止（註 K）（約需 10 分鐘。）

(13)置燒杯於冷水內冷卻（註 L）後，加水稀釋成 400ml（註 M）。

(14)用滴管加過量硫酸銨亞鐵溶液（1.2%）（註 N）（所加之體積，需記錄清楚）。

(15)以高錳酸鉀標準溶液（N/20）滴定，至溶液恰呈紅色（註 O）為止。所耗高錳酸鉀標準溶液（N/20）之體積（ml），以 V_1 代之，以備計算。

另取同量硫酸銨亞鐵溶液當作空白溶液，再用高錳酸鉀溶液（N/20）滴定，至溶液恰呈紅色為止。此次滴定所耗高錳酸鉀標準溶液之體積（ml），以 V_2 代之，以備計算。

17-6-1-1-1-3 計算

$$Cr\% = \frac{(V_1 - V_2) \times F \times 0.000867（註 P）}{W}$$

V_1 ＝滴定試樣溶液時，所耗高錳酸鉀標準溶液（N/20）之體積（ml）

V_2 ＝滴定空白溶液時，所耗高錳酸鉀標準溶液（N/20）之體積（ml）

F ＝高錳酸鉀標準溶液（N/20）之滴定因數

W ＝試樣重量（g）

17-6-1-1-1-4 附註

（A）滴定因數（V_1/V）＝C／C_2＝C／1/20＝C ×20

V_1/V ＝高錳酸鉀標準溶液（N/20）之體積（ml）／新配高錳酸鉀標準溶液（N）之體積（ml）

C／C_2 ＝新配高錳酸鉀標準溶液之濃度（N）／高錳酸鉀標準溶液之濃度（N/20）

（B）試樣是否含 Cr，可依下法檢驗之：

　　取約 0.5g 試樣於試管內→加 5ml HNO$_3$（1.18）→以小火焰加熱至溶解→加 5mlKMnO$_4$（2%）→煮沸少時→加足量 MnSO$_4$（5%），至溶液之紅色消失，並轉呈棕色為止→加熱至沸→冷卻→將溶液注於已盛有 20ml NaOH（10%）之燒杯內→攪拌→過濾（濾液若呈黃色，即試樣含 Cr 之證）→加 H$_2$SO$_4$（稀）於濾液內，使呈酸性→加數滴 H$_2$O$_2$。此時試樣雖含微量之 Cr，溶液中亦能呈瞬間之藍綠色反應。

（C）鋼鐵中所含之 W 雖不溶於 HCl，但能被 HNO$_3$ 分解成黃色之 H$_2$WO$_4$ 沉澱。

（D）即所加之水需與杯內試樣溶液之體積相等；如杯內有 10ml 試樣溶液，則需加 10ml H$_2$O。

（E）（F）（G）（H）

(1) 鋼中所含之 Cr，經 HNO$_3$ 及 HCl 溶解後，生成 Cr^{+3} 鹽，存於溶液中。若有少量 Ag$^+$ 作為觸煤劑，則 Cr^{+3} 能被 S$_2$O$_8$$^{-2}$ 完全氧化成 Cr$_2$O$_7$$^{-2}$：

$$2Cr^{+3} + 3S_2O_8^{-2} + 7H_2O \xrightarrow{\ \ Ag^+\ \ } Cr_2O_7^{-2} + 6SO_4^{-2} + 14H^+$$

(2) 在 Cr^{+3} 開始氧化以前，HCl 能與 Ag$^+$ 化合成 AgCl 沉澱，故需先加 HNO$_3$，將 HCl 氧化成氯氣（Cl$_2$）：

$$NO_3^- + Cl^- + 2H^+ \rightarrow NO_2 \uparrow + 1/2Cl_2 \uparrow + H_2O$$

，再蒸煮驅盡之。

（G）（H）（I）（L）

(1) 鋼鐵中所含之 Mn，經 HNO$_3$ 及 HCl 分解後，生成 Mn^{+2}，若有少數 Ag$^+$ 做為觸媒劑，則 Mn^{+2} 能被 S$_2$O$_8$$^{-2}$ 完全氧化成 MnO$_4$$^-$：

$$2Mn^{+2} + 5S_2O_8^{-2} + 8H_2O \xrightarrow{\ \ Ag^+\ \ } 16H^+ + 10SO_4^{-2} + 2MnO_4^- （粉紅色）$$

(2) 因 MnO$_4$$^-$ 之氧化還原電位較 S$_2$O$_8$$^{-2}$ 為高，故紅色之 MnO$_4$$^-$ 出現後，表示 Cr^{+3} 已氧化完全。

(3) 過剩之 S$_2$O$_8$$^{-2}$ 雖亦能氧化第（14）步所加之 Fe^{+2}，使分析結果偏高，

但 $S_2O_8^{-2}$ 能被水解成 HSO_4^-：

$2S_2O_8^{-2} + 2H_2O \rightarrow 4HSO_4^- + O_2 \uparrow$

或 $4(NH_4)_2S_2O_8 + 3H_2O \rightarrow 7(NH_4)HSO_4 + H_2SO_4 + HNO_3$

而未被水解之 $S_2O_8^{-2}$，在冷、稀之溶液中，和 Fe^{+2} 之作用極為緩慢，故對分析結果影響微小。

(J)(K)

(1) $NaCl$(或 Cl^-)能與 $AgNO_3$ 生成 $AgCl$(白色)沉澱，以免 Ag^+ 阻礙第(14)步之氧化還原作用。

(2) 另外，在高溫下，$NaCl$ 能將 MnO_4^- 完全還原成對爾後滴定無害的 Mn^{+2}，並放出氯氣(Cl_2)：

$2HMnO_4 + 14H^+ + 14Cl^- \rightarrow 8H_2O + 2MnCl_2 + 8Cl_2 \uparrow$

俟氯氣驅盡後，即表示 MnO_4^- 還原完畢；否則遺留任何 MnO_4^-，均能氧化第(14)步所加之 Fe^{+2}，致使分析結果偏高〔參照下面附註(L)(M)(N)(O)。〕

(L)(M)(N)(O)

(1) $Cr_2O_7^{-2}$ 能氧化硫酸銨亞鐵〔$FeSO_4 \cdot (NH_4)_2SO_4$〕：

$Cr_2O_7^{-2} + 6Fe^{+2} + 14H^+ \rightarrow 2Cr^{+3} + 6Fe^{+3} + 7H_2O$ ················· ①

過剩之 $FeSO_4(NH_4)_2SO_4$，以 MnO_4^- 滴定之：

$5Fe^{+2} + 8H^+ + MnO_4^- \rightarrow Mn^{+2} + 5Fe^{+3} + 4H_2O$ ·················②

(2) 在溫度及 $Cr_2O_7^{-2}$ 濃度較高之溶液中，MnO_4^- 將 Fe^{+2} 完全氧化後，即能連續氧化第①式所生成之 Cr^{+3}，致使分析結果偏高，故第(1)步冷卻及稀釋不可大意。

(3) 第(9)步所加之混酸中，含大量之 PO_4^{-3}，故 Fe^{+2} 被 MnO_4^- 氧化成紅棕色之 Fe^{+3} 後，即與 PO_4^{-3} 結合成各種無色之複合離子〔如 $Fe(PO_4)_2^{-3}$、$Fe(PO_4)_3^{-6}$ 等〕；另外，鎢亦與 PO_4^{-3} 生成 $(PO_4 \cdot 12WO_3)^{-3}$ 之複合離子而溶解。故均不會干擾滴定終點。

(4) 試樣若含釩，此時亦氧化成釩酸鹽(VO_3^- 或 VO_4^{-3})。此鹽雖亦能氧化 Fe^{+2}：

$$2HVO_3 + 2Fe^{+2} + 6H^+ \rightarrow V_2O_2^{+4} + 2Fe^{+3} + 4H_2O$$

$$或\ 2H_3VO_4 + 2Fe^{+2} + 6H^+ \rightarrow V_2O_2^{+4} + 2Fe^{+3} + 6H_2O$$

但滴定時，MnO_4^- 仍能將 $V_2O_4^{+4}$ 還原成 VO_4^{-3}（或 VO_3^-）：

$$5(V_2O_2)^{+4} + 2MnO_4^- + 22H_2O \rightarrow 10VO_4^{-3} + 2Mn^{+2} + 44H^+$$

故釩之存在，對鉻之滴定無礙。

(5) 滴定完畢之溶液，可繼續供作釩之定量。

（P）1ml KMnO$_4$（N/20）$=$ 0.0008665g Cr

17-6-1-1-2 鉻釩鋼與鎳鉻鋼之 Cr：可繼續供作 V 之定量分析。

17-6-1-1-2-1 應備試劑：同本章 17-6-1-1-1-1 節

17-6-1-1-2-2 分析步驟

(1) 稱取 2g 試樣（註 A）於 600ml 燒杯內。

(2) 加 60ml 混酸。徐徐加熱至作用停止。

(3) 加 10ml HNO$_3$（1.20）。然後煮沸至試樣完全溶解及氮氧化物之黃煙驅盡。

(4) 加 10ml AgNO$_3$（0.5%）（註 B）。以沸水稀釋成約 300ml。然後煮沸之。

(5) 趁熱加 8ml(NH$_4$)$_2$S$_2$O$_8$（15%）（註 C）。

(6) 俟溶液呈紅色（註 D）後，加 5ml NaCl（5%）（註 E）。再繼續煮沸·至氯之氣味完全消失為止（註 F）（約需 10 分鐘。）

(7) 置燒杯於冷水內冷卻（註 G）後，加水稀釋至體積約為 400ml（註 H）。

(8) 用滴管加過量硫酸銨亞鐵（1.2%）（註 I）（所加之體積，應予記錄），以高錳酸鉀標準溶液（N/20）滴定，至溶液恰呈紅色為止（註 J）。所耗高錳酸鉀標準溶液（N/20）之體積（ml），以 V$_1$ 代之，以備計算。另取同量硫酸銨亞鐵溶液當作空白溶液，再用高錳酸鉀溶液（N/20）滴定，至溶液恰呈紅色為止。所耗高錳酸鉀標準溶液（N/20）之體積（ml），以 V$_2$ 代之，以備計算。

17-6-1-1-2-3 計算：同 17-6-1-1-1-3

17-6-1-1-2-4 附註：參照本章 17-6-1-1-1-4

17-6-1-1-3 市場鋁與鋁合金之 Cr

17-6-1-1-3-1 第一法

17-6-1-1-3-1-1 應備試劑

（1）HCl（1：1）

（2）HNO_3（1.42）

（3）H_2SO_4（1：1）

（4）NaOH（20%）〔溶液保持於聚乙稀（P.E.）瓶內，取其上層清液使用。〕

（5）$AgNO_3$（1%）

（6）過硫酸銨〔$(NH_4)_2S_2O_8$〕（固體）

（7）高錳酸鉀標準溶液（N/20）：

　①溶液製備：同 5-6-2-1-1 節。惟 $KMnO_4$ 重量改為 1.60g。

　②因數標定〔（即求每 ml 新配高錳酸鉀標準溶液，相當於若干 ml 高錳酸鉀標準溶液（N/20）〕：

　　取約 3g 草酸鈉（純），攤開於錶面玻璃上→以 150 ～ 200℃烘乾 40 ～ 60 分鐘→置於乾燥器內放冷→精確稱取 2.500g 於 300ml 燒杯內 →加適量水溶解之→移溶液於 500ml 量瓶內→加水至刻度→以吸管精確吸取 25ml（註A）於 500ml 燒杯內→依次加入 200ml H_2O（熱）及 10ml H_2SO_4（1：1）→一面攪拌，一面以新配高錳酸鉀標準溶液徐徐滴定，至溶液恰變微紅色，且經 30 秒鐘後，其顏色仍未褪盡為止（滴定期間，液溫需一直保持在 60 ～ 70℃之間。）

　③因數計算：

$$滴定因數＝\frac{0.125/\ 0.00335（註\ B）}{V}$$

　　V＝滴定時所耗新配高錳酸鉀標準溶液之體積（ml）

（8）硫酸銨亞鐵標準溶液（N/20）

　①溶液製備

　　精確稱取 19.65g 硫酸銨亞鐵〔$FeSO_4・(NH_4)_2SO_4・6H_2O$〕（純結晶）

→加約 10ml H₂SO₄ (1:1)→攪拌溶解→移溶液於 1000ml 量瓶內→冷至室溫→加水稀釋至刻度。

②**因數標定**〔(即求每 ml 新配硫酸銨亞鐵標準溶液,相當於若干 ml 高錳酸鉀標準溶液(N/20)〕

以吸管吸取 25ml 新配硫酸銨亞鐵標準溶液→分別加 25mlH₂O 及 5ml H₃PO₄ →以上項高錳酸鉀標準溶液(N/20)滴定,到溶液恰呈微紅色,且經攪拌 30 秒鐘後,顏色仍未褪盡為止。

③**因數計算:**

$$f = \frac{V_1 \times F}{V_2}$$

f＝新配硫酸銨亞鐵標準溶液之滴定因數

F＝高錳酸鉀標準溶液(N/20)之滴定因數

V_1＝滴定時所耗高錳酸鉀標準溶液(N/20)之體積(ml)

V_2＝新配硫酸銨亞鐵標準溶液之使用量(ml)

17-6-1-1-3-1-2 分析步驟

(1) 稱取 1.00g 試樣於高矽杯(註 C)內,並用錶面玻璃蓋好。

(2) 加 15ml NaOH (20%)(註 D),以溶解之。

(3) 俟反應停止後,以水洗淨燒杯內壁及錶面玻璃。然後加熱溶解之。

(4) 冷卻。

(5) 加 H₂SO₄ (1:1)至中和後,再過量 20ml(註 E)。然後加 2mlHNO₃ (1.42)(註 F),並加熱至試樣完全溶解。

(6) 以水稀釋至約 300ml。加 3ml AgNO₃ (1%)。然後加熱少時。

(7) 加 3g (NH₄)₂S₂O₈ (分次加入)。然後煮沸(註 G)少時〔試樣若含 Mn,則煮至生成紅色之高錳酸鹽(MnO_4^-)後,再煮沸 2 分鐘;若試樣未含 Mn,則需煮沸 10 分鐘。〕

(8) 加 2ml HCl (1:1)(註 H)(需一滴一滴加入。)然後加熱煮沸 10 分鐘(註 I)。

(9)以水洗淨杯蓋及燒杯內壁。以冷水冷卻之。

(10)以滴管加入硫酸銨亞鐵標準溶液（N/20），至溶液之黃色轉呈綠色
（註 J），再過量 5ml；記其體積為V_1。然後以高錳酸鉀標準溶液
（N/20）滴定，至溶液恰呈紅色，且攪拌30 秒鐘後，顏色仍未褪盡為止；
記其體積為V_2。

17-6-1-1-3-1-3 計算

$$Cr\% = \frac{(V_1 \times f - V_2 \times F) \times 0.000867（註 K）}{W} \times 100$$

V_1＝硫酸銨亞鐵標準溶液（N/20）之使用量（ml）

V_2＝高錳酸鉀標準溶液（N/20）之使用量（ml）

f＝硫酸銨亞鐵標準溶液（N/20）之滴定因數

F＝高錳酸鉀標準溶液（N/20）之滴定因數

W＝試樣重量（g）

17-6-1-1-3-1-4 附註

※ 註：除下列各附註外，另參考本章 17-6-1-1-1-4 節之有關各項附註。

（A）（B）

(1) 25ml 溶液中，恰含 0.125g 草酸鈉（Sodium oxalate）。

(2) 因理論上 0.125g 草酸鈉可還原 37.32ml $KMnO_4$（N/20），故 1ml
$KMnO_4$（N/20）相當於 0.00335g 草酸鈉。

（C）（D）

(1) 因 NaOH 在高溫狀態時易溶蝕普通之玻璃杯，故需以高矽杯盛取
試樣。

(2) 試樣中之 Al，皆成 Al^{+3} 而溶於 NaOH 溶液內：

$$2Al + 2NaOH + 2H_2O \rightarrow 2NaAlO_2 + 3H_2 \uparrow$$

（E）（F） 凡 NaOH 溶液無法溶解之元素，此時能被 H_2SO_4 及 HNO_3 溶解。

（G） 煮沸旨在促使過剩之 $(NH_4)_2S_2O_8$ 分解，並使 Cr^{+3} 氧化成 Cr^{+6}。

（H）（I）旨在促使 Mn^{+7} 還原成 Mn^{+2}。

（J）Cr^{+6} 為黃色，經 Fe^{+2} 還原成 Cr^{+3} 後，即呈綠色。

（K）1ml $KMnO_4$（N/20）= 0.0008665 g Cr 。

17-6-1-1-3-2 第二法

17-6-1-1-3-2-1 應備試劑

（1）$AgNO_3$（0.8%）

（2）混酸

量取 1000ml H_2O →一面攪拌，一面徐徐加入 400ml H_2SO_4 →冷卻→加 400ml HNO_3 →混合→加水稀釋成 2000ml。

（3）高錳酸鉀標準溶液（N/10）

①溶液製備：
②濃度標定：⎱ 同 17-6-1-1-1-1 節；唯 KMnO4 改為 3.20 g，
③濃度計算：⎰ 草酸鈉為 0.300 g

（4）硫酸銨亞鐵標準溶液（N/10）

①溶液製備：

稱取 39.22g 硫酸銨亞鐵〔$FeSO_4$・$(NH_4)_2SO_4$・$6H_2O$〕（純結晶）→加約 300ml H_2O 及 60ml H_2SO_4 →移溶液於 1000ml 量瓶內→加水至刻度。

②濃度標定：

以吸管吸取 25ml 新配硫酸銨亞鐵標準溶液→加 25ml H_2O 及 5ml H_3PO_4 →以上項高錳酸鉀標準溶液（N/20）滴定，至溶液恰呈微紅色，且經攪拌 30 秒鐘後，其顏色仍未褪盡為止。

③濃度計算：

$$C_1 = \frac{V_2 \times C_2}{V_1}$$

C_1＝硫酸銨亞鐵標準溶液之濃度（N）

V_1＝硫酸銨亞鐵標準溶液之使用量（ml）

C_2＝高錳酸鉀標準溶液之濃度（N）

V_2＝高錳酸鉀標準溶液之使用量（ml）

17-6-1-1-3-2-2 分析步驟

(1) 稱取 1.000g 試樣於 500ml 伊氏燒杯內。

(2) 加 30ml 混酸及 20ml $AgNO_3$（0.8%）。然後緩緩加熱，以分解試樣。若有黑色砂質（Si）析出，則另加數滴 HF，然後煮至棕煙驅盡為止。

(3) 以熱水稀釋至 300ml。小心加入 2g $(NH_4)_2S_2O_8$。然後煮沸之；在煮沸 4～5 分鐘內若無紅色之高錳酸鹽（MnO_4^-）出現，則另加數 $gMnSO_4$，俟紅色高錳酸鹽出現後，再煮沸 10 分鐘；在煮沸期間，若紅色之高錳酸鹽消失，則再加 $(NH_4)_2S_2O_8$，至煮沸期間，不再消失為止。

(4) 加 0.5ml HCl（1：1）。煮沸至高錳酸鹽之紅色消失為止；若紅色之高錳酸鹽無法消失，則再加 0.5ml HCl（1：1），然後再煮沸 15 分鐘。

(5) 冷至室溫。以滴定管加入硫酸銨亞鐵標準溶液（N/10）（註A），至溶液之黃色轉呈綠色為止。然後再以高錳酸鉀標準溶液（N/10）滴定之，至溶液恰恰變成微紅色，且經攪拌 30 秒鐘後，顏色仍未褪盡為止。

17-6-1-1-3-2-3 計算

$$Cr\% \frac{(V_1 \times C_1 - V_2 \times C_2) \times 0.01734 （註 B）}{W} \times 100$$

V_1＝硫酸銨亞鐵標準溶液（N/10）之體積（ml）

C_1＝硫酸銨亞鐵標準溶液之濃度（N）

V_2＝滴定時所耗高錳酸鉀標準溶液（N/10）之體積（ml）

C_2＝高錳酸鉀標準溶液（N/10）之實際濃度（N）

W＝試樣重量（g）

17-6-1-1-3-2-4 附註

註：另參照本章 17-6-1-1-1-4 及 17-6-1-1-3-1-4 節有關之各項附註。

（A）7ml 硫酸銨亞鐵標準溶液（N/10）可還原約 0.01g Cr。

（B）1ml $KMnO_4$（1N）= 0.01734g Cr。

17-6-1-2「過氯酸－高錳酸鉀」法：適用於含 Cr > 1% 之鋼鐵

17-6-1-2-1 應備試劑

（1）混酸（$HClO_4$：H_3PO_4：HF = 20：1：1）：儲於聚乙烯（P.E.）塑膠瓶內。

（2）疊氮化鈉（NaN_3）（0.2%）。

（3）高錳酸鉀（$KMnO_4$）標準溶液（N/10）

　①溶液製備

　　稱取 3.20g $KMnO_4$ 於 1000ml 燒杯內→加適量水溶解之→移溶液於 1000ml 量瓶內→加水至刻度→移暗處靜置過夜→以古氏坩堝或細孔玻璃濾杯（Fine porosity fritted-glass crucible）濾去雜質（切勿洗滌）→濾液儲於暗色瓶內，以清潔玻璃塞塞好。

　②因數標定（即求每 ml 新配高錳酸鉀標準溶液相當於若干 g Cr；若高錳酸鉀溶液恰恰等於 N/10，則 F = 0.001734g/ml）

　　稱取約 0.5 ～ 1.0g 草酸鈉（純），平均攤開於錶面玻璃上→以 150 ～ 200℃烘乾 40 ～ 60 分鐘→置於乾燥器內放冷→精確稱取 0.300g 上項烘乾之草酸鈉於 600ml 燒杯內。另取同樣燒杯一個，供作空白試驗→加 100ml H_2O →攪拌溶解之→加 10ml H_2SO_4（1：1）→加熱至 80℃→以上項新配高錳酸鉀標準溶液滴定，至溶液恰呈微紅色，且經攪拌後，仍不褪色為止。

　③因數計算：

$$F = \frac{W \times F_2}{V \times F_1}$$

　　F ＝滴定因數（g/ml）

　　W ＝草酸鈉重量（g）（= 0.300g）

　　V ＝滴定草酸鈉溶液時，所耗新配高錳酸鉀標準溶液（N/10）之體

積（ml）。

F₁＝1ml 高錳酸鉀標準溶液（N/10）相當於草酸鈉之重量（g）（＝0.006702g）。

F₂＝1ml 高錳酸鉀標準溶液（N/10）相當於鉻（Cr）之重量（g）（＝0.001734g）

（4）硫酸銨亞鐵（Ferrous Ammonium Sulfate）**標準溶液**（N/10）

①溶液製備

稱取 39.22g 硫酸銨亞鐵〔$FeSO_4 \cdot (NH_4)_2SO_4 \cdot 6H_2O$〕（純結晶）→加約 300ml H_2O 及 60ml H_2SO_4（1：1）→移溶液於 1000ml 量瓶內→加水至刻度。

②因數標定〔即求取每 ml 新配硫酸銨亞鐵標準溶液相當於若干 ml 高錳酸鉀標準溶液（N/10））〕：

以吸管吸取 25ml 新配硫酸銨亞鐵標準溶液→分別加 25ml H_2O 及 5ml H_3PO_4 →以上項高錳酸鉀標準溶液（N/10）滴定，至溶液恰呈微紅色，且經攪拌 30 秒鐘後，顏色仍未褪盡為止。

③因數計算：

$$F = \frac{V_1}{V_2}$$

F＝新配硫酸銨亞鐵標準溶液之滴定因數

V₁＝滴定時所耗高錳酸鉀標準溶液之體積（ml）

V₂＝所取新配硫酸銨亞鐵標準溶液之體積（ml）

17-6-1-2-2 分析步驟

一、試樣之前處理

（一）高錳合金鋼

（1）依下表稱取適量試樣於 300ml 三角燒瓶內。

試樣含 Cr 量（%）	試樣重量（g）
1～< 3	1
3～< 10	0.5
> 10	0.2

(2) 分別加 40ml $HClO_4$ 及 10ml HNO_3。加熱至試樣分解完畢後（註 A），繼續加熱至恰恰開始冒出濃白過氯酸煙。最後以 200℃蒸煮 5 分鐘，使 Cr 完全氧化。

(3) 稍冷後，加 30ml H_2O（熱），再煮沸 1 分鐘。

(4) 冷卻後，分別加 20ml H_2SO_4（1：3）及 10ml H_3PO_4（註 B）。

(6) 加水稀釋至體積約為 150ml，然後依下法滴定之。

（二）低錳合金鋼

(1) 依下表稱取試樣於 300ml 三角燒瓶內。

試樣含 Cr 量（%）	試樣重量（g）
1～< 3	1
3～< 10	0.5
> 10	0.2

(2) 加 20ml 混酸（註 C）。加熱至試樣分解完畢後，再繼續加熱至恰恰開始冒出白色過氯酸煙。然後以 250℃蒸煮 30 秒，使 Cr 完全氧化。

(3) 冷卻後，加約 50ml H_2O（溫）。攪拌之，使可溶鹽類溶解。

(4) 加 3 ～ 5ml NaN_3（0.2%）（註 D），使錳還原。

(5) 煮沸 2 分鐘，以驅盡過剩之 NaN_3（註 E）。

(6) 冷卻。加水稀釋至體積約為 150ml，然後依下法滴定之。

二、滴定

(1) 一面攪拌，一面以滴管加入硫酸銨亞鐵標準溶液（N/10）（註 F），至溶液之黃色轉呈綠色（註 G）後，再過量 5 ～ 10ml。

(2) 一面攪拌，一面以高錳酸鉀標準溶液（N/10）（註 H）滴定，至溶液恰呈微紅色，且持續攪拌 30 秒而不褪盡時為止。

17-6-1-2-3 計算

$$Cr\% = \frac{(f \times V_1 - V_2 \times F)}{W} \times 100$$

F＝高錳酸鉀標準溶液（N/10）之滴定因數（g/ml）

f＝硫酸銨亞鐵標準溶液之滴定因數

V_1＝所取硫酸銨亞鐵標準溶液（N/10）之體積（ml）

V_2＝滴定試樣溶液時，所耗高錳酸鉀標準溶液（N/10）之體積（ml）

W＝試樣重量（g）

17-6-1-2-4 附註

（A）試樣若含W，俟試樣分解完畢後，需另加 3 ～ 4 滴 HF（48%），然後再繼續加熱至冒出濃白過氯酸煙。

（B）（C）（F）（G）（H）

參照本章 17-6-1-1-1-4 節附註（L）（M）（N）（O）。

（D）（E）

（1）含 Mn < 1% 之試樣，可免加 NaN3（0.2%）。

（2）因 NaN_3 能還原用作滴定劑之 MnO_4^-，而使分析結果偏高，故需徹底驅盡之。

（3）疊氮化鈉，Sodium azide，NaN_3。疊氮離子的結構是直線型，並存在共振結構：

疊氮化鈉的晶格呈四方結構：

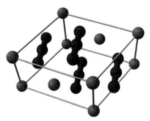

　疊氮化鈉，係一種無色晶體，300℃即開始分解。易溶於水和液氨。微溶於乙醇，不溶於乙醚。性極毒，使用時宜小心。常溫下穩定，在熱力學上不穩定，會在熔點附近發生分解反應，生成氮氣和鈉：

$$2NaN_3 \rightarrow 2Na + 3N_2$$

它遇高熱或受碰撞會發生爆炸。顯弱鹼性。與一些過渡金屬鹽類或二硫化碳反應，生成爆炸性強的疊氮化合物。此外，也可以與酸發生反應，產生具有爆炸性和刺激性臭味的有毒氣體疊氮化氫。

　用途：

- 水溶液可以使蛋白質變性，在生化分析中用於沉澱蛋白質；

- 疊氮化鈉片是汽車安全氣囊的主要成分，能在發生碰撞的時候分解產生大量氮氣將氣囊鼓起；

- 常用於有機合成，用於製造有機疊氮化物中間體；

- 與醋酸鉛反應可以得到疊氮化鉛，疊氮化鉛在軍事上用來製造雷管。

17-6-2 硫代硫酸鈉滴定法：本法適用於鉻鐵（Ferrochromium）之 Cr

17-6-2-1 應備試劑

（1）碘酸鉀（KIO_3）標準溶液（N/10）　⎫　同 11-6-2-2-1 節；唯 KIO3 改
（2）「澱粉－碘化鉀」混合液　　　　　⎬　為 3.570g
（3）硫代硫酸鈉（$Na_2S_2O_3$）標準溶液（N/10）　⎭

　①溶液製備

　　稱取 24.8g $Na_2S_2O_3 \cdot 5H_2O$ 於 1000ml 量瓶內→加適量水溶解後，再繼續加水稀釋至刻度。（在製備或使用本溶液時，若有硫磺析出，應棄去，重配。）

　②濃度標定

　　量取 25.0ml KIO_3（N/10）（註 A）於 125ml 三角燒杯內→加 30ml H_2O、1g KI 及 10ml H_2SO_4（1:4）→以上項新配硫代硫酸鈉標準溶液滴定至溶液恰呈淡乾草黃色→加 2ml「澱粉 - 碘化鉀」混合液→再繼續緩緩滴定，至溶液恰呈淡藍色為止。

③濃度計算

$$C = \frac{2.5\,(\text{註 B})}{V}$$

C＝硫代硫酸鈉標準溶液之濃度（N）

V＝滴定時所耗新配硫代硫酸鈉標準溶液之體積（ml）

17-6-2-2 分析步驟

(1) 稱取 0.5g 試樣於鎳坩堝內。

(2) 加 6g H_2O_2（註 C）。混合均勻後，蓋好，仔細加熱溶解。

(3) 放冷後，將坩堝置於燒杯內，加水溶解之。

(4) 煮沸後，趁熱過濾。以熱水沖洗數次。聚濾液及洗液於 1000ml 量瓶內，暫存。

(5) 將濾紙及不溶物（註 D）置於原鎳坩堝內，燒灼至乾。

(6) 加數 g Na_2O_2，混合均勻後，灼熱熔融之。

(7) 於燒杯內，加水溶解融質。

(8) 煮沸久時，再趁熱過濾之。以熱水沖洗數次。濾液及洗液合併於第 (4) 步所遺之濾液及洗液內。沉澱棄去。

(9) 加水至刻度，再精確量取 200ml 溶液（註 E）於三角燒杯內。

(10) 加 1g KI（註 F）及 25ml HCl（1：1）（註 G）。擱置 2 分鐘。

(11) 以硫代硫酸鈉標準溶液（註 H）滴定，至快近終點（即溶液呈淡乾草黃色時），加少量「澱粉－碘化鉀」混合液，再繼續滴定，至溶液之藍色恰恰消失為止。

17-6-2-3 計算

$$Cr\% = \frac{(C \times V) \times 8.665\,(\text{註 I})}{W}$$

C＝硫代硫酸鈉標準溶液之濃度（N）

V＝滴定試樣溶液時，所耗硫代硫酸鈉標準溶液之體積（ml）

W＝試樣重量（g）

17-6-2-4 附註

（A）（B）

KIO$_3$ 標準溶液濃度（0.1N）× 所取 KIO$_3$ 標準溶液體積（25ml）= 2.5 。

（C）Na$_2$O$_2$ 能將鋼鐵中所含之金屬鉻，氧化成鉻酸鈉（Na$_2$CrO$_4$）。

（D）殘渣可能仍含有鉻，故需重新處理一次。

（E）（I）

在 1000ml 溶液中提取 200ml，即等於 1/5 原試樣之重量；另外 1ml Na$_2$S$_2$O$_3$ (1N) = 0.01733g Cr，所以

$$Cr\% = \frac{(C \times V) \times 0.01733}{W \times \dfrac{1}{5}} \times 100 = \frac{(C \times V) \times 8.665}{W}$$

（F）（G）（H）

$2CrO_4^{-2} + 2H^+ \rightarrow Cr_2O_7^{-2} + H_2O$

$Cr_2O_7^{-2} + 6I^- + 14H^+ \rightarrow 2Cr^{+3} + 3I_2 + 7H_2O$

$I_2 + 2S_2O_3^{-2} \rightarrow S_4O_6^{-2} + 2I^-$

17-6-3 光電比色法

17-6-3-1 第一法：適用於含 Cr < 0.15% 之生鐵、熟鐵、碳鋼及其他合金鋼。

17-6-3-1-1 應備儀器：光電比色儀

17-6-3-1-2 應備試劑

（1）混酸（HNO$_3$：H$_2$SO$_4$：H$_3$PO$_4$：H$_2$O = 1：4：3：22）

（2）高錳酸鉀（KMnO$_4$）溶液（0.5%）

（3）尿素 $\left(CO \Big\langle {}^{HN_2}_{HN_3} \right)$ 溶液（10%）

（4）亞硝酸鈉（NaNO$_2$）溶液（10%）

（5）氫氟酸（4%）

（6）對稱二苯基二氨脲（Diphenyl Carbazide）溶液

稱取 0.2g「對稱二苯基二氨脲（C$_6$H$_5$・NH・NH・CO・-HN・NH・C$_6$H$_5$）」於 200ml 燒杯內→加 100ml 酒精→攪拌溶解（本液需即用即配。）

（7）標準鉻（Cr）溶液

稱取 0.566g 重鉻酸鉀（K$_2$Cr$_2$O$_7$）（註 A）→加約 300ml H$_2$O 溶解之→移溶液於 1000ml 量瓶內→加水稀釋至刻度→以吸管吸取 50ml 於 1000ml 量瓶內→加水稀釋至刻度（1ml ＝ 10μg Cr）（註 B）。

17-6-3-1-3 分析步驟

（1）稱取 0.200g 試樣於 300ml 燒杯內。另取 300ml 燒杯一個，供作空白試驗。

（2）加 20ml 混酸。然後緩緩加熱煮沸，至試樣完全溶解及氮氧化物之黃煙驅盡為止。（註 C）

（3）加水稀釋，至體積約為 50ml。然後緩緩加熱至沸。

（4）趁熱加 2ml KMnO$_4$（0.5%）（註 D）；若高錳酸鉀之紫色消失，則再追加 1mlKMnO$_4$（0.5%）。然後煮沸 2～3 分鐘，使溶液內之鉻完全氧化為重鉻酸鉀（註 E）。

（5）加約 50ml H$_2$O。冷卻之。

（6）加 20ml 尿素（註 F）。然後滴加 NaNO$_2$（10%）（註 G），至 KMnO$_4$ 之紫紅色恰好消失為止。

（7）移溶液於 250ml 量瓶內，再加水至刻度。

（8）精確量取 50ml 溶液（註 H）及 3ml 對稱二苯基二氨脲（註 I）於 100ml 量瓶內。靜置 1 分鐘。

（9）加 5ml HF（4%）（註 J）。然後加水至刻度。

（10）分別移適量空白溶液及試樣溶液於儀器所附之兩支吸光度試管內，然後以 530μm 光波之光線，測定前者之吸光度（不必記錄），將指示吸光度之指針調整至「0」之刻度後，抽出試管，換上盛有

試樣溶液之試管，繼續測其吸光度，並記錄之，然後由「吸光度－Cr%」關係曲線圖或「吸光度－溶液含 Cr 量（μg）」（註 K），可直接查出試樣含鉻量（Cr%）或試樣溶液含 Cr 量（μg）。

17-6-3-1-4 計算

$$Cr\% = \frac{C \times 5 \times 10^{-4}}{W} \quad (\text{註 L})$$

C＝溶液含 Cr 之重量（μg）

W＝試樣重量（g）

17-6-3-1-5 附註

（A）所使用之重鉻酸鉀，須為標準試藥〔如美國國家標準局（National Bureau of Stardards）所製備之 NBS 重鉻酸鉀標準樣品，或日本工業局所製備之 JIS K8005 標準試藥。〕

（B）$1\mu g = 10^{-6}$ g

（C）試樣若含高量 C 及 Si，第（2）步溶解蒸發完畢後，將有黑渣析出，應予濾去。以 H_2SO_4（1：100）洗淨沉澱。濾液及洗液（約 50ml）聚於 300ml 燒杯內，然後從第（3）步開始做起。

（D）（E）

金屬鉻經混酸溶解後，生成 Cr^{+3} 鹽，存於溶液中，能被 MnO_4^- 氧化成 $Cr_2O_7^{-2}$：

$$10Cr^{+3} + 11H_2O + 6MnO_4^- \rightarrow 5Cr_2O_7^{-2} + 22H^+ + 6Mn^{+2}$$

（F）（G）NO_2^- 首先將 MnO_4^- 還原成無色之 Mn^{+2}，然後過剩之 NaNO₂ 與水生成 NaOH 及 HNO₂；而 HNO₂ 又立刻與尿素生成 CO_2 與 N_2 氣體：

$$CO(NH_2)_2 + 2HNO_2 \rightarrow CO_2 \uparrow + 3H_2O + 2N_2 \uparrow$$

（H）此時 50ml 溶液中，應含 0.004 ～ 0.08mg Cr，否則應自行調整之。

（I）（1）Cr 經第（4）步 KMnO₄ 氧化成 Cr^{+6} 後，即能與對稱二苯基二氨脲

化合成一種可溶性之紫色複化物；其顏色之濃度與試樣含 Cr 量成正比，故可供光電比色之用。

(2) 呈色後 10 分鐘內，顏色很安定。

(3) 呈色溫度以 15℃為宜；過高則可能呈色不完全。

(J) 試樣之鐵經溶解及氧化後生成 Fe^{+3}（棕紅），其顏色能干擾第（10）步吸光度之測定，故需加 F^-（或 PO_4^{-3}），使與 Fe^{+3} 生成各種無色之複合離子（如 FeF_4^-、FeF_5^{-2}、FeF_6^{-3} 等。）

(K)「吸光度－Cr%」與「吸光度－溶液含 Cr 量（μg）」關係曲線圖之作法：

(1) 分別稱取 0.200g 純鐵於 7 個 300ml 燒杯內→依本法 17-6-3-1-3 節（分析步驟）第（2）～（7）步所述之方法處理之→分別精確量取 50ml 溶液於 7 個 100ml 量瓶內→分別加 0.0（供空白試驗用）、1.0、2.0、3.0、4.0、5.0 及 6.0ml 標準鉻溶液（1ml ＝ 10μg Cr）→分別加 3ml 對稱二苯基二氨脲（0.2%）→靜置 1 分鐘→依本法 17-6-3-1-3 節（分析步驟）第（9）～（10）步所述之方法處理之，以測其吸光度。

(2) 記錄其結果如下：

標準鉻溶液之體積（ml）	吸光度	溶液含 Cr 量（μg）	Cr%
0	0	0	0
1.0		10	0.025
2.0		20	0.05
3.0		30	0.075
4.0		40	0.100
5.0		50	0.125
6.0		60	0.150

(3) 以「吸光度」為縱軸，以「溶液含 Cr 之重量（μg）」及「Cr%」為橫軸，分別做其關係曲線圖。

(4) 使用「Cr%」當作橫軸之關係曲線圖時，試樣必須為 0.200g。

（L）$Cr\% = \dfrac{C \times 10^{-6}}{\dfrac{50}{250 \times W}} \times 100 = \dfrac{C \times 5 \times 10^{-4}}{W}$

17-6-3-2 第二法：適用於含 Cr < 0.15% 之市場鋁及鋁合金

17-6-3-2-1 應備儀器：光電比色儀

17-6-3-2-2 應備試劑

（1）混酸〔HNO_3：H_2SO_4（1：1）= 40：60〕

（2）H_3PO_4（1：1）

（3）$KMnO_4$ 溶液（3%）

（4）尿素溶液（10%）

（5）$NaNO_2$（10%）

（6）標準鉻溶液

稱取 0.283g $K_2Cr_2O_7$ 於燒杯內→以適量水溶解之→移溶液於 1000ml 量瓶內→加水至刻度〔1ml = 0.1mg（或 100μg）Cr。亦可再用水調整，配成各種濃度。〕

（7）對稱二苯基二氨脲（Diphenyl carbazide）溶液

稱取 0.5g「對稱二苯基二氨脲〔$(C_6H_5 \cdot NH \cdot NH)_2 \cdot CO$〕」→以 25ml 丙酮溶解之→加 25ml H_2O（本溶液需即配即用。）

17-6-3-2-3 分析步驟

(1)稱取 1.00g 試樣於 300ml 燒杯內。另取 300ml 燒杯一個，供作空白試驗。

(2)以錶面玻璃蓋好，加 40ml 混酸，然後加熱至試樣全部分解。蒸發至冒出濃白硫酸煙後，再繼續加熱 1 ~ 2 分鐘。

(3)放冷後，加 50ml H_2O。加熱至可溶鹽完全溶解（註 A）。

(4)冷至常溫。將溶液移於 250ml 量瓶內，加水稀釋至刻度（註 B）。然後以吸管吸取 25ml 溶液（註 C）於燒杯內。

(5) 滴加 KMnO₄（3%），至溶液呈紫紅色後，再過量 2 ～ 3 滴。然後煮沸數分鐘，使鉻氧化完全（註 D）。

(6) 冷卻後，加 20ml 尿素（10%）（需分次加入），再滴加 NaNO₂（10%），至高錳酸鉀之紫紅色恰恰消失為止。

(7) 冷卻後，將溶液移於 100ml 量瓶內，加 1ml H₃PO₄（1：1）。加水稀釋至約 90ml，然後加 2ml「對稱二苯基二氨脲」溶液。俟呈色後，再加水稀釋至刻度。靜置 10 分鐘。

(8) 分別移適量空白溶液及試樣溶液於儀器所附之兩吸光管內，然後以 540μ m光波之光線，測定前者之吸光度（不必記錄）；將指示吸光度之指針調整至「0」之刻度後，再抽出試管，換上盛有試樣溶液之試管，繼續測其吸光度，並記錄之。由「吸收度–Cr%」或「吸光度–溶液含 Cr 量（μg）」關係曲線圖（註 E），可直接查出試樣含 Cr 量（%）或試樣溶液含 Cr 之重量（μg）。

17-6-3-2-4 計算

$$Cr\% = \frac{w}{W \times 1000} \text{（註 F）}$$

w ＝溶液含 Cr 量（μg）

W＝試樣重量（g）

17-6-3-2-5 附註

※ 註：除下列附註外，另參照 17-6-3-1-5 節之各項附註。

（A）此時若有矽質或矽化物沉澱析出時，應予濾去，並用溫水洗淨。

（B）（C）（F）

(1) 因在 250ml 溶液內，吸取 25ml 供作試驗，故試樣重量需乘以 25/250 ＝ 1/10。

(2)

$$Cr\% = \frac{w（\mu g）\times 10^{-6}（g/\mu g）}{W \times 1/10} \times 100 = \frac{w}{W \times 1000}$$

（D）煮沸時若見 $KMnO_4$ 之紫紅色消失，需另滴加 $KMnO_4$（3%），至溶液呈紫紅色後，再煮沸數分鐘。

（E）「吸光度–Cr%」與「吸光度–溶液含 Cr 量（μg）」關係曲線之製備：

（1）吸取 10ml 標準鉻溶液〔1ml＝0.1mg（＝100μg）Cr〕於 100ml 量瓶內，加水稀釋至刻度（1ml＝10μg Cr）。

（2）預備燒杯九個。然後使用吸管，從本法17-6-3-2-3節（分析步驟）第(4)步之 250ml 量瓶中所遺之空白溶液，依次吸取 25ml 溶液於每個燒杯內。

（3）於各燒杯內，以吸管依次加入 0、1、2、3、5、7、10、12 及 15ml 標準鉻溶液（1ml＝10μg Cr），當作試樣。然後依照本法 17-6-3-2-3 節（分析步驟）第(5)～(8)步所述之方法處理之。

（4）記錄其結果如下：

標準鉻溶液之體積（ml）	吸光度	溶液含 Cr 量（μg）	Cr%
0	0	0	0
1		10	0.01
2		20	0.02
3		30	0.03
5		50	0.05
7		70	0.07
12		120	0.12
15		150	0.15

（5）以「吸光度」為縱軸，以「溶液含 Cr 量（μg）」及「Cr%」為橫軸，分別作其關係曲線圖。

（6）採用「Cr%」為橫軸之關係曲線圖時，試樣重量必須為 1.00g。

第十八章　釩（V）之定量法

18-1 小史、冶煉及用途

一、小史

釩已是一種很普通的元素，但有關其化學反應或功能之研究，仍然不多。釩通常被列為稀有金屬，但現在似已開始喪失其「稀有」的身價。由於各界對純金屬釩、含釩合金以及釩化合物觸媒等之探討，已發生濃厚興趣，因此對於釩的定性及定量方法，相對的亦產生很大的進步。

瑞典的 Sefstrom 於公元 1801 年首先發現了釩元素，並根據瑞典和其斯堪地那維亞（Scandinavian）本島的代表愛和美的神，Vanadis，的名字，命名為 Vanadium。

Roscor 於公元 1870 年明確指出，釩元素在週期表中，屬於第 V 屬。他可能是記述釩化學特性的第一人。至十九世紀末葉，釩在工業上的用途，仍然很少。二十世紀初葉，英國的 Arnold 和法國的 Choubley 與 Helouis 研究釩對鋼鐵之影響之後，釩工業之發展始奠定基礎。他們證實了含釩合金鋼工具在硬度方面的改進，以及裝甲之優越性。公元 1905 年，Patron 在秘魯的安底斯（Andes）Mina　Ragra 礦牀，發現了含釩豐富的礦石，因而解決了工業上所需的釩元素，迄今仍提供世界所需的 80%。汽車、鋼軌和工具鋼等，均採用含釩之合金。

在 Mina Ragra 進入生產前不久，人們發現，以五氧化二釩代替鉑，作為接觸法生產硫酸之觸媒，更具經濟價值。最近又發現，釩化合物亦適用於鄰苯二甲酐（Phthalic anhydride）、順丁烯二酐（Maleic anhydride）、己二酸（Adipic acid），以及許多其他化學品製造時之觸媒。然而，每年化學工業所用之釩量，較之鋼鐵工業所消耗者，却又小巫見大巫了。

最近十餘年來，釩已成為鈦合金和鋁合金工業的重要合金元素。在這期間，核子科學家亦開始研究純度大於 99.7% 之金屬釩在核工方面的用途。

二、冶煉

　　天然產於綠硫釩礦（V_2S_5＋游離硫）、釩酸鉀鈾礦（Carnotite，$2U_2O_3 \cdot V_2O_5 \cdot K_2O \cdot 3H_2O$）及褐鉛礦〔Vanadinite，$3Pb_3(VO_4)_2 \cdot PbCl_2$〕。釩酸鉀鈾礦為鈾之主要礦石。礦石與氯化鈉或碳酸鈉共熱後，用水浸漬，取其可溶釩酸鹽；或用硫酸浸漬，並加氧化劑，使釩成為五氧化物而沉澱。此兩種生成物於電爐中與焦炭共熱，可使釩還原為含釩 30 ～ 40% 之釩鐵合金。

三、用途

(1) 鋼鐵中之合金元素

　　大部份釩元素均先製成釩鐵（Ferrovanadium），然後再供製鋼之用。鋼鐵中含微量釩元素，可大大改進鋼鐵之機械性能。

　　在化性方面，在鋼鐵中釩極易生成碳化物（Carbide），亦易與氮和氧化合。在物性方面，在鋼鐵中釩為一優良之粒子精煉劑（Grain refiner）和強韌劑（Toughener）。碳鋼中含 0.10 ～ 0.30%V，可大幅增強其抗衝擊性、屈伏強度、彈性比（Elastic ratio）及高溫強度（High-temperative strength）。高速鋼若含 0.75% ～ 5.0%V，則在韌性不減之狀況下，釩比其他元素更能改進其切削性。工具鋼含釩範圍較寬，通常為 0.10 ～ 0.80%。Cr-Mo-V 鋼約含 0.10 ～ 0.25%V，用以提昇其高溫性能。鋼鐵鑄造件和鍛造件添加少許釩素，可作為粒子精煉劑，並可改善其抗張性（Tensile property）。由於釩具有生成碳化物之明顯傾向，因此不銹鋼通常亦均含釩素。鑄鐵含釩，可阻止石墨化（Graphitization）。

　　各種含釩鋼鐵之化學組成與用途，見表 9-3、16-1、16-2、16-3、16-4、17-1 及 17-9。

(2) 觸媒

　　由於釩是一種具有多種價位（Valence state）之過渡元素，因此多種釩化合物可供作許多有機和無機化學反應之觸媒，例如氧化、水化（Hydration）、脫水（Dehydration）、聚合（Polymerization）、裂解（Cracking）……等。其中尤以五氧化二釩（V_2O_5）具有較活躍之觸媒性。

（3）釩元素在非鐵合金上之應用

富釩（Vanadium-rich）之「釩 - 鋁」主合金（V-Al Master alloy）與金屬鈦共煉，可得抗強性甚佳之 Ti-V-Al 合金。含微量釩之主合金，在煉鋁工業上，可作粒子精煉劑，以增加其高溫抗蝕性。

（4）金屬釩

金屬釩之純度可達 99.7% 以上。釩金屬之活性甚強，並具有下列性質：

（1）較低之中子截獲剖面（Neutron-Capture cross section）。

（2）在非大氣環境下具較強之高溫強度。

（3）在高溫下，不會與鈾生成合金。

（4）具良好之熱導性等性質。

因此將來可能被廣泛的應用在核能工業上。

（5）釩化合物之其他用途

少量的偏釩酸銨（Ammonium metavanadate）可供作製陶釉料。黃色和藍色色料工業，亦消耗了大量的釩。玻璃中含少量釩，能產生各種色澤，並可做為遮光劑（Opacifier）。有些釩化合物具快乾性質，故可用於墨水和油漆工業。

18-2 性質

一、物理性質

金屬釩不易純化，通常含有微量能影響金屬釩性質之氣體。釩之原子序數為 23，原子量 50.95，熔點 1919±2℃，沸點約 3350℃，密度 6.12g/c.c.。

未來若能將釩純化至 100%，其物理性質才能被確定。重要釩化合物之物理性質如表 18-1。

二、電化學性質

釩的標準還原電位（Standard reduction potential）見表 18-2。在酸性溶液中之 V^{+2}-V^{+3}、V^{+3}-V^{+4} 系統以及在酸性或鹼性溶液中之 V^{+4}-V^{+5} 系統等

之正式還原電位（Formal reduction potantial）見表 18-3。

表 18-1　釩化合物之物理性質

化合物種類	分子式	外　表	熔點 (℃)	沸點 (℃)	比重	溶解度 g/100ml H₂O
五氧化釩 (Vanadium Peroxide)	V_2O_5	桔黃色固體	690		3.357	0.8（20℃）
偏釩酸銨 (Ammonium meta-Vanadate)	NH_4VO_3	乳脂白色固體			2.326	0.52（15℃）
氧三氯化釩 (Vanadium Oxytrichloride)	$VOCl_3$	淡黃色液體	-77	126.7	1.829	
四氯化釩 (Vanadium tetrachloride)	VCl_4	棕黃色液體	-28	149	1.816	
三氯化釩 (Vanadium trichloride)	VCl_3	黯紫色固體			3.00	
四氧化釩 (Vanadium tetroxide)	V_2O_4	藍黑色固體	1967		4.34	微溶
三氧化釩 (Vanadium trioxide)	V_2O_3	黑色固體	1970		4.87	不溶

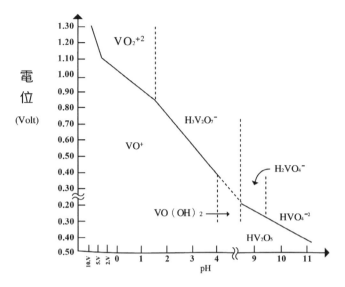

圖18-1-1 pH與「V⁺⁴-V⁺⁵」系統之電位之關係

表 18-2　釩的標準還原電位表

反　　　　　　應	$E°$,v.
$V^{+2} + 2e^- = V$	-1.5 ± 0.3
$V^{+3} + e^- = V^{+2}$	-0.255
$VO^{+2} + 2H^+ + e^- = V^{+3} + H_2O$	0.337
$VO^{+2} + 2H^+ + e^- = VO^{+2} + H_2$	0.996

表 18-3　釩三系統之克式量溶液之還原電位

系　　統	介　　質	E°,v.
V^{+2}-V^{+3}	1F $HClO_4$	-0.21
V^{+3}-V^{+4}	1F H_2SO_4	0.360
V^{+4}-V^{+5}	1F HCl	1.02
	1F $HClO_4$	1.02
	1F H_2SO_4	1.02
	2F H_2SO_4	1.07
	4F H_2SO_4	1.14
	8F H_2SO_4	1.30
	1F NaOH	0.74
	3F NaOH	0.85
	5F NaOH	0.86

三、化學性質

由於釩具有多種價位（Multivalence），並能在不同 pH 之溶液中生成多種離子，故釩化學甚為複雜。釩在物理和化學性質上，與週期表上之 VA 亞族（Subgroup）元素（如 Nb 和 Ta）相似，亦與主族（Main group）各元素（尤其是 P、As）相似。

另外，釩與同屬於第一過渡族（Transition group）之同列相鄰元素（Horizontal neighbor element），如 Ti、Cr，亦有許多相同性質。釩與釩化合物之性質、化學反應、溶解性等性質，分述如下：

(1) 氧化物和氫氧化物

在釩的氧化物中，釩具有 +2 ～ +5 等四種價位。各種價位之氧化物各具不同之顏色，V_2O_2、V_2O_3、V_2O_4 及 V_2O_5 分別為灰、黑、藍黑及紅等顏色。

二價氧化物，如二氧化二釩（Hypovanadous oxide），係氣態氧三氯化釩（Vanadium oxytrichloride）和氫氣共同通過燒紅之煤碳而製得。此種灰色粉狀物之分子式可寫成 VO 或 V_2O_2，通常均採用後者。此物不溶於水，但溶於稀酸，同時釋出氫，生成二價釩鹽（Hypovanadous salt）。以電解法或金屬鋅還原之，可得薰衣草（Lavendor）色之二價釩溶液；此種離子係一種強還原劑，能在 Cu、Sn 和 Ag 等鹽類之溶液中，使該等離子還原為金屬。

二價釩鹽若未與空氣隔絕，則易被氧化。二價釩鹽溶液，能與鹼性金屬之氫氧化物，生成氫氧化二釩（Hypovanadous hydroxide）之棕紫色沉澱。

黑色之三價氧化物，通常稱為三氧化二釩（Vanadium trioxide 或 Vanadous oxide），係在高溫中以氫還原 V_2O_2 而得之。V_2O_3 不易溶於酸或鹼溶液，亦不溶於水。以電解法還原 V^{+4} 和 V^{+5}，可得 V^{+3} 之綠色溶液。此種溶液是一種還原性甚強之還原劑，其還原性較 Cr^{+3} 為強，且易被空氣氧化；其性質與三價鋁、鐵及鉻等之溶液極相似。V^{+3} 與 Fe^{+3} 均能與 CN^- 生成複合物。中和三價釩鹽（Vanadous salt）溶液，可得易被空氣氧化之綠色叢毛狀之氫氧化三釩沉澱。

V_2O_2 和 V_2O_3 均為鹽基性（Basic）氧化物，而 V_2O_4（或 VO_2）則為兩性（Amphoteric）氧化物。V_2O_4 稱為四氧化釩（Vanadium tetroxide 或 hypovanadic oxide）。但若寫成 VO_2 則稱為二氧化釩（Vanadium dioxide）。V_2O_4 可藉 V_2O_5 與草酸共熔而得；亦可在較生成 V_2O_3 為低之溫度下，通 H_2 於 V_2O_5 而得。具吸濕性，可生成二水合物（Dihydrate）。溶於酸性溶液中，生成深藍色水合釩醯離子（Hydrated Vanadyl Ion）（VO^{+2}）。在鹼性溶液中，釩醯鹽（Vanadyl salt）能生成 $VO(OH)_2$ 或 $VO_2 \cdot xH_2O$ 沉澱；在無空氣狀態下，可從鹼性溶液中分離出次釩酸鹽（Hypovanadate 或 Vanadite）。釩酸鹽之通式（General formula）為 $M_2V_4O_9$；M 代表正一價陽離子。另外，VCl_4 溶於水後，亦不生成 V^{+4}，而是 VO^{+2} 離子。可見 V^{+4} 與 Ti 之性質頗為相近。

五氧化釩（Vanadium pentoxide 或 Vanadic oxide，V_2O_5）是最安定的釩氧化合物。所有釩的氧化物在空氣中加熱時，或快或慢均能轉化為 V_2O_5。V_2O_5 具酸性；但因能溶於強酸而生成 VO_2^+ 離子，故亦具弱鹽基性。VO_2^+ 離子之鹽迄未被分離出來。在鹼性溶液中，V_2O_5 能生成易溶於水的釩酸鹽（Vanadate）。正釩酸鹽（Orthovanadate）溶於酸性溶液後，添加過氯酸（Perchloric acid），以降低溶液之 pH 值，則正釩酸鹽能以 HVO_4^{-2}、$H_2VO_4^-$、$H_3V_2O_7$ 及 VO_2^+ 等四種形態而存在（見圖 18-1）。偏釩酸鹽（Metavanadate）是最安定的釩酸鹽。釩與鉻相似，易生成通式為 $M_2O \cdot xV_2O_5$ 之多元酸（Poly acid）。

V_2O_5 亦易與其他酸性氧化物（Acid Oxide）生成異性酸

（Heteropolyacid）；若再加入鹽基性氧化物（Basic Oxide），則生成可結晶性鹽基式鹽（Crystallizable basic salt）。另外 V_2O_5 亦易生成帶負電之紅色水溶性膠體（Hydrosol）。

(2) 溶解性

金屬釩能緩緩溶於熱 HNO_3、H_2SO_4、HF、H_3PO_4、或王水；不溶於 HCl 或鹼性溶液，但能與鹼共熔。

V_2O_2 能與稀酸發生作用，而生成薰衣草色之二價釩溶液。V_2O_3 能溶於 HNO_3 和 HF。V_2O_4 不溶於水，但能緩緩溶於大部份之酸性溶液內。V_2O_5 易溶於鹼性氫氧化物（Alkali hydroxide）和碳酸鹽溶液內，但只微溶於水和強酸中。

除了偏釩酸銨（Ammonium metavanadate）外，其他鹼性釩酸鹽（Alkali Vanadate）和釩醯基鹽（Vanadyl salt）一樣，易溶於水，且不會分解。其他釩鹽幾乎均微溶於水。

(3) 反應

金屬釩於空氣中加熱，可氧化成各種價數，最後成為 V_2O_5。由於 V_2O_5 之熔點只有 690℃，因此金屬釩在高溫時，除非使用惰性氣體保護，否則易引起嚴重腐蝕。金屬釩在氮氣中加熱，能生成 VN_2 或 VN。在高溫下，鹵族元素均能與金屬釩發生反應，生成三碘（Triiodide）、三溴（Trihromide）、四氯（Tetrachloride）及五氟（Pentafluoride）等釩鹽。

偏釩酸鈉在中性溶液中能與多種陽離子反應，並生成各該陽離子之相對金屬偏釩酸鹽。加無機酸於釩酸鈉中，能生成 VO_2^+ 離子；此種離子之鹽，迄未被分離出來；若將酸度調整至 pH2 ～ 3 之間，並加熱、濃縮之，則能生成多元酸（Polyacid）（如 $Na_2H_2V_6O_{17}$）沉澱。在酸性溶液中，過氧化氫能與釩酸鹽生成深紅色之過釩酸（Pervanadic acid）可供作釩之定性。另外，在酸性溶液中，硫化氫能將釩酸溶液還原成藍色的釩醯基離子（Vanadyl ion）；而硫化銨（Ammonium sulfide）則能生成硫代釩酸鹽（Thiovanadate）。硫化氫氣體能與加熱的釩氧化物生成較 V_2S_5 更安定的 V_2S_3。V_2O_5 與碳之混合物加熱至 300 ～ 400℃ 時，能與氯氣生成氧氯化釩（$VOCl_3$）。

(4)四價釩之複合物

在水溶液中，釩醯基離子（Vanadyl ion）能與許多化合物生成複合物（見表18-4）。

表 18-4　四價釩之複合離子

系　統	反　應	pK
①VO^{+2}-草酸鹽 (oxalate)	$VO^{+2} + 2C_2O_4^{-2} \rightleftarrows VO(C_2O_4)_2^{-2}$	9.76
②VO^{+2}-磷鎢酸鹽 (phosphotungstate)	$VO^{+2} + PW^{-2} \rightleftarrows VO(PW)$	5.49
③VO^{+2}-乙醯丙酮 (acetylacetone)	$VO^{+2} + A^- \rightleftarrows VOA^+$ $VOA^+ + A^- \rightleftarrows VOA_2$	8.68 7.11
④VO^{+2}-磷苯二酚 (catechol)	$VO^{+2} + C^- \rightleftarrows VOC^+$ $VOC^+ + C^- \rightleftarrows VOC_2$	15.05 13.66
⑤VO^{+2}-1,10 菲南透林 (1,10-phenanthroline)	$VO^{+2} + C_{12}H_8N_2 \rightleftarrows VO(C_{12}H_8N_2)^{+2}$ $VO(C_{12}H_8N_2)^{+2} + C_{12}H_8N_2 \rightleftarrows VO(C_{12}H_8N_2)_2^{+2}$	5.47 4.22
⑥VO^{+2}-8-喹啉酚 (8-quinolinol)	$VO^{+2} + C_9H_7ON^- \rightleftarrows VO(C_9H_7ON)^+$ $VO(C_9H_7ON)^+ + C_9H_7ON \rightleftarrows VO(C_9H_7ON)_2$	10.97 9.22
⑦VO^{+2}-酒石酸鹽 (tartrate)	$VOTH \rightleftarrows VOTH^- + H^+$ $VOTH^- \rightleftarrows VOTH_2 + H^+$	2.85 6.85

18-3 分解與分離

一、分解

金屬釩、釩合金、以及其它含釩金屬材料之分解，除下列說明外，可另參照18-2節第三－（二）項（溶解性）及18-6節所述之方法。

（1）鑄鐵（Cast iron）

取2g試樣於600ml燒杯內，加40ml H$_2$SO$_4$（1：1），然後加熱溶解

之。加 5mlHNO₃、數滴 HF，然後蒸發至鐵鹽開始結晶。加 100ml H₂O。過濾，除去石墨（Graphite）沉澱物。

（2）釩鐵（Ferrovanadium）

取 0.5g 試樣於 600ml 燒杯內，加 40ml H_2SO_4、30ml HNO_3 及 約 10 滴 HF。以錶面玻璃蓋好。煮沸至冒出濃白硫酸煙。以 200ml H_2O 稀釋之，再煮沸至鹽類溶盡。

（3）碳鋼（V < 0.05%）

取 10g 試樣於 500ml 伊氏燒杯內。加 110ml H_2SO_4（1：9）。以燒杯蓋住伊氏燒杯口部（減少 Fe^{+2} 之氧化）。以低溫蒸煮至反應停止。加 100ml 沸水，然後繼續煮沸 1 分鐘。

（4）碳鋼（V > 0.05%）**、（5）鉻釩鋼**

取 2g 試樣於 600ml 燒杯內。加 100ml H_2SO_4（1:5），煮沸至溶解完畢。加 5ml HNO_3。蒸發至鐵鹽關始結晶。加 100ml H_2O，以溶解鐵鹽，並煮沸之。

（6）高速鋼

取 1g 試 樣，加 30ml H_2SO_4（1：1）、30ml H_2O，緩 緩 煮 沸 之。加 10mlHNO₃，煮沸至冒出濃白硫酸煙。如果碳化鎢（Tungsten Carbide）未分解，則重複本步驟。最後以水稀釋成 100ml。

（7）不銹鋼

取 1g 試樣，以 25ml HCl、10ml HNO_3 溶解之。作用停止後，以水稀釋成 100ml。

（8）鈦釩合金

取 1g 試樣。加 40ml H_2SO_4（1：1）、10ml HNO_3 及約 10 滴 HF。煮沸至樣品溶解。以水稀釋成 100ml。

（9）金屬釩

取 0.4g 試樣。加 40ml H_2SO_4（1：1）、10ml HNO_3 及數滴 HF。煮沸至冒出濃白硫酸煙。

（10）釩鋁合金（含 2.5 或 5%V）

取 5g 試樣（若為 5%V，則取 3g）。加 75ml NaOH（25%）。緩緩加熱溶解之。稍冷後，加 H_2SO_4（1：1）至溶液呈酸性，再過量 25ml。加 10 ～ 15ml HNO_3、20ml $HClO_4$。煮至冒出濃白過氯酸煙。冷卻後，以水稀釋成 150ml。煮沸至鹽類全部溶解。

（11）鉻鋁合金（含 85 或 40%V）

取 0.3g 試樣（40%V 則取 0.5g）。加 40ml HSO_4（1：1）、30ml HNO_3 及 10 滴 HF。煮沸至冒出濃白硫酸煙。冷後，以水稀釋成 200ml。煮沸至鹽類全部溶解。

二、分離

（一）沉澱法

沉澱法通常供作釩與其他元素之分離用，很少作為重量定量法計算之用。

（1）庫弗龍（Cupferron）法

庫弗龍銨（Ammonium Cupferrate）能與 V^{+4} 和 V^{+5}，生成「內複合物（Inner Complex）」沉澱。此種現象，可供作釩與其他元素之分離。在含無機強酸（1.5 ～ 5N）之溶液中，Fe^{+3}、V^{+4}、Ti^{+4}、Zr、Mo、W、Sn、Sb^{+3} 及 Bi 等元素，均能與庫弗龍生成複合物沉澱，而 Al、Cr、Mn、Ni、Zn 及 P 等元素則否。

因庫弗龍性不安定，故需在 0 ～ 6℃之溫度下，使用庫弗龍水溶液（6%）沉澱之。添加已浸軟之濾紙屑，可助沉澱作用。庫弗龍釩（Vanadium Cupferrate）呈棕紅凝塊狀。若有銀白色沉澱物重新溶解現象，表示沉澱劑已過量。可使用雙層濾紙過濾，並以冷、稀酸性庫弗龍洗液洗滌之。

在水溶液中，庫弗龍釩能被氯仿、乙醚、醋酸乙酯（Ethyl acetate）及丙酮所萃取。

使用丙酮萃取時，萃取液所產生之綠色，歷久不褪，可供作光電比色之用。

（2）重碳酸鈉（Sodium Bicarbonate）法

本法可分離鋼中大部份之鐵和所有之錳。在含 Fe^{+3} 和稍過量之重碳酸鈉（$NaHCO_3$）溶液中，釩能與 Al、Cr、Cu、P、Sn、Ti 及 Zr 等元素共沉；

Mn 和 Fe^{+2} 則留在濾液中；而 Ni、Co 和 W 則部份沉澱。

（3）硫化氫法

通硫化氫於含草酸之酸性溶液中，釩能與硫化氫生成可溶性硫代鹽（Thio salt），而與不溶性之其他元素（如屬於 Cu、As、Al 及 Zn 等硫化氫族之元素）之硫化物分離。本法通常可使 V 與 Pb、Mo、As、Sb、Sn 及 Zn 等元素分離。在含 5 克草酸之 H$_2$SO$_4$（10%）中通硫化氫，屬於「Cu-As」族之各元素能生成沉澱；另外，在含 5 克草酸和過量蟻酸（Formic acid）之溶液中，「Al-Zn」族所屬各元素亦成硫化物沉澱。只有釩留在溶液內，故得以分離。

（4）氫氧化鈉法

鹼性釩酸鹽（Alkali vanadate）易溶於鹼性溶液中，故可與不溶性之氫氧化物、碳酸鹽、或水合氧化物（Hydrous oxide）分離。因此試樣經過氧化鈉或「碳酸鈉 – 硝酸鈉」熔融後，以水溶解，然後加氫氧化鈉，Fe、Cr^{+3}、Ti、Zr、稀土族（Rare earths）等，即成氫氧化物沉澱，而 V 則留於溶液中。為使分離完全，沉澱物應以硫酸溶解後，再使用 NaOH 沉澱之。在未進行沉澱分離前，可加入 H$_2$O$_2$，使 V 氧化為 V^{+5}，並將 Cr 還原為 Cr^{+3}。

本法首先將近中性之試樣熱溶液，注入 NaOH（10%，熱）內。依次加熱、靜置後，過濾之。以 NaOH（5%）洗滌。再以 H$_2$SO$_4$（10%）溶解沉澱，再以同法進行沉澱、過濾、洗滌。濾液與洗液合併後，可供釩之定量分析。

（二）萃取法

本法可使 V^{+4} 自 Fe^{+3} 和 Mo^{+6} 中分離出來。在 HCl 溶液中，V^{+4} 成 VO^{+2} 而存在，蒸發至黏稠狀後，可使用異丙醚（iso-Propyl ether）萃取之。

（三）電解法

使用汞陰極法（Mercury cathod），Ag、Bi、Cd、Co、Cr、Cu、Fe、Mo、Ni、Sn 及 Zr 等元素，均能完全沉澱於汞陰極內，而 V 則否，故可分離之。使用水冷或磁攪式汞陰極電解槽有助於分離反應。

電解液可使用 H$_2$SO$_4$（0.5 ～ 1N），不宜使用 HCl。有些元素含量太多時，宜先加處理之，如 Cr^{+6}，宜先使用 H$_2$O$_2$ 還原成易生成汞齊之 Cr^{+3}；

過量的 H_2O_2 可煮沸而去除之。如果大量 Mn 或 Mo 存在，則電解液應使用稀硫酸（0.14M）和磷酸混合液。

18-4 定性

試樣經氧化性鹼性碳酸鹽熔融後，釩生成無色、可溶性釩鹽（Vanadate），可與所有其他不溶性之金屬碳酸鹽或氧化物分離。加硫酸至酸性後，釩鹽溶液變成金黃或紅～金黃色溶液。加入 H_2O_2，則生成棕紅之過氧化釩（PeroxyVanadium）；若以 H_2S 代替 H_2O_2，則釩還原為藍色 VO^{+2} 離子。

加 $(NH_4)_2S$ 於中性或鹼性釩酸鹽溶液中，則生成不溶性硫化釩（Vanadiumsulfide），而非生成棕色或紫～紅色硫代釩酸鹽（Thiovanadate）。

在中性或微鹼性之釩酸鹽溶液中，NH_4^+ 能使微溶性之 NH_4VO_3 發生沉澱。釩之定性，概可分為顏色反應及沉澱反應兩種，茲分述如下：

（一）顏色反應

（1）過氧化氫法

本法是最有效、且最常被採用之定性法。加 H_2O_2 於含微量硫酸之釩溶液中，可由紅～棕色變成血紅色。過量 H_2SO_4 或 H_2O_2 能使溶液顏色變成黃～金黃色。若有干擾物質，如 Fe^{+3}、Ti 及 Cr 之過氧複合物（Peroxy complex），則可加入 H_2PO_4 和鹼性氟化物（Alkali fluoride），然後以乙醚萃取法消除之。藍色的過氧鉻酸（Peroxy chromic acid）可使用乙醚萃取之，而獨留過氧釩酸（Peroxy vanadic acid）於水溶液中。

若進行點滴試驗（Spot test），則可加 1 滴 H_2SO_4（6N）於試樣溶液內。靜置數分鐘。加 1 滴 H_2O_2（1%）；若無顏色出現，則再加 1 滴。

（2）二甲基丁二肟法

本法基本原理說明如下：

鐵與釩的平衡反應式如下：

$$Fe^{+2} + V^{+5} \rightarrow Fe^{+3} + V^{+4}$$

在酸性溶液中，上式反應方向由左向右；在鹼性溶液中，則由右向左。上

式顯示，溶液中不得含有任何其他氧化物或還原物，以免影響反應式兩邊鐵的價數。另外，Fe^{+2} 能與二甲基丁二肟生成紅色複合物，在呈色前，應以 NaOH 分離法除去 Co、Ni、Mn、Cu 及 Fe 等干擾元素。利用此種原哩，可依下法進行定性試驗：

　　取 1 滴試樣溶液與 3 滴 HCl 於微量試管（Micro test tube）內。煮沸至剩下一半體積，使釩完全還原成 V^{+4}。冷卻後，加 3 滴 $FeCl_3$（1%）與 3 滴二甲基丁二肟酒精溶液（Alcoholic dimethylgly oxime）（1%）。加氨水至鹼性後，加 1 片濾紙於溶液內。此時在含有氫氧化鐵沉澱物之溶液中，若含有釩，則溶液呈深紅色。

（3）1,10-菲南透林法

　　本法原理與上同。釩酸溶液經 HCl 還原後，加 1 滴 1,10-菲南透林（1,10-Phenanthroline）、1 滴 $FeCl_2$（0.01M）、2 滴 NH_4OH（5N）（最終酸度為 pH3～4）及 1 片濾紙。此時若有釩存在，則溶液呈粉紅～紅色。

（4）卡可噻啉（Cacotheline）法

　　卡可噻啉是馬錢子鹼（或稱二甲氧基番木虌鹼，Brucine，$C_{23}H_{26}N_2O_4$）之硝基衍生物，分子式為 $C_{21}H_{21}N_3O_7$。製備時，可溶 20g 馬錢子鹼於 400ml HNO_3（10%）中，然後加熱至 60～70℃。卡可噻啉呈金黃沉澱而析出，過濾後，以少許冷水和酒精洗滌。

　　定性試驗時，先滴 1 滴試樣溶液於白磁板上，然後依次加 1 顆鋅粒、1 滴 HCl 及 1 滴卡可噻啉之飽和溶液。此時試樣若含釩，則溶液呈現紫色。除了 Sn^{+2} 外，MoO_4^{-2} 和 WO_4^{-2} 能生成藍色還原物，故具干擾性。溶液中若含氟化物或磷酸鹽，則 Fe^{+2} 具干擾性。

（5）8-羥喹啉（8-Hydroxyquinoline）法

　　釩酸鹽（Vanadate）與 8-羥喹啉生成之 8-羥喹啉釩（Vanadium Oxinate）之金黃色複合物沉澱，經溫熱後，能溶解；冷卻後則呈現藍黑色。以氯仿萃取後，即轉呈紫～棕紫色。因 Ti、Mo 及 W 能生成相同顏色之溶液，故在定性試驗前，需先除去。定性試驗方法如下：

　　取 1 滴試樣溶液，加 1～2 滴硫酸至呈酸性。加 1 滴試劑〔溶 2.5g 8-羥喹啉於 100ml 醋酸（6%）中〕，溫熱後，放冷。加數滴氯仿，並搖振之。若

有釩存在，則有機層呈紫色。

（6）DMN 法

試劑 DMN，為 3,3'-二甲-4,4'-二氨基-1,1'-二萘(3,3'-Dimethylnaphthidine 或 3,3'-Dimethyl-4,4'-diamino-1,1'-dinaphthyl) 之簡稱。定性試驗時，取 1 滴含 H_2SO_4（1N）之試樣溶液，加 1 滴含 1% 試劑之冰醋酸（Glacial acetic acid）。若試樣溶液含釩酸鹽，則呈紅～紫色，並持續至少 24 小時。

（二）沉澱反應

在中性或微鹼性溶液中，釩酸鹽能與亞汞、鉛、或銀等之鹽類生成沉澱物。其中偏釩酸銨（Ammonium metavanadate）所生成之沉澱，可供作微量化學分析之定性之用；此物之結晶呈無色、橢圓形、或菱鏡形之斜方晶（Orthorhomic）粒子。

18-5 定量

通常均採用滴定法；但在進行非例行性分析時，光電比色法亦常被採用。另外，雖然釩的有機或無機沉澱劑很多，但均因無法使釩沉澱完全，或能使其他元素共沉，故重量法很少被採用。

（一）滴定法

釩的氧化和還原兩種滴定法都很重要。釩雖具有多種價位（Valence state），但只有「 $V^{+4} \leftrightarrows V^{+5}$ 反應對」，可供滴定法使用。還原法通常使用亞鐵離子作為還原劑；而氧化法則使用高錳酸根離子作為氧化劑。

試樣溶液之酸度和溫度對滴定劑的選擇具有影響，如 pH < 1.5，則 Fe^{+2} 能將 V^{+5} 完全還原成 V^{+4}。另外，$Fe^{+3} \leftrightarrows Fe^{+2}$ 反應對與 $V^{+5} \leftrightarrows V^{+4}$ 反應對之電位不同，故可選擇適當的氧化劑，俾只能使 Fe^{+2} 氧化，却不會同時對 V^{+4} 進行氧化。因此使用亞鐵離子，使 V^{+5} 還原為 V^{+4} 後，通常均使用 $(NH_4)_2S_2O_8$，作為滴定 V^{+4} 之溶液。

V^{+4} 在強酸中，可使用高錳酸鹽滴定之；溶液之溫度愈高，反應速度愈快。然而，當溫度高於室溫時，Cr^{+3} 之氧化速度亦隨之加快。

在還原法滴定開始之前，通常使用高錳酸鹽，使釩完全氧化成 V^{+5}。

過量的氧化劑，通常以不會使 V^{+5} 還原之亞硝酸離子（Nitrite ion）還原之。最後使用標準亞鐵溶液滴定 V^{+5}。

氧化滴定法與還原滴定法分述如下

（1）氧化滴定法

在酸性溶液中，若無其他具氧化性之元素存在，而只有 V^{+5} 存在，則可直接使用高錳酸鹽標準溶液滴定之；在無其他干擾元素存在下，可在 80℃ 之狀況下滴定之。

滴定前，V^{+5} 通常使用亞鐵離子（Fe^{+2}）還原之，過量之 Fe^{+2} 再以高硫酸銨（Ammonium persulfate）氧化之。高純度（如 > 95%）之高硫酸銨不會與 V^{+4}、Cr^{+3} 或 Mn^{+2} 發生反應；而 MnO_4^- 則會發生反應。

滴定前加入磷酸，可消除上述由還原所生成之鐵離子顏色。另外，二氧化硫亦為優良之還原劑；經還原後之溶液，可快速通入 CO_2，以驅盡過量之 SO_2。

滴定終點通常可使用目視、光電比色及電位測定等方法測定之，其中以目視法最常被使用。

「硫酸亞鐵 – 高硫酸鹽（Ferrous sulfate-Persulfate）」滴定法中，通常以樣品溶液恰呈不褪之粉紅高錳酸鹽顏色，作為滴定終點。在熱溶液中，VO^{+2} 與 MnO_4^- 之間的反應很快，但在室溫則很慢；然而在溫熱之溶液中，Cr^{+3} 亦能被 MnO_4^- 氧化至某種程度。由於含釩之鋼中，通常亦含有鉻，故通常均採用不明顯之室溫滴定終點。因此在到達滴定終點時，需攪拌之，以確保 V^{+4} 均被氧化成 V^{+5}，並使終點之粉紅色保持至少半分鐘。

鋼鐵含鉻大於 2 ~ 3% 時，Cr^{+3} 所呈現之深綠色，對高錳酸鹽終點影響甚鉅，因此需使用「$HClO_4$-HCl」混酸予以蒸發逸去，或以電解法除去之。另外，即使為低鉻鋼，亦需進行空白試驗，以校正滴定時之稀釋效應（Effect of dilution）和顏色干擾。Fe^{+3} 顏色則可使用 H_3PO_4 消除之。

具干擾性之鎢亦需除去。滴定鎢鋼中之釩時，需使用「HNO_3-HCl」混酸氧化之，使鎢成鎢酸（Tungstic acid）而沉澱。因釩能與鎢酸發生共沉作用，在例行分析中，可採用每 g W 能與 1mg V 共沉之方法，計算被鎢沉澱帶走之釩。若需精確結果，則可使用光電比色法，測定鎢酸沉澱中釩鎢酸

（Vanadotungstic acid）內之釩量。

在含高硫酸之溶液中，Ag^+ 能產生觸媒效應（Catalytic effect）；而 Cl^- 則能還原 MnO_4^-。故二者均需除去。

（2）還原滴定法

本法原理就是，釩首先被氧化為五價釩，過量的氧化劑除去後，以亞鐵標準溶液，滴定釩的含量。通常選在室溫之狀況下，利用不會氧化 Cr^{+3}，但能氧化 V^{+4} 和 Fe^{+2} 之高錳酸鹽溶液，作為氧化劑。

亞硝酸鈉能還原過量的高錳酸鹽，但不會還原五價釩。過量的亞硝酸鹽可使用對爾後滴定無影響之氨基磺酸（Sulfamic acid）或尿素（Urea）除去之；前者對亞硝酸鹽之還原反應較快，是其優點。

反應終點可用儀器測定，如光電比色法、電位量測法、電流量測法等；但通常均採用指示劑測定。Fe^{+2} 與 V^{+5} 之間的反應終點指示劑種類甚多，較重要者如：二苯胺（Diphenylamine）、磺酸二苯胺鋇（Barium diphenylamine-sulfonate）等。

（二）光電比色法

本法適用於釩含量較少之樣品。釩能與磷鎢酸（Phosphotungstic acid）、過氧化氫及 8- 羥喹啉及 BPA（N- 苯甲醯 -N- 苯胺，N-Benzoyl-N-Phenyhydroxylamine）等分別生成各種具有顏色之複合物，故可供光電比色法之用。分述如下：

（1）磷鎢釩酸鹽（Phosphotungstovanadate）

在酸性溶液中，鎢酸鈉（Sodium tungstate）與 V^{+5} 所生成之黃色複合物，其顏色能被磷酸增強至甚大之範圍，故本法之靈敏度甚高。在冷溶液或在強酸溶液中進行呈色反應時，首先呈棕色；加熱之，可加速 $V_2O_6^{-2}$ 根取代磷鎢酸（Phosphotungstic acid）內之部份 $W_2O_7^{-2}$ 根，而生成黃色異性化合物（Heteropoly compound）。此物之安定性可達數日；對 410μ m之光線能產生最大吸光度。

（2）過氧化氫法

本法係由前節〔18-4 節第（一）–1)項〕釩的過氧化氫定性法延伸而來。

試驗時，過氧化氫勿加過量，以免降低顏色強度。呈色時，溶液之酸度宜保持在 0.6 ～ 6N。重要干擾元素為 Ti、Mo、W 及 Cr，宜先除去之。Fe^{+3} 顏色可用 F^- 或 PO_4^{-3} 消除之。對 460μ m之光線能產生最大吸光度。

（3）8- 羥喹啉

V^{+5} 能與 8- 羥喹啉生成紫紅色複合物。加 8- 羥喹啉溶液（0.05%）於含五價釩之溶液內，然後將溶液調整至 pH4，並加苯二甲酸氫鉀（Potassium acid phthatate），作為緩衝劑。以不含酒精之氯仿萃取此種複合物。取含釩之氯仿層，以 550μ m光線測定之。

（4）BPA 法

BPA（N-Benzoyl-N-Phenylhydroxylamine），亦能與 V_4^{-3}，結合成可溶於氯仿之有色複合離子，可供光電比色法之用。本法簡單、快速，適用於含 V＜0.5% 之試樣。

18-6 分析實例

18-6-1 滴定法

18-6-1-1 高錳酸鉀法

18-6-1-1-1 鉻釩鋼與鎢鉻釩鋼之 V

18-6-1-1-1-1 應備試劑：同 17-6-1-1-1-1 節

18-6-1-1-1-2 分析步驟

(1) 以 17-6-1-1-1-2 節或 17-6-1-1-2-2 節（分析步驟）定畢鉻量之溶液，當作試樣（註 A）。

(2) 依下表加入硫酸銨亞鐵溶液（1.2%）（註 B）。

試樣含 V 量（%）	硫酸銨亞鐵溶液（1.2%）之使用量（ml）
＜ 0.8%	10
＞ 0.8%	20

(3) 攪拌均勻。加 8ml 高硫酸銨〔$(NH_4)_2S_2O_8$〕（15%）（註 C）。攪拌 1 分鐘。

(4) 用高錳酸鉀標準溶液（N/20）（註 D）滴定，至溶液恰呈微紅色（註 E），且經攪拌而能保持 1 分鐘為止。

18-6-1-1-1-3 計算

$$釩（Ⅴ）\% = A - (0.02 + B \times 1.8\%)$$

$$A = \frac{C \times F \times 0.2547（註 F）}{W}$$

C＝滴定時所耗高錳酸鉀標準溶液（N/20）之體積（ml）

F＝高錳酸鉀標準溶液（N/20）之滴定因數

W＝試樣重量（g）

B＝試樣含 Cr 量（%）

18-6-1-1-1-4 附註

註：除下列附註外，另參照 17-6-1-1-1-4 節有關之各項附註。

（A）（B）（C）（D）（E）

(1) 鉻之定量完畢後，釩成 VO_3^- 或 VO_4^{+3} 存於溶液中。VO_3^- 係 VO_4^{+3} 水解而成者，但其每一離子只還原一亞鐵離子（Fe^{+2}），故二者作用相同。

(2) VO_3^- 或 VO_4^{-3} 能還原 $FeSO_4 \cdot (NH_4)_2SO_4$：

$$2HVO_3 + 2Fe^{+2} + 6H^+ \rightarrow V_2O_2^{+4} + 2Fe^{+3} + 4H_2O$$

$$或\ 2H_3VO_4 + 2Fe^{+2} + 6H^+ \rightarrow V_2O_2^{+4} + 2Fe^{+3} + 6H_2O$$

(3) 過剩之 Fe^{+2} 能被 $S_2O_8^{-2}$ 氧化成 Fe^{+3}。

(4) 以 $KMnO_4$ 滴定時，第(2)項所生成之 $V_2O_2^{+4}$ 即再被氧化成 VO_4^{+3}：

$$5(V_2O_2)^{+4} + 2MnO_4^- + 22H_2O \rightarrow 10VO_4^{-3} + 2Mn^{+2} + 44H^+$$

俟滴定完畢後，過剩之 MnO_4^- 在溶液中呈紅色，故可當作終點。

（F）1ml $KMnO_4$（N/20）＝ 0.002547g V。

18-6-1-1-2 釩鐵（Ferrovanadium）之 V

18-6-1-1-2-1 應備試劑

(1) 混酸〔H_2SO_4（1:3）：HNO_3（1:1）＝ 60:25〕

（**2**）**硫酸銨亞鐵**〔$FeSO_4 \cdot (NH_4)_2SO_4 \cdot 6H_2O$〕**溶液**（0.1N）

　　稱取 39.2g $FeSO_4 \cdot (NH_4)_2SO_4 \cdot 6H_2O$ →加 500ml H_2SO_4（5：95，冷）溶解之→繼續以 H_2SO_4（5：95，冷）稀釋成 1000ml（註 A）。

（**3**）**赤血鹽**〔$K_3Fe(CN)_6$〕**溶液**

　　稱取 0.1g $K_3Fe(CN)_6$ →加 100mlH_2O 溶解之（本溶液需即用即配。）

（**4**）**高硫酸銨**〔$(NH_4)_2S_2O_8$〕**溶液**（15%）

　　稱取 15g $(NH_4)_2S_2O_8$ →加 100ml H_2O 溶解之。

（**5**）**高錳酸鉀標準溶液**（N/10）（註 B）：

　　①溶液製備

　　②濃度（N）標定　　 } 同 17-6-1-1-1 節；唯高錳酸鉀改為 3.20g；草酸鈉改為 0.300g

　　③濃度（N）計算

18-6-1-1-2-2 分析步驟

（1）稱取 0.5g 試樣於 600ml 燒杯內，以錶面玻璃蓋好。另稱取 0.4g 熟鐵（Ingot iron）於另一 600ml 燒杯內，供作空白試驗。若試樣含高量 Cr，則應另加相當於試樣所含 Cr 量之重鉻酸鉀（$K_2Cr_2O_7$），於空白試驗燒杯內。

（2）加 85ml 混酸，溶解之。若試樣含 Si 太高，致不易溶解，則移杯內物質於 200ml 鉑皿內，加少量 HF，繼續溶解試樣。

（3）俟作用停止後，洗淨杯蓋，並聚洗液於主液內。然後煮至冒出濃白硫酸煙。

（4）冷卻後，加 100ml H_2O。加熱至可溶鹽溶解。

（5）移溶液於 800ml 燒杯內，加水稀釋成 400ml。冷卻至室溫。

（6）加 $KMnO_4$（0.1N）（註 C），至溶液恰呈粉紅色，且經攪拌 30 秒鐘後，仍未褪盡為止。

（7）冷卻至 15℃時，即加硫酸銨亞鐵（0.1N）（註 D），至吸取 1 滴試樣於赤血鹽溶液內，能使溶液變藍（註 E）為止（約需 35ml），然後再過量 5ml。

(8) 攪拌最少 1 分鐘（註 F）。

(9) 冷卻至 18°C（註 G）以下時，即加 8ml（$NH_4S_2O_8$）（15%）（註 H），再劇烈攪拌恰恰 60 秒（註 I）。

(10) 當液溫保持在 18 ～ 20°C（註 J）時，一面攪拌一面以標準高錳酸鉀溶液（N/10）（註 K）滴定，至溶液恰呈粉紅色（註 L），且經攪拌30 秒鐘後，顏色仍未褪盡為止。

18-6-1-1-2-3 計算

$$V \% = \frac{(V_1 - V_2) \times C \times 0.05094（註 M）}{W} \times 100$$

$V_1 =$ 滴定試樣溶液時，所耗高錳酸鉀標準溶液（N/10）之體積（ml）

$V_2 =$ 滴定空白溶液時，所耗高錳酸鉀標準溶液（N/10）之體積（ml）

$C =$ 高錳酸鉀標準溶液之實際濃度（N）

$W =$ 試樣重量（g）

18-6-1-1-2-4 附註

（A）此溶液若以 CO_2 氣體飽和之，可減低亞鐵離子之氧化速度。

（B）因高錳酸鉀能氧化有機質，故在製備、儲存及使用期間，切忌與橡膠或其他有機質接觸。

（C）MnO_4^- 能促使低價釩（如 $V_2O_2^{+4}$）完全氧化成高價釩（如 VO_3^- 或 VO_4^{-3}）：

$$5(V_2O_2)^{+4} + 2MnO_4^- + 22H_2O \rightarrow 10VO_4^{-3} + 2Mn^{+2} + 44H^+$$

（D）（E）（F）（G）（H）（J）（K）（L）

(1) 若硫酸銨亞鐵加足，則過量之 Fe^{+2} 能與 $[Fe(CN)_6]^{-3}$ 生成普魯士藍：

$$3Fe^{+2} + 2Fe(CN)_6^{-3} \rightarrow Fe_3[Fe(CN)_6]_2（藍色）$$

(2) 參照本章 18-6-1-1-1-4 節附註（A）（B）（C）（D）（E）。

(3) 在冷、稀之溶液中，並經短暫之攪拌下，$S_2O_8^{-2}$ 不易將 $(V_2O_2)^{+4}$ 氧化成 VO_3^- 或 VO_4^{-3}，否則分析結果偏低。

（4）試樣若含 Cr，則在第（7）步就能被 Fe^{+2} 還原成 Cr^{+3}。滴定時，若溫度太高，則 Cr^{+3} 能被 MnO_4^- 氧化成 $Cr_2O_7^{-2}$，致分析結果偏高，故需在冷、稀之溶液內滴定之。

（I）攪拌能加速 VO_4^{-3} 或 VO_3^- 與 Fe^{+2} 之作用。

（M）1ml KMnO$_4$（1N）＝0.05094 g V

18-6-1-1-3 市場鈦及鈦合金之 V（註 A）

18-6-1-1-3-1 應備試劑：

（1）高硫酸銨〔$(NH_4)_2S_2O_8$〕溶液（15%）

（2）硫酸銨亞鐵〔$FeSO_4(NH_4)_2SO_4 \cdot 6H_2O$〕溶液（N/20）

（同 18-6-1-1-2-1 節；唯硫酸銨亞鐵改為 19.6g）

（3）氟硼酸（HBF_4）溶液（48 ～ 50%）

（4）高錳酸鉀（$KMnO_4$）溶液（2%）

　　稱取 2g KMnO$_4$ →以 100ml H$_2$O 溶解之。

（5）赤血鹽〔$K_3Fe(CN)_6$〕溶液

　　稱取 0.1g K$_3$Fe(CN)$_6$ →加 100mlH$_2$O 溶解之（本溶液需即用即配。）

（6）高錳酸鉀標準溶液（N/20）：

　　①溶液製備

　　②濃度（N）標定 （同 17-6-1-1-1-1 節）

　　③濃度（N）計算

　　④因數計算（即求取每 ml 新配高錳酸鉀標準溶液（N）相當於若干 g V）

　　　　F ＝ C ×0.05094

　　　　F ＝新配高錳酸鉀標準溶液（N）之滴定因數

　　　　C ＝新配高錳酸鉀標準溶液之實際濃度（N）

18-6-1-1-3-2 分析步驟

（1）稱取適量試樣（以含 10 ～ 100mg V為宜，並精稱至 1mg）於 500ml

伊氏燒杯內。

(2) 分別加 100ml H_2SO_4（1：9）及 5ml HBF_4（48 ～ 50%）。緩緩加熱（註 D），至作用停止。

(3) 一滴一滴加入 HNO_3，至試樣氧化完畢後，再煮沸驅盡氮氧化物之黃煙。

(4) 冷卻後，一滴一滴加入 $KMnO_4$（2%），至溶液恰呈粉紅色，且經攪拌 10 秒鐘，顏色仍未褪盡為止。

(5) 加硫酸銨亞鐵溶液（N/20），至吸取一滴試樣溶液於赤血鹽溶液內，能使溶液變藍為止。然後再過量 5ml。

(6) 加 15ml $(NH_4)_2S_2O_8$（15%），並振盪恰恰 1 分鐘。

(7) 立刻以高錳酸鉀標準溶液（N/20）滴定，至溶液恰呈微紅色，且經攪拌 1 分鐘後，顏色仍不褪盡為止。

18-6-1-1-3-3 計算

$$釩（V）\% = \frac{V_1 \times F}{W} \times 100$$

V_1＝滴定試樣溶液時，所耗高錳酸鉀標準溶液（N/20）之體積（ml）

F＝高錳酸鉀標準溶液（N/20）之滴定因數（g/ml）

W＝試樣重量（g）

18-6-1-1-3-4 附註

※ 註：除下列附註外，另參照 18-6-1-1-2-4 節附註：

(C)、(D)(E)(F)(G)(H)(J)(K)(L)(M)。

(A) 本法適用於含V＝ 0.5 ～ 20% 之樣品。

(B) 緩緩加熱，旨在避免水份之過度蒸發；否則水份太少時，$HBF4$ 會侵蝕燒杯內壁。

18-6-1-2 硫代硫酸鈉法：適用於釩鐵之 V

18-6-1-2-1 應備試劑：同 17-6-2-1 節

18-6-1-2-2 分析步驟

(1) 稱取 1.00g 試樣於鎳坩堝內。

(2) 加 10g NaOH（註 A），並灼熱熔融之。最初 10 分鐘內，溫度不宜太高。最後紅熱約 10 分鐘。

(3) 以熱水（註 B）溶融質於杯內。

(4) 過濾。以熱水洗淨之。聚濾液及洗液於 500ml 量瓶內。沉澱棄去。

(5) 加水稀釋至刻度，再精確量取 50ml 溶液（註 C）於燒杯內。

(6) 加 75ml H_3PO_4（1：7）。冷卻之。

(7) 加約 2g KI（註 D）。靜置 5 分鐘。

(8) 以硫代硫酸鈉標準溶液（N/10）（註 E）滴定，至溶液呈乾稻草色時，加 2ml「澱粉－碘化鉀」混合液，再繼續滴定，至溶液之藍色恰恰消失為止。

18-6-1-2-3 計算

$$釩（V）\% = \frac{0.255 \times V_1}{W \times \dfrac{1}{10}} （註 F）$$

V_1 ＝滴定時所耗硫代硫酸鈉標準溶液（N/10）之體積（ml）

W＝試樣重量（g）

18-6-1-2-4 附註

（A）（B）試樣與 NaOH 共熔，再以水溶解，鐵成 $Fe(OH)_3$ 而沉澱；釩則成 Na_3VO_4 而溶解。

（C）（F）由 500ml 溶液提取 50ml，恰等於 1/10 原試樣之重量。

（D）（E）釩酸鹽（VO_4^{-3}）與 I^- 作用，能析出 I_2。再以 $S_2O_8^{-2}$ 滴定 I_2，即能求出試樣之含V量：

$$2VO_4^{-3} + 2I^- + 12H^+ \rightarrow V_2O_2^{+4} + I_2 + 6H_2O$$

$$I_2 + 2S_2O_3^{-2} \rightarrow S_4O_6^{-2} + 2I^-$$

18-6-1-3 硫酸銨亞鐵法：適用於鋼鐵之V

18-6-1-3-1 應備試劑

（1）混酸（H_2SO_4：H_3PO_4：H_2O = 3：13：14）

（2）HNO_3

（3）尿素〔$CO(NH_2)_2$〕

（4）$KMnO_4$（0.1N）

（5）亞硝酸鈉（$NaNO_2$）溶液（3%）

（6）亞砷酸（H_3AsO_3）溶液

　　稱取 0.85g As_2O_3 →加 5mlNaOH（5%）→ 攪 拌 溶解 → 加 50ml H_2O →加 H_2SO_4（1：5），至溶液恰呈中性為止→加 3g $NaHCO_3$ → 攪拌溶解之→加水稀釋成 1000ml。

（7）二苯胺〔$(C_6H_5)_2NH$〕溶液（1%）

　　稱取 1g$(C_6H_5)_2NH$ →加 100ml H_3PO_4 溶解之。

（8）高錳酸鉀標準溶液（N/30）：

　①溶液製備
　②濃度（N）標定　｝同 17-6-1-1-1-1 節
　③濃度（N）計算

　④因數計算〔即求取每 ml 新配高錳酸鉀標準溶液，相當於若干 ml 高錳酸鉀標準溶液（N/30）〕

$$f = 30 \times C$$

　　　f＝新配高錳酸鉀標準溶液（N）之滴定因數

　　　C＝高錳酸鉀標準溶液之實際濃度（N）

（9）硫酸銨亞鐵〔$FeSO_4 \cdot (NH_4)_2SO_4 \cdot 6H_2O$〕標準溶液（N/30）：

　①溶液製備

　　精稱 13.3g $FeSO_4 \cdot (NH_4)_2SO_4 \cdot 6H_2O$（純結晶）於 1000ml 量瓶內 →加適量水溶解之→加 100ml H_2SO_4（1：1）→加水稀釋至刻度。

　②因數標定〔即求每 ml 新配硫酸銨亞鐵標準溶液相當於若干 ml 高

錳酸鉀標準溶液（N/30）〕

量取 100ml H_2O 於 300ml 三角燒瓶內→加 10ml H_2SO_4（1：1）→冷卻之→加 25ml（精確）新配硫酸銨亞鐵標準溶液（N/30）→以已知滴定因數之上項高錳酸鉀標準溶液（N/30）滴定，至溶液恰呈微紅色，且經攪拌 30 秒鐘，而其顏色仍不褪盡為止。

③**因數計算**

$$F = \frac{V_1}{V_2} \times f$$

F= 新配硫酸銨亞鐵標準溶液（N/30）之滴定因數

V_1 ＝新配高錳酸鉀標準溶液（N/30）之使用量（ml）

V_2 ＝新配硫酸銨亞鐵標準溶液（N/30）之使用量（ml）

f ＝高錳酸鉀標準溶液（N/30）之滴定因數。

18-6-1-3-2 分析步驟

一、試樣之溶解

（一）含高量 Si 之生鐵

(1) 稱取 2.0g 試樣於 500ml 三角燒杯內。

(2) 加 50ml 王水，以分解試樣。

(3) 俟作用停止後，加 30ml 混酸，再加熱少時。

(4) 加 10 ～ 15 滴 HF 後，加熱至冒出濃白硫酸煙。

(5) 冷卻後，加 200ml H_2O。

（二）各種鎢鋼

(1) 稱取 1.0g 試樣於 500ml 三角燒瓶內。

(2) 徐徐加入 30ml 混酸。加熱溶解之。

(3) 俟作用停止後，加 3ml HNO_3。然後蒸煮至冒出濃白硫酸煙。

(4) 冷後，加 2g NaF，並加少量水溶解之。

（三）高鉻鋼或不銹鋼

(1) 稱取 2.0g 試樣於 300ml 三角燒瓶內。

(2) 加 30ml HCl（1：1）。加熱分解之。

(3) 俟試樣分解完畢後，加 5ml HNO_3，使鐵氧化。

(4) 加 30ml $HClO_4$（註 A），並蒸煮至冒出濃白過氯酸煙。

(5) 一面攪拌，一面一小份一小份加約 1 ~ 2g NaCl（註 B），至無紅棕色次氯酸鉻（CrO_2Cl_2）氣體（註 C）發生為止。

(6) 俟 Cr 除去後，再蒸煮至冒出濃白煙，以驅盡殘存之氯離子（Cl^-）。最後蒸煮濃縮至體積為 5ml（註 D）。

（四） 各種釩鋼

(1) 稱取 2.0g 試樣於 500ml 三角燒杯內。

(2) 加 30ml 混酸（註 E）。徐徐加熱溶解之。

(3) 俟試樣分解完畢後，加 3ml HNO_3，再繼續加熱蒸煮，至冒出濃白硫酸煙。

二、釩之氧化

(1) 冷後，加 200ml H_2O（各種鎢鋼之試樣則改為加水稀釋成 200ml。高鉻鋼除改為加水稀釋成 200ml 外，需另加 20ml H_3PO_4）。然後加熱至可溶鹽類溶解。

(2) 冷至室溫後，滴加 $KMnO_4$（0.1N），至溶液呈微紅色後，再過量 10 ~ 15 滴。然後靜置數分鐘。

三、滴定

(1) 滴加 $NaNO_2$（3%）（註 F），至溶液之紅色消失（約 2 ~ 3 滴），再加約 5g 尿素（註 G）及 5ml 亞砷酸溶液（註 H）。然後靜置 3 分鐘。

(2) 加 3 滴二苯胺溶液（1%）（註 I），再以標準硫酸銨亞鐵（N/30）（註 J）滴定，至溶液之紫色（註 K）恰恰消失為止。

18-6-1-3-3 計算

$$V \% = \frac{F \times V_1 \times 0.001698（註 K）}{W} \times 100$$

　　　　F＝硫酸銨亞鐵標準溶液（N/30）之滴定因數

　　　　V$_1$＝滴定試樣溶液時，所耗硫酸銨亞鐵標準溶液（N/30）之體積（ml）

　　　　W＝試樣重量（g）

18-6-1-3-4 附註

（A）（B）（C）

　　　　鉻太多時，其離子能干擾最後之滴定操作，故需加 HClO$_4$，將鉻氧化成鉻酸（H$_2$CrO$_4$）。在 116℃以上（HClO$_4$ 發煙時，即達 300℃以上），溶液中之 Cr^{+6} 能與 Cl$^-$ 生成次氯酸鉻（CrO$_2$Cl$_2$）氣體而逸去：

$$H_2CrO_4 + 2NaCl \overset{116℃}{\leftrightarrows} CrO_2Cl_2 \uparrow（棕紅色）+ 2NaOH$$

$$或\ H_2CrO_4 + 2HCl \overset{116℃}{\leftrightarrows} CrO_2Cl_2 \uparrow（棕紅色）+ 2H_2O$$

　　　　上式雖係可逆反應，但 HClO$_4$ 能中和或吸收上式所產生之 NaOH 或 H$_2$O；而 CrO$_2$Cl$_2$ 則成氣體逸去，因此平衡狀態乃被破壞，故 H$_2$CrO$_4$ 遂能完全變成 CrO$_2$Cl$_2$ 而揮發趕盡。

（D）此時 5ml 之溶液中，若發現仍含有殘存之高價鉻離子，則加 30ml H$_2$O。俟可溶鹽溶解後，再加硫酸銨亞鐵溶液，至鉻完全被還原後，再進行第二步（釩之氧化）操作。

（E）若為混酸難於溶解之試樣，應依下述步驟溶解之：

　　（1）加適量 HCl 及王水。徐徐加熱至試樣分解完畢。

　　（2）加 30ml 混酸，再繼續加熱，至冒出濃白硫酸煙。

　　（3）然後進行第二步（釩之氧化）操作。

（F）（G）

　　（1）NO$_2^-$ 能將 MnO$_4^-$ 還原成無色之 Mn^{+2}。

　　（2）因 NO$_2^-$ 能干擾下步之滴定，故需加尿素驅盡之：

$$CO(NH_2)_2 + 2HNO_2 \rightarrow CO_2 \uparrow + 3H_2O + 2N_2 \uparrow$$

（H）（1）溶液中可能仍含有 MnO$_4^-$ 及 Cr^{+6}，故加亞砷酸（H$_3$AsO$_3$），分別

還原成 Mn^{+2} 及 Cr^{+3}，以免其干擾滴定：

$$Cr_2O_7^{-2} + 8H^+ + 3AsO_3^{-3} \rightarrow 3AsO_4^{-3} + 2Cr^{+3} + 4H_2O$$

$$2MnO_4^- + 6H^+ + 5AsO_3^{-3} \rightarrow 5AsO_4^{-3} + 2Mn^{+2} + 3H_2O$$

（2）因 VO_4^{+3} 之氧化還原電位較 AsO_4^{-3} 低，因此亞砷酸對釩酸鹽〔$(VO_4)^{+3}$〕無還原作用，故對滴定無影響。

（I）（J）（K）

二苯胺能與 VO_4^{-3} 化合成紫色離子·以硫酸銨亞鐵〔$FeSO_4 \cdot (NH_4)_2SO_4$〕滴定，至紫色消失時，即表示 VO_4^{-3} 已完全被 Fe^{+2} 還原：

$$2H_3VO_4 + 2Fe^{+2} + 6H^+ \rightarrow (V_2O_2)^{+4} + 2Fe^{+3} + 6H_2O$$

故可當作滴定之終點。

（L）1ml 硫酸銨亞鐵標準溶液（N/30）=1698μg V

$\because$ 1μg=1×10^{-6}g

$\therefore$ 1698μg=1698$\times10^{-6}$g=0.001698 g

18-6-2 光電比色法：適用於含 V < 0.5% 之樣品

18-6-2-1 應備試劑

（1）**HCl**

（2）**HClO₄**（> 60%）

（3）**H₂O₂**

（4）**KMnO₄**（0.1N）

（5）**銅溶液**（1%）

稱取 1g 電解銅→加適量 HNO_3 分解之→加 2ml $HClO_4$ →蒸煮至冒出濃白過氯酸煙→放冷→加水稀釋成 100ml。

（6）**BPA**（N- 苯甲醯 -N- 苯胺，N-Benzoyl-N-Phenylhydroxylamine）
溶液

稱取 0.2g BPA 指示劑〔$C_6H_5CON(OH)C_6H_5$〕→ 加 300ml 氯仿（$CHCl_3$）溶解之→儲於暗色瓶內（此溶液可歷數月而不變）。

（**7**）二苯胺〔(C₆H₅)NH〕(0.2%)

稱取 0.2g (C₆H₅)₂NH →加 100ml H₂O →水浴 30 分鐘，以溶解之→冷卻→濾去雜質（切勿洗滌）。

（**8**）高錳酸鉀溶液（N/30）
（**9**）硫酸銨亞鐵標準溶液（N/30） ｝同 18-6-1-3-1- 節

（**10**）標準釩（V）溶液

　①溶液製備

　　稱取 1.1480g 偏釩酸銨（NH₄VO₃）（純淨）→加約 200mlH₂O（溫）溶解之→冷卻→移溶液於 500ml 量瓶內→加水稀釋至刻度（理論上 1ml ＝ 1mg V）→精確量取 10ml 溶液於 500ml 量瓶內→加水稀釋至刻度（理論上 1ml ＝ 20μg V）。

　②因數標定

　　精確量取 20ml 標準釩溶液（1ml ＝ 1mg V）→加 5ml H₂SO₄（1:1）及 10ml H₃PO₄→加水稀釋至約 200ml→加 3 滴二苯胺溶液(0.2%)→放置 2 ～ 3 分鐘→以新配硫酸銨亞鐵標準溶液（N/30）滴定，至溶液之紫色恰恰消失為止。

　③因數計算

$$C（註 A）＝ 1.689 × V_1 × F$$

　　C ＝新配標準釩溶液之濃度（μg/ml）

　　V₁＝滴定時所耗新配硫酸銨亞鐵標準溶液（N/30）之體積（ml）

　　F ＝硫酸銨亞鐵標準溶液（N/30）之滴定因數

18-6-2-2 分析步驟

一、溶解

（一）生鐵

（1）依附註（B）稱取試樣於 200ml 燒杯內。

（2）加 20 ～ 50ml 王水。加熱至試樣完全分解。

（3）加 15 ～ 25ml HClO₄（＞ 60%）。繼續加熱，至冒出濃白過氯酸白煙，

且溶液澄清後，再繼續加熱 2～3 分鐘。

（二）高鉻鋼（註 C）

(1) 依附註（C）稱取試樣於 200ml 燒杯內。

(2) 加 15～25ml $HClO_4$（60% 以上）（註 D）。加熱至試樣完全溶解後，再繼續加熱，至冒出濃白過氯酸煙。

(3) 趁熱，一小份一小份滴入 HCl，至不再生成棕紅色次氯酸鉻（CrO_2Cl_2）煙發生為止（註 E）。

（三）各種鎢鋼

(1) 依附註（B），稱取試樣於 200ml 燒杯內。

(2) 加 15～25ml $HClO_4$ 及 5ml H_3PO_4。加熱至試樣完全溶解後，再繼續加熱，至冒出濃白過氯酸煙且溶液澄清後，再繼續加熱 2～3 分鐘。

（四）各種釩合金鋼

(1) 依附註（B），稱取試樣於 200ml 燒杯內。

(2) 加 15～25ml $HClO_4$（> 60%），並加熱至試樣完全溶解後，再繼續加熱，至冒出濃白過氯酸煙，且溶液澄清後，再繼續加熱 2～3 分鐘。

二、萃取、呈色及吸光度之測定

(1) 放冷後，加約 30ml H_2O（溫）。然後滴加 H_2O_2，至高價鉻完全還原後（註 F），再煮沸 1～2 分鐘，以驅盡過剩之 H_2O_2。

(2) 過濾。以溫水洗滌 3～4 次。聚濾液及洗液於 100ml 量瓶內。沉澱棄去。

(3) 冷至室溫。加水至刻度，然後精確量取 10ml 溶液（註 G）於 200ml 分液漏斗內。

(4) 依次加 1ml 銅溶液（10mg/ml）及 2～3 滴 $KMnO_4$（0.1N）（註 H）。靜置約 1 分鐘（註 I）。

(5) 加 10ml HCl（註 J），使過剩之 $KMnO_4$ 完全還原後（註 K），再加 15ml BPA 溶液（註 L）。振盪約 30 秒鐘，再靜置少時，使上下兩液

層完全分開。

(6) 以細密乾燥之濾紙（註 M）濾取適量有機溶液層（註 N）於光電比色儀所附之試管內。另取同樣試管一個，加適量蒸餾水，當作空白溶液。

(7) 以 530μm 光波之光線測定空白溶液之吸光度（不必記錄），次將指示吸光度之指針調至「0」之位置後，抽出試管，換上盛有試樣溶液之試管，繼續測其吸光度，並記錄之。然後由「吸光度－V %」或「吸光度－溶液含V量（μg）」標準曲線圖（註 O），可直接查出試樣含V百分比（%）或溶液含V量（μg）。

18-6-2-3 計算

$$V \% = \frac{w}{W \times 1000}$$

w ＝溶液含V量（μg）

W＝試樣重量（g）

18-6-2-4 附註

（A）(1) 1ml 硫酸銨亞鐵標準溶液（N/30）＝ 1689μg V。

(2) 1μg ＝ 1×10^{-6} g

(3) 標準釩溶液之濃度，由 1mg/ml 稀釋成 20μg/ml，計稀釋 50 倍。

∴標準釩溶液之實際濃度（μg/ml）＝1689μg×V_1×F/（20×50）

＝0.001×1689μg×V_1×F

＝1.689μg×V_1×F

（B）依照下表稱取試樣重量

試樣含 V 量（%）	試樣重量（g）
＜ 0.05	2.00
0.05 ～＜ 0.1	1.00
0.1 ～ 0.5	0.20

（C）(G) 所謂高鉻鋼，意即在第（二）步（萃取、呈色及吸光度之測定）之

第(3)項操作，所量取 10ml 溶液中，含 Cr 量超過 10mg 以上之試樣。

（D）（E）

(1)因鉻離子能干擾吸光度之測定，故需將它除去。

(2)參照 18-6-1-3-4 節附註（A）（B）（C）。

（F）因 Cr^{+6}（如 $Cr_2O_7^{-2}$）之顏色能干擾吸光度之測定，故需加 H_2O_2，將 $Cr_2O_7^{-2}$ 還原成 Cr^{+3}：

$$Cr_2O_7^{-2} + 3H_2O_2 + 8H^+ \rightarrow 2Cr^{+3} + 7H_2O + 3O_2 \uparrow$$

（G）（P）在 100ml 溶液中取 10ml，即等於 1/10 原試樣之重量。此時 10ml 溶液應含 20 ～ 100μg V，否則宜自行調整。

$$V\% = \frac{w \times 10^{-6}（\mu g）}{W（g） \times 1/10} \times 100 = \frac{w}{W \times 1000}$$

（H）（I）

(1)參照 18-6-1-1-2-4 節附註（C）。

(2)靜置短時，旨在促使低價釩氧化完全。

（J）（K）$2MnO_4^- + 16H^+ + 10Cl^- \rightarrow 2Mn^{+2} + 8H_2O + 5Cl_2 \uparrow$

（L）VO_4^{-3} 能與 BPA 結合成有色之複合離子，而溶於氯仿內，故能供作光電比色之用。

（M）若試樣呈混濁狀，宜使用兩層濾紙過濾之;亦可使用脫脂棉代替濾紙。

（N）因氯仿較酸液為重，故下層為有機層。

（O）「吸光度 - 溶液含V量（μg）」標準關係曲線圖之製備：

第一法：以標準釩溶液作為試樣

(1)分別量取 0.0（即空白溶液）、1.0、2.0、3.0、4.0 及 5.0ml 標準釩（Ⅴ）溶液（1ml＝20μg V）於六個分液漏斗內→分別加 10ml H_2O 及 2 ～ 3 滴 $KMnO_4$（0.1N）→振盪少時，使釩完全氧化→加 10ml HCl →然後依分析步驟第二步（萃取、呈色及吸光度之測定）第(4)～(7)步所述之方法處理之，以測其吸光度。

（2）依下表記錄測試結果。若每 ml 標準釩（V）溶液不等於 20μg，則
　　表列第 3 欄應自行修改。

所取標準釩（V）溶液之體積（ml）	吸光度	溶液含 V 量（μg）
0.0	0	0.0
1.0		20.0
2.0		40.0
3.0		60.0
4.0		80.0
5.0		100.0

（3）以「吸光度」為縱軸，「溶液含 V 量（μg）」為橫軸，作其關係曲線圖。

第二法：以標準鋼作為試樣

　　稱取含 V < 0.5% 之標準鋼樣品數種（所取重量需與實際試樣之重
量相等），作為試樣，依本法分析步驟所述之方法處理之，以求其
吸光度。記錄其結果後，作「吸光度 － V %」關係曲線圖。

第十九章　銀（Ag）之定量法

19-1 小史、冶煉及用途

一、小史

最早的古史，就有許多銀的記載。第一本聖經舊約（Old Testament）就曾提及；而中國人及波斯人可能在公元前 2500 年就知道銀子。很少有自然銀出土，在遠古時代，由於物以稀為貴，因此其價格遠較黃金為高。

廿世紀初葉，人們開始注重純銀之製造。在此期間，發現銀與氧是以精確比值而化合，因而銀乃成為測定鹵族元素，以及與鹵元素化合之其他元素之原子量之第二標準元素。此事不僅增進人類對原子量更精確之認識，同時也拓展了分析化學技術的領域。

由於錢幣及珠寶工業之需求，以及銀子本身具有特殊的性質，因此金屬銀迄今仍保持很高的價值。在所有金屬中，銀的顏色最白；具有最大的光學反射性與電、熱傳導性；其延展性及可鍛性亦僅次於黃金。另外，由於鹵化銀對於光線特別敏感，因而相片工業所消耗之金屬銀，僅次於錢幣。

二、冶煉

銀的主要礦石計有：自然銀（Native silver）（Ag）、輝銀礦（Argentite）（Ag_2S）及角銀礦（Cerargyrite 或 Horn-silver）（AgCl）等。通常使用氰化法（Cyanide process）提煉之。此法首先以氰化鈉處理經粉碎的礦石後，並以約二週時間，任其吸收空氣，使礦石中之金屬銀氧化。最後均生成可溶性之銀氰複合離子：

$$4Ag + 8CN^- + O_2 + 2H_2O \rightarrow 4Ag(CN)_2^- + 4OH^-$$

$$AgCl + 2CN^- \rightarrow Ag(CN)_2^- + Cl^-$$

$$Ag_2S + 4CN^- \rightarrow 2Ag(CN)_2^- + S^{-2}$$

然後用金屬鋅，還原此可溶性複合離子而得銀：

$$Zn + 2Ag(CN)_2^- \rightarrow 2Ag + Zn(CN)_4^{-2}$$

自然銀之提煉，則可採用汞齊法（Amalgamation process），用汞溶解礦石中之自然銀。除去礦渣，並分離液態汞後，即得金屬銀。

銀為精煉銅及鉛之副產品。自電解精煉銅所得之熔渣，可用簡單化學方法處理，以得到其中所含少量之銀與金。在鉛中所含少量之銀，可用帕克斯法（Parkes process）提取之。此法拌入少量（約1%）之鋅於融熔之鉛中。液態鋅不溶於液態鉛中，但銀在液態鋅中之溶解度，約為在液態鉛之三千倍，因此銀幾乎全部溶於鋅中。將坩堝冷卻後，可取出上層之銀鋅凝固相，以蒸餾法將鋅驅盡後，剩餘者為金屬銀。

三、用途

銀除了用在化學工業、照相底片及鍍銀外，製成合金後，又可製造銀幣、銀器等。另外，「Ag-Cu」合金和「Ag-Ni」合金，可代替白金。

19-2 性質

一、物理性質

銀在週期表中，屬於 IB 屬，原子量為 107.870 克，密度 10.43g/cm3，熔點 960.5℃，沸點 2212℃，反射率（Reflectivity）為 95%（可見光）及 98%（紅外線）。在融熔狀態時，易吸收大量氧氣；冷凝時則再度吐出。殘留的氧氣量，對於銀的物理性質影響甚大。

二、化學性質

（一）金屬銀

在貴金屬（Noble metal）中，銀的活性（Reactivity）最大。其活性與其傾向於生成不溶物及安定的複合物有關。

在潮濕、常溫環境下，不易被空氣所氧化；溫度升至 200℃ 時，表層能生成一層暗褐色氧化物。

銀易與硫化氫化合成硫化銀；在缺氧環境中，因無氧化劑存在，則不會產生此種反應。但元素硫屬氧化劑，故仍易生成硫化銀。溫度愈高，反

應愈烈。溶於丙酮之硫易於悉數與銀絲生成硫化銀。

　　所有鹵族元素之氣體，均能緩慢與銀生成相對之鹵化銀；在潮濕及高溫下，可加快反應。

　　銀能抗拒稀酸之腐蝕，但硝酸除外。常溫下，銀與稀薄鹵酸幾無反應發生。溫度較高及濃度較大時，由於生成可溶性鹵化物複合離子（AgX_2^-），而消除鹵化物保護膜，對反應速率，有明顯正面影響。含有氧化劑之鹵酸，能加速銀的溶解；尤以濃、熱溶液為然。具有氧化性之酸，如硝酸與濃、熱硫酸，能與銀發生激烈反應。

　　融熔的鹼僅能輕微的腐蝕金屬銀，故銀可做鹼槽材料。但融液內若存有氧化劑，如 Na_2O_2 或 $Na_2S_2O_7$，則會腐蝕銀槽，而產生氧化銀（Silver oxide）或過氧化銀（Silver peroxide）。

　　在含有能與銀產生複合離子之物質之溶液，若含有空氣或氧化劑，則能溶解金屬銀。譬如銀能緩緩溶於含有氧氣之鹽類（如氰化物）溶液；底片上之銀粉，能被硫代硫酸鈉（$Na_2S_2O_4$）定影劑（Fixing bath）所溶解，而顯出影像。

（二）銀化合物

　　銀離子通常為正一價，如 Ag_2O；亦有許多正二價化合物，如氧化性甚強之 AgO。另外，亦有半價及三價的銀離子，前者如 Ag_2F；後者如銀與 EDB（Ethylene dibiguande）所生成之安定的複合離子。

　　正一價銀離子能與許多無機離子生成不溶鹽；此種性質可作為銀或陰離子之重量及滴定定量法。表 19-1 是許多無機銀化合物之溶解積。

　　在溶液中，Ag^+ 易與許多配體（ligand）生成複合物，其中含氮或含硫之物質能與 Ag+ 生成較強之複合物。表 19-2 是許多重要之無機及有機配體與銀離子之生成常數（Formation constant）或安定常數（Stability constant）。βn 是特定複合物生成之累積平衡常數。

表 19-1　銀化合物之溶解積常數

銀化合物種類	Ksp	銀化合物種類	Ksp
Ag_2SO_4	1.24×10^{-5}	Ag_2O	2.0×10^{-8}
$AgC_2H_3O_2$	2.3×10^{-3}	AgN_3	2.5×10^{-9}
$AgNO_2$	1.2×10^{-4}	$AgCl$	2.8×10^{-10}
$AgBrO_3$	5.4×10^{-5}	$Ag_4Fe(CN)_6$	1.55×10^{-41}
Ag_2MoO_4	2.6×10^{-11}	$AgCNS$	1.0×10^{-12}
$Ag_2C_2O_4$	1.1×10^{-11}	$AgBr$	5.0×10^{-13}
Ag_2CO_3	8.2×10^{-12}	$AgCN$	1.6×10^{-14}
Ag_2CrO_4	1.9×10^{-12}	AgI	8.6×10^{-17}
$AgCNO$	2.3×10^{-7}	Ag_2S	5.5×10^{-51}
$AgIO_3$	3.1×10^{-8}		

表 19-2　銀複合離子之安定常數

銀複合離子種類	Log βn	銀複合離子種類	Log βn
無機複合陰離子		無機複合陰離子	
$Ag(SO_3)_2^{-3}$	8.40	$AgBr_2^-$	16.25
$Ag(NH_3)_2^+$	7.10	$AgBr_3^{-2}$	19.21
$Ag(S_2O_3)_2^{-3}$	13.38	$AgBr_4^{-3}$	20.05
$Ag(CN)_2^-$	20.8	$AgBr_5^{-4}$	20.99
$AgCl_2^-$	12.79	AgI_2^-	21.75
$AgCl_3^{-2}$	14.79	AgI_3^{-2}	24.35
$AgCl_5^{-4}$	15.05	AgI_4^{-3}	26.31
有機複合陰離子		有機複合陰離子	
$Ag(CH_3NH_2)_2^+$	6.68	$Ag(NH_2CH_2CH_2OH)_2^+$	6.68
$Ag[(NH_2)_2CS]_3^+$	13.05	$Ag(CH_2=CHCH_2NH_2)_2^+$	7.17
$Ag(CH_3CN)_2^+$	1.23	$Ag(C_3H_7NH_2)_2^+$	7.68
$Ag[(CH_3)_2NH]_2^+$	5.30	$Ag[(CH_3)_3N]_2^+$	3.11
$Ag(C_2H_5NH_2)_2^+$	7.24	$Ag[S(CH_2CO_2H)_2]_2^+$	6.32
$Ag(NH_2CH_2CH_2NH_2)_2^+$	7.70	$Ag(C_2H_5SCH_2CO_2H)_2^+$	7.25
$Ag(NH_2CH_2CO_2H)_2^+$	6.89		

註：βn 代表表列特定複合物生成時之累積平衡常數（Cumulative equilibrium constants）與
　　銀離子之生成常數（Formation constant）或安定常數（Stability constant）。

在化學分析上比較重要之無機銀鹽，說明如下：

（1）溴化銀（AgBr）

淡黃固體，不易溶於水。通常由硝酸銀與氫溴酸或溴化鉀反應而得。對「光還原作用（Photoreduction）」很敏感。易溶於硫代硫酸鹽、氰化物溶液及溴化物濃溶液；不易溶於稀薄氨液。

（2）碳酸銀（Ag₂CO₃）

淡黃固體，易溶於水。加過量碳酸鈉於硝酸銀溶液而得。100℃以上，能分解成氧化銀與二氧化碳。易溶於硝酸及過氯酸，並生成相對可溶鹽。與鹵酸反應，則生成不溶性鹵化銀。鹵化銀溶於硫代硫酸鈉、氰化物及氫氧化銨溶液。

（3）氯化銀（AgCl）

白色固體，不易溶於水。加鹽酸於硝酸銀溶液而得。見光可分解為金屬銀及氯氣。如果光化程度較深，則白色固體會變成藍色或紫色，並有氯味。氯化銀置於濃鹽酸中，會生成 $AgCl_2^-$ 與 $AgCl_3^{-2}$ 複合離子，溶解度可達 3g/1000ml。AgCl 易溶於硫代硫酸鈉、氰化鈉、氨水、溴化物或碘化物之濃溶液。熔點 457.5℃，可鑄成無色之透明固體，並具延展性。沸點 1550℃，密度 5.56 g/cm³。

（4）鉻酸銀（Ag₂CrO₄）

深紅固體，不易溶於水。由硝酸銀與鉻酸鉀（Potassium chromate）反應而得。鉻酸銀之溶解度較氯化銀稍大，故可用鉻酸鉀滴定氯化銀，以測定氯化銀中氯之含量。鉻酸銀易溶於無機酸，微溶於醋酸。與鹵酸反應，易生成相對的鹵化銀。鉻酸銀易溶於氨水、氰化物及硫代硫酸鈉等溶液中。

（5）氰化銀（AgCN）

凝乳狀固體，與 AgCl 相似。不易溶於水。以等量莫耳（Equimolar）之 NaCN 與 AgNO₃ 作用而得。如果氰化物過剩，則易與沉澱物生成可溶性銀氰複合物，Na₂Ag(CN)₂。因此可使用硝酸銀，滴定氰化物至當量點（Equivalence point），以測定溶液含 CN⁻ 量。

銀氰複合物易被電解或被更活躍的金屬，如銅、鋅及鋁等所沉析。此種反應可用為溶解不易溶解之銀化物，並釋出原來與銀化合之陰離子。

　　銀氰複合物易溶於氨水、硫代硫酸鹽溶液及濃硝酸。

（6）碘酸銀（AgIO₃）

　　白色固體，不易溶於水。通常由碘酸鹽與硫酸銀溶液作用而得。

　　碘酸銀較鹵化銀稍易溶於水。當鹵化物與碘酸銀反應時，即釋出對等莫耳量之碘酸根。碘酸根再用還原劑滴定之，可換算試樣之鹵化物含量。碘酸銀之溶解度如下：

溫度，℃	10	20	25	30
溶解度，g/100ml	0.0274	0.0414	0.0505	0.0686

　　碘酸銀溶於稀酸、氨水、硫代硫酸鹽及氰化物等之溶液中。

（7）碘化銀（AgI）

　　淡黃固體，不易溶於水。熔點為 552℃；此時有小部份分解為紅色液體，冷卻後，呈半透明黃色固體。不溶於稀酸，微溶於濃氨水。溶於氰化物、硫代硫酸鹽及濃碘化物等溶液中。

（8）硝酸銀（AgNO₃）

　　為無色、易溶於水之結晶鹽。通常溶金屬銀於硝酸而得。試劑級高純度之市售硝酸銀結晶，可做銀定量之標準試劑。若含雜質，日晒後呈暗色。300℃即開始分解。易生成各種複合物，如與氨水生成無色之銀氨複合物〔Ag(NH3)₂⁺〕；與硫代硫酸鹽生成硫代硫酸銀複合物〔Ag(S₂O₃)₂⁻³〕。前者蒸乾後，可生成雷酸銀（Fulminating silver）炸藥。硝酸銀溶液約呈中性（pH6）。

（9）硫化銀（Ag₂S）

　　極不易溶於水之黑色固體。通硫化氫於酸性或含氨之銀溶液而得。易溶於氧化酸（Oxidizing acid），如 HNO₃、H₂SO₄（濃）等，以及氰化物溶液中。830℃開始熔解，呈暗色液體。固化後，具有金屬之延展性。

19-3 分解與分離

一、分解：見本章 19-2 節第二－（一）項。

二、分離

(一)沉澱法

（1）鹵化銀法

通常採用氯化銀沉澱法。氯化銀在硝酸中沉澱，可免被其他元素所污染。如有必要，可溶於氨水中，再在硝酸中進行氯化銀沉澱。在一般金屬中，干擾元素有 Cu、Pb；在稀硝酸中，則有 Bi、Sb、Sn 等元素。在市場鉛中，通常加碘化物，使成碘化銀沉澱。

（2）硫化銀法

在適當條件下，不溶於酸性及鹼性溶液中之硫化銀，可與一般常用金屬元素分離；但硫化銀與其他元素之共沉現象嚴重，是其缺點。

(二)萃取法

（1）戴賽松法

在無機酸（6N）中，銀離子能與戴賽松（Dithizone）生成安定的黃色戴賽松銀複合物〔Ag(HDz)〕；此物能溶於四氯化碳、氯仿及許多其他有機物中。如果無鹵化物或氰化物存在，則此複合物可用四氯化碳（CCl4）萃取之。銅含量大時，會產生干擾。

（2）三烷基硫磷酸鹽（Trialkylthiophosphate）法

在硝酸溶液（> 6N）中，銀離子與「三異辛基硫磷酸鹽（Triisooctylthiophosphate）」化合，可用四氯化碳萃取。萃取物可用水、稀鹼液或氨水洗滌之。此法可與約 35 種元素分離。

19-4 定性

一、初步定性法

傳統的初步定性，就是使銀成氯化銀沉澱。雖然大量鉛存在時，會生干擾，但在過量氨水中，銀能生成安定的銀氨複合離子〔Ag(NH$_3$)$_2^+$〕，而鉛則不溶，故得以分開。再加硝酸，使成酸性溶液後，則氯化銀可重新沉澱。

二、乾試(Dry test)法

氯化銀和溴化銀加熱至熔點，均不會分解；碘化銀則稍有分解；氰化銀（Silver cyanide）與硫氰化銀（Silver thiocyanate）則分解為氰氣（Cyanogen, C_2N_2）與金屬銀。亞鐵氰化銀（Silver ferrocyanide）與鐵氰化銀（ferricyanide）加熱時，則生成金屬銀、氧化鐵及氰氣混合物；殘渣溶於硝酸，並加氯離子，則生白色氯化銀沉澱。若加磷鉬酸（Phosphomolybdic acid）於殘渣，則能被金屬銀還原成藍色氧化鉬（Molybdenum oxide）。疊氮化銀（Silver azide）與過氯酸銀（Silver perchloride）屬強烈炸藥，不可進行燃燒定性試驗。

三、銀離子反應法

（一）氨水

加氨水於中性銀溶液中，首先生成白色、旋又變成暗色之氧化銀（Ag_2O）沉澱。加過量氨水，能完全溶解氧化銀：

$$Ag^+ + NH_3 + H_2O \rightarrow [AgOH] + NH_4^+$$

$$2[AgOH] \rightarrow Ag_2O + H_2O$$

$$Ag_2O + 4NH_3 + H_2O \rightarrow 2Ag(NH_3)_2^+ + 2OH^-$$

（二）疊氮化物

在中性或微酸溶液中，疊氮化鈉能使銀鹽生成疊氮化銀沉澱。

（三）溴化物

在中性或微酸性溶液中，鹼性溴化物（Alkali bromide）能生成淡黃色溴化銀沉澱。此物不易溶於氨水，但與碘化銀相同，易溶於溴化物、碘化物、氰化物及硫氰化物等溶液中。

（四）碳酸鹽

鹼性碳酸鹽能與銀生成白色碳酸銀沉澱；此物加熱時，變成黃色，可能係分解成黃色氧化銀所致。氧化銀及碳酸銀均易溶於硝酸、硫酸、氰化物、硫氰化物及氨水等強力複合劑。

（五）氯化物

酸性或中性之銀鹽溶液，能與氯鹽生成白色氯化銀沉澱；此物見光即變暗色。氯化銀溶於氨水、氰化物、碘化物（濃）、溴化物及硫代硫酸鹽等

溶液。氨水經酸化後，氯化銀能再行沉澱。

（六）鉻酸鹽

中性銀鹽能與鹼性鉻酸鹽（Alkali Chromate）生成紅色鉻酸銀沉澱；此物易溶於氨水或濃硝酸。

（七）氰化物

在中性銀鹽溶液中，加入數量不超過銀濃度之氰化物，能生成氰化銀沉澱；過量之氰化物，則能生成 $Ag(CN)_2^-$ 複合離子，故能溶解沉澱。

（八）鐵氰化合物（Ferricyanide）

中性銀鹽能與鐵氰化合物，生成黃色鐵氰化銀沉澱；此物易溶於氨水。

（九）亞鐵氰化物（Ferrocyanide）

中性銀鹽能與亞鐵氰化物生成白色亞鐵氰化銀沉澱；此物不易溶於氨水，但溶於硫代硫酸鹽或氰化物溶液。

（十）硫化氫

中性、酸性或鹼性之銀溶液，能與硫化氫生成黑色硫化銀沉澱；此物能溶於濃氰化鉀與熱、稀硝酸溶液。

（十一）氫氧化物（Hydroxide）

中性銀溶液能與鹼性氫氧化物溶液，化合成棕色氧化銀沉澱：

$$2Ag^+ + 2OH^- \rightarrow H_2O + Ag_2O \downarrow$$
$$棕色$$

此物不易溶於含過量氫氧化物之溶液，但易溶於氨水、硝酸、硫代硫酸鈉及氰化物溶液中。注意，在鹼性氫氧化物溶液中之氧化銀，溶於氨水時，可能發生爆炸。

（十二）碘化物

中性或酸性銀溶液能與鹼性碘化物生成黃色碘化銀沉澱；此物不溶於過量氨水，但易溶於氰化物及硫代硫酸鹽；亦能溶於碘化鉀飽和溶液與濃鹽酸，可能係生成更高級的銀碘複合物所致。

（十三）磷酸鹽（Phosphate）

中性銀溶液能與鹼性磷酸鹽，生成黃色磷酸銀沉澱：

$$3Ag^+ + 2HPO_4^{-2} \rightarrow H_2PO_4^- + Ag_3PO_4 \downarrow$$
黃色

此物能溶於氨水及稀硝酸。

（十四）硫氰酸鹽（Thiocyanate）

中性或酸性銀溶液，能與硫氰化物生成硫氰酸銀沉澱；此物不易溶於氨水。

（十五）還原劑

許多還原劑在溶液中，能使銀還原成金屬銀而析出。例如在沸騰狀態下，硫酸亞鐵能析出灰色金屬銀；氯化亞錫（$SnCl_2$）或金屬鋅在酸性溶液中，能析出金屬銀；金屬鋅能在鹼性銀氰複合物溶液中，將銀析出。在中性或鹼性溶液中，硼氫化鈉（Sodium borohydride）能使許多銀的複合離子（銀氰複合物除外）析出金屬銀。在鹼性溶液中，過量蟻醛能使銀氰複合物析出銀；因為蟻醛能與氰化物生成氰醇（Cyanohydrin），釋出之銀離子即被蟻醛還原成金屬銀。

19-5 定量

一、重量法

(一)金屬銀法

可分為化學還原及電解二法。其「$Ag^+ + e^- \rightarrow Ag$」之反應還原電位為 +0.799 伏特。

（1）化學還原法

可分為無機及有機兩種還原劑，例如蟻酸、蟻醛、硫酸亞鐵、氯化亞錫（Stannous chloride）、金屬銅、金屬鋅、對苯二酚（Hydroquinone）、次磷酸（H_3PO_2）、硼氫化鈉（Sodium borohydride）及維他命 C（Ascorbic acid）等。茲舉一例說明其典型分析步驟：加維他命 C 於中性銀溶液中，使銀沉澱析出。於古氏坩堝（Gooch crucible）中過濾，並以熱水洗淨。燒灼後，稱之。Pb、Cu、Bi、Cd、Ni 及 Zn 等元素，均不會干擾。

（2）電鍍

為最準確之分析方法。電化學使用本法，可測定法拉第數（Numerical value of Faraday）及庫倫數（Number of Coulombs）。其電鍍介質（Media）計有鹼性氰化物（Alkaline cyanide）與含氨或含酸等溶液。Cu、Bi、Cd 及 Zn 等元素，不會干擾。

（二）氯化物法

雖然溴化銀與碘化銀之溶解度較氯化銀為小，但氯化銀較不易感光，是其優點。但整個操作，仍應謹防光線照射。另一優點是，氯化銀較易處理，例如不易吸附其他離子，以及水洗時不易形成膠體狀態。氯化銀沉澱時，氯化物不可過多，以防生成銀氯複合物而溶解。在稀硝酸中沉澱氯化銀，可防氧化銀及膠狀氯化銀沉澱生成。

（三）硫化物法

適用於市場銻中銀之定量。在含 Ag^+ 之氫氧化鈉溶液中，通入 H_2S，生成硫化銀（Ag_2S）之黑色沉澱。然後保持 60℃，以便凝結沉澱。再依序用水、酒精及乙醚洗滌之。以 110℃烘乾。

另外，亦可在含微過量鹼性硫化物之氨水中，使 Ag^+ 成 Ag_2S 沉澱。依序使用水、酒精及乙醚洗淨之沉澱物，置於真空乾燥器，乾燥 30 分鐘即可。

（四）鉻酸鹽法

將鉻酸銀沉澱溶解後，再以「碘–硫代硫酸鹽」滴定法滴定銀之含量。另外，亦可將鉻酸銀予以二次沉澱，乾燥後稱重，再計算銀含量。

（五）有機沉澱法

銀離子的有機沉澱劑甚多，較重要者，如表 19-3 所列，其中以銀試劑（簡稱 Silvon，學名：1,2,3-Benzotriazole）或 BDA（1,3-Benzimidazole）最常被使用。此二者在氨水中，能與 Ag^+ 生成不易溶解，且不會感光之沉澱。在試驗室中，以銀試劑為沉澱劑時之試驗步驟，說明如下：

（1）銀試劑溶液（2.5%）之製備

溶 2.5g 銀試劑於 30ml NH_4OH（濃）→以水稀釋成 100ml。

（2）試驗步驟

根據干擾元素多寡，加 1g EDTA 於含 10 ～ 100mg Ag 之試樣溶液內〔旨在遮蔽（Masking）干擾元素〕→以 NH_4OH 或 HNO_3 調整溶液至中性或微酸性→以 60 ～ 90℃加熱→加過量銀試劑（2.5%），至銀離子完全沉澱為止（以浮在表面之液體試之）→以 60℃靜置 15 分鐘→冷卻→以玻璃坩堝過濾→以 10ml H_2O 洗滌 5 ～ 6 次→以 110℃烘至恒重（約 1 ～ 2 小時）。重量因數＝ 0.4774。

表 19-3　銀之有機沉澱劑

沉澱劑 (Precipitant)	稱重類型 (Weighing form)	重量因數 (Gravimetric factor)	干擾物 (Interferences)
① BDA (1,3-Benzimidazole)	$AgC_7H_5N_2$	0.4794	無
② MBDA (2-Methylbenzimidazole)	$AgC_8H_7N_2$	0.4513	無
③ MCBDA (2-Mercaptobenzimidazole)	$AgC_7H_5N_2S$	0.4196	Hg(I 與 II)
④ 銀試劑 [1,2,3-Benzotriazole (silvon)]	$AgC_6H_4N_3$	0.4774	Ni,Co,Zn,Cu Cd,Fe(II), Hg(I),Hg(II)
⑤ MBT(2-Mercaptobenzothiazole)	$AgC_7H_4N_2$	0.3935	Hg 與其他元素
⑥ MPTT [(2-Mercapto-4-phenyl-1,3,4- thiodiazoline-5-thione (Bismuthiol II)]	$AgC_7H_5N_2S_2$	0.3238	Hg(I),Hg(II), Pt(IV),Pd(II), Au(III)
⑦ DAH [Di (allyldithiocarbamoyl hydrazine)]	$AgC_8H_{13}N_4S_2$	0.3199	分離自 Zn 和 Hg
⑧ 黃酸鉀 (Potassium xanthate)	$AgC_3H_5OS_2$	0.4709	—
⑨ DTB (2,4-Dinitro-1- thiocyanatobenzene)	$AgC_6H_3N_2O_4S$	0.3513	無
⑩ MTS (s-Methylthiuronium sulfate)	$AgCH_3S$	0.6961	—
⑪ ANT (5-Amino-2--nitrophenyl- imino- 4-thiazolidone)	$AgC_9H_7O_3N_4S$	0.3219	—
⑫ TNL (Thionalide)	Ag	1.0000	分離自 Ti 和 Pb
⑬ AMT （ 2-Anilino-5-mercapto- 1,3,4-thiadiazole ）			—

二、滴定法

可使用氰化物、氯化物、溴化物、碘化物及硫氰化物等滴定液滴定之，並需使用指示劑，以定其終點。茲舉數種滴定法，說明如下：

(一)複合物生成反應法（Complex-forming reaction）

此為一較老、且迄今仍被使用的一種「銀－氰」離子反應的方法。這種反應，分成兩步完成。另外，銀與氰化物之莫耳比數（Molar ratio）為 1：1 與 1：2 時之複合物之生成常數（Formation constant）分別如下：

$$Ag^+ + CN^- \rightarrow AgCN \qquad K_1 = 6.3 \times 10^{13}$$

$$AgCN + CN^- \rightarrow Ag(CN)_2^- \qquad K_2 = 9 \times 10^4$$

定量分析時，首先將已知過量的氰化物標準溶液，加於中性或微鹼性之含銀樣品溶液。以硝酸銀標準溶液滴定，至不溶性 AgCN 恰恰析出為止。此時表示銀與氰化物之莫耳比數恰為 1：2。為了使終點具明確性，亦可加小量碘化物，生成碘化銀沉澱。使用本法之試驗步驟說明如下：

加已知過量 KCN（0.1N）於含 0.1 ～ 0.2g 銀之中性試樣溶液→分別加 15 ～ 20ml NH$_4$OH（2N）及 0.2g KI →稀釋至 100ml →以 AgNO$_3$ 標準溶液（0.1N）滴定，至碘化銀（AgI）沉澱恰恰析出為止→在同一條件下，滴定同體積之 KCN 溶液→此兩種滴定之差，即相當於樣品之含銀量。

(二)沉澱反應法

（1）鹵化物滴定法

本法原理就是，銀離子和氯或溴離子反應，生成鹵化銀沉澱，當反應完成而到達當量點（Equivalence point）時，溶液中之吸附指示劑（Adsorption indicator），由於分子內之電子結構產生扭曲作用（Distortion），而發生變色。吸附指示劑計有螢光劑（Fluoresein dye）、洛達明紅（Rhodamine）、PSF（Phenosafranine）等。溴化物滴定法之試驗步驟說明如下：

以 NH$_4$OH 或 HNO$_3$ 中和含有 0.1 ～ 0.4g Ag 之樣品溶液→稀釋成約 100ml，再加 1ml HNO$_3$（濃），使溶液呈酸性→加 5 滴洛達明紅指示劑（0.2N）→以 KBr 標準溶液（0.01N 或 0.1N）滴定，至 AgBr 沉澱物表面恰恰呈藍紫色為止。

（2）硫氰化物滴定法

　　本法原理為，在含銀及少量三價鐵之稀酸溶液中，以硫氰化鈉或硫氰化鉀滴定，生成硫氰化銀沉澱，在到達滴定終點時，硫氰化物與鐵離子生成深紅色之硫氰化鐵。茲舉一例說明如下：

　　以 NH_4OH 或 HNO_3 中和含 0.1 ～ 0.4g Ag 之試樣溶液→加 10ml $HNO(4N)$→若溶液含氮氧化物，則煮沸至顏色消失→加 1ml $Fe_2(SO_4)_3$・—$(NH_4)_2SO_4$・$24H_2O$（飽和）→稀釋至100ml→以 KSCN 標準溶液（0.1N）滴定，至溶液恰呈紅色為止。另需作空白試驗。

三、光電比色法

　　本法適用於含少量銀之樣品。

　　在強酸溶液中，戴賽松（Dithizone, HDz）能與銀生成 1：1 之 AgHDz 之黃色複合物，此種混合色（Mixed color）溶液，可供光電比色之用。AgHDz 亦可使用四氯化碳或氯仿萃取後，再進行比色。在強酸溶液中，干擾元素只有 Cu^{+2}；Pb、Zn 及 Cd 不會干擾。茲舉一例說明如下：

（一）應備溶液

　　（1）HDz（Dithizone, 戴賽松）（0.001%）

　　　　稱取 1mg DHZ，以 100ml CCl_4（分析級）溶解之。

　　（2）CuHDz（Copper dithizonate, 戴賽松銅）

　　　　加 50ml 上項 DHz（0.001%）和 50ml 含微過量銅之 H_2SO_4（0.05N）於分液漏斗（Separatory funnel）內→搖振→以 50ml H_2SO_4（0.01N）洗滌 CCl_4 液層。

（二）試驗步驟

　　（1）移 25ml 試樣溶液（含約 0.5N H_2SO_4）於 125ml 分液漏斗內。

　　（2）加 10ml HDz（0.001%）。劇烈搖振後，靜置之，迄液層分離完全。

　　（3）將底層注入吸光試管（Absorption cell）內。以 460μm 光線測定之，並與以同一條件製作之標準曲線比較，以查出銀之含量。標準曲線之 含銀量應在 1 ～ 25p.p.m. 之間。

（4）試樣溶液如含銅，則第（2）步之 HDz，以 CuHDz 代之。

19-6 分析實例

19-6-1 氯化銀沉澱法：適用於銀焊條之 Ag（註A）。可連續分析 Cu、
Zn、Cd

19-6-1-1 分析步驟

（1）稱取 1.000g 試樣於 150ml 燒杯內。

（2）加 10ml HNO₃（1：1）（註B）。緩緩加熱以溶解試樣，並驅盡氮氧化物之棕煙。

（3）冷至室溫後，加水稀釋成 50ml（註C）。

（4）一面攪拌，一面徐徐（註D）加入 20ml HCl（1：9）（註E）。靜置 1
小時（註F）。

（5）使用已烘乾稱重之玻璃濾杯（Fritted-glass crucible），以傾泌法
（Decantation）過濾之。以硝酸（1：99，溫）（註G）洗滌燒杯內之
沉澱兩次。然後將沉澱移於濾杯內，再以熱水沖洗沉澱兩次（註H）。
洗時，洗液需注滿濾杯，並用真空泵抽乾。濾液及洗液可繼續供
Cu、Zn、Cd 等之定量。

（6）將沉澱連同濾杯置於烘箱內，以 110℃烘至恆重（約需 2 小時）。然
後置於乾燥器內放冷，再稱其重量。殘渣為氯化銀（AgCl）。

19-6-1-2 計算

$$Ag\% = \frac{w \times 0.7526 （註I）}{W} \times 100$$

w ＝殘渣（AgCl）重量（g）

W＝試樣重量（g）

19-6-1-3 附註

（A）銀焊條亦稱銀焊鑞，因其成份主由銀及黃銅所構成，故另稱銀黃銅合

金（Silver Brazing Alloys）。一般銀黃銅合金之百分比組成如下。表內所列元素可作連續性之分析。

元　素	％
Ag	10 ～ 90
Cu	15 ～ 70
Zn	15 ～ 30
Cd	3 ～ 25

（B）（C）（D）（E）（F）

(1) 在含 HNO_3（稀）之溶液中，Cl^-（稀）易與 Ag^+ 生成白色凝乳狀之 AgCl 沉澱而出：

$$Ag^+ + Cl^- \rightarrow AgCl \downarrow$$

$$白色$$

(2) AgCl 易溶於 HNO_3（濃）中，故沉澱時，溶液內之 HNO_3 含量不得太濃，亦即第（2）步應依規定加入 HNO_3。另外所加之沉澱劑亦不宜太多，否則 AgCl 易與過剩之 Cl^- 化合成 $AgCl_3^{-2}$ 離子而溶解：

$$AgCl + 2Cl^- \rightarrow AgCl_3^{-2}$$

(3) 因 AgCl 易吸附其他元素之離子，而一併析出，致不易洗淨，故在沉澱前，需先將溶液稀釋，並需一面攪拌，一面徐徐加入稀薄之 HCl。

(4) 靜置久時，俾利 AgCl 沉澱完全。靜置期間，以及以下之各步操作，勿使 AgCl 與光線接觸（最好在暗室工作），否則黑褐色之金屬銀易於析出，影響分析結果。

（G）（H）

(1) 沉澱物若有 $PbCl_2$ 或 $CuCl_2$ 混雜其中，使用 HNO_3（稀）洗滌後，均可成 $Pb(NO_3)_2$ 或 $Cu(NO_3)_2$ 溶液而濾去。

(2) 以熱水洗滌，旨在洗去沉澱物內之 NO_3^-，否則烘乾後，Ag^+ 成 $AgNO_3$ 析出，會導致計算上之錯誤。然因 AgCl 在熱水中之溶解度甚大（在 100℃ 時，每 1000ml H_2O 能溶解 27.7mg Ag；在 21℃ 時，能溶解 1.54mg），故洗滌次數切忌太多。

（I）AgCl 的重量 ×0.3526=Ag 的重量〈見附錄七計算常用因數表〉

19-6-2 碘化銀沉澱法：適用於市場鉛（註 A）之 Ag

19-6-2-1 應備試劑

（1）酒石酸（Tartaric acid）

（2）KI（1%）

稱取 1g KI 於 100ml H_2O 內→攪拌溶解。本溶液需即用即配。

（3）「硝酸－酒石酸」混合洗液

稱取 20g 酒石酸於 200ml HNO_3（1：9）內→加水稀釋成 1000ml。

19-6-2-2 分析步驟

（1）稱取 100g 試樣於 800ml 燒杯內。

（2）加 1g 酒石酸（註 B）及 400ml HNO_3（1：4）（註 C）。緩緩加熱，以溶解試樣。

（3）俟作用停止後，加 10ml HNO_3（濃）（註 D）。再緩緩加熱，至試樣完全溶解後，煮沸，驅盡氮氧化物之棕煙。

（4）冷至室溫後，以古氏坩堝過濾。聚濾液於 600ml 燒杯內。沉澱棄去。

（5）以水稀釋成 400ml。加熱至 50℃。（註 E）

（6）趁熱一面攪拌，一面徐徐加入 5ml KI（1%）。然後以 50℃加熱 15 分鐘。在加熱及以下各步操作期間，沉澱物（AgI）切忌與陽光接觸。（註 F）。

（7）使用已烘乾稱重之古氏坩堝，以傾泌法（Decantation）過濾之。以「硝酸－酒石酸」混合洗液（熱）洗滌燒杯內之沉澱兩次；然後將沉澱移於古氏坩堝內，以熱水洗滌 6 次後，再繼續洗至新滴下之洗液，加入 H_2S（氣體或液體均可）後，無顏色出現為止。洗滌時，洗液需注滿古氏坩堝，並用真空泵抽乾。（註 G）

（8）將沉澱連同古氏坩堝置於烘箱內，以 110℃烘至恒重。殘渣為碘化銀（AgI）。

19-6-2-3 計算

$$Ag\% = \frac{w \times 0.46\,(註\ H)}{W} \times 100$$

w ＝殘渣（AgI）重量（g）

W ＝試樣重量（g）

19-6-2-4 附註

（**A**）市場鉛含 Ag 約 0.001 ～ 0.05%。另參照 11-6-2-6-5 節附註（A）。

（**B**）（**C**）（**D**）

(1) 市場鉛所含之錫，經 HNO_3 溶解後，即生成偏錫酸而沉澱析出，可由第（4）步濾去，以免影響化驗結果：

$$3Sn + 4HNO_3 + H_2O \rightarrow 3H_2SnO_3 \downarrow + 4NO \uparrow$$

(2) 試樣所含之銻與 HNO_3（稀）作用後，生成 Sb_2O_3 沉澱；此種氧化物稍溶於較濃之 HNO_3 溶液，而在第（4）步過濾時，即與 Ag^+ 一併隨濾液透過濾紙，於第（5）步微酸性之溶液中，又水解成氧化物沉澱，而使分析結果偏高。故需先加酒石酸，使 Sb_2O_3 與酒石酸（$H_2C_4H_4O_6$），生成安定且不水解之複合鹽，$[(SbO)(C_4H_4O_6]^-$，而溶解。

另外，酒石酸亦能與 Cu^{+2} 化合成複合離子，可免與第（6）步所加之 KI，生成白色碘化銅（CuI）沉澱析出，而混於 AgI 沉澱中。

（**E**）（**F**）

(1) 在 HNO_3（稀）溶液中，Ag^+ 易與 I^- 生成黃色 AgI 沉澱析出：

$$Ag^+ + I^- \rightarrow AgI \downarrow$$
黃色

(2) 因 AgI 易於吸附其他元素之離子而一併沉澱析出，比其它各種銀之鹵化物（Silver halides），更難洗滌乾淨，故在沉澱前，其溶液之稀釋程度，較 AgCl 沉澱為大〔參看 19-6-1-1 節（分析步驟）第（3）步〕，並需在熱溶液中，一面攪拌，一面徐徐加入稀薄之 KI，以免沉

澱物之結晶過大或形成過速。

（3）AgI 與光線接觸後，易析出黑褐色之金屬 Ag，故宜在暗室操作。

（**G**）（1）沉澱內若仍含有 Pb、Cu、Fe 等離子，均可被 HNO_3 洗掉。又洗液內除 HNO_3 外，另含酒石酸，若沉澱內仍含有 Sb 之氧化物，亦可與酒石酸生成複合鹽而洗去。

（2）在所有銀的鹵化物中，AgI 最不易溶於水〔0.0035mg AgI/1000ml H_2O（21℃）〕，故不僅可在熱溶液中使之沉澱，而且沉澱物可用熱水洗滌多次，以洗淨在烘乾時能破壞 AgI 之 NO_3^- 及 Pb^{+2}。

（3）Pb^{+2} 能與 H_2S 生成黑色之 PbS 沉澱，故加 H_2S 而無黑色之沉澱時，即表示沉澱物內不含 Pb^{+2}。

（**H**）參照 19-6-1-3 節附註 (I)。

第二十章　鉍（Bi）之定量法

20-1 小史、冶煉及用途

一、小史

　　自中世紀後，人們才曉得鉍是一種金屬，其 Bismuth（鉍）一字之來源已不可考，可能源自德文 Wismut。Agricola 曾指稱鉍與鉛之類型（Form）相同，並記述從鉍礦中分離鉍之液化分離法（Liquation）。早期文獻作者筆下所說的不純物鉍（Impure bismuth），時常與 Sb、Sn、Zn 等金屬相混淆，至 18 世紀時才證實鉍是一種金屬元素。

二、冶煉

　　鉍在地殼之存量，估計約與 Ag、W 相等。鉍以元素鉍、硫化鉍（如輝鉍礦所含之 Bi_2S_3）及氧化物（如 Bi_2O_3）而存於自然界。煅燒鉍之氧化物或硫化物，並以碳還原之，可得元素態鉍。然而在商業上，銅和鉛提煉後所剩餘的殘渣，才是鉍最重要的來源。鉍之產地在美國、秘魯、墨西哥、加拿大、德國、日本。中國江西、廣東、湖南、廣西、福建、河北等省均有鉍礦存在。

三、用途

　　鉍的主要用途在製造低熔合金。Pb、Sn、Bi、Cd 等低熔點金屬適量配合時，可得熔點甚低的合金。這種合金可供製造軟焊料、保險絲、防火自動洒水器、鍋爐之安全熔塞、熱處理浴等。另外其冷凝時微現膨脹的性質，使其成為活字合金優良成份。另外「鈾 - 鉍」合金可能成為原子爐的燃料。鉍對熱中子吸收性甚低，有可能成為良好的原子爐冷卻劑。

　　鉍化合物用途頗少，但鉍氧化合物及其他若干鉍的化合物，在醫學上常用之。

20-2 性質

一、物理性質

　　鉍在週期表中與 P、As、Sb 等同屬於第 V 屬，但最具有金屬性質。原子序 83，原子量 209.00，熔點 271℃，比重（20℃）9.8g/cm³。為銀白而帶微紅色之脆性金屬。冷凝時微現膨脹。

二、電化學性質

　　鉍之電化學性質見表 20-1。

表 20-1　鉍之電化學性質

$$Bi_2O_5 + 6H^+ + 4e^- \rightleftarrows 2BiO^+ + 3H_2O \qquad E^0 = 1.62$$

$$BiO^+ + 2H^+ + 3e^- \rightleftarrows Bi + H_2O \qquad E^0 = 0.32$$

$$BiOCl + 2H^+ + 3e^- \rightleftarrows Bi + Cl^- + H_2O \qquad E^0 = 0.16$$

$$BiCl_4 + 4e^- \rightleftarrows Bi + 4Cl^- \qquad E^0 = 0.16$$

$$Bi_2O_3 + 3H_2O + 6e \rightleftarrows 2Bi + 6OH^- \qquad E^0 = -0.46$$

三、化學性質

　　鉍最常呈現之價數為 +3 與 +5。在溶液中，鉍成 Bi^{+3} 而存在；在固態氧化物中，則成 Bi^{+2}、Bi^{+3} 或 B^{+5} 而存在。鉍酸鈉為強氧化劑，在分析化學上，可在酸性溶液中，將 Mn^{+2} 氧化成 MnO_4^-。

　　鉍溶液必須保持強酸性，否則易水解成微溶性之鹼式鹽（Basic salt），諸如，鹼式硝酸鉍〔$Bi(OH)_2NO_3$〕、鹼式次硝酸鉍〔Bismuth subnitrate，$Bi_2O_2(OH)NO_3$〕，鹼式硫酸鉍〔$(BiO)_2SO$〕和氯化氧鉍（Bismuth oxychloride, BiOCl）等。BiOCl 溶解性很小；此種特性在分析上，可應用於鉍的沉澱。

　　硫化鉍（Bi_2S_3）極不易溶解，即使在強酸溶液中，亦能完全沉澱。As、Sb 及 Sn 等之硫化物能溶於硫化銨溶液中，而 Bi、Hg、Pb、Cu 及 Cd 等之硫化物則否，故能加以分離。

　　電解法及化學還原劑易使鉍還原成金屬鉍；此種性質可應用於鉍之分離和質譜分析。

　　鉍能與 EDTA 形成極強之複合物，尤其在酸性溶液中為然。NH₃、CN⁻ 和各種胺類，與鉍之複合作用甚弱；但多種含硫有機物則能與鉍生成甚強之複合物。

20-3 分解與分離

一、分解

　　含鉍合金易溶於硝酸或硫酸（熱）中。

二、分離

(一)沉澱法

（1）無機沉澱

　　鉍成氯化氧鉍（Bismute oxychloride）或溴化氧鉍（Bismuth oxybromide）而沉澱，可能是最常用之分離法。加鹽酸或氫溴酸於保持適度酸性之澄清硝酸鉍或過氯酸鉍溶液中，即得氯化或溴化氧鉍沉澱。干擾元素為，易水解或易形成氯化物沉澱之 Ag、As、Sb、Sn、Ti 及 Zr 等元素。

　　硫化鉍沉澱法，屬重要之族類分離法。在 HCl（5 ～ 7%）中，H₂S 能使 Pb、Bi、Cu、As、Sb、Sn 及 Mo 等元素生成硫化物沉澱；再以硫化銨（Ammonium sulfide）處理之；As、Sb、Sn 及 Mo 等之硫化物能生成複合硫鹽（Complex thio salt）而溶解。欲得純淨硫化鉍沉澱，溶液應調整至恰含足夠之酸量，以防干擾元素水解。沉澱物經熱水洗滌、烘乾後，即為 Bi₂S₃。

　　鉍能在熱酸溶液中，與磷酸鹽生成結晶性磷酸鉍（BiPO₄）沉澱。本法適用於鉍與鋁以及大部份二價金屬之分離。干擾元素為 Zr、Ti。

　　在含 EDTA 與氨之溶液中，鉍成氫氧化鉍沉澱，可與鉛和其他金屬分離。本法屬選擇性分離法。其法為：在酸性試樣溶液中，以 EDTA 處理之，使鉍與其他金屬形成複合物，然後加 NH₄OH，使溶液成鹼性，再加過量鈣鹽，使鉍從 EDTA 釋出，而成氫氧化鉍沉澱。

　　鉍常與鉛生成合金，故二者之分離甚屬重要。最常用的方法就是，試樣與濃硫酸共熱，使生成硫酸鉛。以水稀釋後，濾去硫酸鉛沉澱，而鉍則留在溶液中。另外，亦可以 250℃熔融鉛合金，以蒸去鉛質；但溫度不可超過 350℃，以免鉍隨鉛蒸氣而去。

　　以甲醛或次磷酸（H_3PO_2）還原法，使鉍化合物還原成金屬鉍而沉澱，亦為一實用之分離法。使用 H_3PO_2 時，需在過氯酸溶液（1M、熱）中進行沉澱。

　　另外，As、Sb 及 Sn 等元素亦時常與鉍形成合金。這些元素可生成溴化物而揮發，故可與鉍分離。例如，錫合金溶於「氫溴酸－溴水」混合物後，加入過氯酸（Perchloric acid）。然後加熱至燒杯壁出現冷凝過氯酸後，加入氫溴酸，並加熱之，至 Sn、As 和 Sb 被趕盡為止。

（2）有機沉澱

　　在 HCl（1M）或 HNO_3（1M）溶液中，鉍能與庫弗龍（Cupferron）生成定量沉澱，而與 Al、Sb、As、Cr、Co、Pb、Mn、Ni、Ag 及 Zn 等元素分離。但在此條件下，Cu、Fe 和四價金屬亦能與庫弗龍作用而沉澱。

　　在含酸濃度為 0.1N（若有 Cl^- 或 SO_4^{-2} 存在，則改為 0.2N）之溶液中，鉍能與塞歐那萊（Thionalide）：

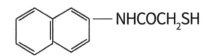

生成定量沉澱；但屬酸性硫化氫族（Acid）之元素，如 As、Sb、Cu、Ag 及 Sn 等元素，亦一道沉澱，但可分離 Fe^{+2}、Pb 及許多其他元素。在含氰化物和酒石酸鹽之中等鹼性濃度之溶液中，鉍能與塞歐那萊生成沉澱，而得與 Al、As、Cr、Co、Cu、Fe、Ni、Ag、Ti 及 Zn 等元素分離。

　　在鹼性溶液中，鉍能與二甲基丁二肟生成選擇性之沉澱，而得與許多元素分離。在進行分離時，溶液 pH 為 11 ～ 11.5，並含 EDTA 和 KCN，用為遮蔽劑。本法可分離 Al、As、Cd、Co、Cu、Pb、Mn、Ni、Ag、W 及 Zn 等元素。

　　在含醋酸鹽或酒石酸銨之緩衝溶液中（pH ＝ 4.8 ～ 10.5），鉍能與 8-

羥喹啉（8-Hydroxyquinoline）生成定量沉澱；但在此條件下，許多其他金屬亦生沉澱。

在含 KCN 之溶液中，苯砷酸（Phenylarsonic acid）能與鉍生成沉澱，而得與 Cd、Co、Cu、Pb、Ni 和 Ag 等元素分離。干擾元素計有 Al、Fe 及 Ti 等元素。

其他能使鉍生成沉澱之有機化合物計有：安替比林次甲基胺（Antipyrenemethyleneamine）、安息香酸鹽（Benzoate）、二烷二硫氨基甲酸鹽（Diayldithiocarbamate）、硫醇苯噻唑（Mercaptobenzothiazole）、碘鉍酸萘酚崑（Naphthoquinone iodobismuthate）及鉍硫醇（Bismuththiol）等。

（二）萃取法

鉍與二硫氨基甲酸鹽（Dithiocarbamate）化合後，再加以萃取，以分離其他元素，效果甚佳。但萃取時需加其他複合劑，例如氰化物和 EDTA，以阻止其他易和硫化氫、二硫氨基甲酸鹽及其他含硫試劑（Sulfur-containing reagent）等，發生反應作用之元素之萃取作用。譬如分離鉛和銅製物所含之鉍時，需使用氯仿對二乙二硫氨基甲酸（Diethyldithiocarbamate）之鉍鹽，進行二次萃取。其中之鉛與 EDTA 生成複合物；而銅則與所加之氰化物形成複合物。因此二者均不會被氯仿所萃取。萃取所得之鉍，可藉光電比色法或滴定法定量之。

鑄鐵中鉍之分離，可先使用醋酸異丁酯（iso-Butylacetate）從鹽酸溶液中，萃取大部份的鐵質後，再於含氨之酒石酸鹽和氰化物溶液中，以氯仿萃取二乙二硫氨基甲酸之鉍鹽。

塞歐那萊之鉍鹽，在酸性較強之溶液中，可使用氯仿萃取之；而塞歐那萊與其他金屬元素所形成之鹽類，則無法被萃取。例如在 pH 約為 1.0 之溶液中，使用本法萃取，鉍能與中量之鉛和錫分離。

在其他萃取方法中，微量鉍可先生成安替比林碘鉍酸鹽（Antipyrene iodobismuthate），然後以氯仿萃取之。另外，在 pH 約等於 1.0 之溶液中，鉍與庫弗龍（Cupferron）所生成之複合物，使用氯仿萃取後，可與鉛、銻及錫分離。在 pH 為 4.0 ～ 5.2 之間的溶液中，8- 羥喹啉（8-Hydroxyquinoline）之鉍鹽，亦可使用氯仿進行定量萃取。微量之鉍，亦可使用 pH 約為 2.0、

且含 0.25M TTFA（Thenoyltrifluoroacetone）之苯溶液萃取之。本法具選擇性。

（三）離子交換法

在鹽酸溶液中，許多金屬能與 Cl⁻ 生成複合物，極易被四銨型（Quaternary ammonium type）陰離子樹脂所吸附，其吸附程度與鹽酸成份有關。因此以含適當鹽酸濃度之樣品溶液通過陰離子交換管柱時，許多金屬就可逐行分離作用。

既使在稀鹽酸溶液中，鉍仍易被四銨型陰離子樹脂所吸附，而其他金屬，如鹼土族（Alkaline earth）、Al、Cr、Cu、Co、Fe、Zr 及其他金屬，則不易被吸附而流出管柱，故得以分離。但 Sb^{+3}、Cd、Pb、Ag 及 Sn 在稀鹽酸溶液中，亦易被吸附，不易與 Bi 分離。

另外一種稱為「短磺酸型（Sulfonic acid type）陽離子樹脂交換管柱」亦可供作鉍之分離。首先加稍過量之 EDTA 於試樣溶液內，並將 pH 調至恰好生成「Bi-EDTA」複合物，但却能阻止其他金屬與 EDTA 生成複合物為止。「Bi-EDTA」複合物屬中性或陰電性，能排出管柱；而未複合化之金屬陽離子則滯留於管柱內。本法可使 Bi 從 Zn、Cd 及 Pb 等元素中分離出來。干擾元素計有 Cu、Fe 及 Zr。

三價鉍（Bi^{+3}）比大部份之二價金屬，更易被「短磺酸型陽離子交換樹脂」所吸收。酸度為 pH2、且含 0.1M 次乙基二銨（Ethylenediammonium）之試樣溶液，以控制容積法（Controlled volume）通過此種管柱時，二價金屬易排出管柱，而留下 Bi^{+3}。使用 16×1.2m「氫式磺酸型陽離子交換管柱（Hydrogen-form cation-exchange column of the sulfonic acid type）」，將含 HBr（0.5M）之試樣溶液，以 80 ～ 100ml/sec 之流量，通過管柱時，鉍即迅速流出。若改為 100 ～ 200ml/sec，則 Cd^{+2} 可全部流出；Sb^{+3} 和 Sn^{+4} 則部份或全部流出；下列元素則全部滯留於管柱內：Al^{+3}、Co^{+2}、Cu^{+2}、Fe^{+2}、Fe^{+3}、Pb^{+2}、Mg^{+2}、Mn^{+2}、Ni^{+2}、V^{+4}、Zn^{+2} 及 Zr^{+4} 等。

（四）其他方法

在含 HCl 或 HBr 之 H_2SO_4、$HClO_4$、或 H_3PO_4 之試樣溶液，所生成之 As、Sb 及 Sn 等金屬之鹵化物，易完全揮發而去，而鉍則留在溶液內。

另外亦可使用層析法（Chromatographic method）以分離鉍。例如使用紙片（Paper strip）或賽璐珞（Cellulose）管柱，以 HCl（3M）飽和之丁醇（Butylalcohol）作為洗出劑（Eluting agent），可使鉍從 Cd、Cu 及 Pb 等元素中，截然分離而出。

20-4 定性

古典的系統定性方法中，鉍係隨硫化氫族沉澱。其第一亞族之硫化物溶於硝酸，除去鉛後，加 NH_4OH，鉍即成氫氧化物而沉澱。鉍的氫氧化物與亞錫酸鈉（Sodium stannite）作用，則還原為黑色金屬鉍，更可確認鉍的存在。

以辛克寧（Cinchonine）飽和之濾紙，能與鉍發生桔紅色沉澱；干擾元素有 Cu、Pb。亞錫酸鈉能將鉍還原成金屬鉍；干擾元素有 Pb、Cu。Cu 可使用 CN^- 遮蔽之。

硝酸中之鉍與草酸、碘化鉀等混合之，能生成碘化鉍（Bismuth Iodide）。取 1 滴碘化鉍與 5 滴甲基異丁酮（Methyl isobutyl ketone）混合，碘化鉍能被甲基異丁酮萃取，並呈現粉紅至桔紅之顏色。草酸旨在阻止 Cu、Sb 之干擾。

20-5 定量

一、重量法

採用重量法時，應注重其稱重類型（Weighing form）和燒灼溫度。譬如鉻酸鉍（Bismuth chromate）、碘酸鉍（Bismuth iodate）、沒食子酸鉍（Bismuth gallate）、8- 羥喹啉鉍（Bismuth 8-Hydroxyquinolinate）、塞歐那萊鉍（Bismuth thionalide）等，均因缺乏一定的稱重形態，而無法加以採用。

最常採用之稱重沉澱物計有：鹼式次硝酸鉍，磷酸鉍、氯化氧鉍（或稱氯氧化鉍）、三氧化鉍，或金屬鉍等。氯化氧鉍（BiOCl）之燒灼溫度為 250℃時，則其稱重類型為 $BiOCl \cdot H_2O$；若高達 325 ～ 800℃，則為 BiOCl。磷酸鉍（$BiPO_4$）在 380℃時即能脫去結晶水；其適當之燒灼溫度

為 380 ～ 960℃。三氫氧化鉍〔$Bi(OH)_3$〕以 960℃燒灼後，其稱重類型為 Bi_2O_3。鹼式次硝酸鉍〔$Bi_2O_2(OH)NO_3$〕經高溫燒灼後，其稱重類型亦為 Bi_2O_3。以甲醛還原而得之金屬鉍，以 105℃烘乾後稱重。以次磷酸（H_3PO_2）沉澱法而得之金屬鉍，則無計量類型；但若以高溫燒灼，可得 Bi_2O_3 之稱重形式。其他沉澱物之稱重類型和燒灼溫度如表 20-2。

表 20-2　鉍沉澱物之稱重類型

沉澱形態	稱重類型	燒灼溫度
砷酸鉍（Arsenate）	$BiAsO_3$	47 ～ 400
鹼式蟻酸鉍（Basic formate）	$Bi_2(CO_3)_3$	45 ～ 255
鉬酸鉍（Molybdate）	$Bi_2(MoO_4)_3$	410 ～ 840
硫酸鉍（Sulfate）	$Bi_2(SO_4)_3$	25 ～ 236
安息香酸鉍（Benzoate）	Bi_2O_3	＞ 623
庫弗龍鉍（Cupferron）	Bi_2O_3	758 ～ 946
硫醇苯唑鉍（Mercaptobenzothiazole）	Bi_2O_3	927
苯砷酸鉍（Phenylarsonate）	H_5AsO_3BiOH	60 ～ 310
水楊醛肟鉍（Salycylaldoxime）	Bi_2O_3	877

二、滴定法

（一）EDTA 法

以 EDTA 滴定，適用於鉍之大量和半微量定量分析。本法具快速、簡便和準確等優點，且干擾元素不多。滴定終點通常使用指示劑顯示之，但有些則宜使用電位、安培、或光電等儀器指示之。

鉍能與 EDTA 生成強固之複合物，其生成常數（Formation constant）為 1026，故 EDTA 可在 pH ＜ 1.0 之條件下滴定之。Fe^{+3}、Zr、Sn^{+4} 及 Ti^{+4} 亦能與 EDTA 生成強固如 Bi 之複合物。但其他金屬與 EDTA 之複合物，其生成常數只有 1018，因此在上述之 pH 條件下，無法生成複合物，故不生干擾。

在酸度較強之溶液內，進行 EDTA 滴定，並使用硫脲（Thiourea）當做指示劑時，干擾元素很少。如果使用 0.01 ～ 0.05M EDTA 滴定，宜使用如次條件：pH1.5 ～ 2.0，0.5 ～ 1.0g 硫脲 /50ml。滴定過程中 pH 若無明顯變化，無需加入緩衝劑〔如苯二甲酸鹽（Phthalate）。〕硫脲濃度過高，能阻礙鹼式鉍鹽（Basic bismuth salt）之沉澱，以及妨害其指示劑之功能。

試樣溶液中，大部份的陽離子，其莫耳數（Molar amount）不超過鉍的莫耳數時，則干擾性很小。但有些元素需加遮蔽劑，如含 Fe^{+3}，則加維他命 C（Ascorbic acid）；如含 Sb^{+3}，則加酒石酸鹽。干擾元素有：Ni、Sn、V 及 Zr 等。為避免這些元素之干擾，可在酸性試樣溶液中，通 H_2S，使鉍成硫化鉍沉澱；或使鉍成氯化氧鉍或金屬鉍，而分離之。

本法另外值得一提的是，鉛與鉍的比值高達 30:1 時，其定量結果仍佳。

在 pH2 ～ 4 之條件下，以 0.01 ～ 0.1M EDTA 滴定，可使用鄰苯二酚紫（Pyrocatechol violet）指示劑。Pb、Al、Cd、Co、Cu、Mg、Mn、Ni、Ag 及 Zn 均不生干擾。干擾元素 Fe^{+3} 可使用維他命 C，還原成無干擾性之 Fe^{+2}。Sb、Mo、Sn、Ti、W 及 Zr 等元素，會生干擾。

在 pH10 之條件下，以 EBT（Eriochrome Black T）為指示劑，則鉍可使用鎂鹽進行反滴定；但本法之選擇性較小。另外，在 pH2 ～ 3、2 及 1 之條件下，分別以磷苯三酚紅（Pyrogallol Red）或溴磷苯三酚紅（Bromopyrogallol Red）、凸林（Thorin）、PAN（Pyridylazonaphthol）為指示劑，則鉍可進行直接滴定。在 pH2.8 ～ 4.3 之條件下，以茜素紅（Alizarin Red）為指示劑，可使用硝酸釷（Thorium Nitrate）進行反滴定，以測試鉍含量。

設試樣溶液酸度為 pH1.5 ～ 2.0，並以 Cu^{+2} 為指示劑，則 EDTA 滴定法具甚大之選擇性。本法可使用波長為 $745\mu m$ 之光線量測之。開始滴定時吸光度（Absorbance）設定在零位。滴定期間，生成無色的「Bi-EDTA」複合物，其吸光度不變。當所有的鉍均反應完畢後，即生藍色「Cu^{+2}-EDTA」複合物；EDTA 愈多，則顏色愈濃，吸光度愈高。當所有 Cu^{+2} 均反應完畢後，吸光度不再變化。本法適用於含大量 As、Sb、Sn 及 Pb 之鉍合金。

如果試樣溶液含有色雜質離子，則本法可使用硫脲為指示劑，並使用光電比色法鑑定 EDTA 之滴定終點。

「Bi-EDTA」複合物對紫外線之吸收性甚強，因此若試樣含鉍量稀釋至 $10^{-6}M$，EDTA 濃度為 0.001M，酸度為 pH1.5 ～ 2.0 時，可採用此種靈敏度極高之光電比色滴定法。

(二)氧化還原法

含 Bi^{+3} 之 HCl（0.6 ～ 6M）溶液，在 CO_2 籠罩下，可使用標準 Cr^{+2} 溶液滴定之。Pb 和 Cd 不會干擾。

三、光電比色法

(一)硫脲

在強酸性溶液中，硫脲能與鉍生成黃色化合物，故可用於光電比色法。本法靈敏度雖較其他某些光電比色法稍差，但選擇性良好，故廣被採用。高濃度之 Cd、Cu、Ag 及 Sn，能與硫脲生成沉澱物；中濃度則否。

F^- 能消除 Sb^{+3} 與硫脲所生成之淡黃色化合物，但對於鉍與硫脲所生成之複合物則無影響。比色時，鉍含量應在 2 ～ 50p.p.m. 之間。

分析含小量鉍之錫合金時，應先將 Sb、Sn 轉化為溴化物而蒸去之。若為鉛合金，通常先以氯化鉛沉澱法，除去大量的鉛，或以萃取法，將鉍提出。

(二)碘化物

在酸性溶液（1 ～ 2N）中，鉍能與 KI（1%）生成黃色至桔黃色化合物。雖然 Sb 和 Sn，亦能生成黃色化合物，同時溶液中之鉛能吸收 Bi^{+3} 而共沉，但本法具良好的靈敏度和選擇性，故仍有其利用價值。Cl^- 和較濃之 F^- 能減低呈色濃度。

(三)戴塞松（Dithizone）

對鉍而言，CCl_4 中之戴賽松不僅是靈敏的比色計，而且是有效的分離劑。

在含 CN^- 之鹼性溶液中進行測試時，Cd、Cu、Ag、Zn 及其他金屬元素不會干擾，但 Pb、Sn^{+2} 則會。在 pH3 之溶液中，經數次萃取，可除去 Pb。加入適量2,3-二硫醇丙醇（2,3-Dimercaptopropanol）作為復原劑（Reversion agent），對鉍之定量有助益。

（四）氯化物和溴化物

在 HCl（6N）中，以 $327\mu m$ 之光線測定氯化鉍之吸光度，靈敏度和測試結果均良好。小量的 Sb^{+3}、V、和大量的 Cr^{+3}、Pb^{+2} 不會干擾。Fe^{+3} 和 Cu^{+2} 會干擾，但可使用 Ti^{+3} 或 Sn^{-2} 還原之。

在 HBr（20%），或在「KBr（1M）–HCl」混合液中，以 $370 \sim 380\mu\ m$ 之光線測定溴化鉍之吸光度，其靈敏度和選擇性亦佳。

（五）其他方法

「Bi-EDTA」複合物以 $363\mu\ m$ 光線量測之，可得最大吸光度。Fe^{+3} 和 Cu^{+2} 會干擾。As^{+3}、Sb^{+3}、Cr^{+3}、Co^{+2}、Pb^{+2}、Mn^{+2}、Ni^{+2} 及 Sn^{+2} 等干擾性元素含量，比鉍大 30 倍時，若加入「K_2SO_4-H_2SO_4」緩衝溶液，仍可得良好之量測結果。

20-6 分析實例

20-6-1 重量法：適用於易融合金（註 A）之 Bi。可連續分析 Bi、Pb、Cd

20-6-1-1 分析步驟

(1) 將 11-6-1-2-1 節（分析步驟）第（4）步所遺之濾液及洗液置於熱水鍋上加熱，蒸至糖漿狀。如此加水及蒸發 3 ～ 4 次。至最後殘渣無硝酸氣味，且加水後不呈乳狀時，再蒸乾之。

(2) 冷卻。然後加多量 NH_4NO_3（1：500）（註 B），至不生新沉澱為止。

(3) 靜置片刻後過濾之。以 NH_4NO_3（1：500）洗滌數次。濾液及洗液可留作 Pb、Cd 定量之用。

(4) 將沉澱移於蠟光紙上。濾紙置於瓷坩堝內，燒灼灰化後，再用小毛筆將蠟光紙上之沉澱移於坩堝內，再燒灼至恒重。殘渣為三氧化二鉍（Bi_2O_3）（註 C）。

20-6-1-2 計算

$$Bi\% = \frac{w \times 89.65}{W}$$

w ＝殘渣（Bi_2O_3）重量（g）

W ＝試樣重量（g）

20-6-1-3 附註

（A）易融合金（Woods Alloys）主含 Sn、Bi、Pb、Cd 等元素。

（B）（C）

（1）Bi^{+3} 在中性溶液中首先和 NH_4NO_3 生成硝酸鉍〔$Bi(NO_3)_3$〕，再水解成硝酸氧鉍之白色沉澱，最後水解成鹼性較前更強之鹼式次硝酸鉍〔Bismuth subnitrate, $Bi_2O_2(OH)NO_3$〕：

$$Bi(NO_3)_3 + H_2O \leftrightarrows 2HNO_3 + BiO(NO_3) \downarrow$$
白色

$$2BiO(NO_3) + H_2O \leftrightarrows Bi_2O_2(OH)(NO_3) \downarrow + HNO_3$$
白色

（2）$Bi_2O_2(OH)(NO_3)$ 經高溫燒灼後，即生成白色三氧化二鉍（Bi_2O_3）。

（D）參照 19-6-1-3 節附註（I）。

20-6-2 光電比色法：適用於銲鑞（註 A）與減摩合金（註 B）之 Bi

20-6-2-1 應備試劑

（1）氟硼酸（Fluoboric acid）溶液

量取 45ml H_3BO_3（飽和）於 500ml 燒杯內→加 3ml HF →加水稀釋成 500ml。

（2）硫脲（8.0%）

量取約 170ml H_2O（冷）於 200ml 燒杯內 → 加 16.0g 硫脲（NH_2CSNH_2）（註 C）→過濾。以冷水洗滌數次。聚濾液及洗液於 200ml 量瓶內→加水稀釋至刻度→均勻混合之（本溶液需即用即配）。

（3）「**HBr–Br$_2$**」混合液

量取 180ml HBr 於 250ml 燒杯內→加 20ml 溴水（飽和）。

（4）混酸〔HClO$_4$：H$_3$PO$_4$ = 840ml：160ml〕。

（5）**標準鉍溶液**（1ml = 0.1mg Bi）

精稱 0.100g 金屬鉍（純度 > 99.9%）於 100ml 燒杯內→加 10ml HNO$_3$（1:3）→緩緩加熱，至鉍悉數溶解及氮氧化物之黃煙驅盡為止→冷卻→移杯內物質於 1000ml 量瓶內。用 HNO$_3$（1:9）洗盡燒杯，洗液合併於主液內→以 HNO$_3$（1:9）稀釋至刻度→均勻混合之。

20-6-2-2 分析步驟

（1）依含鉍量之多寡，精稱適量（以含 0.1 ～ 2mg Bi 為度）試樣於 250ml 廣口燒瓶（註 D）內。另取一同樣燒瓶，供作空白試驗。

（2）加約 10ml「HBr-Br2」混合液。蓋好後，緩緩加熱（註 E），使試樣悉數溶解（若溶液含高量 Sn，則可另酌加數滴溴水）（註 F）。

（3）俟試樣悉數溶解後，加 12ml 混酸。然後一面旋動燒杯，一面於通風櫃內以火焰燒灼，以驅除錫及銻之溴化物。至溶液冒出濃白煙後，即改為緩緩及間歇性加熱，並旋動燒杯（註 G），至所有揮發性溴化物蒸盡，以及不揮發之溴化物均生成過氯酸鹽而溶解為止。

（4）若溴化錫（SnBr$_4$）已驅盡，而溴化鉛（PbBr$_2$）仍無法生成過氯酸鉛而溶解時，可加數滴 HNO$_3$（註 H），再繼續加熱，至 PbBr$_2$ 完全溶解為止。俟所有溴化物均成過氯酸鹽而溶解後，再蒸煮至冒出濃白過氯酸煙，並驅盡 HBr 及 HNO$_3$ 為止。

（5）調整溶液之體積，使之與「吸光度 - 溶液含 Bi 量（mg）」標準關係曲線製備時之第（3）步之溶液體積相等為止（見附註 L）。

（6）冷至室溫後（註 J），分別加 40ml H$_2$O 及 5ml 氟硼酸溶液，均勻混合之。然後以吸管加 25.0ml 新配硫脲（8.0%）（註 K）。

（7）移溶液於 100ml 量瓶內。冷至室溫後，加水稀釋至刻度，並均勻混合之。

(8) 分別移適量空白溶液及試樣溶液於光電比色儀所附之兩支吸光試管內，先以波長為 440μ m 之光線測定前者之吸光度（不必記錄），次將指示吸光度之指針調整至「0」之刻度，然後抽出試管，換上盛有試樣溶液之試管，測其吸光度，並記錄之。由「吸光度－溶液含 Bi 量（mg）」標準關係曲線（註 L），可直接查出試樣溶液含 Bi 量（mg）。

20-6-2-3 計算

$$Bi\% = \frac{w}{W \times 10}$$

w ＝試樣含 Bi 量（mg）

W ＝試樣重量（g）

20-6-2-4 附註

（A）、（B）一般焊鑞及減摩合金中，除了 Sn、Sb 外，均無干擾元素；但 Sn、Sb 可在第（3）步移去。另依次參照 11-6-1-2-3 節附註（A）（B）、及 11-6-1-3-4 節附註（A）。

（C）因第（8）步吸光度測定之結果與硫脲濃度有關，故其量需精確。

（D）為使第（3）步之 $SbBr_3$、$SnBr_4$，易於蒸去，故使用廣口瓶。

（E）（F）（G）

(1) 為保證 Sn 完全被氧化成 Sn^{+4}，故另酌加溴水。

(2) 參照 11-6-1-1-4 節附註（F）與 11-6-1-5-5 節附註（C）。

(3) 加熱不可過急，溫度亦不可過高，否則 Br_2 氣蒸發過速，影響溶解作用。

(4) 為防止 $HClO_4$ 蒸發過度及溶液濺出，加熱不得過急，並需旋動燒杯。

（H）(1) HNO_3 可破壞 $PbBr_2$ 而生成 $Pb(NO_3)_2$，繼續與 $HClO_4$ 共煮時，即生成 $Pb(ClO_4)_2$：

$$2HNO_3 + PbBr_2 \xrightarrow{\triangle} Pb(NO_3)_2 + 2HBr$$

$$Pb(NO_3)_2 + 2HClO_4 \xrightarrow{\triangle} Pb(ClO_4)_2 + 2HNO_3 \uparrow$$

(2) HNO_3 不得過早加入，否則萬一溶液中仍存有錫及銻，加 HNO_3 後，即無法生成溴化物而驅盡。

(I) 所謂溶液體積之調整，即溶液太多，則加熱蒸發之；過少，則加混酸調整之。

(J)(K)

(1) NH_2CSNH_2 若加入過晚，Bi 可能成磷酸鹽沉澱析出；若然，則加 NH_2CSNH_2 後，需等待少時，才能使磷酸鉍完全溶解。

(2) 在稀酸溶液中，NH_2CSNH_2 易與 Bi 生成黃色複合離子；因其顏色之深淺與溶液含 NH_2CSNH_2 量及當時之液溫有關，故需以吸管精確加入 NH_2CSNH_2，並調整試樣溶液溫度，使與製作「吸光度 - 溶液含 Bi 量（mg）」標準關係曲線時之溫度相同（誤差應小於 $\pm 1°C$）。

(3) 呈色後，至少 1 小時內很安定。

(L)「吸光度 - 溶液含 Bi 量（mg）」標準關係曲線之製備：

(1) 以吸管分別吸取 1、2、4、8、12、16 及 20ml 標準鉍溶液（1ml ＝ 0.1mg Bi）於七個 250ml 廣口瓶內。另取 150ml 燒杯一個，加 10ml 混酸（供作空白試驗），然後跳從下面第(4)步開始做起。

(2) 使用電熱板，以低溫蒸煮至 2 ～ 3ml。

(3) 加 12ml 混酸，再以本生燈火焰燒灼，至冒出濃白過氯酸後（此時已驅盡 HNO_3），再繼續蒸煮冒煙 1 分鐘（此時各瓶之體積應調整至相等。）

(4) 依照前述 20-6-2-2 節（分析步驟）第(6)～(8)所述之方法處理之，以測其吸光度。

(5) 記錄其結果如下：

標準鉍（Bi）溶液之體積（ml）	吸光度	溶液含 Bi 量（mg）
0	0	0
1		0.1
2		0.2
4		0.4
8		0.8
12		1.2
16		1.6
20		2.0

（6）以「吸光度」為縱軸，「溶液含 Bi 量（mg）」為橫軸，作其標準關係
　　曲線圖。

第二十一章　鎘（Cd）之定量法

21-1 小史、冶煉及用途

一、小史

　　鎘在自然界存量甚少，通常與鋅並存。F. Stromeyer 於 1817 年，研究來自 Salzgitter 之不含鐵碳酸鋅（Iron-free zine carbonate）之樣品所呈現之黃色，結果發現了鎘。樣品係採自鋅爐（Zine furnace）中之煙道粉塵（Flue dust），此種粉塵稱為鋅花（Flower of Zinc 或 Cadmia fornacum），因此命名為 Cadmium，簡寫為 Cd。

二、冶煉

　　地殼每噸含鎘約 0.5 克。鎘主要得自熔煉及精煉鋅時之副產品。在許多鋅礦石中，約含1%Cd。主要鎘礦為硫鎘礦（Greenockite, CdS）。鎘比鋅容易揮發，因此當含有氧化鎘之氧化鋅被還原時，在接收器內首先收集之部份，大多數為鎘塵。以電解法製鎘，純度可達 99.99%。

三、用途

　　鎘可作鋼鐵保護膜，亦為許多合金之重要成份（見表 21-1）。鎘蒸氣及其化合物對人體有毒。另外，鎘可供作標準 Weston 電池、鹼液槽以及原子爐內之原子分裂控制棒。其最重要之化合物為硫化鎘（俗稱鎘黃），可用作顏料。

21-2 性質

一、物理性質

　　純鎘為外觀悅目之藍白金屬。原子序、原子量與熔點分別為 48、112.4 及 321℃。質軟可鍛，頗具延展性。

表 21-1 典型的鎘合金

合　金　成　份（%）	合　金　種　類
Cd (98.65)，Ni (1.35)	軸承合金
Cd (95.75)，Ag (2.25)，Cu (2.00)	軸承合金
Cd (40)，Bi (60)	低熔點合金
Cd (12.5)，Bi (50)，Pb (25)，Sn (12.5)	火災測定設備
Cd (22.5)，Zn (71)，Sn (5.0)，Cu (1.5)	高溫焊鑞
Cd (26)，Sn (9)，Pb (65)	軟焊鑞
Cd (12.5)，Ag (12.5)，An (75)	用於寶石之綠色延展合金

二、化學性質

（一）金屬鎘

在常溫下，鎘能被空氣或水輕微氧化，但其抗大氣氧化性較鋅為佳，故為上好的鐵材保護膜材料。其膜層柔軟，故不耐機械磨損。

由電動勢序列（Electromotive series）位置可知，Al、Zn、或 Mg 等金屬，可使溶液中之 Cd^{+2} 沉澱。在空氣中劇烈加熱，鎘氧化成氧化鎘。另外，鎘與磷、硫、或鹵族元素共熱，會形成各自的化合物。鎘能被溫熱的稀酸和硫酸，緩慢溶解，並釋出氫氣。熱、稀硝酸與鎘能發生激烈反應，並釋出氮氧化物。鎘易溶於硝酸銨溶液，但不溶於鹼性氫氧化物溶液。

在幾乎所有鎘化合物中，鎘的價數均為 +2。Cd^{+2} 能與氨、氰化物及鹵化物，生成許多複合離子。在分析學上，較重要之鎘化合物之溶解積常數，見表 21-2。

表 21-2　重要鎘化合物之溶解積（Solubility Product）（25℃）

化合物	溶解積常數
$Cd(OH)_2$	$2..2×10^{-14}$　（活性形態） $5.9×10^{-15}$　（非活性形態）
$Cd_2Fe(CN)_6$	$3.2×10^{-17}$
$Cd_2(AsO_4)_2$	$2.2×10^{-33}$
CdS	$7.1×10^{-27}$

（二）化合物

（1）氧化鎘（CdO）

　　金屬鎘加熱，或燃燒氫氧化鎘、硝酸鎘、或碳酸鎘，即得 CdO。CdO 之顏色，依加熱溫度而異，譬如氫氧化鎘加熱至 370℃，其氧化物即呈黃綠色；800℃ 即呈深藍黑色。其顏色差異，是由於粒徑改變所致。CdO 於 700 ～ 1000℃ 之間，易揮發或分解。CdO 易溶於氨水，生成 $Cd(NH_3)_4^{+2}$；亦溶於酸，生成 Cd^{+2}。但不溶於水及氫氧化鈉。

（2）氫氧化鎘〔$Cd(OH)_2$〕

　　加過量 NaOH 於硝酸鎘溶液內，即生成 $Cd(OH)_2$ 之白色沉澱。此物加熱至 170℃，即行分解；371℃，則生成 CdO。

（3）硫酸鎘（$CdSO_4 \cdot 8H_2O$）

　　氧化鎘、硫化鎘、或碳酸鎘等溶於硫酸，即得帶結晶水之 $CdSO_4$ 結晶。加熱，即失去結晶水；80 ～ 120℃，則得 $CdSO_4 \cdot H_2O$；320℃ 則成無水鹽；906℃，則無水鹽成安定狀態，可供重量定量法之用。

（4）硫化鎘（CdS）

　　加可溶性硫化物或通 H_2S 於含 Cd^{+2} 溶液內，即得 CdS；其顏色依沉澱狀況之不同，可由黃綠經黃色而變為紅色。由沉澱所得之 CdS，組成不定，故無法供重量定量法之用。

（5）碳酸鎘（$CdCO_3$）

　　加 K_2CO_3 於鎘鹽溶液內，即得白色 $CdCO_3$ 沉澱。沉澱物通常含 $Cd(OH)_2$ 雜質。若加過量 $(NH_4)_2CO_3$ 於 $Cd(NO_3)_2$ 溶液內，即得純 $CdCO_3 \cdot H_2O$。此物加熱，即分解為 CdO 及 CO_2。

（6）鹵化鎘

在溶液中，Cd 與鹵化物（Halide），常生成各種狀態之鹵化鎘複合離子，如 CdX^+、CdX_3^- 及 CdX_4^{-2} 等。X 代表鹵元素。

（7）氰化鎘〔$Cd(CN)_2$〕

加 KCN（濃）於 $CdSO_4$ 溶液（飽和），即得白色 $Cd(CN)_2$ 沉澱。$Cd(CN)_2$ 可溶於強酸，亦可溶於過量的 KCN，形成氰化鎘的複合離子。H_2S 可將氰化鎘溶液中之鎘，完全化合成 CdS 而沉澱。另外，氰化鎘複合離子溶液亦可用於鎘的電解。

（8）亞鐵氰化鎘〔Cadmium hexacyanoferrate（Ⅱ），$Cd_2Fe(CN)_6$〕

加鎘鹽於 $Cd_2Fe(CN)_6$ 溶液中，可得各種組成不一之沉澱。

（9）鐵氰化鎘 {Cadmium hexacyanoferrate（Ⅲ），$Cd_3[Fe(CN)_6]_2$}

加 $Cd(NO_3)_2$（稀）於 $Cd_3[Fe(CN)_6]_2$（稀），可得細小之黃色沉澱，其組成因水解及吸收（Adsorption）而定。

（10）鉬酸鎘（Cadmium molybdate, $CdMoO_4$）

加鹼性鉬酸鹽（Alkalimolybdate）於 $Cd(NO)_2$ 溶液，即得 $CdMoO_4$ 沉澱。此物不溶於冷水，但溶於氨水、酸及氯化鉀溶液。82℃時，即成為無水物；250℃時，可保持恒重，故可供重量定量法之用。

21-3 分解和分離

一、分解

鎘能被溫熱的稀鹽酸和硫酸緩緩溶解；亦能與稀硝酸發生激烈反應。含鎘合金可先用鹽酸或王水，再用硫酸溶解之，然後蒸發至冒出硫酸濃煙。

二、分離

鎘定量前，幾乎需移除所有其他元素，故分離步驟甚為重要。通常使用重量法與萃取法分離之。茲分述如下：

（一）重量法

（1）電解法

　　採用電解法，使金屬鎘沉積，是最方便的分離方法之一，尤以鎘與 Zn、Cu 及 Pb 等元素之分離為然。可在中性、微酸性或鹼性溶液中電解。電解條件見表 21-3。

表 21-3　鎘之電解分離

分離元素	電解條件 （使用鉑電極）	電流密度， 安培 / 100cm²	電壓 （伏特）
	（一）鎘沉積於陰極		
Al、Mg	H_2SO_4（稀、熱）	5	5
Mn（以 MnO_2 形態沉積於陽極上）	H_2SO_4（稀、65℃）	0.08	2.6
Zn	H_2SO_4（稀）	0.08	2.6
Zn	醋酸＋醋酸鈉，（70℃）	0.10	2.2
Zn	草酸鉀與草酸銨(80～85℃)	0.1～0.3	2.4
Fe	KCN＋NaOH，（熱）	5	5
Co、Fe	$(NH_4)_2SO_4$＋H_2SO_4（稀）		2.8～2.9
Sb、As	含氨酒石酸鹽 （Ammoniacal Tartrate） （50℃）	0.1	1.8～2.0
As	KCN（稍過量）		2.6～2.7
Ni	KCN＋KOH，（40℃）	0.03～0.04	2.25～3.00
Bi	HNO_3＋酒石酸，（80℃）		1.7
Pb（以 PbO_2 形態沉積於陽極）	HNO_3（65℃）		1.9～2.2
Cu	KCN（過量）		2.6～2.7
	（二）干擾元素沉積於陰極		
Cu（金屬銅沉積於陰極）	HNO_3（稀、50℃）	0.10	2.5
Ag（金屬銀沉積於陰極）	KCN（70℃）	0.02	2.1

（2）硫化鎘法

　　在酸性溶液中，硫化鎘（Cadmium Sulfide）之黃色或桔黃色沉澱，能與定性分析化學上之「銅－砷」族或「酸－硫化氫」族以外之所有元素分離。由於鋅具有生成混合硫化物（Mixed sulfide）之傾向，故能與硫化鎘共沉。

另外，硫化銅亦能與硫化鎘一併沉澱。但 Cu^{+2} 能與 CN^- 生成非常安定之複合陰離子，故在含 KCN 之溶液中，Cd^{+2} 能單獨成硫化鎘沉澱而分離。另外，Cd^{+2} 與 Cl^- 所生成之複合物，其安定性較 Cu^{+2} 與 Cl^- 所生成者為高，故在含 Cl^-、Cu^{+2} 及 Cd^{+2} 之溶液中，銅能單獨成硫化銅（CuS）沉澱，而與鎘分開。

若溶液 pH 控制得宜，通入 H_2S 時，鎘能單獨成硫化鎘沉澱，而鋅則留在溶液內，故得分離。若酸度太低，則硫化鋅亦一併沉澱析出；若太高，則硫化鎘沉澱不完全。溶液若含小量之鋅，宜在 H_2SO_4（1～2M）、HCl（0.5～0.75M）或三氯醋酸（Trichloroacetic acid）溶液中沉澱，然後再迅速過濾，否則硫化鋅亦緩緩沉澱矣。沉澱物可用含飽和 H_2S 之 H_2SO_4（稀）洗滌之。

若溶液含大量之鋅，分離甚困難，最好的方法就是，通 H_2S 於含 $ZnSO_4$ 和 $CdSO_4$ 之溶液，俟冷卻至室溫時，再通入 11/2 小時。沉澱以 HCl（1:1）溶解之，然後加稍過量之 H_2SO_4，並蒸至冒出濃白硫酸煙後，再重新進行沉澱。若鋅含量非常大，在足以阻止硫化鋅沉澱之酸度內，硫化鎘不易沉澱完全，故宜使用諸如 β- 萘酚喹啉（β-Naphthoquinoline）等複合物生成劑，與鋅生成複合物，而行初期分離。

如果溶液含鎘量很少，宜加檸檬酸鈉（2%）及少量銅鹽（有如 CdS 之聚集器），並將酸度控制在 pH3 左右，通入 H_2S，使成硫化鎘沉澱。另外，若溶液含鋅與微量鎘，則可利用硫化鋅易和硫化鎘共沉之傾向，加入限量硫化鈉，使生成硫化鋅，而與微量的硫化鎘共沉（Coprecipitation），然後再使用戴賽松（Dithizone），使 Cd 與 Zn 分離。

在稀硫酸中，鎘能迅速生成黃至桔黃色硫化鎘沉澱；若為棕色，則可能摻有硫化鉍或硫化錫。硫化鈉（Na_2S）溶液能使鎘生成硫化鎘沉澱，而與砷族元素分離。

硫化鎘能溶於 HNO_3（2N）、H_2SO_4（1:4，熱）及 NaCl（飽和）等溶液，但不溶於 Na_2S、$(NH_4)_2S$、NH_4OH、或 KCN 等溶液。此種性質可作為鎘的分離和定性之用。

（3）螯鉗物或複合物沉澱法

鎘能與許多有機試劑，諸如 8- 羥喹啉（8-Quinolinol）、鄰氨基苯甲

酸（Anthranilicacid）、喹啉 -8- 羧酸（Quinoline-8-Carboxylic acid）、α- 甲基喹啉酸（Quinaldinicacid）及 β- 萘酚喹啉（β-Naphthoquinoline）等，生成安定的複合物，藉著遮蔽劑（Masking agent）之助，可增加這些試劑之選擇性。最具選擇性之試劑為「HPB〔 2-(o-Hydroxyphenyl)-benzoxazole；2-（對羥苯基）苯唑噻唑〕」，適用於鎘的分離和定量。在 pH < 5 之「醋酸 – 醋酸鈉」緩衝溶液中，只有 Cu、Co 及 Ni 能與 HPB 生成複合物沉澱；而在鹼性之酒石酸鹽或檸檬酸鹽溶液中，則 Cu、Co、Ni 和 Cd 等，能生成沉澱。因此在一般陽離子中，僅有 Cu、Co 及 Ni 之干擾最為嚴重。

在酸性溶液中，Cu 可使用 HPB 沉澱之，而與 Cd 分離；Ni 可用二甲基丁二肟（Dimethylglyoxime）分離之；而 Co 則可使用 1- 亞硝基 -2- 萘酚（1-Nitroso-2-naphthol）分離之。經過 Cu、Co 及 Ni 之前期分離後，加 HPB 於鹼性酒石酸鹽溶液，鎘即成鎘的螯鉗複合物而沉澱，而與 Ba、Mg、Zn、Al、Pb、As、Bi、Cr、Mn 及 Fe^{+3} 等元素分離。

在含鎘材料之分析中，最常遭遇的困難就是鋅和鎘的分離。若鋅含量很少，最簡單的方法就是，在酸性溶液中，使鎘成硫化鎘沉澱，而與鋅分離；然而若鋅含量很大，硫化鋅易與硫化鎘生成共沉現象，因此鋅之前期分離，乃屬必要。含有硫酸鋅和硫酸鎘之溶液中，碘化鉀（KI）和 β- 萘酚喹啉（β-Naphthoquinoline）能與鎘生成鎘的 β- 萘酚碘複合物（β-Naphtho-quinoline iodide complex of Cadmium），而鋅則留在溶液中而分開。沉澱物過濾後，溶於熱水，以 HNO$_3$ 和 H$_2$SO$_4$ 處理之，並蒸至冒出濃白硫酸煙。再以 H$_2$S 處理之，可分離任何留下之鋅質。此種複合物沉澱法，亦適用於鎘與 Co、Ni、Mn、Fe^{+2}、Cr、Al 及 Mg，以及在含酒石酸之溶液中，與 Sn、Sb 等元素之分離。

鎘能與雷尼克鹽（Reinecke's salt）和硫脲（Thiourea）分別生成 $\{Cd[CS(NH_2)_2]_2\}$ 與 $\{Cd(CNS)_4(NH_3)_2\}$ 複合物沉澱，而與鋅分離。此法亦可供作鎘之重量法和滴定法之用。

（二）萃取法

以有機溶劑萃取水溶液中之「鎘離子結合複合物（Cadmium Ion

association complex）」或螯鉗複合物（Chelate）；或以相似方法，萃取干擾性元素，而使鎘與干擾元素分離，是一種簡單、且用途廣泛的方法。鎘螯鉗複合物之萃取性（Extractability），與無機相（Aqueous phase）之 pH 及有機相（Organic phase）中之試劑濃度，有密切關係。只要含有過量之試劑，則鎘濃度對萃取全程之影響不大；而萃取之選擇性，則與選擇適當的有機溶劑、無機相之 pH 控制、以及選用的遮蔽劑（Masking agent）有關。大部份鎘螯鉗複合物之萃取系統，均能應用於光電比色定量法，因為其萃取物通常都具有特定吸收光譜。「鎘離子結合複合物系統」之生成常數（Formation constant），通常較螯鉗複合物系統為小，但前者適於大量鎘與其他元素之分離。茲將兩種萃取方法分述如下：

（1）鎘複合物之萃取（Extraction of cadmium Complexes）

在碘化氫溶液（6.9M）中，鎘能完全被乙醚所萃取；Sb^{+3} 和 Sn^{+2} 亦同；而 Bi、Zn 及 Mo^{+6} 則部份被萃取。Fe^{+2}、Ni、Cr、Co、Mn、Ti、Zr、Pb、Al 及 V 等，則無干擾。在含 KI（1.5M）和 H_2SO_4（1.5N）之無機相中，鎘亦能被乙醚完全萃取；干擾元素計有 Al、Mo^{+6}、W^{+5}、Bi、Cu、Zn、Sb 及 Sn 等。

在含硫氰化銨（NH_4SCN）（15%）之 HCl（0.6M）中，鋅能被「戊醇（Amyl alcohol）- 乙醚」混合液（1:1）所萃取，而鎘則否。在含 NH_4SCN（15%）之微酸性溶液中，鎘和鋅能被「正二戊甲基丙酮（n-Amyl methyl ketone）- 正磷酸丁酯（n-Butyl phosphate）」混合液（1:2）所萃取，鎳則否；若溶液含硫脲（Thiourea），則 Cu、Ag 亦否。此時有機溶液中之 Cd、Zn，以含 NH_4SCN 之酸性溶液洗滌之，則 Cd 溶於無機層內。

鎘能與吡啶（Pyridine）及 SCN^-，生成不溶於水之 $Cd(Py)_2(SCN)_2$ 複合物，經氯仿萃取後，可供光電比色定量法之用。干擾性元素甚多，包括亦能生成同樣複合物之 Cu、Ni、Co 及 Zn 等元素，故其使用性有限。然而，如能慎選萃取條件，則本法可使鎘與 Ag、Cu 分離。如果 Ag 為僅有的干擾元素，則可加足夠的 NH_4SCN，俟硫氰化銀（AgSCN）溶解後，再稍加過量。然後加醋酸鈉，使 pH 提高至 5，再用少量含有 5%（體積比）吡啶之氯仿溶液萃取之。含萃取物之氯仿，置於水浴鍋上蒸發之，然後加少量濃硝酸，再蒸發至乾。殘渣以 H_2SO_4（1%）溶解後，以小量戴賽松（Dithizone）萃取，以除去微量銀。如果試樣含有 Cu^{+2}，則可加亞硫酸

（H$_2$SO$_3$），將 Cu^{+2} 還原為 Cu$^+$，並加足量 NH$_4$SCN，以溶解硫氰化亞銅（Cuprous thiocyanate），然後依前述方法進行鎘之萃取。被萃取之微量銅，在酸性溶液中，可用戴賽松萃取而除去之。

（2）鎘螯鉗複合物（Cadmium Chelate）之萃取

鎘所生成之螯鉗複合物能溶於異亞硝基苯乙酮（iso-Nitroso-acetophenone）、庫弗龍（Cupferron）、PAN〔1-（2- 吡啶偶氮）-2- 萘酚；1-(2-Pyridilazo)-2-naphthol〕、戴賽松、二乙二硫氨基甲酸鈉（Sodium diethyldithiocarbamate）及 2- 硫醇 – 苯噻唑（2-Mercapto-benzothiazole）等有機溶劑。這些溶劑中，有些具有先天性缺點，如庫弗龍於加熱時會溶解，而需儲於冷處。

鎘與戴賽松或二乙二硫氨基甲酸鈉，所生成之螯鉗複合物，最適於供作「液體 – 液體」之萃取。前者經有機物萃取後，可供作鎘之光電比色定量法之用。使用含戴賽松之氯仿萃取時，鎘能與 Pb、Zn、Ag、Ni、Co 及 Cu 等元素分離。在鹼性較強之溶液中，Pb、Zn 不會被萃取，而酸度在 pH2 時，Ag、Ni、Co 及 Cu 能完全被萃取。

酸鹼度為 pH11，且含酒石酸鉀鈉（Sodium Potassium tartrate）、NH$_3$、KCN 及 0.2% 二乙二硫氨基甲酸鈉（水溶液）之溶液中，鎘能被四氯化碳所萃取。Bi、Pb 亦能同時被萃取，故為干擾元素。在某些情況下，SHD〔Sodium bis(2-Hydroxyethyl) dithiocarbamate；二（2- 羥乙基）- 二硫氨基甲酸鈉〕優於二乙二硫氨基甲酸鈉。

21-4 定性

一、鎘的測試

許多試劑能與鎘產生呈色沉澱，較重要者見表 21-4。混合物之系統定性測試方法說明如下：

（1）鎘化合物與碳酸鈉在活性碳上共熱時，會產生氧化鎘之棕色外殼。鎘與還原劑（如草酸鈉）作用，能產生被棕色氧化物環繞之鎘鏡。

（2）在中性或微酸性（0.3M HCl）溶液中，硫化氫能與鎘產生亮黃色之硫化鎘沉澱。硫化鎘不溶於鹼性硫化物內（不同於砷）；分別溶於

熱稀硝酸、熱稀硫酸及氯化鈉飽和溶液中（不同於銅）；以及不溶
於氰化鉀或氫氧化銨溶液中（不同於銅。）

（3）鎘鹽能與氫氧化鈉，形成白色氫氧化鎘沉澱；此種沉澱不溶於過
量氫氧化鈉溶液中（不同於鋅與鉛）。氨水能與鎘鹽生成氫氧化鎘
沉澱；此種沉澱能溶於過量的氨水中（不同於鉛及鉍），形成四氨
鎘複合離子〔Tetrammine Cadmium，$Cd(NH_3)_4^{+2}$〕。硫氰化銨不能
與鎘鹽產生沉澱（不同於銅。）

（4）氰化鈉能與鎘鹽形成白色氰化鎘沉澱；此物可溶於過量的氰
化鉀溶液中，形成 $[Cd(CN)_4]^{-2}$ 複合離子。由於 $[Cd(CN)_4]^{-2}$ 與
$[Cu(CN)_4]^{-3}$ 之安定常數差異甚大，因此在含過量氰化鉀溶液中，
通入硫化氫氣體，有亮黃色硫化鎘沉澱。

表 21-4　鎘的點滴呈色試驗（Spot test）

試　　劑	反　　應	主要干擾元素
①碘化二吡啶亞鐵 （Ferrous dipyridyl iodide)	在中性、微酸性或氨水中，有〔$Fe(\alpha,\alpha'\text{-dipyridyl})_3CdI_4$〕之紅色沉澱	Hg、Pb、Cu、Sn、Sb、Bi
②二對硝基苯咔嗪 （Di-p-Nitrophenylcarbazide)	在含 NaOH、KCN 及 HCHO 之溶液中，有藍綠色沉澱	所有金屬氫氧化物(Metal hydroxide)
③二-β-萘咔松 （Di-β-Naphthylcarbazone)	在含 NaOH、KCN 及 HCHO 之溶液中，會生成紫色複合物	
④二苯基咔嗪 （Diphenylcarbazide)	在中性、氨水或醋酸緩衝溶液中　有紫紅色沉澱	Cu、Pb
⑤對硝基二偶氮氨基偶氮苯 （p-Nitrodiazoaminoazobenzene)	在含 KOH 之溶液中，會生成紅湖（Red lake)	Cu、Ni、Fe、Cr、Co、Mg、Ag、NH_4^+
⑥硫化鈉（Sodium sulfide)	在含 $Cu(NH_3)_4^{+2}$、$Cd(NH_3)_4^{+2}$ 及充足之 KCN 之溶液中，有 CdS 之黃色沉澱	

二、鎘在混合物中之古典系統定性

在含 0.3M 無機酸之溶液中，鎘鹽能與硫化氫生成硫化鎘沉澱。在此種酸度條件下，As、Sb、Cu、Bi、$Sn^{+2, +4}$ 及 Pb 等元素，亦生成硫化物沉澱。但在這種酸度下，Zn、Ni、Co、Fe 及 Mn 等元素所生成之硫化物，均未超越其溶解積（Solubility product），因此這些元素在溶液中之濃度除非相當的大，否則均不會發生沉澱。若鋅含量很大，則可能與前述酸性硫化氫族之硫化物發生共沉現象。

硫化鎘和鉛、鉍及銅等之硫化物，不溶於熱的黃色硫化銨或氫氧化鉀溶液（2M），而砷、銻及錫等之硫化物則反之。鉛在硫酸和酒精中，能成硫酸鉛沉澱而除去；鉍在氨水中，能成氫氧化鉍沉澱而除去。此時只留下銅和鎘。在含 $[Cu(NH_3)_4]^{+3}$ 和 $[Cd(NH_3)_4]^{+2}$ 之溶液中，加鹼性氰化物（Alkali cyanide）至溶液無色後，通入硫化氫，能使鎘成黃色硫化物沉澱，而與銅分離。

三、微量定性（Micro detection）

鎘能與含過量碘離子之 Fe(α, α'-Dipyridyl)$_3$I$_2$ 飽和試劑，生成紫紅色之 Fe(α, α'-Dipyridyl)$_3$CdI$_4$ 沉澱。此種試劑對鎘之作用最具靈敏性和選擇性，可與鎘生成複合物。其配方如下：分別稱取 0.25g α-α'-二吡啶（α-α'-Dipyridyl）、0.146g 硫酸亞鐵（含七結晶水）及 10g 碘化鉀→加水至 50ml→激烈振動 30 分鐘→濾去析出之 Fe(α, α'-Dipyridyl)$_3$I$_2$。定性時，加 1 滴中性、微酸性、或含氨之樣品溶液於濾紙上，然後立刻加 1 滴試劑。樣品如含鎘，則會出現鎘複合物之紫紅色斑點或圓圈。

如果樣品溶液先以稀鹽酸處理，使銀和大部份之鉛生成氯化物沉澱而除去，則本法之選擇性更佳。然後再加氨水，使錫、銻及鉍，生成沉澱物而濾去。此時，在含氨溶液中，鎘成 $Cd(NH_3)_4^{+3}$ 而存在，能和試劑生成鎘複合物，而 $Zn(NH_3)_4^{+2}$ 則否。

21-5 定量

一、重量法

（一）電解法

銅合金或含 Cd ＜ 2% 之鎂合金，採用電解法，使金屬鎘沉積，是最方便的分離和定量方法之一，尤其試樣含 Zn、Cu 及 Pb 者為然。可在中性、微酸或微鹼性溶液中電解。電流約 0.2 ～ 0.6 安培。Cu、Zn 會干擾。

（二）沉澱法

（1）鎘鹽法

重量法中，除了電解法外，以硫酸鎘沉澱法最為適用。在重量法中，鎘的稱重類型（Weighing form）甚多，其中以表 21-5 所列者較為實用。

加磷酸氫二銨於不含干擾元素（尤其是 Zn、Bi、Fe 及 NH_4^+），只含鎘鹽之冷、稀酸溶液中，可得磷酸銨鎘（Cadmium ammonium phosphate, $CdNH_4PO_4 \cdot H_2O$）沉澱。此種沉澱在 122℃以下很安定，係適當的稱重形態，可供鎘含量之計算。磷酸銨鎘以 800 ～ 900℃燒灼之，即轉化為焦磷酸鎘（Pyrophosphate, $Cd_2P_2O_7$）。在燒灼時，可能會有少量損失，分析結果較硫酸鎘差。

鉬酸鎘（Cadmium molybdate）亦適於供作稱重類型。此物經 82℃烘烤後，可脫去結晶水，然後以 250℃燒至恒重。本法干擾元素甚多，故沉澱前，宜先將所有干擾元素分離。

如前所述，硫酸鎘是最佳的稱重類型。硫酸鎘係由硫化鎘與硫酸共熱蒸發轉化而來。經蒸發後，不得有其他殘渣遺下。硫酸鎘可在 320℃脫去結晶水；906℃燒灼至恒重。本法最大誤差來源，為殘留之微量硫酸，故宜再溶於水，並再加熱及稱重，至得恒重之硫酸鎘為止。

（2）鎘複合物沉澱法

在含鋅之熱溶液中，鎘能單獨與碘化三苯基甲基砷（Triphenylmethyl-arsonium iodide）生成複合物沉澱 $\{[(C_6H_5)_3 \cdot CH_3As]_2 \cdot CdI_4\}$；若鋅含量很大，可加過量碘化鉀，使生成碘鋅複合物 $(ZnI_4)^{-2}$ 而溶解。沉澱物可在 105 ～ 110℃烘至恒重。干擾元素計有 Sb、As、Bi、Cu、Pb 及 Ag 等，需事先分離之。含這些元素之溶液與鐵絲網共煮，然後過濾之，所遺溶液可作鎘定量之用。

表 21-5 鎘的重量定量法中所用之沉澱劑

沉　澱　劑	稱重類型 (weighing form)	加熱或燒灼 溫度極限℃
①硫酸（Sulfuric acid)	$CdSO_4$	320-906
②磷酸氫二銨 　（Diammonium hydrogen phosphate)	$CdNH_4PO_4 \cdot H_2O$	90-122
③鉬酸銨（Ammonium molybdate)	$CdMoO_4$	82-250
④碘化鉀＋聯氨 　（Potassium iodide + hydrazine)	$Cd(N_2H_4)_2I_2$	70-166
⑤氯化銨＋吡啶 　（Ammonium chloride + pyridine)	$[(Cd(C_5H_5N)_2]Cl_2$	＜ 70
⑥氯化銨＋吡啶 　（Ammonium chloride + pyridine)	$CdC_5H_5N)Cl_2$	107-177
⑦亞鐵氰化鉀＋氨水 　〔Potassium hexacyanoferrate(II) 　+ aqueous ammonia〕	$[Cd(NH_3)_4]_2[Fe(CN)_6]$	＜127
⑧硝酸二次乙基二氨銅(II)＋碘化鉀 　〔Bis（ethylenediamino）copper(II) 　nitrate + potassium iodide〕	$[Cu(NH_2CH_2CH_2NH_2)_2][CdI_4]$	＜ 79
⑨馬錢子鹼＋溴化鉀 　（Brucine ＋potassium bromide)	$[C_{22}H_{21}O_2N_2(CH_3O)_2]_2[CdBr_4]$	120-250
⑩雷尼克鹽＋硫脲 　（Reinecke salt + thiourea)	$\{Cd[CS(NH_2)_2]_2\}\{Cr(CNS)_4(NH_3)_2\}_2$	＜ 167
⑪ 8-羥喹啉（8-Hydroxyquinoline)	$Cd(C_9H_6ON)_2$	280-384
⑫喹啉-8-羧酸 　（Quinoline-8-carboxylic acid)	$Cd(C_{10}H_6O_2N)_2$	89-263
⑬昆那狄克酸（Quinaldic acid)	$Cd(C_{10}H_6O_2N)_2$	66-197

（3）鎘螯鉗複合物沉澱法

　　在鹼性酒石酸鹽溶液中，鎘能與 HPB〔2-(0-Hydroxyphenyl) benzoxazole，2-(鄰羥苯基)苯噻唑〕生成螯鉗複合物沉澱 $[Cd(C_{13}H_8O_2N)_2]$。此物不溶於水、酒精、甲醇（Methanol）、己烷（Hexane）、丙酮、氯仿、四氯化碳及苯等。此種螯鉗複合物在 275℃以下很安定，於 300℃開始變黑。銅超過 100mg，鎳、鈷各超過 20mg 時，會產生干擾，應予除去。

二、滴定法

（一）鎘化合物「沉澱－滴定」法

本法種類甚多，較佳者見表 21-6。在大部份狀況中，在進行滴定前，需將所有干擾物除去。

表 21-6　鎘之滴定法

被滴定之沉澱物	滴定法	終點測定法
①氨基苯甲酸鎘 　（Cadmium anthranilate）	溴滴定法(Bromometric)	碘滴定終點 　(Iodometric end point)
②中性鎘鹽 (Neutral salt of Cadmium)	$K_4Fe(CN)_6$ 沉澱	氧化還原指示劑 (Redox indicator)
③$CdMoO_4$ 沉澱後之過量鉬酸鹽 　(Molybdate)	過量鉬酸鹽以鋅汞齊還原後，以高錳酸鹽滴定－	高錳酸鹽滴定終點
④鎘與吡啶硫氰化物 (Pyridine thiocyanate) 生成複合物後之過量硫氰化物	硝酸銀滴定法 　(Argentometric)	電位測定 　(Potentiometric)
⑤鎘的雷尼克鹽 　(Reineckate of cadmium)	在鹽中之鉻(Chromium in the salt)(先氧化成鉻酸鹽)的碘滴定法	碘滴定終點
⑥鎘成$[(C_6H_5)_4As]_2 \cdot CdCl_4$ 沉澱後之過量氯化四苯基砷（Tetra-phenylarsonium chloride）	碘滴定法	電位測定法
⑦鎘鹽	以二乙二硫氨基甲酸鈉 　(Sodium diethyldithiocarba-mate) 滴定	異性滴定法 　(Heterometric)
⑧鎘的強酸鹽	以 NaOH 滴定	甲酚酞 (Cresolphtha-lein) 滴定終點
⑨鎘與二安替比林甲烷（Dianti-pyrinylmethane）生成複合物後之過量溴化物	硝酸銀滴定法	電位滴定法

一種快速、簡便的方法就是，使鎘成 8- 羥喹啉鎘（Cadmium oxinate）螯鉗複合物沉澱，然後以溴滴定法，測定複合物中 8- 羥喹啉（Oxine）之含量。

　　在 pH5.7 ～ 14.6 之溶液中，鎘首先與 8- 羥喹啉生成 8- 羥喹啉鎘複合物沉澱〔Cd(C₉H₆ON)₂・xH₂O〕。沉澱經過過濾、水洗後，溶於酸性溶液內。加已知過量之標準溴酸鉀及溴化物溶液，8- 羥鹽生成「5,7- 二溴取代生成物（5,7-dibromo substitution product）」，當加入碘化鉀後，過剩之「溴酸鹽 - 溴化物」混合液釋出當量碘。此種碘可使用澱粉指示劑，以硫代硫酸鈉（0.1N）滴定之。本法應防 5,7- 二溴 -8- 羥喹啉（5,7-Dibromo-8-hydroxyquinoline）分離而出，吸附碘質，而導致不良之分析結果。

　　鎘能與 β- 萘酚喹啉（β-Naphthoquinoline）生成 $(C_{13}H_9N_2)H_2CdI_4$ 沉澱。此物所含之 I^-，可使用碘滴定法滴定之。

　　在含大量鋅之狀況下，鎘可先與硫酸馬錢子鹼（Brucine sulfate）和碘化鉀生成複合物沉澱，而與鋅分離。沉澱物中之碘，可使用伊洛生 Y（Erosin Y）作為吸附指示劑（Adsorption indicator），而以硝酸銀標準溶液滴定之。干擾元素有 Cu、Fe、Pb 及 NO_3^- 等。

　　例行或爐邊分析，以採用 β- 萘酚喹啉法或「硫酸馬錢子鹼 - 碘化鉀」法為宜。

(二)可溶性鎘複合物生成滴定法

　　鎘與 EDTA（Ethylenediaminetetraacetic acid）能生成可溶性之 1：1 複合陰離子（Complex anion）；此種複合物可供鎘之滴定。約有 40 種陽離子亦能與 EDTA 生成相似之可溶性複合物是其缺點，但可克服，例如：

　　①加入適當的遮蔽劑（Masking reagent），如氰化物或三乙醇胺
　　　（Triethanolamine），使某些陽離子不會與 EDTA 作用；

　　②滴定前使用萃取劑，移去干擾性元素；

　　③滴定時控制溶液酸度；

　　④選用適當指示劑，以增加本法之選擇性。

　　本法可使用能與金屬離子生成有色複合離子之指示劑，以量測滴定終點。當進行 EDTA 滴定時，由於金屬離子能與 EDTA 生成更安定之複合離子；到達終點時，所有金屬均與 EDTA 生成複合物，致指示劑顏色驟變，可作為終點之指示。主要指示劑計有 EBT（Eriochrome Black T）、兒酚

茶紫（Pyrocatechol Violet）、及「1-(2- 吡啶醯基偶氮)-2- 萘酚磷酸正丁酯〔1-(2-Pyridylazo)-2-naphthol〕」等。

　　使銅鎘合金樣品溶液中之鎘，轉化成硫氰化鎘後，以「甲醚丙酮（Methyl ether ketone）– 磷酸正丁酯（n-Butyl phosphate）」混合物（1：1）萃取後，可使用 EBT 作為指示劑，直接進行 EDTA 滴定，以測定鎘含量。

　　在含氰離子（CN⁻）之溶液中，Cu、Co、Ni 及 Cd，均能與 CN⁻ 生成複合物。當加入水合三氯乙醛（Chloral hydrate）或甲醛（Formaldehyde）時，因氰化鎘複合物（Cadmium cyanide complex）之安定性較其他複合物高，因而可獨被分離而出。水合三氯乙醛或甲醛之解蔽作用（Demasking action），應用於滴定法，可供作含有 Cu、Co 及 Ni 等雜質之溶液之鎘含量之測定。如果溶液含鋅，由於氰化鋅複合物不安定，亦能行解蔽作用，故需以同法滴定鋅和鎘之總量，然後加入少量二乙二硫氨基甲酸鈉（Sodiumdiethyldithiocarbamate），使與鎘生成「二乙二硫氨基甲酸鎘複合物（Cadmium diethyldithiocarbamate）」沉澱，並釋出當量 EDTA。EDTA 可用硫酸鎂（Magnesium sulfate）標準溶液行反滴定，以測定鎘含量。鎘沉澱物不會影響指示劑之變色。

三、光電比色法

　　本法包括萃取和比色。在強鹽基性之溶液中，鎘可用含有戴賽松（Dithizone）之氯仿或四氯化碳萃取。檸檬酸鹽（Citrate）、酒石酸鹽（Tartrate）、或經濃度控制之氰化物，對戴賽松鎘（Cadmium dithizonate）之萃取性影響不大；NaOH（1 ～ 2M）之影響亦小，因金屬鎘無生成 $HCdO_2^-$ 或 CdO_2^{-2} 之傾向。本法之分離和測定簡述如下：

　　紅色戴賽松鎘（Cadmium dithizonate）先在 pH10 之條件下萃取之，最後以 pH12 萃取之。鹽酸（0.01M）易破壞此種複合物，但不會破壞其他多種金屬（如 Cu、Ag 等）與戴賽松所生成之複合物。在鎘萃取之 pH 範圍內，Cu、Ag、Ni 及 Co（鋅含量若多，則有部份鋅），能與 Cd 一併被萃取，但 Pb、Zn 及 Bi 則否。HCl（0.01M）不會破壞鈷與戴賽松之戴賽松鈷複合物（Cobaltdithiozonate），但能部份破壞鎳與戴賽松之戴賽松鎳複合物（Nickel dithiozonate）。

　　在含 NaOH（5%）及夠量酒石酸，使干擾元素保持沉澱狀態之溶液中，以含戴賽松之四氯化碳，萃取戴賽松鎘（Cadmium dithizonate），則 Cd 可單獨或在鹼及鹼土族金屬、Al、Mn、Fe、As、Sb、Pb、Bi、Sn^{+2} 及 Zn（Zn：Cd ＜ 3000）等元素之存在下，進行光電比色。若有 Cu、Ag 存在，則 Cd 需先使用硫氰化吡啶（Pyridine thiocyanate）萃取而分離之。Ni、Co 則不得存在。含戴賽松鎘之四氯化碳萃取液，可使用 NaOH（2%）與水洗滌之，再以 520μm 之光線進行光電比色。亦可調整溶液，使溶液含 0.5M HCl，俾轉化為自由戴賽松鹽（Dithizonate），最後以 620μm 之光進行光電比色。戴賽松鹽在氯仿中之安定性和溶解性較在四氯化碳為大，但試樣溶液若含大量鋅，則以使用四氯化碳為宜。

　　在含一定量氰化物之強鹼性酒石酸溶液中，以含戴賽松之氯仿萃取戴賽松鎘時，CN⁻ 能與 Cu、Ag、Ni 及 Co 等元素，生成較安定之複合物，故能防止這些元素被一併萃取；而 Pb、Zn 及 Bi 則不會被有機物所萃取。

21-6 分析實例

21-6-1 市場鋅（註 A）之 Cd

21-6-1-1 分析步驟

　　(1) 稱取 25g 試樣於高腳燒杯內。

　　(2) 加 250ml H$_2$O 及 55ml HCl（1.19），再攪拌溶解之。（註 B）

　　(3) 俟作用漸近停止，再逐漸加酸數次（每次約 2ml），至未溶之試樣約為 2g 時，即開始過濾之（過濾時可將未溶質先移於濾紙上）。用水沖洗 2 次。濾液及洗液棄去。

　　(4) 以水將濾紙上之不溶質（註 C）洗入 500ml 燒杯內，並用錶面玻璃蓋好。然後分別加 10ml H$_2$O 及 10ml HNO$_3$（1.42）（註 D），以溶解沉澱。

　　(5) 加 20ml H$_2$SO$_4$（1:1）（註 E），再置於熱水鍋上，蒸發至冒出白色煙霧（註 F）。

　　(6) 加 100ml H$_2$O。煮沸之（註 G）。

(7)放冷後，靜置一夜（註 H）。

(8)過濾。以水沖洗 2 次。沉澱棄去。

(9)以水稀釋成 400ml（註 I），加 10g NH₄Cl（註 J）。然後通 H₂S（註 K）約 1 小時。

(10)靜置至沉澱析出後，用鬆底古氏坩堝過濾。然後將堝底移於 200ml 燒杯內，以少許石棉將附蓋於堝壁上之沉澱悉數擦入杯內。濾液棄去。

(11)加 60ml H₂SO₄（1：5）後，煮沸 30 分鐘。

(12)過濾。用冷水沖洗 3 次。沉澱（註 L）棄去。

(13)以水將濾液及洗液稀釋成 300ml，另加 5g NH₄Cl，再通 H₂S 1 小時。

〔若試樣含 Cd 甚多，則需依第(10)～(13)步所述之方法重新處理一次，否則依次操作下去（註 M）。〕

(14)靜置少時，再過濾之。以冷水洗滌 2 次。濾液棄去。

(15)將沉澱由濾紙上移於已烘乾稱重之鉑蒸發皿內，用錶面玻璃蓋住，以 HCl（1：3）溶解之（註 N）。另用 HCl（1：3，熱）將濾紙上之殘質溶解於盛主量溶液之鉑蒸發皿內。

(16)加 10ml H₂SO₄（1：1）（註 O），蒸發至冒出濃白硫酸煙後，再以弱焰燒灼之，以蒸去過量 H₂SO₄。最後以 500 ～ 600℃（註 P）燒灼至恒重。殘渣為硫酸鎘（CdSO₄）（註 Q）。

21-6-1-2 計算

$$Cd\% = \frac{w \times 53.92（註 H）}{W}$$

w ＝殘渣（CdSO₄）重量（g）

W ＝試樣重量（g）

21-6-1-3 附註

（A）市場鋅通常分為五種，其雜質含量組成（最高量）約如下表所示：

種類 元素	甲等a	甲等b	乙　等	丙　等	丁　等	戊　等
Pb	0.010	0.07	0.20	0.60	0.80	1.60
Fe	0.005	0.03	0.03	0.03	0.04	0.08
Cd	0.005	0.07	0.50	0.50	0.75	
Pb,Fe,Cd 之總和	0.010	0.10	0.5	1.0	1.25	

（B）（C）

　　（1）因 Zn 與 HCl 作用激烈，故無需加熱。

　　（2）因 Pb、Cd 等均不溶於 HCl（冷、稀），故在溶質中，除未溶解之 Zn 外，
　　　　餘為金屬 Pb、Cd。

（D）金屬鉛及鎘均易與 HNO₃（稀）發生激烈反應，生成硝酸鹽而溶解。

（E）（F）（G）（H）

　　　　加 H₂SO₃，並加熱蒸煮、放冷、及靜置等操作，旨在促使溶液內之
　　　　PbNO₃，均成 PbSO₄（白色）而沉澱析出；否則至第（16）步時，Pb⁺²
　　　　亦生成 PbSO₄，而與 CdSO₄ 一併析出，使分析結果偏高。

（E）（I）（J）（K）

　　（1）在含 2～10%H₂SO₄ 之溶液中，Cd⁺² 易與 H₂S 生成亮黃色之鎘黃
　　　　（CdS）沉澱：

$$Cd^{+2} + S^{-2} \rightarrow CdS \downarrow$$
　　　　　　　　　　　黃

　　（2）NH₄Cl 係電解質，可促進 CdS 成塊析出。

（L）沉澱為微量之 PbSO₄。

（M）因 CdS 易吸附 ZnS，而一併沉澱析出，故需以 H₂S 處理數次。

（N）（O）（P）（Q）

　　　　CdS 以 HCl 溶解後，生成 CdCl₂；加入 H₂SO₄ 後，即生成 CdSO₄
　　　　及 HCl。蒸煮至冒出 H₂SO₄ 白煙時（300℃以上），HCl 即揮發趨

盡。最後以 500 ～ 600℃燒灼，即可驅盡過量之 H_2SO_4，而獨留下 $CdSO_4$：

$$CdS + 2HCl \rightarrow CdCl_2 + H_2S$$

$$CdCl_2 + H_2SO_4 \xrightarrow{\triangle} CdSO_4 + 2HCl \uparrow$$

$$H_2SO_4 \xrightarrow{> 300℃} H_2O \uparrow + SO_3 \uparrow$$

（R）參照 19-6-1-3 節附註（I）。

21-6-2 易融合金（註A）之 Cd

21-6-2-1 分析步驟

（1）將 14-6-1-7-1 節（分析步驟）第（2）步所遺之濾液及硫酸洗液蒸發至體積為 100ml。

（2）乘熱引入 H_2S 氣體久時（註 B）。

（3）過濾。用含 H_2S 之水沖洗數次（註 C）。

（4）將沉澱由濾紙上移置於一頗大之瓷坩堝內，用錶面玻璃蓋好，加少量 HCl（1：3）溶解之（註 D）。將沾有沉澱之濾紙置於原漏斗上，以熱 HCl（1：3）洗滌之（註 E），將洗液滴入坩堝內。濾紙棄去。

（5）加約 20ml H_2SO_4（1：1）（註 F）於坩堝內，於水浴鍋上將水份盡量蒸發後，再將坩堝置於大坩堝內盛有石棉板之圓孔上（註 G），初微熱之，後加較高溫度，至無硫酸白煙（註 H）為止。

（6）置於乾燥器內，冷後稱之。殘渣為 $CdSO_4$。

21-6-2-2 計算：同 21-6-1-2 節

21-6-2-3 附註

※ 註：除下列各附註外，另參照 21-6-1-3 節之有關各項附註。

（A）易融合金（Wood's Alloys）主含 Sn、Bi、Pb、Cd 等元素。

（B）（C）通 H_2S 於第（1）步所遺之濾液及洗液時，若無黃色硫化鎘沉澱表示 H_2S 已通足；否則仍應繼續通足 H_2S，然後再過濾之，至濾液不再有黃色硫化鎘沉澱析出為止。

（D）（E）（F）（H）

　　參照 21-6-1-3 節附註（N）（O）（P）（Q）。

（G）參照 3-2-6-4 節附註（L）。

21-6-3 銀焊條(註 A)之 Cd

21-6-3-1 應備試劑

　　（1）緩衝溶液（pH10）

　　（2）EDTA 標準鋅溶液

　　（3）EBT 指示劑

　　（4）甲醛（1：9）　　　　　　　同第 13-6-1-4-2 節

　　（5）甲基紅溶液（0.04%）

　　（6）KCN（10%）

　　（7）NaOH（20%）

21-6-3-2 分析步驟

　　（1）將 13-6-1-4-3 節（分析步驟）第（5）步所遺之坩堝及沉澱置於 250ml 燒杯內。

　　（2）加 25ml HCl 及 50ml H_2O 於坩堝內，使坩堝內之沉澱完全浸於溶液內。

　　（3）加熱至沉澱完全溶解後，再冷至室溫。

　　（4）此時溶液含 Zn 量若小於 150mg，則加水稀釋成 200ml；大於 150mg，則將溶液移於 250ml 量杯內，以水稀釋至刻度後，精確量取適量溶液（以含 30 ～ 150mg Cd 為度）於 250ml 燒杯內，然後再加水稀釋成 200ml。

　　（5）以數滴甲基紅（0.04%）當做指示劑，小心加入 NaOH（20%），至溶液恰呈中性為止（切忌過量）（註 B）。

　　（6）分別加 30ml 緩衝溶液（pH10）、10ml KCN（10%）及 5 滴 EBT 指示劑，然後加足量甲醛（1：9），至溶液恰呈紅色為止（註 C）。

(7)以 EDTA 標準溶液(0.05M)徐徐滴定之,至溶液恰呈藍綠色為止（註 D）。

(8)加 5ml 甲醛(1：9)；若溶液之藍綠色轉變成紅色,則再用 EDTA 標準溶液(0.05M)滴定,至溶液恰呈藍綠色為止。如此反覆加入甲醛(1：9),及用 EDTA 標準溶液滴定,直至加入甲醛(1：9),在 2 分鐘內,溶液之藍綠色不再轉變成紅色為止（註 E）。

21-6-3-3 計算

(1)設分析步驟第(4)步之溶液全部供作試驗：

$$Cd\% = \frac{v \times F}{W} \times 100$$

(2)設分析步驟第(4)步僅取 v/250ml 溶液,供做試驗：

$$Cd\% = \frac{v \times F}{W \times V} \times 25000 （註 F）$$

v ＝滴定時所耗 EDTA 標準溶液(0.05M)之體積(ml)

F ＝ EDTA 標準溶液(0.05M)之滴定因數

V ＝所取試樣溶液之體積(ml)

W ＝試樣重量(g)

21-6-3-4 附註

（A）試樣不可含 Pb、Bi 等元素,否則對本法能產生干擾。

（B）（C）（D）（E）

(1)加 NaOH 至溶液恰呈中性,旨在便於第(6)步溶液 pH 之調整,以利 Cd^{+2} 與 EBT 指示劑之呈色反應,故宜小心操作。

(2)在 pH8 ～ 10 之緩衝溶液中, EBT 指示劑易與 Cd^{+2} (Mg^{+2}、Ca^{+2}、Zn^{+2} 亦同)化合成酒紅色之複合離子。以 EDTA 滴定之,則 Cd^{+2} 轉而與 EDTA 生成無色之 EDTA 之二鈉鎘鹽(Disodium cadmium salt of ethylenediamine tetraacetate）：

$$
\begin{array}{l}
\text{NaO}-\overset{\displaystyle O}{\overset{\|}{C}}-\text{CH}_2 \diagdown \\
\qquad\qquad\qquad N-\text{CH}_2-\text{CH}_2-N \\
\text{NaO}-\overset{\displaystyle O}{\overset{\|}{C}}-\text{CH}_2 \diagup
\end{array}
\begin{array}{l}
\diagup \text{CH}_2-\overset{\displaystyle O}{\overset{\|}{C}}-\text{OH} \\
\diagdown \text{CH}_2-\overset{\displaystyle O}{\underset{\|}{C}}-\text{OH}
\end{array}
+\text{Cd}^{+2} \rightarrow
$$

$$
\begin{array}{l}
\text{NaO}-\overset{\displaystyle O}{\overset{\|}{C}}-\text{CH}_2 \diagdown \\
\qquad\qquad\qquad N-\text{CH}_2-\text{CH}_2-N \\
\text{NaO}-\overset{\displaystyle O}{\overset{\|}{C}}-\text{CH}_2 \diagup
\end{array}
\begin{array}{l}
\diagup \text{CH}_2-\overset{\displaystyle O}{\overset{\|}{C}}-O \\
\diagdown \text{CH}_2-\overset{\displaystyle O}{\underset{\|}{C}}-O
\end{array}
\text{Cd}^{+2}+2\text{H}^+
$$

　　俟滴定完畢，溶液內無 Cd^{+2} 離子存在，則 EBT 回復原來之顏色，故可當做滴定終點。

(3) 溶液內可能含少量干擾元素，故加 CN^-，使與之生成安定且無色之複合離子，而不致干擾 Cd^{+2} 之滴定。

(4) Cd^{+2} 本來亦能與 CN^- 生成無色 $Cd(CN)_4^{+2}$ 複合離子，但在甲醛溶液中，$Cd(CN)_4^{+2}$ 能分解成 Cd^{+2} 及 CN^-，故 Cd^{+2} 得能獨自與 EBT 及 EDTA 作用。

(5) 因溶液中可能尚含有 $Cd(CN)_4^{+2}$，故需用甲醛處理數次，並再使用 EDTA 處理之。

（F）
$$
\text{Cd\%} = \frac{v \times F}{W \times V/250} \times 100
$$

$$
= \frac{v \times F}{W \times V} \times 25000
$$

21-6-4 市場鎘之 Cd

21-6-4-1 分析步驟

(1) 稱取 1.00g 試樣於 400ml 燒杯內。

(2) 加數 ml H_2O 及 10～15ml HNO_3。然後緩緩加熱助溶。

（3）加 10ml H₂SO₄。然後蒸發至冒出濃白硫酸煙（註 A）。

（4）冷後，加 100ml H₂O，再加熱至沸。

（5）冷後，若有沉澱（註 B），則過濾之。以冷水洗滌 2 次。沉澱棄去。

（6）以石蕊試紙（或石蕊試液）當做指示劑，加 NH₄OH（稀），至溶液恰恰中和後，再加水稀釋成 250ml（註 C）。

（7）加 5ml H₂SO₄（1.84），然後再通 H₂S 氣體 30 分鐘（註 D）。

（8）過濾。加 NH₄OH 於濾液內，至呈微鹼性後，引入 H₂S 氣體；此時若無白色雲狀之硫化鋅（ZnS）析出，則繼續從第（9）步開始做起。否則，以 HCl（1：1，溫熱）溶解濾紙上之沉澱，透過濾紙，聚於原燒杯內，再依第（6）～（7）步所述之方法重新通入 H₂S，然後再使用原濾紙過濾之。兩次所得之濾液棄去。（註 E）

（9）以 HCl（1：1，熱）（註 F）溶解沉澱，透過濾紙，聚於原燒杯內。

（10）加 20 ～ 25ml H₂SO₄（1.84）（註 G）。然後水浴蒸煮至小體積後，再置於電熱板上，蒸至近乾。

（11）冷後，加 20ml H₂O。然後加熱，至析出之硫酸鹽結晶完全溶解為止。將溶液完全移於已烘乾稱重之瓷坩堝內。以水沖洗燒杯，將洗液移於另一已烘乾稱重之瓷坩堝內。

（12）將兩坩堝置於電熱板上，蒸發至乾後。然後以弱焰燒灼之，至無白色硫酸煙冒出為止。最後置於馬福電爐（Muffle furnace）內，以 500 ～ 600℃（註 H）燒灼至恒重。殘渣為 CdSO₄（註 I）。

21-6-4-2 計算：同 21-6-1-2 節

21-6-4-3 附註

（A）蒸發時，溶液易濺出，需小心操作。

（B）沉澱為 PbSO₄（白色）。

（C）（D）

（1）參照 21-6-1-3 節附註（E）（I）（J）（K）第（1）項。

（2）第（6）～（7）步加 NH₄OH、H₂O 及 H₂SO₄，旨在調整溶液之 pH，

俾利 CdS 之沉澱；若 pH 太高則 ZnS 亦同 CdS 一併析出，致分析結果偏高；反之，則 CdS 沉澱不完全，致分析結果偏低。故宜小心操作。

（E）引 H₂S 於微鹼性溶液內，若有大量白色 ZnS 析出，表示試樣溶液含 Zn⁺² 甚多，故需以 HCl 溶解沉澱，並重新用 H₂S 處理一次，以除盡被 CdS 所吸附之鋅質。

（F）（G）（H）（I）參照 21-6-1-3 節附註（N）（O）（P）（Q）。

21-6-5 市場鎂及鎂合金（註 A）之 Cd

21-6-5-1 應備儀器：電解器（供電解法使用）

21-6-5-2 應備試劑

(1)「澱粉－碘化鉀」混合液 ⎫ 同第 12-6-3-2 節
(2) 碘標準溶液（N/10） ⎭ 唯碘之重量改為 12.7g

(3) 硫代硫酸鈉（Na₂S₂O₃）標準溶液（N/10）：同 17-6-2-1 節。

(4) 硫化氫水：量取適量水→引入 H₂S 氣體飽和之。

21-6-5-3 分析步驟

一、試樣之前處理（除去 Cu、Zn）（註 B）

(1) 依附註（C）所述，稱取適量試樣於 250ml 燒杯內，然後依 6-6-2-12-2 節（分析步驟）所述之方法處理之，將 Cu 除盡。

(2) 加 NaOH（45 ～ 48%）於銅電解完畢後之溶液內，至有大塊之白色氫氧化鎂〔Mg(OH)₂〕開始凝結析出，但在 15 分鐘內，以棒輕攪，又完全溶解為止（註 D）。

(3) 緩緩通入 H₂S 氣體（每秒 1 個氣泡）約 5 ～ 10 分鐘，至亮黃色之 CdS 沉澱完全析出為止（註 E）。

(4) 過濾（註 F）。加數滴 NaOH（45 ～ 48%）（註 G）於濾液內，再加 10ml 硫化氫水（註 H）。此時若無黃色 CdS 沉澱，則以熱水洗滌沉澱兩次（洗滌時需將洗液注滿濾紙）；若有黃色 CdS 沉澱，則將濾紙上之沉澱及濾液完全移回原燒杯內，並以水洗淨濾紙上之沉澱，

再以稍快之速度通入 H$_2$S 氣體約 5 ～ 10 分鐘，然後加入數 ml 濾紙屑，再以前述方法過濾、洗滌之。濾液及洗液棄去。

二、Cd 之分離

（一）電解法

1. 前處理

（1）以 HCl 溶解沉澱（CdS），透過濾紙，聚於電解燒杯內。

（2）加 5ml H$_2$SO$_4$（1.84），再蒸至冒出濃白硫酸煙。

（3）加 2 滴酚酞，當做指示劑。然後加 NaOH 至溶液恰呈紅色。此時溶液若含 Cd^{+2}，則有白色之氫氧化鎘〔Cd(OH)$_2$〕析出，然後加 KCN（10%）至 Cd(OH)$_2$ 恰恰溶盡為止（註 I）。最後依下述第 2 步電解之。

2. 電解

（1）先將陰極洗淨、烘乾、放冷及稱重。記其重為 w$_1$，以備計算。

（2）裝上電極（使陽極完全和杯底接觸；陰極露出液面 1cm。杯上以二片半圓形錶面玻璃蓋好。）

（3）通入電流（先以 0.6 安培電解 30 分鐘，再以 1.2 安培電解 30 分鐘。）

（4）一面繼續通電，一面將盛溶液之燒杯迅速移去。

（5）以洗瓶將電極用水洗淨，然後置於盛水之燒杯內，繼續電解 5 分鐘。

（6）切斷電流，取下電極。

（7）以酒精（95%）沖洗陰極兩次，再以 100℃烘乾數分鐘。於乾燥器內放冷後，迅速稱其重量。記其重為 w$_2$，以備計算。

（8）用 H$_2$SO$_4$（1：1）溶淨陰極上之鎘後，以水洗淨，並烘乾之，以恢復其原狀。

（二）碘滴定法

（1）移沉澱及濾紙於原燒杯內，加 50ml H$_2$O，再以玻璃棒劇烈攪拌，以搗碎濾紙。

（2）依次加 20.00ml（精確）碘標準溶液（N/10）及 10mlHCl（1.19）。然後攪拌至所有黃色沉澱溶盡（註 J）。

（3）以標準硫代硫酸鈉（N/10）滴定，至溶液呈稻草之黃色後，加約 2ml
　　「澱粉－碘化鉀」混合液，再繼續滴定，至溶液之藍色恰好消失為止。
　　再用碘標準溶液（N/10）滴定，至溶液恰呈不變之藍色為止（註 K）。

21-6-5-4 計算

（1）電解法：

$$Cd\% = \frac{w_2 - w_1}{W} \times 100$$

w_1 ＝電解前陰極重量（g）

w_2 ＝電解後陰極重量（g）

W ＝試樣重量（g）

（2）碘滴定法：

$$Cd\% = \frac{(V_1 - V_2 \times F) \times 0.0056}{W} \times 100$$

V_1 ＝滴定時所耗碘標準溶液之體積（ml）

V_2 ＝滴定時所耗硫代硫酸鈉標準溶液之體積（ml）

F ＝硫代硫酸鈉標準溶液之濃度（N）/ 碘標準溶液之濃度（N）

W ＝試樣重量（g）

21-6-5-5 附註

（A）鎂合金有時亦含少量之 Cd，但少有超過 2% 者。

（B）分析步驟第二步（Cd 之分離）無論用電解法或碘滴定法，Cu、Zn 均
　　能產生干擾作用，故應預先除去。

（C）設試樣含 2%Cd，則精確稱取 5.0g 試樣；若超過或低於 2% 時，則依
　　比例稱取之。總之，試樣之含 Cd 量，不宜超過 0.1g。

（D）（E）（F）（G）

　（1）參考 21-6-4-3 節附註（C）（D）、（E）。

（2）Mg(OH)₂ 沉澱析出，在 15 分鐘內，以棒輕攪，又完全溶解，表示此時溶液之酸度適於 CdS 之沉澱；但對 ZnS 而言，則仍嫌太酸，故無沉澱。

（3）加數滴 NaOH，稍增溶液之 pH 值，再加硫化氫水，若仍有 CdS 析出，則表示通 H₂S 時，溶液之 pH 太低，沉澱不完全，故需再用 H₂S 重新處理一次。

（4）加 NaOH 時，需小心一滴一滴加入，否則 pH 太高，ZnS 易析出。

（**F**）可使用 NO.42 Whatman 濾紙（11cm）過濾之。

（**I**）酚酞指示劑開始變紅時，溶液恰呈微鹼性，此時溶液若含 Cd^{+2}，會有白色 $Cd(OH)_2$ 析出；加入 CN^-，則 $Cd(OH)_2$ 與 CN^- 生成 $Cd(CN)_4^{+2}$ 之複合離子而溶解。

（**J**）（**K**）

（1）CdS（黃色）經 HCl 溶解後，生成 $CdCl_2$，並釋出 H_2S。H_2S 經一已知量之 I_2 氧化後，生成 HI 及 S，過剩之 I_2 用 $S_2O_3^{-2}$ 滴定之，所減少之 I_2，即為氧化 H_2S 而耗去之量。其化學反應原理如下：

$$CdS + 2HCl + I_2 \rightarrow CdCl_2 + 2HI + S \downarrow$$
$$\text{黃色}$$

$$I_2（過量）+ 2S_2O_3^{-2} \rightarrow 2I^- + S_4O_6^{-2}$$

（2）參照 6-6-1-1-4 節附註（E）（F）（G）（H），以及 2-4-2-5 節附註（E）（G）（H）（I）（J）。

21-6-6 青銅之 Cd

21-6-6-1 應備儀器

（1）電解器（供電解法用。參照 6-6-2-1-1 節。）

（2）玻璃濾杯（Glass Crucible）。

21-6-6-2 應備試劑

（**1**）**HNO₃**（1.42）

（**2**）**HNO₃**（1：1）

（3）**HF**

（4）**H₂SO₄**

（5）**HBr**（1.48）

（6）**NaOH** 溶液（20%）

（7）**KCN** 溶液（40%）

（8）**KCN** 洗液

量取 100ml KCN（0.5%）→加 2 滴 Na₂S（25%）→攪拌均勻。

（9）**HCl**（1：2）

（10）**8-** 羥喹啉（8-Hydroxyquinoline）（3%）

稱取 3g 8- 羥喹啉→加 1000ml 酒精溶解之。

（11）酚酞指示劑（0.1%）

21-6-6-3 分析步驟

一、試樣之前處理

(1) 稱取 5g 試樣於 500ml 燒杯內。另備同樣燒杯一個，供作空白試驗。

(2) 以錶面玻璃蓋好後，徐徐加入 50ml HNO₃（1：1）。然後加熱，至試樣完全溶解為止。

(3) 加 1ml HF，再加熱至糖漿狀。

(4) 加 30ml H₂SO₄，然後加熱至冒出濃白硫酸煙。

(5) 放冷後，加 30ml HBr(1.48)。然後再加熱蒸發，至冒出濃白硫酸煙（註 A）。

(6) 放冷後，加約 100ml H₂O。然後加熱，至可溶鹽全部溶解為止（註 B）。

(7) 放冷後，使用細密濾紙過濾。以水沖洗數次。聚濾液及洗液於電解燒杯內。沉澱棄去。

(8) 加 3ml HNO₃ 於濾液及洗液內。然後煮沸數分鐘。

(9) 加水稀釋至約 150ml。

二、銅之電解

同 6-6-2-1-3 節（分析步驟）第 2 步（電解手續）（惟電流改為 0.3 ～ 0.5 安培，電解時間改為 15 小時；另外不可用酒精沖洗電極。）

三、雜質之分離

(1) 溶液經電解法將銅除去後，再加熱蒸發至乾涸。

(2) 放冷後，加約 100ml H_2O。加熱，使可溶鹽全部溶解。

(3) 加 10ml NaOH（20%）。然後加約 15ml KCN（40%），使沉澱悉數溶解。

(4) 一面攪拌，一面徐徐滴加 2ml Na_2S（25%）。然後於溫處靜置 2 小時。

(5) 以細密濾紙過濾。以 KCN 洗液沖洗數次。濾液及洗液棄去。

(6) 以 HCl（1：2）溶解沉澱。濾紙用溫水洗淨。濾液及洗液透過濾紙聚於原燒杯內。

(7) 煮沸數分鐘，以驅盡 H_2S 氣體。

四、Cd 之分離

（一）8- 羥喹啉沉澱法

(1) 加 5ml HNO_3（1：1），再煮沸約 10 分鐘。

(2) 分別加約 50ml H_2O（溫）、10ml NH_4Cl（20%）及數滴酚酞指示劑（0.1%）。然後加 NH_4OH，至溶液呈中性後再過量 1ml。最後煮沸之。

(3) 過濾。以溫水沖洗數次。沉澱棄去。聚濾液及洗液於燒杯內。

(4) 加溫水至約 200ml。然後加熱至 70℃。

(5) 趁熱，一面攪拌，一面一滴一滴加入 5ml 8- 羥喹啉（3%）。煮沸 30 秒鐘，然後靜置 10 分鐘（註 C）。

(6) 以已烘乾稱重之玻璃濾杯過濾。以溫水沖洗數次。濾液及洗液棄去。

(7) 沉澱連同玻璃濾杯置於烘箱內，以 130℃烘至恒重。殘渣為 8- 羥喹啉與鎘之複合鹽〔$Cd(C_9H_6ON)_2$〕。

（二）電解法

1. 前處理

(1) 加 2ml H_2SO_4（1：1）。加熱至乾涸。

(2) 放冷後，加約 100ml H_2O。加熱至可溶鹽類溶解。

(3)加數滴酚酞指示劑(0.1%)。然後加 NaOH(20%)，至溶液呈中性後，再過量 1ml(註 D)。

(4)徐徐滴加 KCN(30%)，至沉澱恰恰溶解後，再過量1滴(註 E)。

(5)將溶液移於電解燒杯內，並以水調整溶液至 150ml。然後依下述第 2 步電解之。

2. 電解

(1)先將陰極洗淨、烘乾、放冷及稱重。記其重量為 w_1，以備計算。

(2)裝上電極(使陽極完全和杯底接觸，陰極露出液面 1cm。杯面使用二片半圓形錶面玻璃蓋好。)

(3)通以電流(0.2 ～ 0.3 安培，時間約 24 小時)。

(4)以洗瓶沖洗錶面玻璃下面、燒杯內壁及陰極露出液面部分，使電解液上昇約 5mm，然後再繼續電解 1 小時。如此不斷重複沖洗，電解，直至電極新浸入液體部份，不再有 Cd 析出為止。

(5)一面繼續通電，一面將盛溶液之電解燒杯迅速移去。

(6)以洗瓶(內盛清水)將電極洗淨，然後置於盛水之燒杯內，繼續電解 5 分鐘。

(7)切斷電流，取下電極。

(8)以無水酒精(95% 或 100%)沖洗陰極 2 次。然後置於烘箱內，以 100℃烘乾 10 分鐘。於乾燥器內放置 30 分鐘後，再迅速稱其重量。記其重量為 w_2，以備計算。

(9)用 H_2SO_4(1：1)溶解陰極上之 Cd 後，以水洗淨，並烘乾之，以恢復其原狀。

21-6-6-4 計算

(1) 8- 羥喹啉沉澱法

$$Cd\% = \frac{(w_1 - w_2) \times 0.2806}{W}$$

$w_1 =$ 試樣溶液所得殘渣(8- 羥喹啉與鎘之複合鹽)重量(g)

w_2＝空白試驗所得殘渣（8- 羥喹啉與鎘之複合鹽）重量（g）

W＝試樣重量（g）

（2）電解法

$$Cd\% = \frac{w_2 - w_1}{W} \times 100$$

w_1＝電解前陰極之重量（g

w_2＝電解後陰極之重量（g）

W＝試樣重量（g）

21-6-6-5 附註

（A）加 HBr，並蒸至冒出硫酸煙，旨在使錫質成溴化物之氣體逸去。否則錫質易在第二步脫銅時，與鉑極化合成合金而破壞電極。

（B）此時溶液若仍含有殘存之錫質，應再從第（5）步開始做起。

（C）靜置少時，旨在等待 8- 羥喹啉與鎘之複合鹽〔$Cd(C_9H_6ON)_2$〕完全沉澱析出。

（D）（E）

參照本章 21-6-5-5 節附註（I）。

第二十二章　鈷（Co）之定量法

22-1 小史、冶煉及用途

一、小史

　　第十六世紀中葉，人類才開始鈷化學及其冶煉之研究。然而，在公元前 1400 年之人造物件中就含有鈷；此種物件就是在尼泊爾（Nippur）和米索不達米亞（Mesopotamia）所發現的深藍色玻璃石頭。此種玻璃含約 0.93% 氧化鈷（Cobalt Oxide）。

　　十六世紀前期，在薩克森尼（Saxony）礦場發現一塊不起眼的礦石，經過燒灼後，無法得到銅，但卻逸出砷煙，傷害礦工健康。由於這些原因，因而稱此礦石為 Kobold，意即煩人的東西。至十六世紀中葉，又發現此種礦石經由燒灼，除去硫、砷後，再與砂共熔，可得美麗的藍色玻璃，稱為 Smalt，意為深藍色顏料。

　　瑞士皇家鑄幣局分析主任 Georg Brandt 於 1742 年以火焰分析法，從上述礦物中分離出一種新的金屬元素，並稱之為 Cobalt（鈷）。Torbern Bergman 於 1780 年從藍色鈷玻璃中提煉出金屬鈷時，已能確實瞭解鈷的各項基本特性。在約 1880 年以前，薩克森尼鈷礦場已能製造鈷藍（Cobalt blue）。在 1880 年的前幾年，位於紐加利德尼亞（New Caledonia）的鈷礦亦開始開採。這些礦場曾是金屬鈷的主要來源，一直到 1904 年在加拿大發現大量的「銀—鎳—鈷」礦石沉積為止。

　　第一次世界大戰前，市場上只能買到鈷的氧化物，且幾乎只供作陶瓷和玻璃之上釉和上色之用。由於戰爭引起了各國對合金鋼的重視，因此鈷金屬的生產方法，亦隨之迅速發展。自從 1924 年比屬剛果的金屬鈷上市後，迄今所開採的鈷礦中，75% 供作金屬鈷之提煉。

二、冶煉

　　鈷在自然界之主要礦物為砷鈷礦（Smaltite, $CoAs_2$）和輝砷鈷礦

（Cobalite, CoAsS），常與鎳共存。鈷金屬可用鋁還原其氧化物而得。非洲鈷礦產量約佔全球的 70%，其中剛果（Congo）的卡淡加（Katanga）省佔約 50%，美國和加拿大約佔 25%。

三、用途

鈷主要用於製造永久磁性合金和高強度、高溫度合金。前者約含 3 ～ 36%Co；後者之 Fe-Cr-Ni-Co 合金和鎳合金約含 10 ～ 30%Co，而鈷合金則含約 34 ～ 66%Co。

另外，有些工具與耐摩合金、低膨脹合金、恒常模組系數合金、彈簧合金、抗電合金、供金屬與玻璃緊密用之合金、以及鑲牙用之合金，均含適量之金屬鈷。

鈷化合物在工業上用途亦廣，硫酸鈷在陶瓷工業上，可漂白陶土；玻璃添加黑色氧化鈷，可得藍色之鈷玻璃。鈷的有機鹽，可供作油漆、墨水和假漆之乾燥劑。

煉油工業則使用鈷化合物，作為某些製程之觸媒。另外，某些動植物若缺少微量鈷化合物，如硫酸鈷或氯化鈷，則易罹患各種疾病。

22-2 性質

一、物理性質

鐵、鈷、鎳三元素在週期表中，屬第Ⅷ族元素，位於表之中央，屬於過鍍金屬元素，在性質上有許多相似之處。鈷的原子序數為 27，原子量 58.93 克，密度 8.93g/cm³，熔點 1535℃，沸點 3000℃。

金屬態鈷呈銀白色，稍帶紅色光澤，與鐵相似。其硬度和強度較鐵、鎳為大，但鍛性較差。添加少量碳素，可提高其鍛性和展延性。

二、化學性質

（一）氧化價位

鈷主要的氧化價位為 +2 和 +3。簡單化合物中，鈷幾乎均呈 Co^{+2}，少有呈 Co^{+3} 者；但在複合物中，鈷幾乎呈 Co^{+3}，少有的幾種 Co^{+2} 複合物均極

不安定。其他已知的鈷氧化價位尚有 Co^{+4}、Co^+ 及 Co^0。

（二）鈷的化學反應

（1）金屬鈷

鈷能溶於熱、稀鹽酸或硫酸，易溶於熱硝酸。強氧化劑易鈍化鈷之反應。常溫下，鈷不易被潮濕空氣所氧化，但在高溫時，則易氧化為 Co_3O_4。高溫時，硫和鹵素能與鈷生成 CoS、CoX_2。

（2）鈷化合物

在 pH6.8、且不含氧之溶液中，鹼性氫氧化物能與 Co^{+2} 生成氫氧化鈷〔$Co(OH)_2$〕，其顏色為藍或粉紅，依沉澱條件而定。加 OH^- 於含 Co^{+2} 之冷溶液中，則生藍黑色凝塊沉澱；靜止或加熱，則變成粉紅色。若加 Co^{+2} 於鹼液，亦可得粉紅色沉澱。此種顏色之轉變，係因粒子大小不同所致。溶液中含糖或非揮發性有機物，會阻礙此種氫氧化物之沉澱。$Co(OH)_2$ 易溶於稀酸，溶液呈粉紅色。$Co(OH)_2$ 與含過量鹼之溶液共熱，則生成深藍色溶液。在空氣中，$Co(OH)_2$ 逐漸氧化成棕色、且含有結晶水之三氧化二鈷（Co_2O_3）。在鹼性溶液中，$Co(OH)_2$ 能被氧化劑，如 Br_2 或 H_2O_2，氧化成 $Co(OH)_3$，因而無法再溶於「NH_4OH-NH_4Cl」混合液或 $NaCN$ 溶液。

未含銨鹽之氫氧化銨溶液，能與 Co^{+2} 生成藍色鹼式鹽（Basic Salt）沉澱；但由於反應期間會釋出 NH_4^+，因此沉澱不會完全。若含足夠 NH_4Cl，則生成黃色溶液，曝露在空氣中，則漸漸生成 Co^{+3} 與 NH_2 之紅色複合物。銨和鹼的碳酸鹽能與 Co^{+2} 產生各種不同組成之紅色鹼式鹽。在一大氣壓之 CO_2 下，在鹼性碳酸鹽溶液中，正常之碳酸鈷為 $CoCO_3 \cdot 6H_2O$。在無空氣狀況下，燒灼鈷的氫氧化物或碳酸鹽，可生成無水氧化鈷（CoO）。此物在常溫能吸收氧氣，若再予燒灼，能生成含氧量較高之氧化物。

Co^{+2} 的各種鹵化物，性質各異，如以對水之溶解度而言，CoF_2 較低，漸次增加，CoI_2 最高。在高溫狀況下，鈷可與鹵元素直接化合成各該元素之化合物。若係在水溶液中化合，則均能生成可溶性之 Co^{+2} 鹽。在 NH_4OH 溶液中，Co^{+2} 能與 H_2S 完全生成黑色無定形之 α- 硫化鈷（α-CoS）；若驅盡溶液中氧氣，則沉澱物更易溶於冷、稀鹽酸中；若靜止 10～15 分鐘，此沉澱物即成不溶物。在空氣中，此沉澱物經氧化後，即

不溶於稀鹽酸。α-CoS 亦成膠狀，若與醋酸共沸，則凝結成塊。在無機酸（Mineral acid）溶液中，無 CoS 沉澱。在醋酸鹽溶液中，則生成不溶於冷稀鹽酸之結晶性 β-CoS。α-CoS 易成膠狀，若與醋酸共沸，則凝結成塊。硫化鈷易溶於濃硝酸或王水。在氨水中，Co^{+2} 能與乙硫羰酸銨（Ammonium thioacetate, CH_3COSNH_4）生成 CoS 沉澱。在酸性溶液中，Co^{+2} 與硫代硫酸鈉無沉澱反應；但煮沸時，則部份生成 CoS 沉澱。

　　加鹼性氰化物於中性 Co^{+2} 鹽溶液中，能生成 $Co(CN)_2 \cdot 3H_2O$ 沉澱；若含過量 CN^-，則轉化成 CN^- 與 Co^{+2} 之複合物；若再加熱，則氧化成 CN^- 與 Co^{+3} 之複合物。亞鐵氰離子〔（Hexacyanoferrate(II)〕能與 Co^{+2} 生成綠色亞鐵氰化鈷〔$CO_2Fe(CN)_6$〕沉澱；而鐵氰離子〔Hexacyanoferrate(III)〕則生成棕紅色鐵氰化鈷 $\{[CO_3Fe(CN)_6]_2\}$ 沉澱。這些沉澱物不易溶於鹽酸。

　　在中性溶液中，若 Co^{+2} 足夠，則易與可溶性鉻酸鹽（Chromate）生成棕紅色鹼式鉻酸鈷（$CoCrO_4$）。草酸能與 Co^{+2} 生成粉紅色且不溶於水之草酸鈷（CoC_2O_4）沉澱。磷酸氫二鈉（Disodium hydrogen phosphate）能與 Co^{+2} 生成紅色磷酸氫鈷（$CoHPO_4$）沉澱。可溶性砷酸鹽及亞砷酸鹽，亦均能與 Co^{+2} 生成沉澱物。以上所述之沉澱物均能溶於無機酸或氫氧化銨溶液。

（3）鈷複合物

　　Co^{+2} 能夠生成複合物，但若與 Co^{+3} 比較，則前者之複合物種類就顯得少了。通常 Co^{+2} 複合物係屬四共價（Tetracovalency）結合，少數成六共價結合（Hexacovalency）；而 Co^{+3} 則均成六共價結合。Co^{+2} 對於氮贈體（Nitrogen doner）具強大親和力。

　　與 Co^{+2} 鹽聯接的氨分子很少超過六個。Co^{+2} 與六個氨結合後係成離子狀態之六胺（Hexammine）複合物 $[Co(NH_3)_6]^{+2}$ 而存在；另外，亦能與四個氨結合成非電解性（Nonelectrolyte）之四氨絡（Tetrammine）複合物，如〔$Co(NH_3)_4X_2$〕；X 代表陽離子。和二個氨結合，則成非離子狀之二氨絡（Diammine）複合物。其他含氮化合物，如胺和取代胺（Substituted amine），能取代複合物中之氨分子。Co^{+2} 和氨所生成的氨絡複合物（Ammine complex）性不安定，易被水解。

Co^{+2} 與氧贈體（Oxygen donor）之複合物，其安定性較氮贈體者為差。碳酸鹽與草酸鹽具氧贈體，能與 Co^{+2} 化合成複合物，如 K$_2$Co(CO$_3$)$_2$・4H$_2$O 和 K$_2$Co(C$_2$O$_4$)$_2$・2H$_2$O。

Co^{+2} 能與五個氰根（CN$^-$）化合成 [Co(CN)$_5$]$^{-3}$。此物性不安定，易被氧化成 [Co(CN)$_6$]$^{-3}$。另外，亦能與硫氰化物（CNS$^-$）生成四共價結合之複合物，如 K$_2$ [Co(CNS)$_4$]。

Co^{+3} 生成複合物的傾向非常強烈。Co^{+3} 與氮贈體所形成之複合物最安定，再依次為碳（氰根）、氧、硫及鹵素等贈體。

Co^{+3} 與氨所生成之複合物種類最多，其氨分子數為 2 ～ 6 個，其中以具六氨之六氨絡複合物（Hexammine Commplex），[Co(NH$_3$)$_6$]$^{+3}$，性最安定；其六個配位（Coordination position）可用氨絡、水以及帶負電官能基（Negative group）等不同組合充填之，如 [Co(NH$_3$)$_3$ (H$_2$O)(NO$_2$)$_2$]$^+$。

通氧氣於含過量氰化物之 Co^{+2} 鹽溶液中，可得 Co^{+3} 與六個氰根所生成之六氰鈷鹽（Hexacyanocobaltate），其安定性較相當之 Cr^{+3}、Mn^{+3}、或 Fe^{+3} 所生成者為大。六氰鈷鹽能與重金屬離子生成沉澱化合物；與鹼金屬生成可溶性化合物。此複合物之鉀鹽溶液與硝酸或硫酸共同加熱揮發，殘渣以水萃取，則可得六氰鈷酸。

Co^{+3} 亦可分別與異硫氰化物（iso-Thiocyanate）、亞硝酸鹽（Nitrite）、硝基（Nitro）、硝酸鹽（Nitrate）、β-二酮基（β-diketone）、碳酸鹽（Carbonate）、草酸鹽（Oxalate）、二硫代草酸鹽（Dithiooxalate）、丙二酸鹽（Malonate）、硫化物（Sulfite）以及鹵化物（Halogenate）等生成複合物。

22-3 分解與分離

一、分解

金屬鈷能緩緩溶於熱、稀鹽酸或硫酸；快速的溶於熱、稀硝酸。鈷鐵（Ferrocobalt）可先以濃硝酸溶之，然後再以稀硫酸蒸發至冒白煙。金屬鈷亦可使用本法溶解之。鈷合金可先用濃鹽酸溶之，再以硝酸和過氯酸蒸至冒白煙。大部份的鈷合金可溶於硝酸；有些合金鋼則需使用王水分解之。

二、分離

（一）一般方法

在古典分析化學上，鈷屬硫化氫族。以古典方法分離硫化氫族之鈷時，應注意事項如下：

(1) 為避免 Sn^{+5} 與鈷發生共沉現象，可在含丙烯醛（Acrolein）之 HCl（1M）內進行沉澱作用。另外為避免鈷與硫化鋅發生共沉現象，在使用硫化氫處理之前，添加丙烯醛，然後再加阿拉伯膠（Gelatin），以促進膠體狀之硫化鋅成凝塊狀沉澱。

(2) 在硫化氫族中，鈷列於在氨水中不沉澱之元素。為避免鈷與其他元素之氫氧化物發生共沉現象，在鐵沉澱之前，宜添加氰化鉀。

(3) 硫化氫族經分離後，可加入適量氧化鋅，至上層液體稍呈乳白色為止，使鈷與含 P、Al、Ti、V、Cr、Fe、Ar、Zr、Sn 及 W 等元素之沉澱物完全分離。為避免 Co 與 Fe 發生共沉現象，可進行二次沉澱，以收回微量的鈷。

（二）萃取法

鈷的萃取劑計有乙醯丙酮（Acetylacetone）、NINA（1-Nitroso-2-naphthol，1-亞硝基-2-萘酚）、異亞硝基乙醯酚（iso-Nitrosoacetophenone）、二乙二硫氨基甲酸鹽（Diethyldithiocarbamate）、戴賽松（Dithizon）、庫弗龍（Cupferron）、PAN〔1-(2-Pyridylazo-2-naphthol，1-(2-吡啶醯偶氮)-2-萘酚〕、8-羥喹啉（8-Quinolinal）、2,2',2"-四吡啶醯（2,2',2"-terpyridyl）、硫氰化鉀（Potassium thiocyanate）、氯化四苯砷（Tetraphenylarsonium chloride）、氯化三苯甲基砷（Tetraphenylarsonium chloride）和黃酸鉀（Potassium xanthate）等。

乙醯丙酮能與許多金屬，生成能溶於某些有機酸之螯鉗複合物。Co^{+3} 能生成可萃取之螯鉗複合物，而 Co^{+2} 則否。在近中性之溶液中，Co^{+3} 與試劑生成可萃取之螯鉗複合物後，可用乙醯丙酮或「乙醯丙酮-氯仿」混合物萃取之；而溶液中之 Co^{+2} 可用 H_2O_2 氧化為 Co^{+3}，再以同法萃取之。

在 pH5.0～7.0 之含鈷溶液中，可加含 1% 乙醯丙酮試劑之「四氯化碳–

酒精」混合液，所生成的鈷螯鉗複合物，可使用NINA(1-Nitroso-2-naphthol，1- 亞硝基 -2- 萘酚）萃取之。萃取液可供光電比色用。

　　於含有酒石酸鹽、且為 pH8 之溶液中之鈷，可用溶於四氯化碳之戴賽松萃取之。在 pH3 ～ 4、且含酒石酸鹽之溶液中，有些金屬能生成戴賽松複合鹽（Dithizonate），可使用含戴賽松之氯仿溶液萃取之。留於母液者即為鈷。

　　在中性或鹼性溶液中之鈷，可用溶於氯仿之 8- 羥喹啉（8-Quinoline）溶液萃取之。在鈷萃取之前，降低溶液 pH，使用本試劑萃取，可除去某些金屬。

　　Fe^{+3} 以 KCNS 和 NH_4F 遮蔽之，即可使用溶於氯仿之氯化四苯砷（Tetraphenylarsonium chloride)萃取鈷離子。將萃取液內所含之銅還原後，氯仿層中之鈷，即可使用 $615\mu m$ 之光線，進行光電測定。

（三）離子交換法

　　以一般方法，使 Co 與亞硝基 -R- 鹽（Nitroso-R-Salt）生成複合離子，並使之酸化後，通過一經酸洗過之鋁礬管柱（Alumina column），鈷複合離子和尚未反應之亞硝基 -R- 鹽可被吸附，而其餘之干擾元素，如 Cu、Cr、Ni 及 Fe 等金屬元素，則通過管柱。過量的試劑可用 HNO_3（1M，熱）驅盡之，再使用 H_2SO_4（1M）驅出鈷複合離子。此種硫酸溶液可供鈷之光電測定之用。

　　高溫合金之 Ni、Mn、Co 及 Fe，亦可採用陰離子（Anion）交換分離法分離之。經鹽酸脫水後，可除去 W 和 Si；Mo 與 Cu 可通 H_2S，使成硫化物沉澱而除去之。

　　濾液以 H_2O_2 處理後，注入陰離子交換管柱內，Ni、Mn 及 Cr 可用 HCl（9M）洗出；而 Co 與 Fe，則可分別用 4M 與 1M HCl 洗出。然後以電解法測定鈷含量。

22-4 定性

　　鈷之定性，通常採用下列三種斑點測試法測試之：

（一）硫氰化合物和丙酮

加硫氰化合物於含 Co^{+2} 溶液內，若有丙酮存在，則溶液變為暗藍色。定性時，先將微酸性之試樣溶液，置於白瓷板上，再滴入 5 滴以 NH_4CNS 飽和之丙酮。干擾元素 Ni^{+2} 若濃度大於 0.2%，亦能呈現藍色。干擾元素 Cu^{+2}，可用 Na_2S 還原為 Cu^+；在加入試樣溶液時，Cu^+ 與硫氰化合物能生成白色沉澱而除去。

Fe^{+3} 能與 CNS^- 生成紅色硫氰化鐵，形成干擾；可加氟鹽，使與 Fe^{+3} 形成無色複合物。

（二）NINA

在中性、含氨或醋酸溶液中，Co^{+3} 能與 NINA（α-Nitroso-β-Naphthol）生成棕紅色沉澱。試劑為 100ml 醋酸（1：1）含 1g NINA。

試樣溶液若含干擾離子 Fe^{+3}，則當微酸性或中性試樣溶液滴於白瓷板上時，先滴一滴試劑（含丙酮），然後加數滴磷酸三鈉（Trisodium phosphate），使 Fe^{+3} 與 PO_4^{-3} 生成無色複合物。

Cu^{+2} 亦為干擾離子，應以 I_2 使之還原成 Cu^+。定性時，可依次加入相同滴數之 NINA 試劑、HCl（2M）及 KI（10%）於白瓷板上。混合後，再依次加入少量 Na_2S、試樣溶液（含 1% 丙酮）和數滴醋酸鈉之飽和溶液。若試樣含鈷，則此時溶液呈棕紅色。

（三）溴化三苯硫 (Triphenylsulfonium bromide)

加三苯硫（Triphenylsulfonium）離子或四苯砷（Tetraphenylarsonium）離子於含 Co^{+2} 和過量 CNS^- 之溶液中，能生成藍色、可溶於氯仿之鈷複合物：

$$Co^{+2} + 4SCN^- + 2(C_6H_5)_3S^+ \rightarrow [(C_6H_5)_3S]_2Co(SCN)_4$$

以氯仿萃取時，則氯仿層呈現藍色。

取 5 或 10 滴微酸性試樣溶液於小試管內，分別加入 2 滴溴化三苯硫（5%）或溴化四苯砷（1%）和 1 或 2 滴 NH_4CNS（10%），再加數滴氯仿萃取之。氯仿層呈現藍色，表示有鈷存在。呈色最佳之酸度為 pH3。Zn^{+2} 和 Sn^{+4} 能妨礙呈色，可加過量 CNS^- 或歐寧（Onium）試劑消除之。

　　Fe^{+3} 和 Bi^{+3} 亦有害,可加 1 或 2 滴 $NH_4F(10\%)$ 於試樣溶液內,以消除之。若有 Cu^{+2} 存在,則加 I^-,使成無害之 Cu^+;所生成之 I_2 可加 $Na_2S_2O_3$ 還原之。

22-5 定量

一、重量法

(一) NINA 法

　　鈷與 NINA(α-Nitroso-β-Naphthol)生成沉澱,是最常用的鈷定量法,也是第一次使用有機試劑,供做金屬之定量。

　　本法試劑並非選擇性試劑,故需進行初步分離。在中性或微酸性溶液中,Cu、Fe 能完全與鈷一併沉澱;而 Sn、Ag、Cr、V 及 Bi,則生成部份沉澱。Al、Mn、Ni、As、Sb、Cd、Pb 及鹼土族元素,雖不會發生沉澱,但能隨著大量的鈷沉澱,而一併下沉,故宜進行二次沉澱。除了 Cr、V 以外,大部份的干擾元素,均可隨硫化氫族(H_2S group)而除去;或在磷酸鹽分離時,隨鐵而去。此種鈷的沉澱物最後可燒灼成 Co_3O_4,或轉化成硫酸鹽,或還原成金屬鈷,而定其含量。

(二) 六亞硝基鈷鉀法

　　Co^{+3} 能依下式,生成六亞硝基鈷鉀〔(Potassium Hexanitritocobaltate(III),另名鈷黃 (cobalt yellow))〕而沉澱:

$$2Co^{+3} + 12KNO_2 + 3H_2O \rightarrow 2K_3Co(NO_2)_6 \cdot 3H_2O \downarrow + 6K^+$$
黃色

本法旨在提供 Co 與 Ni 的分離,但大部份的干擾元素需先予分離。試樣溶液中,若存有足夠之酒石酸複合劑,鈷即能與鉻金屬冶煉分析時,所遭遇之大部份元素分離。硫化氫族元素不會產生干擾。當鈷沉澱時,Al、Ti、Cr、Fe、Zr、Mo 及 W,均不會隨鈷一併下沉。Pb 能干擾 Co 與 Ni 之分離;如果使用硫酸溶解試樣,可將 Pb 濾去。鈷最後可用電解或其他方法定量之。電解時,在陽極(Cathode)未移除,或電流未切斷前,陰極上之沉澱物宜使用清水洗之,以免沉澱物損失,而影響定量之準確度。

（三）氨基苯甲酸（Anthranilic acid）

在微酸或中性溶液中，隣氨基苯甲酸鈉
（Sodium anthranilate，$C_7H_6NNaO_2$）：

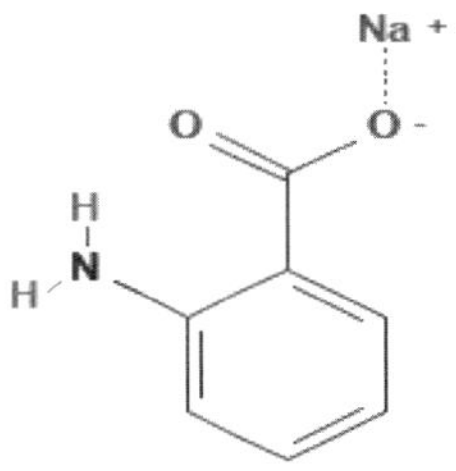

可與鈷鹽產生紅色
之複合物沉澱：

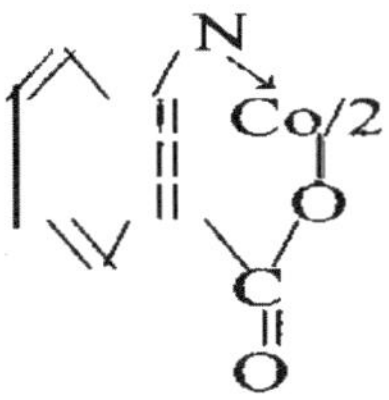

此物易溶於醋酸或磷酸鹽緩衝溶液中。但有許多干擾元素，如 Fe、Ni 和 Zn 必須預先除去。此種沉澱物易於過濾和洗淨。在 108 ～ 290℃之間，其重量不變。另外，鈷亦易和 5- 溴隣氨基苯甲酸（5-Bromoanthranilic acid）產生沉澱。此種沉澱易於過濾，且不沾玻璃器具。在 48 ～ 194℃之間其重量不變。

（四）己內醯脲酸

在 NH_4OH 溶液中，己內醯脲酸（Phenylthiohydantoic acid）能與鈷化合成紅色複合物沉澱：

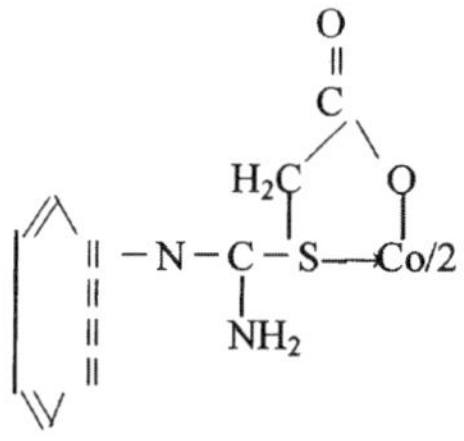

此法可一次分離 Al、Cr、V、W、Mo、As、Ti、Zn、Mn、及 Mg 等元素。Fe 稍能與 Co 一併下沉；Ni 能產生部份沉澱；而大部份之硫化氫族金屬元素，均能產生沉澱。

鎳沉澱物能溶於含足量氨水之溶液內；但氨水含量太多，會影響鈷的沉澱。鈷沉澱最後若燒灼成 Co_2O_3，可得良好之定量結果。

（五）鈷氰化物 (Hexacyanocobaltate)

Ni^{+2} 與 Co^{+3} 分別與 CN^- 所生成之複合鹽，因溶解度不同，因而得以分開。$Co(CN)_6^{-3}$ 複合物在酸性溶液中很安定，能與 Ag^+ 生成鈷氰化銀〔$Ag_3Co(CN)_6$〕沉澱，適用於鈷之定量。而鎳氰化物 (Hexacyanonikelate) 遇酸即被分解，因而留在濾液內，可供鎳之定量。鈷氰化銀可以低於 $130℃$ 之溫度燒灼至恒重。

（六）Ni-Na 法

「Ni-Na」指「α- 亞 硝 基 -β- 萘 胺（α-Nitroso-β-Naphthylamine，簡稱 α-Ni-β-Na）和 β- 亞硝基 -α- 萘胺（β-Nitroso-α-Naphthylamine，簡稱 β-Ni-α-Na）」。此兩種試劑能分別與 Co、Cu 及 Fe，生成複合物沉澱，而得與 Zn、Al、Cr 及 Mn 等元素分離。前一種試劑易得，後一種則不易製得。Co^{+3} 與 α-Ni-β-Na 結合之分子式如下：

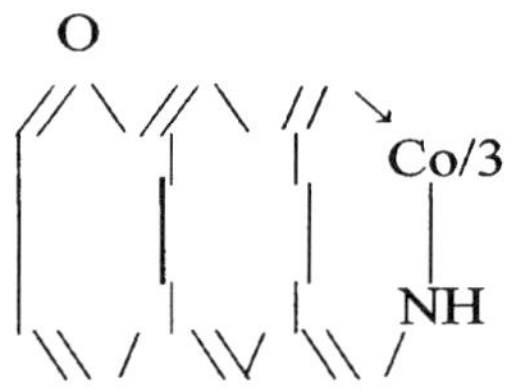

（七）IND 法

溶液若同時含有 Co、Ni、Cu、Zn、Mn、Al 及 Cr，則 Co^{+3} 可與 IND (iso-Nitrosodimedone) 迅速生成下式複合物：

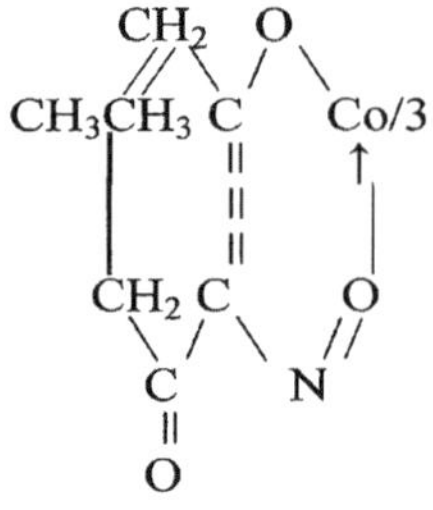

並快速沉澱，而得與其他元素分離。此沉澱物經熱水洗滌後，在稱重前需以 100℃烘乾之。本法干擾元素計有 Ag^+、Fe^{+2} 及 Fe^{+3} 等離子。

（八）8- 羥喹啉法

Co^{+2} 在醋酸鹽溶液中，能與 8- 羥喹啉（8-Quinolinol）生成複合離子沉澱，以分離 Mg、Mo；但 Zn、Ni 及 Cu 亦能同時沉澱，故需輔以「溴酸鹽 – 溴化物（Bromate-Bromide）」滴定法，以完成鈷之定量。其原理為：鈷沉澱物以 HCl 溶解後，加入過量「$KBrO_3$–KBr」標準溶液，並生成溴氣（Br_2）。每莫耳（Mole）8- 羥喹啉需 2 莫耳 Br_2，溴化為 5,7- 二溴 -8- 羥喹啉（5,7-Dibromo-8-quinolinol）。過量溴氣則與碘化鉀反應，生成碘。碘可用硫代硫酸鈉標準溶液滴定之。整個過程如下：

$$Co(H_6Q)_2 + 2H^+ \rightarrow Co^{+2} + 2H_7Q$$

$$BrO_3^- + 5Br^- + 6H^+ \rightarrow 3Br_2 + 3H_2O$$

$$H_7Q + 2Br_2 \rightarrow H_5QBr_2 + 2HBr$$

$$Br_2（過量）+ 2I^- \rightarrow 2Br^- + I_2$$

$$I_2 + 2S_2O_3^{-2} \rightarrow 2I^- + S_4O_6^{-2}$$

此處，H_7Q 代表 8- 羥喹啉。

在上述反應中，鈷的當量（Equivalent weight）等於 1/8 原子量。

（九）BAZ

Co^{+2} 能與 BAZ（Benzimidazole）生成安定、且不易溶於水的複合物沉澱：

$$Co^{+2} + 2C_7H_6N_2 \rightarrow Co(C_7H_5N_2)_2 \downarrow + 2H^+$$

因係在 pH10 之狀況下反應，因此溶液中不應存有在此種 pH 值下，猶能生成氫氧化物之元素存在。此物在 100℃開始微量分解。可在 105℃以內烘乾之。

二、滴定法

（一）硫酸銨亞鐵法

Co^{+3} 在含有過溴酸鈉之氫氧化鈉溶液中沉澱後，煮沸之，以破壞過溴酸鹽。然後以酸溶解之，並加過量硫酸銨亞鐵標準溶液，將 Co^{+3} 還原成 Co^{+2}。過量之硫酸銨亞鐵以重鉻酸鉀標準溶液反滴定之。其反應式如下：

$$Co^{+3} + Fe^{+2} \rightarrow Co^{+2} + Fe^{+3}$$

$$6Fe^{+2}（過量）+ Cr_2O_7^{-2} + 14H^+ \rightarrow 6Fe^{+3} + 2Cr^{+3} + 7H_2O$$

（二）氰化鉀法

本法係使用氰化鉀標準溶液滴定 Co^{+3}，並使用碘化銀做指示劑。氰化物能分別與 Co^{+3} 和 Ag^+ 生成安定的 $Co(CN)_5^{-2}$ 和 $Ag(CN)_2^-$ 複合離子。加一定量的硝酸銀標準溶液於含有鈷和碘離子的溶液內，由於生成不溶性之碘化銀，故溶液呈雲狀。以氰化鉀標準溶液滴定，至溶液清白為止。此時表示所有 Co^{+3} 與 Ag^+ 均已化成複合物。此二者之差即為鈷的含量。為了能易於辨認滴定終點，亦可加入足量氰化物，至溶液清白後，再過量數 ml，然後以硝酸銀標準溶液反滴定之；其反應式如下：

$$Co^{+3} + AgI + 7CN^- \rightarrow Co(CN)_5^{-2} + Ag(CN)_2^- + I^-$$

$$2CN^-（過量）+ Ag^+ \rightarrow Ag(CN)_2^-$$

$$I^- + Ag^+ \rightarrow AgI（終點）$$

由所用氰化鉀標準溶液之總體積，減去相當於所加硝酸銀標準溶液總體積之氰化鉀標準溶液體積，即可計算鈷含量。干擾元素中，Cu^{+2} 可隨硫化氫族而除去；Zn^{+2} 能與 KCN 化合，而使結果偏高，但可加檸檬酸銨（Ammonium citrate），以減少影響。另外，Ti、Ni 均能產生干擾。

（三）鐵氰化鉀法

在含 NH_3 溶液中，Co^{+2} 能完全被鐵氰化鉀〔Potassium hexacyanoferrate（III）〕所氧化：

$$Co^{+2} + Fe(CN)_6^{-3} \rightarrow Co^{+3} + Fe(CN)_6^{-4}$$

首先加過量鐵氰化鉀標準溶液於試樣溶液中，然後使用鈷（Co^{+2}）標準溶液反滴定之。Cu、Ni、Fe、Pb、Bi、Cd、As^{+5}、Sb、Sn^{+4}、Mo、Cr^{+4}、Al、Zn、Ti、W、V^{+5} 及 Zr 等元素，均不會干擾，但 Mn 會產生嚴重干擾。

亦可以乙二胺（Ethylenediamine）替代 NH_3，因 Co^{+2} 與此物所生成之

複合物，其氧化性較 Co^{+2} 與 NH_3 所生成者為強。使用本法時，試樣溶液若含 Cu、Ni 及 Fe，則需加檸檬酸鹽（Citrate）或磺基水楊酸鹽（Sulfosalicylate），以消除干擾。溶液若含磺基水楊酸鹽，Mn 不生干擾。除非溶液含 Ag 或同時含有 Cr、V 及 Mo 等三元素，否則可直接進行滴定。過量之鐵氰化鉀可使用硫酸鈷（$CoSO_4$）標準溶液反滴定之。

（四）碘量測法

在含鈷和重碳酸鉀之過氧化氫溶液中，能生成 CO_3^{-2} 和 Co^{+3} 的複合離子。此物在酸性溶液中，能與碘化合物生成 Co^{+2} 和 I_2。I_2 可使用硫代硫酸鈉滴定之。反應式如下：

$$Co^{+3} + 2I^- \rightarrow Co^{+2} + I_2$$

$$I_2 + 2S_2O_3^{-2} \rightarrow 2I^- + S_4O_6^{-2}$$

若為稀薄溶液，可採用「碘－澱粉」終點，否則應使用安培計法（Amperometric method）測定其終點。在本法之狀況下，凡能將 I^- 氧化成 I_2 之元素，均能產生干擾。這些干擾元素計有 Fe、Cr、Mn、Cu、Sb、Mo、W 和 V 等。溶液中若含適量 F^-，可減少 Fe、Ni 等之干擾。

另外，加碘於含有硝酸銨、氯化物、溴化物、或碘化物之試樣溶液，能產生相對的碘五氨鉻鈷鹽（Iodopentammine colalt salt）。此種複合生成物，亦可供作鈷的碘測定法之用。適量的硝酸銨和過量的碘標準溶液加入後，再加入氨水，在 5 分鐘內，即完全生成綠色的碘五氨絡鈷之硝酸鹽沉澱；過量的 I_2 可用砷標準溶液反滴定之。反應式如下：

$$2Co^{+2} + I_2 + 10NH_3 + 4NO_3^- \rightarrow 2Co[(NH_3)_5I](NO_3)_2$$

$$I_2（過量）+ As^{+3} \rightarrow 2I^- + As^{+5}$$

可用電流計測定終點。凡能將 I^- 或 Co^{+2} 氧化或將 I_2 還原之元素，均能產生干擾。砷酸鹽（Arsenate）、銻酸鹽（Antimonate）、鉻酸鹽（Chromate）、鉬酸鹽（Molybdate）、釩酸鹽（Vanadate）及鎢酸鹽（Tungstate）等，均不會產生干擾；但這些元素在低價位時，則屬干擾元素。在本法之條件下，Ni、Cu 和 Cd，均能生成氨基複合物（Amino complex），而降低溶液 pH 值。當 pH < 8.5，則鈷複合物之生成速度較慢，分析結果偏低，因此氨含量必須足夠，而使達到 pH9。另外，在酸性溶液中，Ag、Pb 能生成碘化物而沉澱，

會減少此溶液之 I⁻ 含量，因而引起含氨溶液中 I_2 的水解，使分析結果偏低。因此在加入碘液之前，必須使這些金屬成為碘化物而沉澱。酒石酸鹽能阻止 Al、Bi、Cr、Fe 和 Sn 等，生成氫氧化物，因而可避免與鈷一併沉澱。若有 Mn^{+2} 存在，則需在強酸中，使之成碘化物沉澱而除去，否則 Mn^{+2} 會被 I_2 氧化。

（五）EDTA 法

（1）EBT（Eriochrome Black T）指示劑法

本法適用於 Co、Ni 共存之試樣溶液中鈷之定量。首先將過量 EDTA（Disodiumdihydrogen ethylenediaminetetraacetate dihydrate）標準溶液加入試樣溶液中，使 Co、Ni 均化合成此試劑之複合物。然後以 NH_4OH 將溶液酸度調至約 pH10。

過量的 EDTA 以鋅標準溶液滴定，並以 EBT 當作指示劑，至溶液由藍色恰變為紅色為止。設 H_4Y 和 H_3In 分別代表 EDTA 和 EBT，則其反應式如下：

$$Co^{+2} + Ni^{+2} + 2H_2Y^{-2} \rightarrow CoY^{-2} + NiY^{-2} + 4H^+$$

$$H_2Y^{-2}（過量）+ Zn^{+2} \rightarrow ZnY^{-2} + 2H^+$$

$$Zn^{+2} + HIn^{-2}（藍）\rightarrow ZnIn^-（紅）+ H^+（終點）$$

然後加 NINA（α-Nitroso-β-naphthol），使與鈷生成複合物沉澱，並以氯仿萃取之。

母液中之鎳再以上述方法定量之。二次滴定之差，即代表鈷之含量。此法無需像 NINA 重量法中，需過濾大量沉澱物，亦無需蒸煮沉澱物以及使沉澱物轉變為稱重類型（Weighing form）。

另外一種方法就是，先加過量 EDTA，其次以二氧化鉛將 Co^{+2} 和 EDTA 所形成之複合物氧化成非常安定的 Co^{+3} 和 EDTA 所形成之複合物。未反應之氧化鉛過濾後，過量的 EDTA 以 EBT 為指示劑，使用硫酸鎂反滴定之：

$$2CoY^{-2} + PbO_2 + 4H^+ \rightarrow 2CoY^- + Pb^{+2} + 2H_2O$$

$$H_2Y^{-2}（過量）+ Mg^{+2} \rightarrow MgY^{-2} + 2H^+$$

$$Mg^{+2} + HIn^{-2}（藍）\rightarrow MgIn^{-}（紅）+ H^{+}（終點）$$

至此可得到鈷和鎳的總含量。然後加 KCN，使鎳複合物釋出相當於鎳含量之 EDTA（此時 Co^{+3} 複合物不會被氰化物所分解）：

$$NiY^{-2} + 4(CN)^{-} \rightarrow Ni(CN)_4^{-2} + Y^{-4}$$

此時釋出之 EDTA 再用硫酸鎂（$MgSO_4$）滴定之。二次滴定之差，即代表鈷之含量。

（2）辛昆指示劑法

辛 昆（Zincon）之 學 名 為 0-｛2-[α-(2-Hydroxy-5-sulfophenylazo)-benzylidene]-hydrazino]-benzoic acid｝，係一種 Zn 與 Cu 之呈色劑。在含過量 EDTA 之試樣溶液中，可用辛昆為指示劑，以鋅標準溶液滴定過量之 EDTA。

（3）PAN 指示劑法

在含醋酸之微酸性試樣溶液中，首先加入 PAN[1-(2-pyridyl-azo-2-naphthol；1-(2- 吡啶醯偶氮)-2- 萘酚〕指示劑及過量 EDTA；過量 EDTA 以銅標準溶液滴定，至溶液恰由黃變紫為止。干擾元素 W、Ti 和 Fe 可使用酒石酸鹽和氟化物遮蔽之。

在試樣溶液中，金屬陽離子（M^{+2}）能與「CuY^{-2}-PAN」發生下列反應式：

$$M^{+2} + CuY^{-2} + PAN^{-2}（黃）\rightarrow MY^{-2} + Cu(PAN)（紫）$$

因此只要有足夠的「Cu-EDTA」複合離子，以便與 PAN 指示劑化合，就可直接使用 EDTA 滴定之。鈷在 pH > 3 之酸性溶液中，可得甚準確之滴定結果。當 pH 調整妥當後，加入數滴 Cu-EDTA 複合溶液，再加入足量 PAN 指示劑，使溶液變成深紫色。煮沸之，然後直接使用 EDTA 滴定，至溶液恰恰變為鮮黃色為止。Co-EDTA 複合物為紅色，會干擾 Cu-PAN 指示劑顏色，因此 100ml 溶液中，Co 含量不宜超過 10mg。

（4）二甲酚橙指示劑

二甲 酚 橙（Xylenol orange）學 名 為 3,3'-[N,N'-di(carboxymethyl)-aminomethyl]-o-cresolsulfonphthalein，在酸性溶液中，可作為數種金屬之 EDTA 滴定時之指示劑。在直接滴定時，其顏色由紅變黃，其色澤可

被金屬離子或其 EDTA 複合物之顏色所影響。如果同時使用碘測定法（Iodometric method）和複合物測定法（Complexometric method），可依次測出溶液中之 Cu 和 Co 含量。其法為，其中之一試樣溶液，使用維他命 C（Ascorbic acid）和 KI 處理之，使銅還原，並生成 CuI 沉澱，然後調整溶液 pH 為 5～6，以二甲酚橙為指示劑，以 EDTA 滴定之。另一試樣溶液，調整至中性，在通常之方式下，以碘測定法定量之。

（5）兒茶酚紫指示劑

兒茶酚紫（Pyrocatechol violet）學名為 3,3',4'-Trihydroxyfuchsone-2"-sulfonic acid。「醋酸銨 - 氫氧化銨」溶液中之鈷，以 EDTA 滴定時，若以本試劑做為指示劑，則終點時，溶液由藍綠色變為紫紅色。100ml 溶液中，Co 含量不得大於 5～6mg，否則溶液呈混濁狀態。

（6）NAX 指示劑

NAX[7-(1-Naphthylazo)-8-quinolinol-5-sulfonic acid，另簡稱 Naphthylazoxine]，在微酸性溶液中，以 EDTA 直接滴定鈷時，可作為指示劑。滴定終點時，NAX 溶液顏色由黃色立刻變為紅色。為使變色更為明確，在溶液變成深紅色時，加入小量稀薄硝酸銅標準溶液，使指示劑變回原來的黃色，再緩緩以 EDTA 滴定，至溶液由黃色或橙黃色恰恰變為紅色為止。然後由滴定管讀數，減去與銅生成複合物之 EDTA 讀數，即為滴定鈷所需之 EDTA 體積。注意，在 pH＝5.5～6.5 時，Cd、Pb、Ni 和 Zn 等，亦能與 EDTA 生成複合物，而生干擾。Al、Fe^{+3} 和 Zr，能與指示劑發生相反的作用，故亦屬干擾元素。

三、光電比色法

（一）硫氰化物法

本法係古典的鈷定量法之一。鈷溶液若含丙酮，可減少鈷複合物之解離，而增強其顏色。硫氰化鈷複合物亦可使用其他有機溶劑萃取之，以達最大吸光度。譬如在加入硫氰化銨之前，先加入異戊醇（iso-Amyl alcohol）。此種含醇溶液，可用 312μm 光線測定之，同時使用萃取劑當空白溶液。適用此法之含鈷濃度範圍為 0.2～10p.p.m.。萃取前，宜將溶液以過氯酸（Perchloric acid）和氫氧化銨將酸度調整至 pH3.0～5.3。溶液在

24 小時內很安定。

　　干擾元素中，醋酸根（CH_3COO^-）、砷酸根（AsO_4^{-3}）、NH_4^+、Cd^{+2}、Cl^-、Co^{+2}、Mg^{+2}、NO_3^-、K^+、Na^+ 和 SO_4^{-2}，在 1000p.p.m. 內無干擾。下述元素在下述濃度（p.p.m.）內無干擾：$V^{+5} < 10$、$Mo^{+6} < 100$、$Cu^{+2} < 10$、$Al^{+3} < 100$、$Mn^{+2} < 75$、$Pb^{+2} < 25$、$Ni^{+2} < 5$、$Zn^{+2} < 100$、$IO_3^- < 50$、$HC_4H_4O_6^- < 100$。另外，溶液不得含下述離子：Fe^{+3}、Cr^{+3}、Cr^{+6}、Sn^{+4}、Ti^{+4}、$Fe(CN)_6^{-4}$ 和 $HC_6H_5O_7^{-2}$ 等。

　　「硫氰化物 – 丙酮」系統溶液中，可使用 380、480 和 625μm 等光線，測定 Co、Cu 和 Fe 等三元素之含量。此種系統之丙酮體積含量為 50%，可促進呈色反應。萃取前，溶液必須為酸性，同時硫氰化物必須過量。加少量過氧二硫酸鉀（Potassium peroxydisulfate）可增加硫氰化銅複合離子之安定性。

　　硫氰化鐵複合物之濃度，勿超過 6p.p.m.。硫氰化銅複合物濃度與最適光線如次：< 30p.p.m.:380μm，< 60p.p.m.:480μm，< 90p.p.m.:625μm。而硫氰化鈷複合物對 380 和 480μm 無吸光度產生，但在 60p.p.m. 以下，可用 625μm 測定之。下述元素具干擾性，需去除之：Ba、Ca、Pb、Ag、$S_2O_4^{-2}$、WO_4^{-3}（Tungstate）、Cr^{+3}、$Cr_2O_7^{-2}$、MO_4^{-3}（Molybdate）和 Ti。

（二）NINA 法

　　NINA（α-Nitroso-β-naphthol）之鈷複合物溶於氯仿，可使用 317μm 光線定量之；其適當濃度為 0.2 ～ 2p.p.m.。鈷在 pH4.0 ～ 5.5，且含檸檬酸銨之溶液中沉澱，放置 2 小時後，可用氯仿萃取之，然後進行光電比色。萃取液之吸光度與沉澱物之蒸煮時間有關。

　　Cl^-、NO_3^-、ClO_4^{-2}（Perchlorate）、SO_4^{-2} 和 W 等物之含量大於 500p.p.m.，或 Al、Cd、Cr、Mo 和 Zn 之含量大於 200p.p.m. 時，對吸光度之影響約為 3% 以下。下述元素在下述濃度（p.p.m.）內無干擾：$Ti^{+4} < 5$，$Sn^{+2} < 10$，$V^{+5} < 20$，$Pb^{+2} < 50$，$Ni^{+2} < 50$，以及 $Mn^{+2} < 150$ 等。溶液中不得含 Fe^{+3} 和 Cu。溶液中若含 1p.p.m. Co，則 5ppm Fe^{+3} 能使定量結果產生 45% 誤差。Fe^{+3} 可使用乙醚萃取而除去之。

（三）3 – 亞硝基水楊酸法

　　本法可同時分析 Ni 和 Co。3- 亞硝基水楊酸（3-Nitrososalicylic acid）能與 Co 生成棕色，且溶於石油乙醚（Petroleum ether）之複合物；與 Ni 生成紅色，且溶於水之複合物。本試劑通常儲存於鈣鹽溶液中，用時以石油乙醚萃取之。

　　萃取前，試樣溶液以「醋酸鈉 – 醋酸」緩衝溶液，將酸度調整至 pH5.6 ～ 6.0，然後以含本試劑之石油乙醚萃取鈷元素。母液則為鎳之複合物。然後以 520μm 光線分別定量之。二元素之適當濃度為 0.2mg 以下。

　　Fe^{+2} 和 Cu^{+2} 濃度大於 0.2mg，則生干擾。Ag、Ca、MnO_4^-、K、Na、$Cr_2O_7^{-2}$、Al、Cd、Cl^-、NH_4^+、SO_4^{-2}、NO_3^-、PO_4^{-3} 及草酸鎂等，均不會干擾。Fe^{+3} 大於 1000γ，對鈷有干擾。Cu^{+2} 與本試劑在 pH4 之溶液中，能生成紅色水溶性複合物，可供光電測試；而 Ni 在 pH < 5 時，則不生複合物，因此溶液分別調至 pH4 和 pH5.6 ～ 6.0 時，可分別測試二者含量。

(四) 亞硝基 –R– 鹽法

　　亞硝基 -R- 鹽（Nitroso-R-Salt）學名為 Disodium1-nitroso-2naphthol-3 - 6-disulfonate。試樣溶液以醋酸鈉和醋酸調整至 pH5.5±0.5，並加熱之，則鈷能與本試劑，生成可溶性紅色複合物。依複合物之濃度而定，可使用 425μm 或 525μm 之光線定量之。對一定濃度之鈷複合物而言，425μm 之吸光度雖大於 525μm，但由於其靈敏度增加，適用之濃度範圍亦隨之變窄。因此若需採用 425μm，過量的試劑需使用溴酸鉀氧化之，而使其褪色。

　　本法最適鈷濃度為 40γ/25ml。在此濃度下，含量小於 3mg 之 Sb^{+3}、Bi^{+3}、Cd^{+2}、Pb^{+2}、Sn^{+4}、Zn^{+2}、Mn^{+2}、Mo^{+4}、或 V^{+5}，均不會干擾。下述各離子在下述濃度（γ/25ml）內不會干擾：Fe^{+2} < 400，Fe^{+3} < 60，Cr^{+3} < 400，Cr^{+6} < 40，Ni^{+2} < 2400，Sn^{+2} < 1000，V^{+4} < 1000 及 Cu^{+2} < 300 ～ 1000。溶液與 Br_2 共沸之，並加入 KF，可除去 Fe 的干擾。F^- 亦能消除 Cr^{+3}、Cr^{+6} 及 Ni^{+2} 之干擾。本試劑加過量時，可除去 Cu^{+2} 之干擾。V^{+4} 和 Sn^{+2} 經 Br_2 氧化後，即不生干擾。

(五) 硫氰化鈷四苯砷法

　　在微酸性溶液中，Co^{+3} 能與硫氰化銨和氯化四苯砷（Tetraphenylarsonium chloride）生成硫氰化鈷四苯砷（Tetraphenylarsonium tetrathiocyanatocobaltate）沉澱：

$$Co^{+2} + 2(C_6H_5)_4As^+ + 4SCN^- \rightarrow [(C_6H_5)_4As]_2Co(SCN)_4 \downarrow$$

微量 Co^{+2} 可使用氯仿萃取之，然後以 $620\mu m$ 光線定量之。本法適用於「鈷－銅」合金與合金鋼之 Fe、Ni 和 Cu 之不分離分析。

鈷的最適濃度為 $5 \sim 25\gamma/ml$。氯仿萃取液經長期儲存仍很安定。最佳萃取酸度為 pH1.9 ~ 6.8，尤以 pH5.5 之萃取效果最佳。

Fe^{+2} 無干擾。但 Fe^{+3} 能生成血紅色複合物，且溶於氯仿，而生干擾；可加 NH_4F，使成無色複合物。

Cu^{+2} 之干擾性與 Fe^{+3} 同，但可加 I^-，使 Cu^{+2} 還原成 CuI 沉澱，再加過量 KI，則生成無色的 Cu^{+2} 和 I^- 的複合物（Iodocuprate complex,CuI_2^-）。過量的 I^-，能與還原時所生成之碘，生成有色的三碘化物（Triiodide, I_3^-），並能被氯仿所萃取，故需加硫代硫酸鈉（$Na_2S_2O_4$）還原之。

為免過量的 I^- 被空氣氧化成碘，故萃取前，需將溶液調整至 pH4 以上。

Mo^{+5} 和 Mo^{+6} 可加 NH_4F，而消除其干擾。V^{+5} 能氧化 SCN^-，生成能被氯仿萃取之黃色生成物，因此需以 Fe^{+2} 還原成 V^{+4}；而所生成之 Fe^{+3} 則以 F^- 遮蔽之。SCN^- 亦能被高濃度之 HNO_3 所氧化，故需以 H_2SO_4 蒸去溶解試樣時所用之 HNO_3。

22-6 分析實例

22-6-1 重量法：適用於含 Co > 0.1% 之鋼鐵

22-6-1-1 應備試劑

（1）氧化鋅浮懸液

量取 300ml H_2O →加 50g ZnO（粉狀）→均勻混合之（本液需即用即配。）

（2）NINA（1-亞硝基-2-萘酚，α-Nitroso-β-Naphthol）（7%）

量取 100ml 醋酸→加 7g NINA（乾）→均勻混合之→若有雜質應予濾去。本溶液應即配即用。

22-6-1-2 分析步驟

(1) 稱取 1.0g 試樣於 400ml 燒杯內。另取一杯，供作空白試驗（註 A）。

(2) 加 25ml HCl（1:1），並加熱溶解之。

(3) 俟溶解完畢後，加 5ml HNO_3，再蒸煮少時。然後觀察溶液，若有黃色鎢酸（H_2WO_4）沉澱，則緩緩蒸煮，使鎢完全成鎢酸沉澱。最後蒸煮濃縮至鹽類開始析出為止（約 5ml）。（註 B）

(4) 加 100ml H_2O，再水浴 5 分鐘。

(5) 加水稀釋至約 200ml。然後一面徹底攪拌，一面加氧化鋅浮懸液（每次加約 5ml），至鐵完全沉澱，且溶液中 ZnO 稍呈過量為止（切忌太過量）（註 C）。

(6) 靜置數分鐘後，以快速濾紙及真空泵過濾之。以冷水洗滌 3 次。濾液及洗液暫存。

(7) 移沉澱與濾紙於原燒杯內。加 12ml HCl。激烈攪拌，將濾紙搗碎，並溶解鐵質；若棕色之鐵質不溶，則再酌加 HCl（切忌太過量），並再攪拌溶解之。

(8) 依第（5）～（6）步所述之方法沉澱及過濾之（註 D）。用冷水洗滌 4 ～ 5 次。濾液及洗液合併於第（6）步所遺之濾液及洗液內。沉澱棄去。

(9) 加 10ml HCl。將溶液調整至 400ml，然後加熱至沸。

(10) 試樣每含 0.01g Co，加 3ml NINA（7%）（註 E），然後再過量 8ml。

(11) 冷卻 30 分鐘以上。

(12) 以快速濾紙過濾，依次用 HCl（1:3，熱）及熱水徹底洗淨（註 F），濾液及洗液棄去。

(13) 將沉澱連同濾紙移於已烘乾稱重之瓷坩堝內，置於馬福電爐（Muffle furnace）中，首先緩緩加熱，最後以 750 ～ 850℃（註 G）灼燒至恒重。於乾燥器內冷卻後，稱其重量。殘渣為四氧化三鈷（Co_3O_4）。

22-6-1-3 計算

$$Co\% = \frac{(w_1 - w_2) \times 0.734\,（註\,H）}{W} \times 100$$

W_1＝試樣溶液所得殘渣（Co_3O_4）重量（g）

W_2＝空白溶液所得殘渣重量（g）

W＝試樣重量（g）

22-6-1-4 附註

（**A**）空白試驗所使用之各種試藥，尤其是 NINA 之使用量，必須與所加於試樣溶液者完全相同。加入 NINA 後，可加入少許濾紙屑，俾利過濾及洗滌。

（**B**）（1）因 W、Fe 均能干擾第 (10) 步 NINA 與 Co 之沉澱作用，故需加氧化鋅浮懸液，予以沉澱除去；但低價鐵及鎢均不易被氧化鋅浮懸液所沉澱，故需先加 HNO_3，將鐵氧化成 Fe^{+3}，將鎢氧化成 H_2WO_4 沉澱。

（2）因在稀酸溶液中，氧化鋅浮懸液最易與 Ti、V、Cr、Zr、W、Fe、Al、Sn^{+4}、P、As、Mo、Ni、Ag、Si、Pb、Sn^{+2} 及 Cu 等生成沉澱作用（但後 8 種元素若含量太多，則沉澱不完全，）故在氧化鋅浮懸液加入前，需將溶液蒸煮濃縮至鹽類開始析出，以便控制第 (5) 步溶液之 pH 值。

（**C**）氧化鋅浮懸液若加入太多，由於溶液之 pH 值過高，沉澱作用可能不完全。若所加之氧化鋅浮懸液足量時，溶液上層有白色乳狀物出現；另外，當攪拌時，棕紅色之 $Fe(OH)_3$ 沉澱即呈稍淡之顏色。

（**D**）因沉澱物中可能夾藏鈷離子，故需重新沉澱及過濾之。

（**E**）NINA 係黃色針狀結晶，其分子式為：

```
        N = O
         |
   // \ / \\ - OH
   |   ||   |
   |   ||   |
   \\ / \ //
```

其「－OH」中之 H^+ 能被許多金屬離子所取代，而生成沉澱物；譬如在 HCl（稀）溶液中，能與 Fe、Co、Ti、V、Cr、Zr、Mo、W、Cu、Sn 及 Ag 等元素之離子，完全或部份化合成各該元素之 NINA 複合物而沉澱，譬如：

（F）（1）因 Ni^{+2} 不易完全為氧化鋅浮懸液所沉澱，故第 (10) 步之溶液若含大量之 Ni^{+2} 時，亦能與 NINA 生成棕黃色之複合沉澱物：

此物易溶於 HCl，故可用 HCl 徹底洗淨之。

（2）以水徹底洗淨，旨在洗去 HCl。

（G）溫度不可超過 900℃，否則 Co_3O_4 易轉變成 CoO；若達 1000℃，則幾全成 CoO。

22-6-2 光電比色法

22-6-2-1 第一法：適用於含 Co ＝ 0.1 ～ 20% 之鋼鐵

22-6-2-1-1 應備試劑

（1）混酸（H_2SO_4：H_3P4：H_2O ＝ 3：3：4）

（2）HNO_3

（3）醋酸鈉（CH_3COONa）溶液（50%）

（4）亞硝基 –R– 鹽（Nitroso-R-Salt）溶液（2%）

（5）**標準鈷溶液**（1ml=1.0 mgCo）。其配製方法如下：

第一法：

精稱 1.0g 金屬鈷（高純度）→加 30ml HNO_3（1:1）溶解之

→移溶液於 1000ml 量瓶內→加水稀釋至刻度（此液以 10 倍水稀釋，則 1ml ＝ 0.1mg Co）。

第二法：

精 稱 6.706g 硫 酸 銨 鈷〔Cobalt ammonium sulfate,$CoSO_4 \cdot (NH_4)_2SO_4 \cdot 6H_2O$〕於 1000ml 量瓶內→加適量水溶解後,再繼續加水至刻度（此液以 10 倍水稀釋,則 1ml ＝ 0.1mg Co）。

22-6-2-1-2 分析步驟

（1）依下表稱取適量試樣於 200ml 燒杯內。

樣品含 Co 量 (%)	試樣重量 (g)
0.1~ < 5.0	0.5
5.0 ~ 20	0.2

（2）加 20ml 混酸（註 A）,並加熱溶解之。

（3）加 3ml HNO_3。再繼續加熱,以驅盡氮氧化物之棕煙（註 B）。

（4）冷卻。加少量水（註 C）,然後移溶液於 100ml 量瓶內（註 O）,再加水稀釋至刻度。

（5）依照下表,分別精確量取適量溶液於兩個 200ml 燒杯內。

樣品含 Co 量 (%)	應取溶液 (ml)
0.1 ~ < 5.0	10
5.0 ~ 20	5

（6）分別加水稀釋至約 25ml。

（7）依次加 20ml 醋酸鈉（50%）（註 E）及 10.0ml 亞硝基 –R– 鹽（2%）（註 F）於其中之一個燒杯內,煮沸 3 分鐘後（註 G）,加 10ml HNO_3（註 H）,再煮沸 3 分鐘（註 I）,然後冷卻之。於另一個燒杯內,則依次加入 20ml 醋酸鈉（50%）及 10ml HNO_3。俟沉澱溶解後,煮沸 3 分鐘。再加 10ml 亞硝基 –R– 鹽（2%）,再煮沸 3 分鐘,然後冷卻之（此為

空白溶液）。

(8) 將兩杯溶液分別移於 200ml 量瓶內（註 J），並各加水至刻度。

(9) 分別移適量空白溶液及試樣溶液於儀器所附之兩支吸管；然後依下表選擇適當波長之光線，測定前者之吸光度（不必記錄），次將

樣品含 Co 量 (%)	所用光線知波長 (mμ)
Co < 1.0	530
Co > 20	570

指示吸光度之指針調整至「0」之刻度，然後抽出試管，換上盛有試樣溶液之試管，以測其吸光度，並記錄之；由以上相同光波所測定之「吸光度 – 溶液含 Co 量 (mg)」標準曲線圖（註 K），可直接查出溶液含 Co 之重量 (mg)。

22-6-2-1-3 計算

$$Co\% = \frac{w}{W \times 10}$$

w ＝溶液含 Co 量 (mg)

W ＝試樣重量 (g)

22-6-2-1-4 附註

（A）若試樣為高鉻鋼（如不銹鋼），致混酸無法溶解時，可加 10ml 王水（HCl:HNO$_3$ = 1:1)溶解之，然後再加混酸，並蒸煮至冒出濃白硫酸煙，然後再從第 (4) 步開始作起。

（B）若試樣含鉻或鎢之碳化物，則需繼續蒸煮，至冒出濃白硫酸煙為止。

（C）（D）

加少量水後，若有大量矽酸（H$_2$SiO$_3$）或黑色殘渣析出，則過濾之，再用 H$_2$SO$_4$（1:100，溫熱）洗淨。濾液及洗液冷卻後，移於 100ml 量瓶內，並加水稀釋至刻度。

（E）（F）（G）（H）（I）（J）

(1) 在熱醋酸鈉之緩衝溶液中（pH6 ～ 8），Co 易與亞硝基 -R- 鹽生成

桔紅色之複合離子；其顏色深淺，與溶液之含 Co 量成正比，故可供光電比色法之用。

(2) 在此種條件下，Fe、Cr、V、Ni、Mn 及 Cu 等，均能與亞硝基 –R– 鹽生成有色之複合鹽，並能阻礙 Co 之呈色反應，然而加 HNO_3 後，即可消除此等複合鹽之生成。HNO_3 對 Co 與亞硝基 -R- 鹽所生成之複合鹽無影響。

(3) 亞硝基 –R– 鹽與 HNO_3 二者之含量過多或過少，均能影響呈色，故加入量宜嚴加控制。

(**J**) 若試樣含 Co < 1%，則可使用 100ml 量瓶。

(**K**)「吸光度 – 溶液含 Co 量（mg）」標準關係曲線圖之製備：

(1) 依照下表稱取適量純鐵於 200ml 燒杯內。

樣品含 Co 量 (%)	應取純鐵之重量（g）
0.1~ < 5.0	0.5
5.0 ~ 20	0.2

(2) 依分析步驟第（2）～（4）步所述之方法處理之。

(3) 預備 11 個 200ml 燒杯，各加 10ml 上項純鐵溶液，再分別加入 0.0（即空白溶液）、1.0、2.0、3.0、4.0、5.0、7.0ml 標準鈷溶液（1ml ＝ 0.1mg）以及 1.0、1.5、2.0、2.5ml 標準鈷溶液（1ml ＝ 1.0mg），當作試樣。

(4) 依分析步驟第(6)～(9)步所述之方法處理之(但不必另製空白溶液)，以測其吸光度。測定吸光度時，先以 530μm 之光線，測定含 0.0、1.0、2.0、3.0、4.0、5.0 及 7.0ml 標準鈷溶液（1ml ＝ 0.1mg）之試液之吸光度；然後再以波長為 570mμ 之光線測定含 0.0、1.0、2.0、3.0、4.0、5.0 及 7.0ml 標準鈷溶液（1ml ＝ 0.1mgCo）以及 1.0、1.5、2.0 及 2.5ml 標準鈷溶液（1ml ＝ 1.0mg Co）之試液之吸光度。

(5) 記錄其結果如下：

標準鈷溶液之濃度	標準鈷溶液之使用量 (ml)	溶液含 Co 量 (mg)	吸　光　度	
			530mm	570mm
1ml=0.1mg Co	0.0	0.0	0	0
	1.0	0.1		
	2.0	0.2		
	3.0	0.3		
	4.0	0.4		
	5.0	0.5		
	7.0	0.7		
1ml=1.0mg Co	1.0	1.0		
	1.5	1.5		
	2.0	2.0		
	2.5	2.5		

(6)依據不同之光波，以「吸光度」為縱橫，「溶液含 Co 量（mg）」為橫軸，分別做兩條標準關係曲線。

22-6-2-2 第二法：適用於含 Co ＝ 0.01 ～ 0.3% 之不銹鋼

22-6-2-2-1 應備試劑

(1)**標準鈷溶液**（理論上，1ml ＝ 0.06mg Co）。其製法與濃度計算如下：

①**不純鈷溶液之製備**

稱取 0.3000g 高純度之鈷（含 Ni ＜ 0.3%）於 400ml 高腳燒杯內→加 15ml HCl（1：1）→加熱至鈷溶解完畢→加 10ml HCl →加水稀釋至約 150ml →加 1 片酸度指示紙（pH Paper）→一滴一滴加入 NH₄OH，至溶液恰恰中和→加 1g 鹽酸羥胺（Hydroxylamine hydrochloride, NH₂OH・HCl）→攪拌溶解 1 ～ 2 分鐘→加 5ml NH₄OH →以水稀釋至約 275ml。然後依下法電解之。

②**電解**

ⓐ先將陰極洗淨、烘乾、放冷及稱重。記其重為 w₁ g，以備計算。

ⓑ裝上電極後，通以電流。先以 3 安培電流電解，至溶液之棕色轉呈粉紅色，且鈷開始在陰極析出後，改以 1 安培電流電解，至溶液中粉紅色之鈷離子消失為止。

ⓒ一面繼續通電，一面將盛溶液之燒杯迅速移去。

ⓓ以洗瓶（內盛清水）將電極洗淨，然後置於盛水之燒杯內，繼續

電解 30 秒。

ⓔ切斷電流，取下電極。

ⓕ以酒精浸洗陰極兩次，烘乾、放冷後，稱重。記其重為 w_2 g，然後依照下式，算出電解鈷之重量：

$$電解鈷之重量（mg）＝（w_2 － w_1）×1000$$

③**純鈷溶液之製備**

將陰極置於燒杯內→加足量 HCl (1:9)，浸滿陰極，使電解鈷完全溶解→以水沖洗陰極，洗液合併於主液內→移溶液於 500ml（註 A）量瓶內→加水稀釋至刻度，並充分混合之→以吸管吸取 50.00ml（註 B）溶液於 500ml（註 C）量瓶內→加水至刻度，並充分混合之。

④**濃度計算**

$$Co（mg/ml）＝\frac{電解鈷之重量（mg）}{5000（ml）（註 D）}$$

（**2**）**氧化鋅浮懸液**：同 22-6-1-1 節。

（**3**）**醋酸鈉**（50%）

稱取 500g 醋酸鈉（$CH_3COONa \cdot 3H_2O$）。→加約 500mlH_2O →若有雜質，應予濾去→加水稀釋成 1000ml。

（**4**）**亞硝基 –R 鹽**（Nitroso-R-Salt）**溶液**（0.75%）

稱取 1.50g 亞硝基 -R- 鹽→加適量水溶解之→若有雜質，應予濾去→加水稀釋成 200ml（1 週有效。）

22-6-2-2-2 分析步驟

（1）稱取 0.500g 試樣於 100ml 量瓶內。

（2）加 5ml 王水（HNO_3：HCl ＝ 1:3）。加熱至試樣溶解後，煮沸，至棕色之氮氧化物驅盡為止。

（3）加 65 ～ 70ml H_2O，再冷卻之。

（4）一面攪拌，一面每次加 5ml 氧化鋅浮懸液，至鐵完全沉澱且稍呈過量為止（註 E）。

(5) 加水稀釋至刻度,並均勻混合之。

(6) 擱置少時,讓沉澱析出。

(7) 使用乾燥細密之濾紙,過濾部分濾液於 250ml 燒杯(乾燥)內。以吸管吸取 10ml 濾液於 50ml 量瓶內。另取 50ml 量瓶一個,供作空白試驗。

(8) 加 5ml 醋酸鈉(50%)。然後一面搖動溶液,一面徐徐加入 5.00ml 亞硝基 -R- 鹽(0.75%)。然後將量瓶浸於沸騰之熱水內(最少浸入 1/2 吋),蒸煮 6 ～ 10 分鐘(註 F)。

(9) 加 5.0ml HNO_3(1:2)(註 G),並搖動混合之。

(10) 將量瓶置於沸水上,蒸煮 2 ～ 4 分鐘(註 H)。

(11) 放冷後,加水稀釋至刻度。

(12) 分別量取 5ml 空白溶液及試樣溶液於儀器所附之兩支試管內,先以光電比色儀測定前者對波長為 520μm 光線之吸光度(不必記錄),次將指示吸光度之指針調至「0」之刻度,然後抽出試管,換上盛有試樣溶液之試管,以測其吸光度,並記錄之,以備計算。由「吸光度 – 溶液含 Co 量(mg)」或「吸光度 –Co%」標準曲線圖(註 E),即可直接查出試樣溶液含 Co 量(mg)或試樣含鈷量(%)。

22-6-2-2-3 計算

$$Co\% = \frac{w}{W \times 10}$$

w = 試樣含 Co 量(mg)

W = 試樣重量(g)

22-6-2-2-4 附註

(A)(B)(C)(D) 50.0ml/500ml/500ml=1/5000ml

(E) 參照 22-6-1-4 節附註(B)、(C)。

(F)(G)(H) 參照 22-6-2-1-4 節附註(E)(F)(G)(H)(I)(J)

(I)「吸光度 – 溶液含 Co 量(mg)」標準關係曲線圖之製備:

第一法：以標準鈷溶液當作試樣

(1) 以吸管分別吸取 0.0（即空白溶液）、5.0、10.0、15.0、20.0 及 25.0ml 標準鈷溶液（1ml ＝ 0.06mg Co）於六個 100ml 量瓶內，再加水稀釋至刻度。

(2) 以吸管分別吸取 10ml 溶液於六個 50ml 量瓶內。然後依第(8)～(12)步所述之方法處理之，以測其吸光度。

(3) 記錄其結果如下：

標準鈷溶液之使用量（ml）	吸光度	溶液含 Co 量（mg）
0.0	0	0.00
5.0		0.03
10.0		0.06
15.0		0.09
20.0		0.12
25.0		0.15

(4) 以「吸光度」為縱軸，以「溶液含 Co 量（mg）」為橫軸，作其標準關係曲線圖。

第二法：以標準鋼當作試樣

稱取含 Co ＝ 0.01 ～ 0.3% 之標準鋼樣品數種（其重量需與實際試樣之重量相等），當作試樣，依分析步驟所述之方法處理之，以求其吸光度，記錄其結果後，再做「吸光度 –Co%」關係曲線圖。

第二十三章　鈦（Ti）之定量法

23-1 小史、冶煉及用途

一、小史

鈦元素在 1790 年為 Revernd William Gregor 化驗磁性黑沙時所發現。Klaproth 於 1795 年發現相同之物質，並依據太旦神（Titan）之名字，命名為 Titanium（鈦）。

二、冶煉

鈦元素約佔地球的 0.62%，在各元素中，其含量佔第九位。在自然界中，無游離態鈦存在，其化合物產量亦不多，但普遍存於岩石、礦石、動植物及太陽周圍之大氣中。最主要的鈦礦是金紅石（Rutile, TiO_2）與鈦鐵礦（Ilmenite, FeTiO），其次為鈦氧礦和銳錐礦。金屬鈦可由鈦的二氧化物與碳在電爐中共熱，起還原作用而得；亦可由氯化亞鈦與金屬鈉於密閉鍋內共熱而得。

三、用途

鈦為優良金屬材料，具有許多優良性質，但被應用在工業上之時間不長。鈦的機械性質優良，所以最近漸被用為飛機、船舶、或原子爐方面的構造材料。另外，鈦內添加其他元素，可製造各種性質優良之鈦合金。目前具實用之鈦合金中，比較具有代表性的有：Ti-6%Al-4%V，Ti-4%Al-4%Mn，Ti-8%Mn，Ti-5%Al-2.5%Sn，Ti-7%Al-3%Mo 以 及 Ti-13%V-11%Cr-3%Al 等合金。

鈦合金在肥料工業、石化工業、人造纖維工業及有機藥品工業等方面的用量日漸增加；也被用為飛機的機身材料與噴射引擎的零組件等。另外碳化鈦（TiC）與鈷共同燒結後，可得燒結硬質合金（Sintered hard alloy），用於製造硬質工具。

鈦還可製造白色二氧化鈦顏料。此種顏料之折射指數（Index of refraction）及明亮度（Brightness）均高，且粒子很小，屬優良顏料。大量用於不透明漆、造紙、塑膠、皮革、橡膠、陶磁、化粧品及印刷墨水等。另外四氯化鈦可供作煙幕。

23-2 性質

一、物理性質

鈦在週期表中，屬於IVA族。原子序為 22，原子量 47.9，熔點 1800℃，沸點 3000℃，比重 4.5。比鋁重，但比鐵（比重 7.8）輕。純鈦為銀灰無定形金屬，能被拋光。質硬，能切割玻璃。可鍛造。

鈦在 885℃，有 αTi $\leftrightarrows$ βTi 的同素異構物。αTi 的冷溫加工較難；但 βTi 的加工性良好，軋延、鍛造都容易。Ti 的耐蝕性特別優良，對海水的耐蝕性較 18-8 不銹鋼與蒙納爾合金為優，近於白金程度。耐熱性也大，在 500℃以下，其耐熱性比不銹鋼好。若於鈦內添加其他元素，更能改良它的各種性質。一般言之，鈦合金的高溫特性、疲勞強度、潛變特性及耐蝕性均良好。

二、化學性質

（一）氧化物及帶水氧化物

鈦的氧化物，具有 +2、+3、+4 等價之三種氧化態，譬如稍具鹼性之 TiO、具鹼性之 Ti_2O_3、具兩性之 TiO_2 及具酸性之 TiO_3。另外，尚有個體尚未被確定之其他形態之氧化物，如 $TiO \cdot Ti_2O_3$ 或 Ti_3O_4、Ti_2O_5、Ti_3O_5 及 Ti_7O_{12} 等。Ti^{+3} 與鹼反應，可得帶水氧化物，如 $Ti_2O_3 \cdot xH_2O$。另外，Ti^{+4} 在溶液中，可能成 TiO^{+2} 而存在；在酸性中煮沸之，則生成 $TiO_2 \cdot xH_2O$。帶水氧化物燒灼後，即成 TiO_2。TiO_2 與碳以 1200 ～ 1500℃共熱，即得一氧化鈦與碳化鈦。

（二）溶解性（Solubility）

金屬鈦易溶於氫氟酸，若加入之酸量過多，會發生激烈反應。氟硼酸亦為良好溶劑，其反應較前者為緩。上述兩種反應，均需加以冷卻。硫酸在

室溫下,亦能緩緩溶解金屬鈦;溫度增加,反應速率加快,但會產生鈍化面,而使最後反應速度放慢。鹽酸在室溫下,能緩緩溶解金屬鈦;溫度增高,反應速率變快。加少量氫氟酸於硫酸或鹽酸內,可促進反應。大部份鈦合金之溶解性與金屬鈦同。

鈦的氧化物均溶於氫氟酸。鈦的氧化物與帶水氧化物若未經高溫煅燒,均可溶於硫酸。經煅燒之二氧化鈦能溶於煮沸之硫酸與硫酸銨之混合物。大部份 +3 及 +4 價鈦鹽能溶於含酸量夠多之溶液中;因為此種溶液能阻止鈦鹽水解。鈦的磷酸鹽及硫氰化亞鐵鹽屬於不溶物。總之,各種鈦化合物之良好溶劑,計有兩種,即「氫氟酸－硫酸」混合物及「硫酸銨－濃硫酸」混合物。

(三)化學反應

(1)沉澱

Ti^{+4} 之鈦鹽易與水發生水解作用,生成 Ti^{+4} 之帶水氧化物(可能為 $TiO_2 \cdot xH_2O$)而沉澱。由硫鹽或氯鹽冷溶液所製得之帶水鈦氧化物,使用氫氧化銨、鹼性氫氧化物、或鹼性碳鹽,作沉澱劑時,所得之帶水鈦氧化物沉澱,可溶於稀酸中。在熱溶液中藉水解而沉澱之帶水鈦氧化物,不能溶於水,但溶於濃硫酸中。在鹼性溶液中,鈦能與複合試劑,如酒石酸鹽、檸檬酸鹽,或過氧化氫等,生成複合離子而溶解。

鈦能生成二或單硫鹽、或單鹽基化合物、複合物以及水化合物,其中以硫酸氧鈦(Titanyl sulfate)($TiOSO_4 \cdot 2H_2O$)較具分析化學上之價值,因它在含過剩硫酸之溶液中,可沉澱而出。

鈦能生成二、三及四氯化鈦。液態四氯化鈦係鈦的氧化物氯化而得。此物能被鎂、鉛還原成液態三氯化鈦;亦能被金屬鈦還原成固態二氯化鈦。另外,四、三與二溴化鈦均為固態物。加鹼性氟化物於含過剩氫氟酸之鈦溶液內,則生氟鈦鹽而沉澱。

四價鈦之磷鹽沉澱,依據沉澱條件之不同,可生成具或多或少鹼性之不同組成之化合物。三價鈦之磷鹽,亦可沉澱。鈦亦能生成氰化亞鐵或氰化鐵鹽而沉澱。

含有 ene-diol 族團,或一或多個羥基(Hydroxyl group),且與 C-C 鍵

相連接之有機化合物，均能與 Ti^{+4} 生成複合物。

在酸性溶液中，鈦能與草酸化合而沉澱。在強酸溶液中，庫弗龍（Cupferron）能與 Ti^{+4} 化合成黃色複合物而沉澱：

$$\left[\begin{array}{c} C_6H_5-N-O \\ | \quad \diagdown \\ | \quad \diagup \\ N=O \end{array}\right]_4 Ti \rightleftarrows \left[\begin{array}{c} C_6H_5-N=O \\ \| \quad \diagdown \\ \| \quad \diagup \\ N-O \end{array}\right]_4 Ti\downarrow \quad 黃色$$

丹寧酸（Tannic acid）能與 Ti^{+4}，生成丹寧酸鈦而沉澱。其他能與鈦生成沉澱物之有機試劑，還有碳酸胍（Guanidine Carbonate）、苯肼（Phenylhydrazine）、對苯羥基砷酸（p-Hydroxyphenylarsenic acid）、磺基水楊酸（Sulfosalicylic acid）以及 8- 羥喹啉（8-Hydroxyquinoline）等。

（2）呈色

鈦與過氧化物能生成黃至紅色之複合鹽，這是光電比色法最常用之呈色反應。在酸性溶液中，鈦亦能與各種苯磺酸（Phenolsulfonic acid），如：鈦龍〔Tiron（商品名），4,5-Dihydroxy-m- benzenedisulfonic acid disodium salt，$C_6H_4N_2O_8S_2$〕　與　DDDA（Disodium salt of 1, 2-dihydroxybenzene-3, 5-disulfonic acid，1,2- 二羥基苯 -3,5- 二磺酸二鈉鹽），均能與鈦生成各種具有顏色之複合離子；其色澤依 pH4.3 ～ 10 之範圍而定。其他磺酸（Sulfonic acid），如 :1,8- 二 羥 基 萘 -2,7- 二 磺 酸〔（Chromotropic acid, $C_{10}H_4(OH)_2(SO_3H)_2$〕和 1,8- 二羥基萘 -3,6 二磺酸（1,8-Dihydroxynaphalene-3,6-disulffonic acid），亦能與鈦生成棕紅色複合物。在含過剩維他命C之溶液中，鈦與維他命C（Ascorbic acid）會生成黃色複合物。麝香草酚（Thymol）能與鈦產生黃色至紅色複合物。能與鈦生成有色複合物的有機試劑，尚有磺基水楊酸（Sulfosalicylic acid）、水楊酸（Salicylic acid）、沒食子酸（Gallic acid）、二羥基順丁烯二酸（dihydroxymaleic acid）以及磷苯二酚（Catechol）等。

（3）燒灼

帶水的鈦氧化物，經燒灼後，可得二氧化鈦（TiO_2）。鈦化合物可與焦硫鹽（Pyrosulfate）共熔。若與碳酸鈉共熔，則得不溶於水，但溶於酸之鈦

酸鈉（Na$_2$TiO$_3$）。其餘熔劑尚有碳酸鈉與氫氧化鈉之混合物，或氫氧化鈉與過氧化鈉之混合物。

（4）氧化與還原

在具有三種價電子之鈦中，以 Ti^{+3} 及 Ti^{+4} 對於滴定分析法，最為有用。Ti^{+4} 能被鋅、錫、鎂、鉛、鐵、鈣、或這些金屬之汞齊，還原成 Ti^{+3}。然後 Ti^{+3} 可用氧化劑滴定之。典型例子如下：

還原：

$$3Ti^{+4} + Al \xrightarrow{H^+} 3Ti^{+3} + Al^{+3}$$

氧化：

$$Ti^{+3} + Fe^{+3} \rightarrow Ti^{+4} + Fe^{+2}$$

$$6Ti^{+3} + Cr_2O_7^{-2} + 14H^+ \rightarrow 6Ti^{+4} + 2Cr^{+3} + 7H_2O$$

$$5Ti^{+3} + MnO_4^- + 8H^+ \rightarrow 5Ti^{+4} + Mn^{+2} + 4H_2O$$

$$Ti^{+3} + Ce^{+4} \rightarrow Ti^{+4} + Ce^{+3}$$

金屬鈦被酸溶解後，即被氧化為 Ti^{+3}；而 Ti^{+2} 在酸溶液中，亦立刻被氧化為 Ti^{+3}：

$$2Ti + 6H^+ \rightarrow 2Ti^{+3} + 3H_2$$

$$2Ti^{+2} + 2H^+ \rightarrow 2Ti^{+3} + H_2$$

由此推之，酸溶液中應無 Ti^{+2} 存在。

23-3 分解與分離

一、分解

鈦金屬及其合金，可使用非氧化性酸（Nonoxidizing acid），如氫氟酸、硫酸、鹽酸及氟硼酸等溶解之，並生成 Ti^{+3}。Ti^{+3} 能被過氧化氫或硝酸氧化成 Ti^{+4}。氫氟酸與鈦能產生激烈反應，並迅速釋出氫氣，因此需一滴一滴，緩緩加入，並將試樣浸於水中。在分析步驟中，通常需趕盡氟離子，因此氫氟酸通常均與稀硫酸共用。若單獨使用稀硫酸，則需加熱助溶；若加少量氫氟酸於稀硫酸內，可促進溶解。單獨使用鹽酸時，亦需加熱；若欲加速溶

解，則需加入少量氫氟酸。

二、分離

（一）沉澱法

（1）硫化氫法

在酸性系統中，加入酒石酸鹽，使與鈦生成複合物。然後加氫氧化銨，使溶液呈中性，再通入硫化氫，Fe^{+2}、Co、Ni 及 Zn 等元素，即生成硫化物而沉澱，故可與鈦分離。

（2）汞陰極法

採用汞陰極法（Mercury cathod）時，鈦留在溶液中，Fe、Co、Ni、Cu、Zn、Cr、Sn、Sb、Pb 及 Mo 等元素則可除去。

（3）水解法

在稀鹽酸、硫酸、或醋酸溶液中，鈦能水解而沉澱。鈦的適當濃度為 0.2g/200ml 溶液。使用鹽酸或醋酸時，可得較純之鈦沉澱；使用硫酸時，硫酸根易被沉澱物吸藏，而污染鈦沉澱。試樣中之鐵若為 Fe^{+2}，並將溶液注入沸水中，則鈦與鐵可完全分離。Zr、P 及稀土族則隨鈦而沉澱。

另外，加安息香酸（Benzoic acid）和安息香酸銨（Ammonium benzoate）於弱酸性之試樣溶液中，煮沸後，Ti、Fe 和 Al 亦可一併沉澱。

（4）鹼性法

鈦能在氫氧化銨或氫氧化鈉溶液中沉澱，其中以氫氧化鈉溶液最適於鈦的沉澱，但需含一些鐵質，鈦才能沉澱完全。本法可使 Ti 與 Mo、V、P 及 Al 等元素分離。

在含氯化銨（NH_4Cl）和硫化銨（Ammonium Sulfide）之溶液中，加入氫氧化銨，鈦即沉澱，而鹼土族則留在溶液中而分離。

樣品與碳酸鈉或「碳酸鈉-過氧化鈉」混合物共熔，其餅狀物以水溶解之，鈦留在餅狀物內，而 Mo、V、P、SO_4^{+2} 及 Al 則溶於水溶液中，故得以分離。

（5）有機物法

在鹽酸或硫酸溶液中，加過量庫弗龍（Cupferron），Cr、Ni、Mn、Al、

P、Zn 及鹼土族等元素，不生沉澱，而 Ti、Fe、V、Zr、Sn 及 W，則均能與庫弗龍生成複合物而沉澱。

在含醋酸、醋酸鈉以及酒石酸之溶液中，或在含酒石酸鹽之氨水中，鈦能與 8- 羥喹啉（8-Hydroxyquinoline）生成桔紅色複合物而沉澱；最適沉澱之酸度為 pH4.8 ～ 8.6，尤以大於 pH5.2 最為適宜。

（二）溶劑萃取法

在無機系統中，在含硫氰化銨（Ammonium thiocyanate）（3N）之鹽酸溶液（0.5N）中，硫氰化鈦（Ⅲ）能被乙醚所萃取，每次之萃取率為 84%；Zn、Co、Fe^{+3}、Sn^{+4} 及 Mo^{+5} 等，亦能部份被萃取。在鹽酸溶液（7N）中，Ti^{+4} 能完全被溶於環己烷內之「氧化正己膦（n-Hexylphosphine oxide）」所萃取，其他元素如 Sb^{+3}、Cr^{+6}、Fe^{+3}、Mo^{+6}、Sn^{+3}、V^{+4} 及 Zr 等，亦同。

Ti 在 pH1.6 之條件下，能被溶於四氯化碳中之乙醯丙酮（Acetyl acetone）所萃取，萃取率為 76%；其他元素如 Zr、Zn、W^{+6}、V^{+4}、Ni^{+2}、Fe^{+2}、Fe^{+3}、Co^{+3}、Co^{+2}、Cr^{+3}、Cu^{+2} 及 Al^{+3} 等亦同，其萃取率視 pH 之大小而定。

在 pH8 ～ 9，且含 5ml EDTA（0.02M）之溶液中，鈦能被溶於氯仿中之 8- 羥喹啉所萃取，干擾元素只有銅。

23-4 定性

鑑定鈦離子最簡單及最通用的方法就是，加過氧化氫於溶液中，產生黃至桔紅色之過氧化物陰離子（Peroxidic anion）複合物。此種顏色能被氟離子漂白。

釩亦能生成同種顏色，但不會被氟離子所漂白。鐵呈紫色，但能被磷酸鹽漂白。

若溶液含氟離子，可加入鈹。鈹能與氟離子結合成更強之複合物，因此鈦就能完全與過氧化物結合成吾人所要之複合物。

另外，鹽酸溶液中之鈦，若加入鋅或錫，溶液會呈紫色；若溶液中含有氟離子，則呈綠色。

22-5 定量

一、滴定法

本法原理，係先將 Ti^{+4} 還原成 Ti^{+3}，然後使用標準氧化劑滴定之。由於還原劑、滴定劑、及終點測定等之不同，因此方法亦異。

鐘氏還原器（Jones reductor）內，可使用 Zn、Cd、Bi、Pb、或 Sn 等元素，與汞所生成之液態汞齊，使鈦還原。另外亦可使用較簡單之鋁箔還原器（Aluminum foil reductor）。

硫酸銨鐵〔Iron（III）ammonium sulfate〕是最常被使用之滴定劑。過量的 Fe^{+3} 和指示劑硫氰化物（Thiocyanate），生成血紅色複合物，是最簡單之終點鑑定法。

如果使用鐵和鋅粉直接使鈦還原，干擾元素計有 V、Fe、Mo、Cr 及 W 等。Cu、As 和 Sb，則可被還原為金屬。

如果使用高錳酸鉀滴定，過量的高錳酸鹽之粉紅色，可作為滴定終點。如果採用鋁還原法，則溶液需先冷卻，再行滴定。Cl^- 具干擾性，可加硫酸錳〔Manganese（II）sulfate〕，以消除其干擾性。鐵具干擾性。樣品如不含干擾性元素，可採用本法。另外，滴定期間，Ti^{+3} 易被空氣氧化，可將含 Ti^{+3} 之溶液注於含過量 Fe^{+3} 之溶液內，然後以高錳酸鉀溶液滴定被 Ti^{+3} 還原而成之 Fe^{+2}。凡是能被高錳酸鉀還原之元素均具干擾性。

二、光電比色法

許多材料之鈦含量很低，適於使用光電比色法。

鈦能與過氧化氫生成黃色至棕紅色複合物；而 V、Mo 亦均能與過氧化氫生成與 Ti 同色之複合物，故應予除去。另外，應消除 Fe、Ni 和 Cr 等元素之干擾作用。加磷酸可消除鐵之干擾，但磷酸對鈦複合物具輕微的漂白作用，故製備標準溶液時，需加同量之磷酸。

許多苯磺酸均能與鈦生成有顏色之複合物，例如：

①鈦龍（商品名：Tiron）與鈦生成檸檬黃色複合物。

② 1,8- 二羥基萘 -2,7- 二磺酸（Chromotropic acid）與鈦生成紅棕色複合物。

③茜素紅–S（Alizarine red S）與鈦生成綠色複合物。

第①種複合物可在 pH4.3 ～ 10 之間展色。Fe^{+3} 具干擾性，可在 pH4.7 時，以硫代硫酸鈉（$Na_2S_2O_3$）還原之。干擾元素計有 Cr、Cu、Mo、V 及 W 等。Al 能消耗試劑，可加入過量試劑。本法簡述如次：

　　將含 15mg Ti 之樣品溶液，移入 50ml 圓底量瓶內→加 5ml 鈦龍溶液（4%）→以剛果紅（Congo red）試紙做為指示劑，以氨水調整至約 pH4.7→加 5ml「醋酸鈉–醋酸」緩衝溶液（pH4.7）→稀釋至刻度→溶液若含鐵，則加 25mg $Na_2S_2O_3$→在 15 分鐘內，以 410μm 光線測其吸光度。

　　另外維他命C（Ascorbic acid）在 pH3.5 ～ 6 之間，能與鈦生成黃色複合物，可使用 360μm 光線測其吸光度。本法簡述如次：

　　將含 1 ～ 25p.p.m. Ti 之溶液，移於 50ml 圓底量瓶內→加 10ml 維他命C溶液（100ml 水中含 1 克 $NaHSO_3$、2.5g 維他命C）及 5ml 冰醋酸→以 NaOH（5N）中和至 pH5→稀釋至刻度→在 12 小時之內，以 360μm 光線測定其吸光度。P、V、Mo 及 Si 等元素之濃度，若超過 100p.p.m.，則有干擾性。本法的優點是，在還原狀態下進行試驗，某些在氧化系統呈色之元素能被還原為無色狀態，而不會發生干擾。

23-6 分析實例

23-6-1 滴定法：適用於含 Ti > 0.5% 之鋼鐵

23-6-1-1 應備儀器：鐘氏還原器（Jones reductor）（註A）

23-6-1-2 應備試劑

（1）H_2SO_4

（2）HNO_3

（3）$HClO_3$

（4）HCl（1:1）

（5）H_2SO_4（1:4）

（6）NH_4OH（1:1）

（7）$(NH_4)_3PO_4$ 溶液（3%）

（**8**）**冰醋酸**（Glacial acetic acid）

（**9**）**醋酸**（1%）

（**10**）**NH₄SCN**（10%）

（**11**）**液狀鋅汞齊**（Zinc Amalgam）

稱取 450g 水銀於 200ml 三角燒杯內→加 10g 純鋅〔粉狀或薄片狀均可。使用前需用 H₂SO₄（1：10）浸漬少時，以除去表面之氧化物〕→加少量 H₂SO₄（1：10）→置於水浴鍋上，水浴至固體鋅消失為止→冷卻→加少量 H₂SO₄（1：10）保存之（註 B）。

（**12**）**高錳酸鉀標準溶液**（N/30）：同 18-6-1-3-1 節。

（**13**）**硫酸銨鐵標準溶液**（N/30）

①**溶液製備**

稱取 16.2g 硫酸銨鐵〔Fe₂(SO₄)₃(NH₄)₂SO₄・24H₂O〕於 100ml 量瓶內→加適量 H₂SO₄(2N) 溶解後，再繼續加 H₂SO₄（2N）至刻度→一滴一滴加入 KMnO₄（1N），至溶液恰呈微紅色為止→煮沸，至溶液之紅色消失為止。

②**因數標定**〔即求取每 ml 硫酸銨鐵標準溶液，相當於若干 ml 高錳酸鉀標準溶液（N/30）〕

精確量取 20ml 硫酸銨鐵標準溶液（N/30），及約 200g 液狀鋅汞齊於鐘氏還原器內→通 CO₂ 氣體約 4 分鐘，以驅盡還原器內之空氣，並讓棕紅色之三價鐵（Fe⁺³）完全還原成淡綠色之二價鐵（Fe⁺²）→排去下層液狀鋅汞齊→以高錳酸鉀標準溶液（N/30）滴定，至溶液恰呈微紅色，且經攪拌後，顏色仍不褪盡為止（註 C）→依下式計算其滴定因數。

③**因數計算**

$$滴定因數 = \frac{V_1 \times F}{V_2}$$

V_1＝高錳酸鉀標準溶液（N/30）之使用量（ml）

V_2＝新配硫酸銨鐵標準溶液（N/30）之使用量（ml）

F＝高錳酸鉀標準溶液（N/30）之滴定因數（註 D）

23-6-1-3 分析步驟

(1) 依下表精稱適量試樣於 300ml 燒杯內

試樣含 Ti 量（％）	試樣重量（g）
＜ 0.5	5
0.5 ～＜ 2	2
＞ 2	1

(2) 每克試樣加 200ml HCl（1：1）及 10ml H_2SO_4（1：4），再徐徐加熱分解之（註 E）。

(3) 加 NH_4OH（1：1）至沉澱恰恰析出後，加 2 ～ 5ml HCl（1：1）及 15ml 冰醋酸。以溫水稀釋至約 150ml 後，立刻加 20ml$(NH_4)_3PO_4$（3％）及少量濾紙屑，並攪拌之。（註 F）

(4) 過濾。依次以冰醋酸（1％）及水洗淨之。濾液及洗液棄去。

(5) 將沉澱連同濾紙移於原燒杯內。分別加 10 ～ 20ml HNO_3、5ml H_2SO_4 及 5ml $HClO_4$。然後加熱，至冒出濃白過氯酸煙，同時鈦及碳化物完全溶解為止（註 G）。

(6) 冷卻後，加 30ml H_2O。

(7) 過濾。以水洗滌 2 ～ 3 次。濾液及洗液（註 H）聚於鐘氏還原器內（註 I）。沉澱（註 J）棄去。

(8) 加約 20ml 液狀鋅汞齊（註 K），再通入 CO_2 氣體（註 L）約 4 分鐘，以驅盡空氣，讓鈦還原。然後將鋅汞齊排盡。

(9) 加 10ml NH_4SCN（10％），然後以硫酸銨鐵標準溶液（N/30）滴定，至溶液恰呈紅色，且經攪拌 1 分鐘後，顏色仍不褪盡為止。（註 M）

23-6-1-4 計算

$$Ti\% = \frac{V \times F \times 0.1597}{W}$$

V＝滴定時所耗硫酸銨鐵標準溶液(N/30)之體積(ml)

F＝硫酸銨鐵標準溶液之滴定因數

W＝試樣重量(g)

23-6-1-5 附註

(A) 鐘氏還原器之使用說明及其縱剖面圖如下：

使用時，將液狀鋅汞齊(約 20ml)及需被還原之溶液分別從A瓶注於B瓶內，然後通入 CO_2，以驅盡空氣。約數分鐘後，還原作用即告完全。將鋅汞齊完全排入C瓶，然後直接於B瓶內滴定之。

(B) 鋅汞齊之表面若直接與空氣接觸，鋅即被氧化成二氧化鋅(粉狀)，且放出熱，終至失效。

(C) $Zn + 2Fe^{+3} \rightarrow Zn^{+2} + 2Fe^{+2}$

$5Fe^{+2} + MnO_4^- + 8H^+ \rightarrow Mn^{+2} + 5Fe^{+3} + 4H_2O$

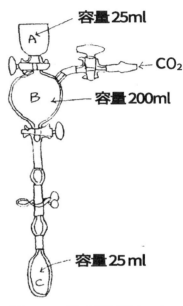

容量25ml

CO_2

容量200ml

容量25ml

圖 23-1　鐘氏還原器(一)

(D) 即求取每 ml 新配高錳酸鉀標準溶液，相當於若干 ml 高錳酸鉀標準溶液(N/30)

(E) 若係 HCl 及 H_2SO_4 不溶之試樣，第(2)步宜改以下法代替之：

每克試樣加 15ml 王水(HCl：HNO_3 ＝ 3：1)→加熱溶解後，再繼續蒸發至液面生一層薄膜(即鹽類開始析出)為止→加 20 ～ 40ml HCl(1：1)及 50ml H_2O(溫)→攪拌至可溶鹽溶解→每 g 試樣加 2g Na_2CO_3 →煮沸，使高價鐵完全還原後，再接從第(3)步開始做起。

(F)(1)在此種酸度之溶液內，Fe^{+2} 及其他元素均不能與 PO_4^{-3} 化合而沉澱，惟有鈦離子能與 PO_4^{-3} 生成磷酸鈦之沉澱析出。

　　(2)加 NH_4OH、HCl 及 CH_3COOH，旨在調節溶液之酸度，俾利磷酸
　　　鈦之沉澱，宜小心操作之。

　　(3)加濾紙屑，可促進沉澱之生成及洗淨。

(G) 沉澱以 HNO_3、H_2SO_4 及 $HClO_4$ 處理後，若仍有殘渣無法溶解時，則
　　溶液需再經下列各步之處理：

　　過濾。聚濾液於鐘氏還原器內，暫存→將殘渣連同濾紙移於鉑坩堝
　　內→燒灼至濾紙灰化→加約 10 倍量之焦硫酸鉀（$K_2S_2O_7$）→混合之
　　→燒灼熔解之→冷卻→依次以少量 H_2O 及 H_2SO_4（1：9）溶解熔質→
　　過濾。沉澱棄去。濾液合併於暫存於還原器之主液內。然後接從第(8)
　　步開始做起。

(H) 若試樣含 Cr、Mo 及 V 等，則此時濾液及洗液應再經過下列各步之
　　處理：

　　聚濾液及洗液於 300ml 燒杯內→加 NaOH（20%），至溶液呈鹼性為
　　止→加水稀釋成約 200ml →加 2 ～ 3g Na_2O_2 →攪拌溶解→煮沸 10
　　分鐘→靜置少時→過濾。以 NaOH（1%）洗滌數次。濾液及洗液棄去
　　→以 20ml H_2SO_4（1：5）溶解沉澱。濾紙用 H_2SO_4（2：100，溫）洗淨。
　　濾液及洗液透過濾紙，聚於鐘氏還原器內→然後接從第(8)步開始
　　做起。

(I) 此時鐘氏還原器內之溶液，以含 2N H_2SO_4 最適當。

(J) 沉澱為矽酸。

(K)(L)(M)

　　(1)在酸性溶液中，Ti^{+4} 能被鐘氏還原器內之金屬鋅還原成 Ti^{+3}：

$$2Ti^{+4} + Zn \rightarrow 2Ti^{+3} + Zn^{+2}$$

　　　然後 Ti^{+3} 將 Fe^{+3} 還原成 Fe^{+2}：

$$Ti^{+3} + Fe^{+3} \xrightarrow{\ H^+\ } Ti^{+4} + Fe^{+2}$$

　　　俟溶液內之 Ti^{+3} 盡被 Fe^{+3} 氧化成 Ti^{+4} 後，過剩之 Fe^{+3} 即與 SCN^-
　　　生成紅色之 $Fe(SCN)_3$：

$$Fe^{+3} + 3SCN^- \rightarrow Fe(SCN)_3 （紅色）$$

故可當做滴定終點。

(2) CO_2 能驅盡空氣，以免 Ti^{+3}、Fe^{+2} 被空氣所氧化。

(3) 亦可使用下圖所示之鐘氏還原器，若然，則將第（7）步之濾液及洗液聚於燒杯內，並加熱至 60～70℃。然後趁熱以每分鐘約 25ml 之速度，將溶液注於鐘氏還原器內。最後依次以 100ml H_2SO_4（1:9）及 50ml H_2O 洗淨。洗液聚於主液內。移去抽氣瓶後，再依第（9）步所述之方法滴定之。

(4) 鋅汞齊之製備：

稱取 800g 純鋅（其大小約為 20～30mesh。含 Fe 越少越好）於 1000ml 燒瓶內 → 加 400ml $HgCl_2$（2.5%）→ 搖動 2 分鐘 → 泌去溶液 → 依次以 H_2SO_4（2：98）及水洗滌數次即成（鋅汞齊若不使用，必須用水蓋住，切勿和空氣接觸。）

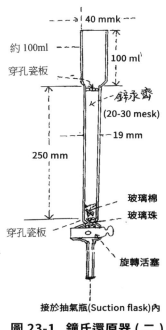

圖 23-1　鐘氏還原器（二）

23-6-2 光電比色法

23-6-2-1 茜素紅 –S 法

23-6-2-1-1 第一法：適用於含 Ti = 0.01～0.4% 之鋼鐵

23-6-2-1-1-1 應備儀器：同本章 23-6-1-5 節附註（A）或附註（K）（L）（M）第（3）項。

23-6-2-1-1-2 應備試劑

（1）焦硫酸鉀（$K_2S_2O_7$）

（2）HCl（濃，1:1，1:5）

（3）HF

（4）H_2O_2

（5）H_2SO_4（1：3）

（6）茜素紅 –S（0.2%）（註 A）

（7）草酸銨溶液（飽和）

（8）$SnCl_2$（20%）

稱取 20g $SnCl_2 \cdot 2H_2O$ →加適量 HCl(1:1)溶解後，再繼續加 HCl(1:1)稀釋成 100ml →加 2g 純錫→置於暗色瓶內保存之。

（9）標準鈦溶液（1ml ＝ 50μg Ti）（註 B）。

①溶液製備

精稱 0.084g 氧化鈦（TiO_2）（註 C）於鉑坩堝內→加 3g$K_2S_2O_7$ →均勻混合之→燒灼熔解之→加適量 H_2SO_4（1：9）溶解溶質→移溶液於 1000ml 量瓶內→加 H_2SO_4（1：9）至刻度。

②濃度標定

精確量取 20.0ml 新配標準鈦溶液於鐘氏還原器內，依下述 23-6-1-3 節（分析步驟）第（8）～（9）步所述之方法還原、滴定之，然後依下式計算其濃度。

③濃度計算

$$濃度（\mu g\ Ti/ml）= \frac{V_1 \times F \times 1597}{V_2}$$

V_1＝滴定時所耗硫酸銨鐵標準溶液（N/30）之體積（ml）

V_2＝所取標準鈦溶液之體積（ml）

F＝硫酸銨鐵標準溶液（N/30）之滴定因數

23-6-2-1-1-3 分析步驟

（1）依下表精稱適量試樣於 300ml 燒杯內。

樣品含 Ti 量（%）	試樣重量（g）
＜ 0.04	5
0.04 ～ ＜ 0.1	2
0.1 ～ ＜ .4	0.5

(2)（註 D）加 50ml HCl（1：1）（註 E）。加熱分解之。

(3)（註 F）加 1 ～ 2ml H_2O_2（註 G），使鐵氧化後，再煮沸之，以趕盡過剩之 H_2O_2。

(4) 過濾。以水洗滌數次。濾液及洗液聚於 100ml 量瓶內，暫存。

(5) 將沉澱（註 H）連同濾紙移於鉑坩堝內，燒灼至濾紙灰化。

(6) 加數滴 H_2SO_4 及 2 ～ 3ml HF。加熱至 Si 完全揮發逸去（註 I）。

(7) 加 0.1 ～ 0.2g $K_2S_2O_7$。混合後，燒灼熔解之（註 J）。

(8) 冷卻後，以少量 HCl（1：5）溶解融質。溶液合併於第 (4) 步所遺之濾液及洗液內（註 K）。

(9) 加水稀釋至刻度後，再以吸管分別吸取 10ml 溶液於二個 100ml 量瓶內（註 L）（其中一瓶作為空白溶液）。

(10) 加 30ml HCl（濃）及 20ml 草酸銨（飽和）。冷卻至 10 ～ 20℃。

(11) 加 10ml 茜素紅–S（0.2%）（註 M）〔空白溶液不必加茜素紅-S（0.2%）〕。均勻混合後，用吸管加入 20ml SnCl2（20%）。以 HCl 稀釋至刻度。稀釋後，液溫需一直保持在 10 ～ 20℃之間（註 N）。

(12) 靜置 30 ～ 50 分鐘（註 O）。

(13) 移適量空白溶液及試樣溶液於儀器所附之兩支試管內，先以波長為 760μm 之光線測定前者之吸光度（不必記錄），次將指示吸光度之指針調整至「0」之刻度，然後抽去試管，換上盛有試樣溶液之試管，以測其吸光度，並記錄之。由「吸光度 – 溶液含 Ti 量（μg）」標準關係曲線圖（註 P），可直接查得溶液含 Ti 之重量（μg）。

23-6-2-1-1-4 計算

$$Ti\% = \frac{w（註\ Q）}{W \times 10000}$$

w＝試樣含 Ti 量（μg）

W＝試樣重量（g）

23-6-2-1-1-5 附註

（A）（M）茜素紅 -S（Alizarine red S 或 Sodium Alizarinsulfonate）之構造式如下：

```
        CO OH
         |
  / \ / \ / \     — OH
  |   |   |   |    — SO₃NA
  \ / \ / \ /
         |
```

係紅棕色漿狀或粉狀顏料，能與 Ti 化合成綠色複合物，其顏色之深度與 Ti 含量成正比，故可供光電比色法之用。

（B）（Q）

$$Ti\% = \frac{w（\mu g） \times 10^{-6}（g/\mu g）}{W（g）} \times 100$$

$$Ti\% = \frac{w}{W \times 10000}$$

（C）美國國家標準局所製造之 NBS NO.154 標準二氧化鈦（Titania，TiO_2 ＝ 98.7%），頗為適用。

（D）（F）試樣若含大量 Cr，則第（2）～（3）步需改以下法代之：

加 20 ～ 40ml $HClO_4$ →加熱至試樣分解完畢後，再繼續加熱至冒出濃白過氯酸煙→趁熱，一小份一小份加入 NaCl，至不再有紅棕色之次氯酸鉻氣體逸出為止→放冷後，加少量水，並攪拌之，使可溶鹽溶解。然後接從第（4）步開始做起。

（E）

(1) 金屬鈦最易溶於 HCl（稀、熱）內，而生成 $TiCl_4$

$$Ti + 4HCl（稀） \xrightarrow{\triangle} TiCl_4 + 2H_2 \uparrow$$

(2) 若 50ml HCl 不足，可再酌量多加。

（G）（K）

(1) 試樣若含多量 W，需將第（4）步及第（8）步合併後之溶液注於過量之 NaOH 溶液（10%）內，俟氫氧化鐵及氫氧化鈦沉澱完畢後，再過濾之。濾液棄去。以 HCl（1：5）溶解沉澱。溶液透過濾紙，聚於 100ml 量瓶內，然後接從第（9）步開始做起。

(2) 上述第（1）項加 NaOH 溶液於試樣溶液時，Ti 單獨不易完全成氫氧化鈦〔$Ti(OH)_4$ 或 $Ti(OH)_3$〕之沉澱析出，但若溶液含至少 10 倍於鈦量之鐵存在，並以 H_2O_2（或 HNO_3）氧化成 Fe^{+3}，然後與 OH^- 作用，所生成之 $Fe(OH)_3$，即能伴隨所有之氫氧化鈦析出，而使氫氧化鈦之沉澱作用趨於完全。另外 $Ti(OH)_4$ 之沉澱若單獨存在而過濾時，易透過濾紙，隨濾液而去，但若有其他沉澱物〔如 $Fe(OH)_3$〕與之共存時，即無此慮。

（H）（I）（J）

(1) 因 H_2SiO_3 易夾藏 Ti^{+4} 而一併沉澱析出，使分析結果偏低，故需以 HF 將它蒸去，將 Ti 收回。

(2) HF 亦易與 Ti 生成 TiF_4（b.p. = 284℃）而揮發逸去，然而在加熱前，溶液已含 H_2SO_4，因此 Ti^{+4} 與 H_2SO_4 首先生成硫酸鈦〔$Ti(SO_4)_2$〕，經高溫加熱，$Ti(SO_4)_2$ 即失去 SO_3，而生成 TiO_2：

$$Ti(SO_4)_2 \xrightarrow{\triangle} TiO_2 + 2SO_3$$

經 $K_2S_2O_7$ 熔解後，TiO_2 即生成可被 HCl 溶解之 $Ti(SO_4)_2$：

$$TiO_2 + 2K_2S_2O_7 \rightarrow Ti(SO_4)_2 + 2K_2SO_4$$

（K）（L） 第（8）步與第（4）步之溶液合併後之體積，若大於 100ml，則可將溶液移於 200ml 或 250ml 量瓶內。以水稀釋至刻度後，以吸管吸取 20ml 或 25ml 於 50ml 燒杯內，加熱蒸發至 10ml 以下，再移

於第（9）步所使用之兩個 100ml 量瓶內。

（N）（O）

(1) 使用茜素紅發色時，應注意發色時溶液之溫度及時間；若溫度低，則需時較長；反之亦然。

(2) 發色時，溶液含 6N HCl 最佳；若酸度太低，則發色需時較長，且顏色較淡；酸度太高，則發色需時較短，但顏色不穩定。

(3) 因此製作標準關係曲線圖時，其發色之溫度、時間、及溶液含酸濃度等條件，均應與分析步驟所規定者同。

（P）「吸光度 – 溶液含 Ti 量（μg）」標準關係曲線圖之製備

(1) 稱取 5g 純鐵於 100ml 量瓶內。

(2) 加 50ml HCl（1：1）。加熱溶解之。

(3) 加約 10ml H_2O_2，使鐵氧化後，再煮沸之，以驅盡過剩之 H_2O_2。

(4) 移溶液於 100ml 量瓶內，加水稀釋至刻度。

(5) 以吸管分別吸取 10ml 純鐵溶液於 5 個 100ml 量瓶內；其次再以吸管分別吸取 0（即空白溶液）、1、2、3 及 4ml 標準鈦溶液（1ml＝50μg）於該五個量瓶內。

(6) 然後依上述 23-6-1-1-3 節（分析步驟）第（9）～（13）步所述之方法處理之（但不必另作空白試驗），以測其吸光度。

(7) 記錄其結果如下：

標準鈦溶液之使用量（ml）	吸光度	溶液含 Ti 量（μg）
0	0	0
1		50
2		100
3		150
4		200

(8) 以「吸光度」為縱軸，「溶液含 Ti 量（μg）」為橫軸，作其標準曲線圖。

23-6-2-1-2 第二法：適用於含 Ti ＞ 0.001% 之市場鋁及鋁合金

23-6-2-1-2-1 應備試劑

（1）**HCl**（濃，1：1）

（2）**H₂O₂**

（3）**草酸銨溶液**（飽和）

（4）**SnCl₂**（20%）

　　稱取 20g SnCl₂・2H₂O →以 100ml HCl（1:1）溶解之（本液需即配即用。）

（5）**茜素紅 -S**（0.2%）

（6）**標準鈦溶液**

　　稱取 0.100g 金屬鈦（純度 99.5% 以上）（註 A）於 300ml 燒杯內 → 分別加 50ml H₂SO₄（1:1）及 10ml HCl（1:1），然後加熱分解之→加 1mlHNO₃ →加熱至冒出濃白硫酸煙→放冷→小心加入約 10ml H₂O →攪拌，使可溶鹽完全溶解→冷至常溫後，將溶液移於 1000ml 量瓶內→加水稀釋至刻度（1ml = 0.1mg Ti）。使用時，此溶液以 2 倍 H₂SO₄（1:9）稀釋〔即每 ml 溶液以 2ml H₂SO₄（1:9）稀釋之〕後，即得 1ml = 0.05mg（或 50μg）Ti 之溶液。

23-6-2-1-2-2 分析步驟

（1）依照下表稱取適量試樣。

樣品含 Ti 量（%	試樣重量（g）
< 0.01	10
0.01 ～< 0.04	5
0.04 ～< 0.1	2
> 0.1	0.5

（2）以錶面玻璃蓋好。加 50ml HCl（1:1），然後加熱溶解之（註 B）。

（3）加少量 H₂O₂（註 C），然後繼續加熱，促使過剩之 H₂O₂ 完全分解（註 D）。

（4）冷卻後，將溶液移於 100ml 量瓶內。加水稀釋至刻度。以吸管分別吸取 10ml 於二個小形燒杯內（其中一個當作空白溶液。）置於加熱板上蒸發濃縮至約 5ml。

（5）將溶液分別移於 50ml 量瓶內。燒杯用 20ml HCl（濃）及 10ml 草酸銨（飽和）（註 E）之混合液洗淨。洗液分別合併於各該量瓶中之主

液內。

(6) 加 3.5ml 茜素紅 –S 溶液（空白溶液不必加茜素紅 –S 溶液），並均勻混合之。加 10ml SnCl$_2$（20%），然後加水稀釋至刻度。稀釋後，液溫需一直保持於 15 ～ 20℃之間。

(7) 靜置 1 小時。

(8) 移適量空白溶液及試樣溶液於儀器所附之兩支試管內，先以波長為 760μm 之光線測定前者之吸光度（不必記錄），次將指示吸光度之指針調整至「0」之刻度，然後抽去試管，換上盛有試樣溶液之試管，以測其吸光度，並記錄之。由「吸光度 – 溶液含 Ti 量（μg）」標準關係曲線圖（註 F），可直接查得溶液含 Ti 之重量（μg）。

23-6-2-1-2-3 計算

$$Ti\% = \frac{w}{W \times R \times 10000}$$

w ＝試樣溶液含 Ti 量（μg）

R＝試樣溶液之分取比{＝1/10〔參照分析步驟第(4)步及附註(D)〕}

W＝試樣重量（g）

23-6-2-1-2-4 附註

※ 註：除下列各附註外，另參照 23-6-2-1-1-5 節之有關各項附註。

（A）美國國家標準局所製備之 NBS 標準樣品或日本國家標準局所製備之 JIS H215 號標準樣品，均屬適用。

（B）若 HCl（1：1）不足時，可酌予增加。

（C）亦可以 HNO$_3$ 代替 H$_2$O$_2$。然而 HNO$_3$ 加入後，需蒸發至乾，以驅盡過剩之 HNO$_3$。

（D）試樣溶解後，若有殘渣（矽質）沉澱析出，應依下法處理之：

　（1）過濾。以水洗滌數次。濾液及洗液聚於 100ml 量瓶內，暫存。

　（2）將沉澱連同濾紙移於鉑坩堝內，燒灼至濾紙灰化。

（3）加數滴 H_2SO_4 及 2 ～ 3ml HF。然後加熱至矽質完全揮發逸去。

（4）加 0.1 ～ 0.2g $K_2S_2O_7$，混合後，燒灼熔解之。

（5）冷卻後，以少量 HCl（1：5）溶解融質。溶液合併於本附註第 (1) 步所遺之濾液及洗液內，並加水稀釋至刻度。

（6）以吸管分別吸取 10ml 溶液於二個小形燒杯內（其中一個供作空白溶液。）置於加熱板上蒸發濃縮至約 5ml。然後繼續從本節（分析步驟）第 (5) 步開始做起。

（**E**）草酸銨亦可以檸檬酸（Citric acid）或酒石酸銨（Ammonium Tatrate）代之。

（**F**）「吸光度 – 溶液含 Ti 量（μg）」標準關係曲線圖之製備：

（1）稱取 1.000g 金屬鋁（純度 99.7% 以上）於燒杯內。

（2）加 50ml HCl（1：1）。加熱溶解之。

（3）加 1 ～ 2ml H_2O_2（供鐵氧化之用），再煮沸之，以溶解過剩之 H_2O_2。

（4）將溶液移於 100ml 量瓶內。冷至常溫後，加水至刻度。

（5）以吸管分別吸取 10ml 純鋁溶液於九個燒杯內；其次再以吸管分別吸取 0（即空白溶液）、0.5、1、1.5、2、2.5、3、3.5 及 4ml 標準鈦溶液（1ml ＝ 50μg）於該九個燒杯內。置於電熱板上加熱濃縮至約 5ml。然後依照前述 23-6-2-1-2-2 節（分析步驟）第 (5) ～ (8) 步所述之方法處理之。

（6）記錄其結果如下表：

標準鈦溶液之使用量（ml）	吸光度	溶液含 Ti 量（μg）
0	0	0
0.5		25
1.0		50
1.5		75
2.0		100
2.5		125
3.0		150
3.5		175
4.0		200

(7)以「吸光度」為縱軸,「溶液含 Ti 量（μg）」為橫軸,作其標準關係曲線圖。

23-6-2-2 過氧化氫法

23-6-2-2-1 第一法： 適用於含 Ti = 0.01 ～ 2% 之鋼鐵

23-6-2-2-1-1 應備儀器： 同本章 23-6-1-1 節

23-6-2-2-1-2 應備試劑

（1）$HClO_4$

（2）H_2O_2

（3）**標準鈦溶液**（1ml = 0.5mg）

稱取 0.250g 高純度金屬鈦（99% 以上）（註 A）於 100ml 燒杯內→加 60ml HCl（1：1）→加熱溶解之→冷卻→移溶液於 500ml 量瓶內→加水稀釋至刻度。

23-6-2-2-1-3 分析步驟

(1)依照下表秤取適量試樣

樣品含 Ti 量（%）	試樣重量（g）
＜ 0.1	10
0.1 ～＜ 0.8	0.5
0.8 ～ 2	0.2 ＋純鐵 0.3

(2)依下表加 $HClO_4$（註 B）,然後加熱溶解之。俟試樣溶解完畢後,再繼續加熱,至冒出濃白過氯酸煙（註 C）,且內部溶液澄清後,再蒸煮 1 ～ 2 分鐘。

試樣重量（g）	$HClO_4$ 之使用量（ml）
1	35 ～ 40
0.5	25
0.2 ＋純鐵 0.3	25

(3)（註 D）放冷後,加約 30ml H_2O（溫）。此時溶液若呈黃色,則為 Cr 存在之證,因此需滴加 H_2O_2,至溶液呈綠色為止（註 E）。

(4)煮沸,以驅盡過剩之 H_2O_2。

(5)過濾。以溫水洗滌 4 ～ 5 次。濾液及洗液聚於 100ml 量瓶內。沉澱（註

F）棄去。

(6) 以流水冷卻後，加水稀釋至刻度。

(7) 移適量溶液於光電比色儀所附之吸光試管內（當作空白溶液）。然後加 0.5ml H$_2$O$_2$（註 G）於量瓶內餘下之試樣溶液內，俟呈色後，再移適量溶液於儀器所附之另一吸光試管內（註 H）。然後以波長 420μm 之光線，測定前者之吸光度（不必記錄）。將指示吸光度之指針調整至「0」之刻度後，抽出試管，換上盛有發色之試樣溶液之試管，以測其吸光度，並記錄之。由「吸光度－Ti%」或「吸光度－溶液含 Ti 量（mg）」標準關係曲線圖（註 I），可直接查出溶液含 Ti 之重量（mg）或試樣含 Ti 量（%）。

23-6-2-2-1-4 計算

$$Ti\% = \frac{w}{W \times 10}$$

w ＝試樣溶液含 Ti 量（mg）

W ＝試樣重量（g）

23-6-2-2-1-5 附註

（**A**）製備標準鈦溶液（1ml ＝ 0.50mg）時，亦可以 TiO$_2$ 替代金屬鈦；其法如下：

①**溶液製備**

稱取 0.209g TiO$_2$ 於鉑坩堝內→加 6g K$_2$S$_2$O$_7$ →混合均勻→燒灼熔解之→以適量 H$_2$SO$_4$（1：1）溶解融質→移溶液於 250ml 量瓶內→加 H$_2$SO$_4$（1：1）稀釋至刻度。

②**濃度標定** ｝ 同本章 23-6-2-1-1-2 節
③**濃度計算**

（**B**）若係 HClO$_4$ 無法分解之試樣（如生鐵），則以王水（HCl：HNO$_3$ ＝ 3：1）代之。

（**C**）（**E**）

試樣含 Cr 時，經 HClO$_4$ 氧化成 Cr^{+6}（黃色）後，能干擾第(7)步

吸光度之測定，故加 H_2O_2，將它還原成干擾性微小之 Cr^{+3}（綠）：

$$3H_2O_2 + Cr_2O_7^{-2} + 8H^+ \rightarrow 3O_2 \uparrow + 2Cr^{+3} + 7H_2O$$

若試樣含 Cr > 50mg 時，則第（2）步蒸至冒濃白過氯酸煙後，需另加入 NaCl（需一小份一小份加入），使 Cr^{+6} 盡成次氯酸鉻之棕紅色煙而揮發逸去。

（D）試樣若含鎢，則第（2）步操作完畢後，應補加下列各項操作：

放冷→加 30ml H_2O →攪拌至可溶鹽溶解→過濾。以溫水洗滌數次。濾液及洗液暫存→將沉澱連同濾紙移於鉑坩堝內→燒灼至濾紙灰化→加 2g $NaHSO_4$ →燒灼熔解之→放冷→移於上項暫存之濾液及洗液內。緩緩加熱，以溶解融質→然後接從第（3）步做起。

（F）沉澱為矽質。

（G）（H）

（1）在酸性溶液中，鈦鹽能與 H_2O_2 生成黃色至棕紅色（Ti 含量少則呈黃色，多則呈棕紅色）之化合物。此化合物之分子結構，有種種說法，如過氧化鈦（TiO_3）、氧化鈦與過氧化氫之複合物（$TiO_2 \cdot H_2O_2$）、以及過氧鈦酸（H_4TiO_5）等。

（2）H_2O_2 不得超過 3%（體積計），否則過氧化鈦之顏色易褪去。

（3）本來 Fe^{+3} 之顏色（棕紅）亦能干擾第（7）步吸光度之測定，但因標準溶液已加入與試樣含量相當之純鐵，故可抵消 Fe^{+3} 之干擾。

（4）過氧化鈦之顏色在 2 小時內很安定。

（5）在酸性溶液中，Mo 亦能與 H_2O_2 生成黃色之過氧鉬酸（$HMnO_4$）；V（在某種條件下）亦能與 H_2O_2 生成有色之化合物。〔參照 10-6-2-5 節附註（R）（S）〕。故在比色前，應依下法予以除去：

若試樣含 Mo > 2g，或含 V 時，則已發色之試樣溶液移於吸光試管後，應再依下表，將 NH_4F 加於量瓶內餘下之已呈色之試樣溶液內：

試樣重量（g）	應加 HN_4F 之重量（g）
1	2
0.5	1
0.2 + 0.3 純鐵	0.5

　　俟過氧化鈦之黃色消失後〔F^- 能破壞過氧化鈦之顏色，而生成無色之 $(TiF_6)^{-2}$ 複合離子〕，再測其吸光度，並記錄之。將呈色之試樣所測得之吸光度再減此數，即得真正之吸光度，然後才可由「吸光度－溶液含 Ti 量（mg）」標準曲線，查出「溶液含 Ti 量（mg）」。

（I）標準曲線之製備

第一法：

　　選取含 Ti = 0.01 ～ 2% 之標準鋼樣品數種，依照本法分析步驟（23-6-2-2-1-3 節）第（1）步所述之方法，每種稱取 1 份，當作試樣。然後再依同法第（2）～（7）步所述之方法處理之，以測其吸光度，記錄其結果，並作「吸光度 –Ti%」標準曲線圖。

第二法：

（1）依下表分別稱取適量純鐵於七個 300ml 燒杯內，以吸管分別加入 0（即空白溶液）、1、2、3、5、7 及 8ml 標準鈦溶液（1ml = 0.5mg）。

試樣重量（g）	純鐵重量（g）
1	1
0.5	0.5
0.2 + 0.3 純鐵	0.5

（2）同本法分析步驟（23-6-2-2-1-3 節）第（2）步。

（3）將每杯溶液分別移於七個 100ml 量瓶內，然後依本法分析步驟（23-6-2-2-1-3 節）第（6）-（7）步所述之方法處理之，以測其吸光度。

（4）記錄其結果：

標準鈦溶液之使用量（ml）	吸光度	溶液含 Ti 量（μg）
0	0	0
1		0.5
2		1.0
3		1.5
5		2.5
7		3.5
8		4.0

(5) 以「吸光度」當做縱橫，「溶液含 Ti 量（mg）」當做橫軸，作其關係曲線圖。

23-6-2-2-2 第二法：適用於各種鋼鐵之 Ti

23-6-2-2-2-1 應備試劑

（1）庫弗龍（Cupferron）溶液（6%）（本液需即用即配。）

（2）標準鈦溶液（1ml ＝ 0.5mg）

①溶液製備

精稱 0.85g 二氧化鈦（TiO_2）於 50ml 有蓋鉑坩堝內→加 15g 硫酸氫鉀（$KHSO_4$）→蓋好→燒灼熔解之→冷卻→一面攪拌，一面以 200ml H_2SO_4（1：1）溶解融質→冷卻→移溶液於 1000ml 量瓶內→加水稀釋至刻度。

②濃度標定

精確量取 50ml 新配標準鈦溶液於 400ml 燒杯內→以沸水稀釋至約 200ml →加熱至沸→趁熱加稍過量之 NH_4OH（即恰好有氨臭為止）→煮沸 1 ～ 3 分鐘→使用 11cm 細密慢濾紙過濾。以熱水洗滌至無鹼式鹽為止→將沉澱連同濾紙置於已烘乾稱重之鉑坩堝內→先以 500℃ 燒灼，至濾紙碳化後，再以 1100℃ 燒灼至恒重（殘渣為 TiO_2）。然後依下式計算其濃度。

③濃度計算

$$濃度（mg\ Ti/ml） = \frac{殘渣（TiO_2）重量（mg） \times 0.5995}{50ml}$$

23-6-2-2-2-2 分析步驟

(1) 依照下表秤取適量試樣

樣品含 Ti 量（%）	試樣重量（g）
＜ 0.05	5.0
0.05 ～＜ 0.1	1.0
0.1 ～＜ 0.8	0.5
0.8 ～ 2	0.2

(2) 依下表加適量 HCl（1：4）。蓋好後，緩緩加熱至作用停止。（註 A）

試樣重量（g）	HCl（1：4）之使用量（ml）
0.2 ～ 1.0	100
5	150

(3) 冷卻至 10 ～ 15℃。然後一面攪拌，一面一滴一滴加入庫弗龍溶液（6%），至沉澱恰恰轉呈紅棕色為度（註 B）。

(4) 加足量濾紙屑，再以 11cm 快速濾紙過濾之。以 HCl（1：9，冷）洗滌 12 ～ 15 次。濾液及洗液棄去。

(5)（註 C）將沉澱連同濾紙移於 500ml 鉑坩堝內。烘乾後，以低於 500℃燒灼至濾紙灰化。

(6) 加 1g $K_2S_2O_7$（註 D）。混合後，以低於 750℃熔解之。冷卻後，加 25ml H_2SO_4（1：9）溶解融質。

(7) 移溶液於 100ml 量瓶內。加 H_2SO_4（1：9）稀釋至刻度，並均勻混合之。

(8) 移適量溶液於光電比色儀所附之吸光試管內（當作空白溶液）。然後加 1 滴 H_2O_2（註 E）於量瓶內餘下之溶液內，俟其呈色後，再移適量溶液於儀器所附之另一吸光試管內。以波長為 $425\mu m$ 之光線測定前者（空白溶液）之吸光度（不必記錄），將指示吸光度之指針調整至「0」之刻度後，抽去試管，換上盛有呈色之試樣溶液之試管，以測其吸光度，並記錄之。由「吸光度 –Ti%」或「吸光度 – 溶液含 Ti 量（mg）」標準關係曲線圖（註 F），可直接查出試樣含 Ti 量（%），或溶液含 Ti 量（mg）。

23-6-2-2-2-3 計算

$$Ti\% = \frac{w}{W \times 10}$$

w ＝溶液含 Ti 量（mg）

W ＝試樣重量（g）

23-6-2-2-2-4 附註

（A）因銅不溶於 HCl（稀），故試樣若含大量之銅，則第 (2) 步操作完畢後，第 (3) ～ (5) 步應改以下法代之：

(1) 以小號濾紙（內含少量濾紙屑）過濾。以熱 H_2SO_4（1：9）洗滌數次。濾液及洗液依本法分析步驟（23-6-2-2-2-2 節）第 (3) ～ (4) 步處理之（唯冷卻溫度改為 15 ～ 20℃）。

(2) 將沉澱連同濾紙移於 250ml 燒杯內，加 25ml HNO_3（3：7），並加熱至銅完全溶解。

(3) 加 50ml H_2O（熱），再加稍過量之 NH_4OH，然後煮沸之。

(4) 過濾。以熱水洗滌數次。濾液及洗液棄去。

(5) 將沉澱連同濾紙移於 50ml 坩堝內。烘乾後，以低於 500℃燒灼至濾紙灰化。然後與本附註第 (1) 步之濾液及洗液經本法分析步驟第 (3) ～ (4) 步處理後所遺之沉澱合併。然後接從本法分析步驟第 (6) 步開始做起。

（B）(1) 參照 10-6-6-5 節附註（L）（M）（N）。

(2) 因鐵離子之顏色能干擾第 (9) 步吸光度之測定，故第 (3) 步之沉澱物含 Fe 愈少愈好。庫弗龍優先與 Ti 生成白色沉澱，俟溶液無 Ti 後，再轉與 Fe 生成紅棕色之沉澱，此時即應停加庫弗龍溶液。

（C）試樣若含 V，因能干擾第 (9) 步吸光度之測定〔參照 10-6-2-5 節附註（R）（S）〕，故第 (5) 步操作完畢後，應補加下列各步操作：

將濾紙灰化後之殘渣移於 100ml 鉑皿內→分別加 5ml HF 及 10ml $HClO_4$ →蒸煮濃縮至 5ml 以下→稍冷後，加水稀釋成 50ml →加

NaOH（10%）至中和後，再過量 5ml →煮沸數分鐘→靜置少時（讓沉澱析出）→以 9cm 細密慢濾紙過濾。以熱水洗滌數次。濾液及洗液棄去→然後再接從第（6）步開始做起。

（D）$TiO_2 + 2K_2S_2O_7 \rightarrow Ti(SO_4)_2 + 2K_2SO_4$

（E）參考 23-6-2-2-1-5 節附註（G）（H）。

（F）標準關係曲線之製備

第一法：

　選取已知含 Ti 量（%）之標準鋼樣品數種，每種稱取一份（其重量需與試樣相等）當做試樣，依本法分析步驟（23-6-2-2-2 節）所述之方法處理之，以測其吸光度，記錄其結果，並作「吸光度 -Ti%」標準關係曲線。

第二法：

（1）分別稱取約 0.1g 純鐵於七個 400ml 燒杯內。以吸管分別加入 0（即空白溶液）、1、2、3、5、7 及 8ml 標準鈦溶液（1ml ＝ 0.50mg），當作試樣。然後依本法分析步驟（23-6-2-2-2 節）第（2）～（9）步所述之方法處理之，以測其吸光度。

（2）記錄其結果如下

標準鈦溶液之使用量（ml）	吸光度	溶液含 Ti 量（mg）
0	0	0
1		0.5
2		1.0
3		1.5
5		2.5
7		3.5
8		4.0

（3）以「吸光度」為縱軸，「溶液含 Ti 量（mg）」為橫軸，作其關係曲線圖。

23-6-2-2-3 第三法： 適用於含 Ti ＝ 0.01 ～ 0.5% 之市場鋁及鋁合金（註 A）之 Ti

23-6-2-2-3-1 應備試劑

（1）混酸

量取 600ml H_2O →加 50ml HNO_3 →一面攪拌，一面徐徐加 350 ml H_2SO_4 →冷卻之。

（2）NaOH（20%）

（3）標準鈦溶液（1ml ＝ 0.15mg Ti）（註 B）：同 23-6-2-2-2-1 節（唯 TiO_2 ＝ 0.255g）

23-6-2-2-3-2 分析步驟

(1) 精稱適量試樣（以含 Ti ＝ 0.15 ～ 3mg 為宜）於 400ml 燒杯內。

(2) 蓋好後，一小份一小份加入 30ml NaOH（20%）。

(3) 俟溶解作用停止後，以水洗淨杯蓋及燒杯內壁，然後再煮沸之。

(4) 冷卻後，加 50ml 混酸。然後煮沸，至可溶鹽類溶解以及氮氧化物之黃煙驅盡為止。

(5) 冷後，移杯內物質於 100ml 量瓶內，再以水稀釋至刻度，並均勻混合之。

(6) 以乾燥細密濾紙過濾。聚濾液於乾淨之 100ml 燒杯內。（最先濾出之數 ml 濾液棄去）。沉澱棄去。

(7) 依本法 23-6-2-2-1-3 節第（7）步所述之方法處理之，以測其吸光度〔唯只需 2 滴 H_2O_2；所使用之光波為 410μm；所使用之「吸光度 - 溶液含 Ti 量（mg）」標準關係曲線圖，見 23-6-2-2-3-3 節附註（C）。〕

23-6-2-2-3-3 計算

$$Ti\% = \frac{w}{W \times 10}$$

w ＝試樣溶液含 Ti 量（mg）

W ＝試樣重量（g）

23-6-2-2-3-4 附註

※ 註：除下列各附註外，另參照本法（23-6-2-2 節）之有關各項附註。

（**A**）在一般鋁合金之組成內，尚無干擾元素。Mo、V 屬干擾元素，但鋁合金罕有此兩種元素。

（**B**）(1) 標準鈦溶液亦可採用下法製備之：

精稱 0.255g 二氧化鈦（TiO_2）於 250ml 伊氏燒杯內→分別加 10g $(NH_4)_2SO_4$ 及 25ml H_2SO_4→以短頸玻璃漏斗插於燒瓶內→置於火焰上，一面旋轉燒杯，一面小心加熱至溶液開始沸騰後，再繼續加熱，至瓶內物質悉數溶解為止→冷卻→迅速注於盛有 450ml H_2O（冷）之燒杯內，同時劇烈攪拌之。以 H_2SO_4（5：95）洗淨燒瓶，洗液合併於主液內→移溶液於 1000ml 量瓶內→以 H_2SO_4（5：95）稀釋至刻度。

(2) 上項二氧化鈦可使用美國國家標準局所製備之 NBS No.154 標準二氧化鈦（Titania）（$TiO_2 = 98.7\%$）。

（**C**）「吸光度 – 溶液含 Ti 量（mg）」標準關係曲線之製備

(1) 以吸管分別吸取 0（即空白溶液）、1、2、5、10、15 及 20ml 標準鈦溶液（1ml ＝ 0.15mg Ti）於七個 100ml 量瓶內。

(2) 各以 H_2SO_4(1:9)稀釋成約 80ml 後，加 2 滴 H_2O_2。然後再用 H_2SO(1:9) 稀釋至刻度，並均勻混合之。

(3) 然後依本法分析步驟（23-6-2-2-3-2 節）第 (7) 步所述之方法處理之，以測其吸光度（唯不需加 H_2O_2）。

(4) 記錄其結果如下

標準鈦溶液之使用量（ml）	吸光度	溶液含 Ti 量（mg）
0	0	0
1		0.15
2		0.30
5		0.75
10		1.5
15		2.25
20		3.0

(5) 以「吸光度」為縱軸，「溶液含 Ti 量（mg）」為橫軸，作其標準關係曲線。

附錄

附錄一　稀薄公式

　　自濃液製稀液時，可用下列稀薄公式計算之，最為便捷。設有某種 10.1% 溶液，欲製成 5.5%，可將兩種原液濃度，書於左下圖之左方（即 10.1 % 某種溶液及 0% 水），將欲得溶液之濃度，書於右中部，減對角線上之數字，水平線之數字，即得所需各溶液之份數也。

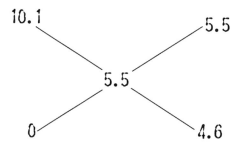

　　茲以上圖為例：欲得 5.5 0/0 溶液，需取 10.1% 溶液 5.5 份及水 4.6 份。再以下圖為例：設有 10.1 % 溶液及 5.5% 溶液，欲製成 7.75 % ，則書其稀釋公式如下圖，即知：欲得 7 . 75% 溶液，需分別取 10.1% 溶液 2.25 份及 5.5 % 溶液 2.35 份。

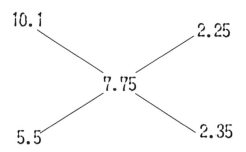

附錄二　焰色之大約溫度

可見紅色	525 ^{0}C
暗紅色	700 ^{0}C
櫻挑紅色	900 ^{0}C
暗橙色	1100 ^{0}C
白熱	1300 ^{0}C
閃爍白熱	1500 ^{0}C

附錄三　標準溶液表

lml HCl (1/1 N) =　　　　　　1/7

物 質	克	物 質	克	物 質	克
$BaCO_3$	0.09869	$MgO+$	0.02016	Na_3PO_4++	0.16402
$Ba(OH)_2$	0.08570	$Na_2C_2O_4$	0.13399	Na_3PO_4+	0.08201
K_2CO_3 +	0.06910	$NaHCO_3+$	0.08401	Na_2S++	0.07306
$KHCO_3$	0.010010	Na_2HPO_4+	0.14203	$Na_2Si_4O_9$	0.1511
KNO_3	0.01010	Na_2O	0.03100	HN_3	0.01703
$MgCO_3i$	0.04216	Na_2OH	0.04001	NH_4OH	0.03505
				NH_4Cl	0.05350

附註：　＋：甲基橙指示劑　　＋＋：酚酞指示劑

lml NaOH (1/1 N) =　　　　　　2/7

物 質	克	物 質	克	物 質	克
B_2O_3 ++	0.03482	$HC_2H_3O_2++$	0.06003	$Na_2B_4O_7++$ +	0.05032
CO_2 ++	0.04400	$H_2C_2O_4$ + +	0.04501	$NaHCO_3$	0.08401
$Ca(C_2H_3O_2)_2$	0.07906	HC_2O_4 $2H_2O++$	0.06302	SO_2++	0.03203
$H_3C_6H_5O_7$(檸 檬酸，無水)	0.06402	HCl	0.03647	SO_3	0.04003

$H_3C_6 H_5O_7$(檸檬酸，結晶)	0.07003	HI	0.12794	SO_4	0.04803
Cl	0.03546	HNO_3	0.06302	$H_2C_4H_4O_6+$	0.08403
HCO_2(蟻 酸)+ ++	0.04602	H_3PO_4 ++	0.09805		
$H_2C_2O_4+ +$	0.06184	KHC_2O_4 ++	0.12810		
HBr	0.08092	KHC_4O_6	0.18814		

附註： ＋:甲基橙指示劑　　＋＋:酚酞指示劑

lml HNO_3 (1/10 N) ＝　　　　3/7

物質	克	物質	克	物質	克
$CaCl_2$	0.005549	KCN	0.01302 1	Nal	0.014993
$CdCl_2$	0.009166	KI	0.016603	NH_4Cl	0.005350
$FeCl_2$	0.005407	KCNS	0.009717	NH_4CNS	0.007611
HCN	0.005403	$MgCl_2$	0.004762	$PbCl_2$	0.013906
KBr	0.011901	NaCl	0.005845	$SrCl_2$	0.007927
KCL	0.007455	NaCN	0.009801	$ZnCl_2$	0.006815

1 ml $K_2Cr_2O_7$ (1/10 N) ＝　　　　4/7

物 質	克	物 質	克	物 質	克
Fe	0.005584	$FeSO_4$	0.015190	Fe_3O_4	0.007717
FeO	0.007184	$K_2Cr_2O_7$	0.004903	Zn	0.003269
Cr_2O_3	0.002534	$PbCrO_4$	0.010774		

lm I_2 (1/10 N) ＝　　　　5/7

物質	克	物質	克	物質	克
Br	0.007992	HNO_2	0.002391	$NaHSO_3$	0.005203
$CaOCl_2$	0.006349	H_2S	0.001704	$NaNO_2$	0.003450
Cl	0.003546	H_2SO_3	0.004104	Na_2S	0.003903
CrO_3	0.003334	I	0.012693	Na_2SO_3	0.006303
Cr_2O_3	0.002534	$KClO_3$	0.002043	$Na_2S_2O_3$	0.015812
Cu	0.006357	K_2CrO_4	0.006473	$PbCrO_4$	0.010774
CuO	0.007957	$K_2Cr_2O_7$	0.00493	PbO_2	0.011960

Cu_2SO_4	0.015963	$KMnO_4$	0.003161	SO.	0.003203
Fe	0.005584	KNO_2	0.004252	Sb	0.006089
Fe_2O_3	0.007984	Na_2CrO_4	0.005400	Sb_2O_3	0.007289
				Sn	0.005935

1ml $Na_2S_2O_4$ (1/10) =　　　　6 / 7

物 質	克	物 質	克	物 質	克
Br	0.007992	CuO	0.007957	S	0.001603
$CaOCl_2$	0.006349	$CUSO_4$	0.015963	SO_2	0.003203
Cl	0.003546	$K_2Cr_2O 7$	0.004903	Sb	0.006089
CrO_3	0.003334	$NaNO_2$	0.003450	Sb_2O_3	0.007289
Cr_2O_3	0.002534	$PbCrO_4$	0.010774	Sn	0.005935
Cu	0.006357	PbO_2	0.011960		

1 ml $KMnO_4$ (1/10 N) =　　　　7/7

物 質	克	物 質	克	物 質	克
BaO_2	0.008469	$FeSO_4$	0.015190	MnO	0.0014186
CaC_2O_4	0.005004	$FeS .7H_2O_4$	0.027802	MnO_2	0.004347
CaO	0.028035	HCO_2H	0.002301	$Na_2C_2O_4$	0.006700
$CaSO_4$	0.006807	H_2O_2	0.003402	$NaNO_2$	0.003450
Fe	0.005584	KMnO	0.003161	$Na_2S_2O_8$	0.011906
FeO	0.007184	KNO_2	0.004255	Sb	0.006089
Fe_2O_3	0.007984	$K_2Cr_2O_7$	0.004903	Sn	0.005935
Fe_3O_4	0.007717	Mn	0.0010986		

附錄四　強酸之比重及其成分表

強酸之比重及其成分表 1/5

比重 (15°C/4°C)	百分率（以重量計）			比重 (15°C/4°C)	百分率（以重量計）		
	HCl	HNO₃	H₂SO₄		HCl	HNO₃	H₂SO₄
1.000	0.16	0.10	0.09	1.100	20.01	17.10	14.35
1.005	1.15	1.00	0.95	1.105	20.97	17.88	15.03
1.010	2.14	1.90	1.57	1.110	21.92	18.66	15.71
1.015	3.12	2.80	2.30	1.115	22.86	19.44	16.36
1.020	4.13	3.70	3.03	1.120	23.82	24.07	20.26
1.025	5.15	4.60	3.76	1.125	24.78	24.83	20.91
1.030	6.15	5.50	4.49	1.130	25.75	21.76	18.31
1.035	7.15	6.38	5.23	1.135	26.70	22.53	18.96
1.040	8.16	7.26	5.96	1.140	27.66	23.30	19.61
1.045	9.16	8.13	6.67	1.145	28.61	24.07	20.26
1.050	10.17	8.99	7.37	1.150	29.57	24.83	20.91
1.055	11.18	9.84	8.07	1.155	30.55	25.59	21.55
1.060	12.19	10.67	8.77	1.160	31.52	26.35	22.19
1.065	13.19	11.50	9.47	1.165	32.49	27.11	22.83
1.070	14.17	12.32	10.19	1.170	33.46	27.87	23.47
1.075	15.16	13.14	10.90	1.175	34.42	28.62	24.12
1.080	16.15	13.94	11.60	1.180	35.39	29.37	24.76
1.085	17.13	14.73	12.30	1.185	36.31	30.12	25.40
1.090	18.11	15.52	12.99	1.190	37.23	30.87	26.04
1.095	19.16	16.31	13.67	1.195	38.16	31.60	26.68

強酸之比重及其成分表 2/5

比重 (15℃/4℃)	百分率（以重量計）			比重 (15℃/4℃)	百分率（以重量計）		
	HCl	HNO$_3$	H$_2$SO$_4$		H Cl	HNO$_3$	H$_2$SO$_4$
1.200	39. 11	32.34	27.32	1.300		47.47	39.19
1.205		33.07	27.95	1.305		48.24	39.77
1.210		33.80	28.58	1.310		49.05	40.35
1.215		14.53	29.21	1.315		49.88	40.93
1.220		53.26	29.84	1.320		50.62	41.50
1.225		36.01	30.48	1.325		51.51	42.08
1.230		36.76	31.11	1.330		52.34	42.66
1.235		37.51	31.70	1.335		53.17	43.20
1.240		38.27	32.28	1.340		54.04	43.74
1.245		39.03	32.86	1.345		54.90	44.28
1.250		39.80	33.43	1.350		55.76	44.82
1.255		40.56	34.00	1.355		56.63	45.35
1.260		41.32	34.57	1.360		57.54	45.38
1.265		42.08	35.14	1.365		58.45	46.41
1.270		42.85	35.71	1.370		59.36	46.94
1.275		43.62	36.29	1.375		60.27	47.47
1.280		44.39	36.87	1.380		61.24	48.00
1.285		45.16	37.45	1.385		62.21	48.53
1.290		45.93	38.03	1.390		63.20	49.06
1.295		46.70	38.61	1.395		64.22	49.59

強酸之比重及其成分表 3/5

比誼 (15℃/4℃)	百分率（以重量計）			比重 (15℃/4℃)	百分率（以重量計）		
	HCl	HNO$_3$	H$_2$SO$_4$		H Cl	HNO$_3$	H$_2$SO$_4$
1 .400		65.27	50.11	1.500		94.04	59.70
1.405		66.37	50.63	1.505		96.34	60.18
1 .410		67.47	51.15	1.510		98.05	60.65
1 .415		68.60	51.66	1.515		99.02	61.12
1 .420		69.77	52.15	1.520		99.62	61.59
1 .425		70.95	52.63	1.525			62.06
1 .430		72.14	53.11	1.530			62.53

1.435		73.35	53.59	1.535			63.00
1.440		74.64	54.07	1.540			63.43
1.445		75.94	54.55	1.545			63.85
1.450		77.24	55.03	1.550			64.26
1.455		78.56	55.50	1.555			64.67
1.460		79.94	55.97	1.560			65.20
1.465		81.38	56.43	1.565			65.65
1.470		82.86	56.90	1.570			66:09
1.475		84.47	57.37	1.575			66.53
1.480		86.01	57.83	1.580			66.95
1.485		87.66	58.28	1.585			67.40
1.490		89.86	58.74	1.590			67.83
1.495		91.56	59.22	1.595			68.26

強酸之比重及其成分表 4/5

比誼 (15°C/4°C)	百分率（以重量計）			比重 (15°C/4°C)	百分率（以重量計）		
	HCl	HNO₃	H₂SO₄		HCl	HNO₃	H₂SO₄
1.600			68.70	1.700			77.17
1.605			69.13	1.705			77.60
1.610			69.56	1.710			78.04
1.615			70.00	1.715			78.48
1.620			70.42	1.720			78.92
1.625			70.85	1.725			79.36
1.630			71.27	1.730			79.80
1.635			71.70	1.735			80.24
1.640			72.12	1.740			80.68
1.645			72.55	1.745			81.12
1.650			72.96	1.750			81.56
1.655			73.40	1.755			82.00
1.660			73.81	1.760			82.44
1.665			74.24	1.765			83.01
1.670			74.66	1.770			83.51
1.675			75.08	1.775			84.02
1.680			75.50	1.780			84.50
1.685			75.94	1.785			85.10
1.690			76.38	1.790			85.70
1.695			76.76	1.795			86.30

強酸之比重及其成分表 5/5

比重 (15°C/4°C)	百分率 (以重量 計)			比重 (15°C/4°C)	百分率 (以重量計)		
	HCl	HNO₃	H₂SO₄		HCl	HNO₃	H₂SO₄
1 .800			86.92				
1 .805			87.60				
1.810			88.30				
1.815			89.16				
1.820			90.05				
1.825			91.00				
1 830			92.10				
1.835			93.56				
1.840			95.60				
1.8405			95.95				
1.8410			96.38				
1.8415			97.35				
1.8420			98.20				
1.8425			98.52				
1.8430			98.72				
1.8435			98.77				
1.8440			99.12				
1.8445			99.31				

附錄五　氫氧化銨之比重 （15℃） 及成份表

比重	% (NH₃)	比重	% (NH₃)	比重	% (NH₃)
1.000	0.00	0.998	0.45	0.996	0.91
0.994	1.37	0.992	1.84	0.990	2.31
0.988	2.80	0.986	3.30	0.994	1.37
0.982	4.30	0.980	4.80	0.978	5.30
0.976	5.80	0.974	6.30	0.972	6.80
0.970	7.31	0.968	7.82	0.966	8.33
0.964	8.84	0.962	9.35	0.960	9.91
0.958	10.47	0.956	11.03	0.954	11.60
0.952	12.17	0.950	12.74	0.948	13.31
0.946	13.88	0.944	14.46	0.942	15.04

0.940	15.63	0.938	16.22	0.936	16.82
0.932	18.03	0.930	18.64	0.928	19.25
0.926	19.87	0.924	20.49	0.922	21.12
0.918	22.39	0.916	23.03	0.914	23.68
0.912	24.33	0.910	24.99	0.900	28.33
0.894	30.37	0.888	32.50	0.884	34.10

附錄六　氫氧化鈉與氫氧化鉀之比重（15℃）及成份表

比重	% KOH	% NaOH	比重	% KOH	% NaOH
1.007	0.9	0.9	1.252	27.0	22.50
0.014	1.7	1.7	1.263	28.2	23.50
1.022	2.6	1.65	1.274	28.9	24.48
1.029	3.5	2.50	1.285	29.8	25.50
1.037	4.5	3.22	1.297	30.7	26.58
1.045	5.6	3.79	1.308	31.8	27.65
1.052	6.5	4.50	1.320	32.7	28.83
1.060	7.4	5.20	1.332	33.7	30.00
1.067	8.2	5.86	1.345	34.9	31.20
1.075	9.2	6.58	1.357	35.9	32.50
1.083	10.1	7.30	1.370	36.9	33.73
1.091	10.9	8.07	1.383	37.9	35.00
1.100	12.0	8.78	1.397	38.9	36.36
1.108	12.9	9.50	1.410	39.9	37.65
1.116	13.8	10.30	1.424	40.9	39.06
1.125	14.8	11.06	1.438	42.1	40.47
1.134	15.7	11.90	1.453	43.4	42.02
1.142	16.5	12.69	1.468	44.6	43.58
1.152	17.6	13.50	1.483	45.8	45.16
1.162	18.6	14.35	1.498	47.1	47.73
1.171	19.5	15.15	1.514	48.3	48.41
1.180	20.5	16.00	1.530	49.4	50.10
1.200	22.4	17.81	1.563	51.9	
1.210	23.3	18.71	1.580	53.2	
1.220	24.2	19.65	1.597	54.5	
1.231	25.1	20.69	1.615	55.9	
1.241	26.1	21.55	1.643	57.5	

附錄七　計算常用因數表

$$A \times A' = B \qquad\qquad B \times B' = A$$

A'	A	B	B'
1.7408	Ag	AgBr	0.5744
2.1857	Ag	$AgBrO_3$	0.4575
1.3287	Ag	AgCl	0.7526
1.2411	Ag	AgCN	0.8057
2.1765	Ag	AgI	0.4595
1.4265	Ag	$AgNO_2$	0.7010
1.5748	Ag	$AgNO_3$	0.6350
1.0742	Ag	Ag_2O	0.9310
1.2935	Ag	Ag_aPO_4	0.7731
1.4034	Ag	$Ag_4P_2O_7$	0.7126
0.2316	Ag	As	4.3175
0.7408	Ag	Br	1.3498
0.7502	Ag	HBr	1.3330
0.3287	Ag	Cl	3.0423
0.3380	Ag	HCl	2.9582
1.1859	Ag	HI	0.8433
1.1765	Ag.	I	0.8500
1.1033	Ag	KBr	0.9064
0.6911	Ag	KCl	1.4469
1.1361	Ag	$KClO_3$	0.8802
1.2844	Ag	$KClO_4$	0.7786
0.6036	Ag	KCN	1.6568
1.5390	Ag	KI	0.6498
0.9540	Ag	NaBr	1.0482
0.5419	Ag	NaCl.	1.8453
1.3897	Ag	NaI	0.7196
0.4256	AgBr	Br	2.3498
0.6811	AgBr	BrO_3	1.4681

註：A、B 均表示所指物質的重量

A'	A	B	B'
0.4311	AgBr	HBr	2.3498
0..6337	AgBr	KBr	1.5779
0.8893	AgBr.	KBrO$_3$	1.1244
1.2556	AgBr	AgBrO$_3$	0.7964
0.5480	AgBr	NaBr	1.8247
0.7526	AgCl	Ag	1.3287
1.1852	AgCl	AgNO$_3$	0.8437
0.2474	AgCl	Cl	4.0423
0.2545	AgCl	HCl	3.9305
0.5202	AgCl	KCl	1.9225
0.8550	AgCl	KClO$_3$	1.1695
0.4078	AgCl	NaCl	2.4519
0.3732	AgCl	NH$_4$Cl	2.6793
0.4754	AgCl	ZnCl$_2$	2.1034
0.4863	AgCN	KCN	2.0564
0.2020	AgCN	HCN	4.9551
0.6174	AgI	NH$_4$I	1.6197
0.5448	AgI	HI	1.8354
0.54406	AgI	I	1.8500
0.7450	AgI	IO$_3$	1.3423
0.6428	AgI	I$_2$O$_5$	1.5558
0.7790	AgI	I$_2$O$_7$	1.2836
0.7071	AgI	KI	1.4143
0.9115	AgI	KIO$_3$	1.0971
0.6385	AgI	NaI	1.5661
0.3055	AgNO$_3$	HNO$_2$	3.2729
0.2470	AgNO$_3$	N$_2$O$_3$	4.0487
0.3709	AgNO$_3$	HNO$_3$	2.6959
0.3441	AgNO$_3$	NaCl	2.9061
0.7970	AlCl$_3$	Cl	1.2547

A'	A	B	B'
1.1023	$AlCl_3$	H_2SO_3	0.9072
1.3925	AlF_3	CaF_2	0.7182
0.5303	Al_2O_3	Al	1.8856
2.6121	Al_2O_3	$AlCl_3$	0.8328
2.2336	Al_2O_3	$Al_2P_2O_7$	0.4477
2.3902	Al_2O_3	$Al_2P_2O_8$	0.4184
3.3501	Al_2O_3	$Al_2(SO_4)_3$	0.2985
6.5232	Al_2O_3	$Al_2(SO_4)_3 \cdot 18H_2O$	0.1533
2.1088	Al_2O_3	FeO	0.4742
1.5625	Al_2O_3	Fe_2O_3	0.6400
2.8792	Al_2O_3	H_2SO_4	0.3473
9.2859	Al_2O_3	$K_2Al_2(SO_4)_4 . 24H_2O$	0.1077
1.6067	Al_2O_3	$Na_2Al_2O_4$	0.6224
8.8738	Al_2O_3	$(NH_4)_2Al_2(SO_4)_4 \cdot 24H_2O$	0.1127
1.8804	Al_2O_3	$(SO_3)_3$	0.5318
2.3501	Al_2O_3	$(SO_3)_3$	0.4255
0.2219	$AlPO_4$	Al	4.5070
0.4185	$AlPO_4$	Al_2O_3	2.3902
0.5816	$AlPO_4$	P_2O_5	1.7193
0.6224	$Al_2P_2O_7$	P_2O_5	1.6067
0.5816	$Al_2P_2O_8$	P_2O_5	1.7193
2.0453	$Al_2(SO_4)_3$	$BaSO_4$	0.4889
0.8594	$Al_2(SO_4)_3$	H_2SO_4	1.1636
1.472·3	$Al_2(SO_4)_3$	$NaHCO_3$	0.6792
0.7015	$Al_2(SO_4)_3$	SO_3	1.4255
0.7566	Al_4C_3	Al	1.3322
1.4154	Al_4C_3	Al_2O_3	0.7065
4.3175	As	Ag	0.2316
1.6403	As	AsO_3	0.6096

A'	A	B	B'
1.8538	As	AsO_4	0.5394
1.3201	As	As_2O_3	0.7575
1.5336	As	As_2O_5	0.6521
1.6417	As	As_2O_3	0.6091
2.0692	As	As_2O_5	0.48343
3.3862	As	2I	0.2953
2.5391	As	$MgNH_4AsO_4 . 1/2\ H_2O$	0.3938
2.0715	As	$Mg_2As_2O_7$	0.4827
2.1875	As	NaH_2AsO_4	0.4571
2.4809	As	Na_2HAsO_4	0.4031
1.9233	As_2O_3	$MgNH_4AsO_4 . 1/2\ H_2O$	0.5199
1.5691	As_2O_3	$Mg_2As_2O_7$	0.6373
1.1253	As_2O_3	$Mg_2P_2O_7$	0.8886
1.1616	As_2O_3	As_2O_5	0.8609
1.2435	As_2O_3	As_2S_3	0.8042
1.5674	As_2O_3	As_2S_5	0.6380
2.5652	As_2O_3	4I	0.3898
1.3493	As_2O_5	As_2S_5	0.7411
1.3507	As_2O_5	$Mg_2As_2O_7$	0.7403
1.6556	As_2O_5	$MgNH_4AsO_4 \cdot 1/2H_2O$	0.6040
1.4264	As_2O_5	NaH_2AsO_4	0.7011
1.6177	As_2O_5	Na_2HAsO_4	0.6182
2.2081	As_2O_5	4I	0.4529
1.5394	Au	$AuCl_3$	0.6496
2.0898	Au	$HAuCl_4 \cdot 4H_2O$	0.4785
1.8172	Au	$KAu(CN)_4 \cdot H_2O$	0.5503
3.2018	B	B_2O_3	0.3123
11.5596	B	KBF_4	0.0865
1.2292	B_2O_3	BO_2	0.8135
1.6877	B_2O_3	BO_3	0.5925

A'	A	B	B'
1.1146	B_2O_3	B_4O_7	0.8912
1.7743	B_2O_3	H_3BO_3	0.5636
3.6103	B_2O_3	KBF_4	0.2270
2.7347	B_2O_3	$Na_2B_4O_7 \cdot 10H_2O$	0.3657
0.4915	KBF_4	H_3BO_3	2.0347
0.7575	KBF_4	$NaB_4O_7 \cdot 10H_2O$	1.3202
1.8594	Ba	$Ba(C_2H_3O_2)_2$	0.5378
1.8444	Ba	$BaCrO_4$	0.5420
1.6993	Ba	$BaSO_4$	0.5885
1.3468	Ba	$BaCO_3$	0.6960
1.8162	Ba	BaS_2O_3	0.5506
0.7002	Ba	S_3	1.4283
0.9335	Ba	S_4	1.0712
1.1207	$BaCl_2$	$BaSO_4$	0.8923
0.4709	$BaCl_2$	H_2SO_4	2.1238
0.2229	$BaCO_3$	CO_2	4.4853
8.1696	C (in $BaCO_3$)	H_2SO_4	0.1223
1.2837	$BaCO_3$	$BaCrO_4$	0.7790
0.7770	$BaCO_3$	BaO	1.2869
0.0608	$BaCO_3$	C	16.4411
0.5807	$BaCrO_4$	$K_2Cr_2O_7$	1.7224
0.5420	$BaCrO_4$	Ba	1.8444
0.6053	$BaCrO_4$	BaO	1.6520
0.9213	$BaCrO_4$	$BaSO_4$	1.0854
0.2052	$BaCrO_4$	Cr	4.8725
0.3947	$BaCrO_4$	CrO_3	2.5337
0.3000	$BaCrO_4$	Cr_2O_3	3.3338
1.4138	$BaCrO_4$	$Cr2(SO_4)_3 \cdot 18H_2O$	0.7073
0.7666	$BaCrO_4$	K_2CrO_4	1.3046

A'	A	B	B'
0.5723	Ba (OH)$_2$	H$_2$SO$_4$	1.7473
0.8111	BaO$_2$	Ba	1.2329
0.4912	BaSiF$_6$	Ba	2.0359
0.7448	BaSiF$_6$	BaCl$_2$	1.3427
0.6271	BaSiF$_6$	BaF$_2$	1.5948
0.5484	BaSiF$_6$	BaO	1.8235
0.4076	BaSiF$_6$	F	2.4533
0.4292	BaSiF$_6$	HF	2.3291
0.5160	BaSiF$_6$	H$_2$SiF$_6$	1.9379
0.3729	BaSiF$_6$	SiF$_4$	2.6814
0.2156	BaSiF$_6$	SiO$_2$	4.6380
0.8108	BaS	Ba	1.2334
1.2833	BaS	BaSO$_3$	0.7792
1.3777	BaS	BaSO$_4$·	0.7258
1.4725	BaS	BaS$_2$O$_3$	0.6791
0.6318	BaSO$_3$	Ba	1.5828
1.0736	BaSO$_3$	BaSO$_4$	0.9315
1.1475	BaSO$_3$	BaS$_2$O$_3$	0.8715
0.4889	BaSO$_3$	Al$_2$(SO$_4$)$_3$	2.0453
0.5885	BaSO$_3$	Ba	1.6993
0.8923	BaSO$_3$	BaCl$_2$	1.1207
1.0466	BaSO$_3$	BaCl$_2$ · 2H$_2$O	0.9554
0.8455	BaSO$_3$	BaCO$_s$	1.1827
1.0854	BaSO$_3$	BaCrO$_4$	0.9213
1.1197	BaSO$_3$	Ba (NO$_3$)$_2$	0.8931
0.6571	BaSO$_3$	BaO	1.5219

A'	A	B	B'
0.7256	$BaSO_4$	BaO_2	1.3782
0.8599	$BaSO_4$	$Ba_3(PO_4)_2$	1.1629
0.7258	$BaSO_4$	BaS	1.3778
1.0688	$BaSO_4$	$BaS_2O_3.$	0.9356
0.5147	$BaSO_4$	$CaSO_3$	1.9429
0.5832	$BaSO_4$	$CaSO_4$	1.7147
0.3766	$BaSO_4$	FeS	2.6554
0.1457	$BaSO_4$	H_2S	6.8503
0.3517	$BaSO_4$	H_2SO_4	2.8441
0.4202	$BaSO_4$	H_2SO_4	2.3801
0.7465	$BaSO_4$	K_2SO_4	1.3395
1.0164	$BaSO_4$	$K_2Al_2(SO_4)_4 \cdot 24H_2O$	0.9839
0.5834	$BaSO_4$	$KHSO_4$	1.7141
0.1727	$BaSO_4$	MgO	5.7894
1.0560	$BaSO_4$	$MgSO_4 \cdot 7H_2O$	0.9469
0.6469	$BaSO_4$	$Mn SO_4$	1.5458
0.4541	$BaSO_4$	Na_2CO_3	2.2022
0.4458	$BaSO_4$	$NaHSO_3$	2.2432
0.2656	$BaSO_4$	Na_2O	3.7651
0.3344	$BaSO_4$	Na_2S	2.9904
0.5401	$BaSO_4$	$Na_2 SO_3$	1.8515
0.3387	$BaSO_4$	$Na_2S_2O_3$	2.9524
0.6086	$BaSO_4$	Na_2SO_4	**1.6431**
1.3804	$BaSO_4$	$Na_2 SO_4 \cdot 10H_2O$	0.7244
0.5661	$BaSO_4$	$(NH_4)_2SO_4$	1.7665
1.2991	$BaSO_4$	$PbSO_4$	0.7697
0.1373	$BaSO_4$	S	7.2812
0.2744	$BaSO_4$	SO_2	3.6439

A'	A	B	B'
0.3430	BaSO$_4$	SO$_3$	2.9155
0.4115	BaSO$_4$	SO$_4$	2.4301
0.4174	BaSO$_4$	ZnS	2.3951
1.2318	BaSO$_4$	ZnSO$_4$·7H$_2$O	0.8118
1.6681	Bi	BiAsO$_4$	0.5995
1.1154	Bi	Bi$_2$O$_3$	0.8965
0.5994	BiAsO$_4$	Bi	1.6683
0.8017	BiOCl	Bi	1.2474
1.8658	BiOCl	Bi（NO$_3$)$_3$·5H$_2$O	0.5359
0.8942	BiOCl	Bi$_2$O$_3$	1.1184
1.1024	BiOCl	BiONO$_3$	0.9072
0.8965	Bi$_2$O$_3$	Bi	1.1154
1.4955	Bi$_2$O$_3$	BiAsO$_4$	0.6687
1.2328	Bi$_2$O$_3$	BiONO$_3$	0.8112
2.0867	Bi$_2$O$_3$	Bi（NO$_3$）·5H$_2$O	0.4792
1.0691	Bi$_2$O$_3$	Bi$_2$SO	0.9354
0.8122	Bi$_2$S$_3$	Bi	1.2313
0.9059	Bi$_2$S$_3$	Bi$_2$O$_3$	1.1039
1.3498	Br	Ag	0.7418
1.7935	Br	AgCl	0.5576
2.3498	Br	AgBr	0.4256
1.0126	Br	HBr	0.9875
0.1001	Br	O	9.9900
0.8433	BrO$_3$	Ag	1.1858
1.4681	BrO$_3$	AgBr	0.6811
2.7699	Ca	CaCl$_2$	0.3610
1.3993	Ca	CaO	0.7146

A'	A	B	B'
1.7690	Ca	Cl_2	0.5653
3.3973	Ca	$CaSO_4$	0.2944
0.7800'	$Ca_3(AsO_4)_2$	$Mg_2As_2O_7$	1.2820
0.3546	$Ca_3(CH_3CO_2)_2$	CaO	2.8203
0.7594	$Ca_3(CH_3CO_2)_2$	CH_3CO_2H	1.3169
0.6202	$Ca_3(CH_3CO_2)_2$	H_2SO_4	1.6124
0.9016	$CaCl_2$	$CaCO_3$	1.1091
0.5052	$CaCl_2$	CaO	1.9795
1.2265	$CaCl_2$	$CaSO_4$	0.8153
0.6390	$CaCl_2$	Cl_2	1.5650
0.4004	$CaCO_3$	Ca	2.4975
1.1091	$CaCO_3$	$CaCl_2$	0.9016
1.6197	$CaCO_3$	$Ca(HCO_3)_2$	0.6174
0.5603	$CaCO_3$	CaO	1.7847
0.4397	$CaCO_3$	CO_2	2.2743
1.3604	$CaCO_3$	$CaSO_4$	0.7351
1.7204	$CaCO_3$	$CaSO_4 \cdot 2H_2O$	0.5813
1.0593	$CaCO_3$	Na_2CO_3	0.9441
0.7288	$CaCO_3$	HCl	1.3720
0.7182	CaF_2	AlF_3	1,3925
0.5133	CaF_2	Ca	1,9483
0.7182	CaF_2	CaO	1.3924
1.7438	CaF_2	$CaSO_4$	0.5735
0.4867	CaF_2	F	2.0545
0.5126	CaF_2	HF	1.9508
1.8485	CaF_2	H_2SiF_6	0.5410

A'	A	B	B'
2.4280	CaO	$CaSO_4$	0.4119
3.0707	CaO	$CaSO_3 \cdot 2H_2O$	0.3257
2.1417	CaO	CH_3CO_2H	0.4670
0.7848	CaO	CO_2	1.2743
1.7494	CaO	H_2SO_4	0.5716
2.0852	CaO	$NaCl$	0.4796
1.8905	CaO	$NaCO_3$	0.5229
2.5336	CaO	$NaSO_4$	0.3947
0.5718	CaO	S	1.7489
1.4280	CaO	SO_3	0.7003
0.5421	$Ca_3P_2O_8$	CaO	1.8446
0.7178	$Ca_3P_2O_8$	$Mg_2P_2O_7$	1.3932
12.0994	$Ca_3P_2O_8$	$(NH_4)_3PO_4 \cdot 12MoO_3$	0.0826
0.4579	$Ca_3P_2O_8$	P_2O_5	2.1839
3.2362	CaS	$BaSO_4$	0.3091
1.9429	$CaSO_4$	$BaSO_4$	0.5417
0.4667	$CaSO_4$	CaO	2.1427
1.7147	$CaSO_4$	$BaSO_4$	0.5832
0.8153	$CaSO_4$	$CaCl_2$	1.2265
0.5735	$CaSO_4$	CaF_2	1.7438
0.4119	$CaSO_4$	CaO	2.4280
0.2791	$CaSO_4$	F	3.5824
0.2939	$CaSO_4$	HF	3.4021
0.7205	$CaSO_4$	H_2SO_4	1.3880
0.5881	$CaSO_4$	SO_3	1.7003
0.3257	$CaSO_4 \cdot 2H_2O$	CaO	3.0707

A'	A	B	B'
0.8088	$CaWO_4$	WO_3	1.2364
1.4296	Cb	Cb_2O_5	0.6995
1.6310	Cd	$CdCl_2$	0.6131
2.1033	Cd	$Cd(NO_3)_2$	0.4754
1.1423	Cd	CdO	0.8754
1.2853	Cd	CdS	0.7780
1.8547	Cd	$CdSO_4$	0.5392
1.2853	Cd	S	3.5059
1.4277	CdO	$CdCl_2$	0.7004
1.1251	CdO	CdS	0.8888
1.6235	CdO	$CdSO_4$	0.6159
1.2690	CdS	$CdCl_2$	0.7880
1.6365	CdS	$Cd(NO_3)_2$	0.6110
1.4430	CdS	$CdSO_4$	0.6930
0.2359	CdS	H_2S	4.2393
0.2220	CdS	S	4.5059
2.1340	Ce	$Ce_2(C_2O_4)_3 \cdot 3H_2O$	0.4686
2.7685	Ce	$Ce(NO_3)_4$	0.3612
4.0385	Ce	$Ce(NO_3)_4(NH_4NO_3)_2 \cdot H_2O$	0.2476
1.1711	Ce	Ce_2O_3	0.8539
1.2282	Ce	CeO_2	0.8142
3.0548	Ce	$Ce(SO_4)_3$	0.3274
2.2542	CeO_2	$Ce(NO_3)_4$	0.4436
1.0487	Ce_2O_3	CeO_2	0.9536
2.3640	Ce_2O_3	$Ce(NO_3)_4$	0.4230
0.3753	CH_2ClCO_2H	Cl	2.6645
0.5446	$CH_3CHOHCO_2H$	H_2SO_4	1.8366

A'	A	B	B'
1.3169	CH_3CO_2H	$Ca（CH_3CO_2）_2$	0.7594
1.3663	CH_3CO_2H	CH_3CO_2Na	0.7319
0.8499	CH_3CO_2H	$（CH_3CO）_2O$	1.1766
0.8167	CH_3CO_2H	H_2SO_4	1.2244
0.8828	CH_3CO_2H	Na_2SO_4	1.1327
0.5164	CH_3CO_2H	Na_2O	1.9368
1.7255	CH_3CO_2H	Pb	0.5796
0.5979	CH_3CO_2Na	H_2SO_4	1.6729
0.3779	CH_3CO_2Na	Na_2O	2.6463
0.8660	CH_3CO_2Na	Na_2SO_4	1.1547
0.9609	$（CH_3CO）_2O$	H_2SO_4	1.0407
1.0897	$C_2H_2O_4$	H_2SO_4	0.9177
0.7782	$C_2H_2O_4·2H_2O$	H_2SO_4	1.2851
0.6537	$C_4H_4O_6HK$	H_2SO_4	1.5298
1.1197	$C_4H_6O_6$	$NaHCO_3$	0.8931
0.2607	$C_4H_6O_6$	H_2SO_4	3.8370
3.0423	Cl	Ag	0.3287
4.0423	Cl	$AgCl$	0.2474
4.7910	Cl	$AgNO_3$	0.2088
1.2547	Cl	$AgCl_3$	0.7970
3.5726	Cl	$BaCrO_4$	0.2799
2.6645	Cl	CH_2ClCO_2H	0.3753
0.5653	Cl	Ca	1.7690
1.5656	Cl	$CaCl_2$	0.6390
4.7454	Cl	$CsCl$	0.2107
0.5358	Cl	F	1.8663
1.0284	Cl	HCl	0.9724

A'	A	B	B'
1.3831	Cl	H_2SO_4	0.7230
3.5792	Cl	I	0.2794
1.1027	Cl	K	0.9069
2.1027	Cl	KCl	0.4756
3.4563	Cl	$KClO_3$	0.2893
3.9075	Cl	$KClO_4$	0.2559
0.1957	Cl	Li	5.1095
1.3429	Cl	Mg	2.9162
1.3429	Cl	$MgCl_2$	0.7447
2.8672	Cl	$MgCl_2 \cdot 6H_2O$	0.3488
1.2257	Cl	MnO_2	0.8158
0.6486	Cl	Na	1.5417
1.6486	Cl	NaCl	0.6066
3.0023	Cl	$NaClO_3$	0.3331
3.4535	Cl	$NaClO_4$	0.2896
0.5088	Cl	NH_4	1.9656
1.5088	Cl	NH_4Cl	0.6628
0.2256	Cl	O	4.4325
2.4098	Cl	Rb	0.4150
3.4098	Cl	RbCl	0.2933
0.8368	Cl	Sn (in $SnCl_4$)	1.1949
1.8369	Cl	$SnCl_4$	0.5444
3.9216	Cl	$PbCl_2$	0.2550
4.5572	Cl	$PbCrO_4$	0.2194
2.6737	Cl	$SnCl_2$	0.3740
1.9217	Cl	$ZnCl_2$	0.5204

A'	A	B	B'
0.8934	ClO_3	KCl	1.1194
1.7175	ClO_3	AgCl	0.5823
0.7005	ClO_3	NaCl	1.4276
1.4412	ClO_4	AgCl	0.6939
0.7496	ClO_4	KCl	1.3339
0.5878	ClO_4	NaCl	1.7013
4.1472	CN	Ag	0.2411
5.1472	CN	AgCN	0.1943
2.8577	CNS	AgCNS	0.3499
0.7240	CNS	$(CN)_2S$	1.3813
4.9361	Co	$Co(NO_3)_2 \cdot 6H_2O$	0.2026
7.6706	Co	$Co(NO_2)_3(KNO_2)_3$	0.1304
1.2714	Co	CoO	0.7866
1.3618	Co	Co_3O_4	0.7343
2.6290	Co	$CoSO_4$	0.3804
4.7677	Co	$CoSO_4 \cdot 7H_2O$	0.2097
1.0711	CoO	Co_3O_4	0.9336
6.0332	CoO	$Co(NO_2)_3(KNO_2)_3$	0.1657
2.0679	CoO	$CoSO_4$	0.4836
4.4853	CO_2	$BaCO_3$	0.2229
3.4853	CO_2	BaO	0.2869
2.9473	CO_2	$Ba(HCO_3)_2$	0.3393
0.2727	CO_2	C	3.6656
2.2743	CO_2	$CaCO_3$	0.4397
1.8419	CO_2	$Ca(HCO_3)_2$	0.5429
1.2743	CO_2	CaO	0.7847
0.6364	CO_2	Co	1.5713

A'	A	B	B'
3.9178	CO_2	$CdCO_3$	0.2552
1.3636	CO_2	CO_3	0.7333
7.3997	CO_2	$CsCO_3$	0.1351
2.6327	CO_2	$FeCO_3$	0.3798
2.0220	CO_2	$Fe(HCO_3)_2$	0.4951
2.2287	CO_2	H_2SO_4	0.4487
3.1409	CO_2	K_2CO_3	0.3184·
2.1409	CO_2	K_2O	0.4671
1.6790	CO_2	Li_2CO_3	0.5956
1.5也42	CO_2	$LiHCO_3$	0.6476
0.6790	CO_2	Li_2O	1.4727
1.9164	CO_2	$MgCO_3$	0.5218
1.6629	CO_2	$Mg(HCO_3)_2$	0.6013
0.9164	CO_2	MgO	1.0913
2.6121	CO_2	$MnCO_3$	0.3828
2.0108	CO_2	$Mn(HCO_3)_2$	0.4973
1.6119	CO_2	MnO	0.6203
2.4089	CO_2	Na_2CO_3	0.4151
1.9093	CO_2	$NaHCO_3$	0.5238
3.2283	CO_2	Na_2SO_4	0.3098
1.4091	CO_2	Na_2O	0.7097
2.1836	CO_2	$(NH_4)_2CO_3$	0.4579
6.0720	CO_2	$PbCO_3$	0.1647
5.2472	CO_2	Rb_2CO_3	0.1906
3.3283	CO_2	$RbHCO_3$	0.3006
4.2472	CO_2	Rb_2O	0.2354
3.3551	CO_2	$SrCO_3$	0.2981

A'	A	B	B'
2.3823	CO_2	Sr（HCO_3）$_2$	0.4198
2.3550	CO_2	SrO	0.4246
2.8493	CO_2	$ZnCO_3$	0.3510
4.8725	Cr	$BaCrO_4$	0.2052
1.4615	Cr	Cr_2O_3	0.6842
6.2154	Cr	$PbCrO_4$	0.1609
3.7346	Cr	K_2CrO_4	0.2678
2.8288	Cr	$K_2Cr_2O_7$	0.3535
3.0163	CrO_2	$BaCrO_4$	0.3315
1.1905	CrO_2	CrO_3	0.8400
3.8476	CrO_2	$PbCrO_4$	0.2599
2.5337	CrO_3	$BaCrO_4$	0.3947
1.9420	CrO_3	K_2CrO_4	0.5149
1.4710	CrO_3	$K_2Cr_2O_7$	0.6798
3.2320	CrO_3	$PbCrO_4$	0.3094
4.2526	Cr_2O_3	$PbCrO_4$	0.2351
1.3158	Cr_2O_3	CrO_3	0.7600
0.2670	Cs	Cl	3.7458
1.2670	Cs	CsCl	0.7893
1.0602	Cs	Cs_2O	0.9432
1.2258	Cs	Cs_2CO_3	0.8157
1.3617	Cs	Cs_2CO_4	0.7344
0.3945	$CsPtCl_6$	Cs	2.5359
0.4182	$CsPtCl_6$	Cs_2O	2.3918
1.1950	Cs_2O	CsCl	0.8368
1.2843	Cs_2O	Cs_2SO_4	0.7786

A'	A	B	B'
0.4996	$CsPtCl_6$	CsCl	2.0015
0.4834	$CsPtCl_6$	Cs_2CO_3	2.0686
0.9305	Cs_2SO_4	CsCl	1.0747
0.9003	Cs_2SO_4	Cs_2CO_3	1.1107
1.2517	Cu	CuO	0.7989
1.1258	Cu	Cu_2O	0.8882
1.2522	Cu	Cu_2S	0.7986
2.5112	Cu	$CuSO_4$	0.3982
3.9283	Cu	$CuSO_4 \cdot 5H_2O$	0.2546
0.5226	CuCNS	Cu	1.9137
0.6541	CuCNS	CuO	1.5288
2.0062	CuO	$CuSO_4$	0.4985
1.2327	CuO	H_2SO_4	0.8112
3.1383	CuO	$Cu SO_4 \cdot 5H_2O$	0.3186
0.3353	CuS	S	2.9828
0.9996	Cu_2S	CuO	1.0004
0.8991	Cu_2S	Cu_2O	1.1122
3.1371	Cu_2S	$CuSO_4 \cdot 5H_2O$	0.3188
0.8746	Er_2O_3	Er	1.1433
2.4533	F	$BaSiF_6$	0.4076
2.0545	F	CaF_2	0.4868
3.5827	F	$CaSO_4$	0.2791
1.0531	F	HF	0.9496
1.2660	F	H_2SiF_6	0.7899
1.9342	F	K_2SiF_6	0.5170
2.2105	F	NaF	0.4524

A'	A	B	B'
1.6518	F	Na_2SiF_6	0.6054
2.2701	Fe	FCl_2	0.4405
2.9051	Fe	FCl_3	0.3442
4.8410	Fe	$FCl_3 \cdot 6H_2O$	0.2066
3.1851	Fe	$Fe（HCO_3）_2$	0.3140
1.2865	Fe	FeO	0.7773
1.4298	Fe	Fe_2O_3	0.6994
1.3820	Fe	Fe_3O_4	0.7236
2.7020	Fe	$FePO_4$	0.3701
1.5743	Fe	FeS	0.6352
2.1483	Fe	FeS_2	0.4655
2.7205	Fe	$FeSO_4$	0.3676
4.9789	Fe	$FeSO_4 \cdot 7H_2O$	0.2008
3.5807	Fe	$Fe_2（SO_4）_3$	0.2793
7.0225	Fe	$FeSO_4(NH_4)_2 SO_4 \cdot 6H_2O$	0.1424
0.5643	Fe（滴定當量）	HNO_3	1.7721
0.7820	Fe	$Na_2Cr_2O_7$	1.2788
0.3798	$FeCO_3$	CO_2	2.6327
0.4948	$Fe（HCO_3）_2$	CO_2	20220
0.4742	FeO	Al_2O_3	2.1088
1.6125	FeO	$FeCO_3$	0.6202
2.4757	FeO	$Fe（HCO_3）_2$	0.4039
1.1114	FeO	Fe_2O_3	0.8998
2.1002	FeO	$FePO_4$	0.4716
1.2237	FeO	FeS	0.8172
1.6698	FeO	FeS_2	0.5989
2.1146	FeO	$FeSO_4$	0.4729

A'	A	B	B'
3.8700	FeO	$FeSO_4 \cdot 7H_2O$	0.2584
1.3653	FeO	H_2SO_4	0.7324
1.1146	FeO	SO_3	0.8972
0.6400	Fe_2O_3	Al_2O_3	1.5625
2.0318	Fe_2O_3	$FeCl_3$	0.4922
1.4509	Fe_2O_3	$FeCO_3$	0.6892
2.2277	Fe_2O_3	$Fe(HCO_3)_2$	0.4489
0.9666	Fe_2O_3	Fe_3O_4	1.0346
1.8898	Fe_2O_3	$FePO_4$	0.5292
1.1011	Fe_2O_3	FeS	0.9082
1.5028	Fe_2O_3	FeS_2	0.6655
1.9027	Fe_2O_3	$FeSO_4$	0.5256
3.4822	Fe_2O_3	$FeSO_4 \cdot 7H_2O$	0.2872
4.9118	Fe_2O_3	$FeSO_4(NH_4)_2SO_4 \cdot 6H_2O$	0.2036
2.5041	Fe_2O_3	$Fe_2(SO_4)_3$	0.3993
1.8428	Fe_2O_3	H_2SO_4	0.5427
1.5041	Fe_2O_3	SO_3	0.6648
0.4708	$FePO_4$	P_2O_5	2.1239
2.6554	FeS	$BaSO_4$	0.3766
0.3877	FeS	H_2S	2.5'795
1.1155	FeS	H_2SO_4	0.8963
0.3648	FeS	S	2.7417
0.6654	FeS_2	Fe_2O_3	1.5025
0.5346	FeS_2	S	1.8709
0.6457	$FeSO_4$	H_2SO_4	1.5481
0.5217	$FeSO_4$	SO_3	1.8973

A'	A	B	B'
0.3528	$FeSO_4 \cdot 7H_2O$	H_2SO_4	2.8345
0.7358	$Fe_2(SO_4)_3$	H_2SO_4	1.3590
0.1114	$FeSO_4(NH_4)_2SO_4 \cdot 6H_2O$	$Na_2Cr_2O_7$	8.9802
0.7450	Ga_2O_3	Ga	1.3424
0.5931	Ga_2S_3	Ga	1.6860
0.6938	GeO_2	Ge	1.4414
0.2739	K_2GeF_6	Ge	3.6510
8.9363	H	H_2O	0.1119
0.5636	H_3BO_3	B_2O_3	1.7743
1.3330	HBr	Ag	0.7502
2.3206	HBr	AgBr	0.4309
3.9305	HCl	AgCl	0.2544
1.3720	HCl	$CaCO_3$	0.7288
0.9724	HCl	Cl	1.0284
1.2893	HCl	HNO_2	0.7756
1.7280	HCl	HNO_3	0.5787
1.1255	HCl	H_2SO_3	0.8885
1.3448	HCl	H_2SO_4	0.7436
2.0445	HCl	KCl	0.4891
1.2915	HCl	K_2O	0.7743
1.6030	HCl	NaCl	0.6239
1.4533	HCl	$NaCO_3$	0.6881
1.4669	HCl	NH_4Cl	0.6817
1.7861	HCl	$SnCl_4$	0.5599

A'	A	B	B'
2.8089	HCNS	AgCNS	0.3560
2.0589	HCNS	CuCNS	0.4857
3.9510	HCNS	$BaSO_4$	0.2531
1.0658	HCO_2H	H_2SO_4	0.9383
2.3297	HF	$BaSiF_6$	0.4292
1.9508	HF	CaF_2	0.5126
3.4021	HF	$CaSO_4$	0.2939
0.9496	HF	F	1.0531
2.4510	HF	H_2SO_4	0.4080
1.8368	HF	K_2SiF_6	0.5444
3.6065	HF（2 HF）	K_2SiF_6	0.2773
1.2022	HF（6 HF）	K_2SiF_6	0.8318
1.1768	Hg	HgCl	0.8498
1.3535	Hg	$HgCl_2$	0.7388
1.0798	Hg	HgO	0.9261
1.1599	Hg	HgS	0.8622
1.1125	HgCl	$HgNO_3$	0.8989
0.9856	HgCl	HgS	1.0146
0.4017	HgCl	$SnCl_2$	2.4898
0.5519	HgCl	$SnCl_4$	0.8121
0.8694	$HgCl_2$	HgCl	1.1502
0.8569	$HgCl_2$	HgS	1.1670
1.0898	HgO	HgCl	0.9176
1.1316	Hg_2O	HgCl	0.8837
1.0860	HgS	$Hg(CN)_2$	0.9208
1.1287	HgS	$HgNO_3$	0.8860
1.3952	HgS	$Hg(NO_3)_2$	0.7167

A'	A	B	B'
0.8966	HgS	Hg_2O	1.1153
0.9310	HgS	HgO	1.0741
1.2751	HgS	$HgSO_4$	0.7843
0.8433	HI	Ag	1.1859
1.8354	HI	AgI	0.5448
0.4170	HI	Pd	2.3979
1.4092	HI	PdI_2	0.7097
2.5868	HI	TlI	0.3866
3.2729	HNO_3	$AgNO_3$	0.3055
0.7756	HNO_3	HCl	1.2893
1.0431	HNO_3	H_2SO_4	0.9587
0.6382	HNO_3	NO	1.5667
0.3623	HNO_3	NH_3	2.7605
0.5627	HNO_3	Cl	1.7772
0.5787	HNO_3	HCl	1.7280
0.7782	HNO_3	H_2SO_4	1.2850
1.6045	HNO_3	KNO_3	0.6233
0.2223	HNO_3	N	4.:4986
1.3490	HNO_3	$NaNO_3$	0.7413
0.2702	HNO_3	NH_3	3.7000
0.8489	HNO_3	NH_4Cl	1.1780
3.5232	HNO_3	$(NH_4)_2PtCl_6$	0.2838
0.4762	HNO_3	NO	2.0999
0.6032	HNO_3	N_2O_3	1.6579
0.7301	HNO_3	N_2O_4	1.3697
0.8571	HNO_3	N_2O_5	1.1668
1.5488	HNO_3	Pt	0.6457

A'	A	B	B'
0.8163	H_3PO_4	HPO_3	1.2251
0.9081	H_3PO_4	$H_4P_2O_7$	1.1012
1.0002	H_3PO_4	H_2SO_4	0.9998
1.1356	H_3PO_4	$Mg_2P_2O_7$	0.8806
0.3165	H_3PO_4	P	3.1593
0.7244	H_3PO_4	P_2O_5	1.3805
0.3767	$H_2PtCl_6 \cdot 6H_2O$	Pt	2.6541
2.4074	H_2S	As_2S_3	0.4154
1.3495	H_2S	As_2O_5	0.7410
6.8506	H_2S	$BaSO_4$	0.1460
4.2393	H_2S	CdS	0.2360
2.5795	H_2S	FeS	0.3877
2.8782	H_2S	H_2SO_4	0.3474
0.9408	H_2S	S	1.0629
1.8799	H_2S	SO_2	0.5319
2.3495	H_2S	SO_3	0.4258
0.6129	H_2SeO_3	Se	1.6315
1.9379	H_2SiF_6	$BaSiF6$	0.5160
0.5410	H_2SiF_6	CaF_2	1.8485
0.7899	H_2SiF_6	F	1.2660
0.2773	H_2SiF_6	2HF	3.6065
0.8318	H_2SiF_6	6HF	1.2022
2.0391	H_2SiF_6	H_2SO_4	0.4904
1.5279	H_2SiF_6	K_2SiF_6	0.6545
0.7227	H_2SiF_6	SiF_4	1.3837
0.9860	H_2SiF_6	SiF_6	1.0141
0.7699	H_2SiF_6	SiO_2	1.2988

A'	A	B	B'
2.8441	H_2SO_4	$Ba\,SO_4$	0.3517
0.8885	H_2SO_4	HCl	1.1255
1.1949	H_2SO_4	H_2SO_4	0.8369
0.7805	H_2SO_4	SO_2	1.2812
0.9072	H_2SO_4	$AlCl_3$	1.1023
0.3473	H_2SO_4	Al_2O_3	2.8789
1.1636	H_2SO_4	$Al_2(SO_4)_3$	0.8594
1.7473	H_2SO_4	$Ba\,(OH)_2$	0.5723
2.3800	H_2SO_4	$BaSO_4$	0.4202
0.1223	H_2SO_4	$C\,(IN\,BaCO_3)$	8.1696
1.6124	H_2SO_4	$Ca\,(CH_3CO_2)_2$	0.6203
0.5716	H_2SO_4	CaO	1.7494
1.3878	H_2SO_4	$CaSO_4$	0.7205
1.8366	H_2SO_4	$CH_3CHOHCO_2H$	0.5446
1.2244	H_2SO_4	CH_3CO_2H	0.8169
1.6729	H_2SO_4	$CH_3CO_2\,Na$	0.5979
1.0407	H_2SO_4	$(CH_3CO_2)_2O$	0.9609
0.9177	H_2SO_4	$C_2H_2O_4$	1.0894
1.2851	H_2SO_4	$C_2H_2O_4 \cdot 2H_2O$	0.7782
1.5298	H_2SO_4	$C_4H_4O_6$	0.6537
0.7230	H_2SO_4	Cl_2	1.3831
0.4487	H_2SO_4	CO_2	2.2287
1.6275	H_2SO_4	$CuSO_4$	0.6144
0.5694	H_2SO_4	Fe	1.7564
0.7324	H_2SO_4	FeO	1.3653
0.5427	H_2SO_4	Fe_2O_3	1.8428

A'	A	B	B'
0.8963	H_2SO_4	FeS	1.1155
1.5487	H_2SO_4	$FeSO_4$	0.6457
2.8345	H_2SO_4	$FeSO_4 \cdot 7H_2O$	0.3528
1.3590	H_2SO_4	$Fe_2(SO_4)_3$	0.7358
0.9651	H_2SO_4	H_3AsO_4	1.0362
0.7436	H_2SO_4	HCl	1.3448
0.9177	H_2SO_4	$H_2C_2O_4$	1.0894
0.9383	H_2SO_4	HCO_2H	1.0658
0.4080	H_2SO_4	HF	2.4510
0.9587	H_2SO_4	HNO_2	1.0436
1.2850	H_2SO_4	HNO_3	0.7782
0.9998	H_2SO_4	H_3PO_4	1.0002
0.3474	H_2SO_4	H_2S	2.8782
0.8369	H_2SO_4	H_2SO_3	1.1949
0.4904	H_2SO_4	H_2SiF_6	2.0388
2.4293	H_2SO_4	$K_2Al_2(SO_4)_2 \cdot 24H_2O$	0.4116
3.8370	H_2SO_4	$KHC_4H_4O_6$	0.2607
2.0617	H_2SO_4	KNO_3	0.485⊲
0.9ω4	H_2SO_4	K_2O	1.0413
1.1442	H_2SO_4	KOH	0.8740
1.1241	H_2SO_4	K_2SiF_6	0.8896
1.7767	H_2SO_4	K_2SO_4	0.5628
0.4111	H_2SO_4	MgO	2.4325
1.2274	H_2SO_4	$MgSO_4$	0.8147
1.1920	H_2SO_4	NaCl	0.8389
1.0808	H_2SO_4	$NaCO_3$	0.9252

A'	A	B	B'
1.3661	H_2SO_4	NaC_2O_4	0.7320
2.6711	H_2SO_4	$Na_2Cr_2O_7$	0.3744
1.7132	H_2SO_4	$NaHCO_3$	0.5837
2.4583	H_2SO_4	NaH_2PO_4	0.4085
2.8964	H_2SO_4	Na_2HPO_4	0.3453
2.1222	H_2SO_4	$NaHSO_3$	0.4712
1.7334	H_2SO_4	$NaNO_3$	0.5769
0.6321	H_2SO_4	Na_2O	1.5820
0.8158	H_2SO_4	$NaOH$	1.2258
1.1151	H_2SO_4	Na_3PO_4	0.8968
0.7959	H_2SO_4	Na_2S	1.2564
0.9598	H_2SO_4	Na_2SiF_6	1.0418
2.5706	H_2SO_4	Na_2SO_3	0.3890
1.4485	H_2SO_4	Na_2SO_4	0.6904
0.3473	H_2SO_4	NH_3	2.8792
1.0909	H_2SO_4	NH_4Cl	0.9167
0.5310	H_2SO_4	$(NH_4)_2O$	1.8850
0.6948	H_2SO_4	$(NH_4)_2S$	1.4392
1.3473	H_2SO_4	$(NH_4)_2SO_4$	0.7422
2.3268	H_2SO_4	$(NH_4)_2S_2O_8$	0.4298
0.7750	H_2SO_4	N_2O_3	1.2903
0.9382	H_2SO_4	N_2O_4	1.0659
1.1013	H_2SO_4	N_2O_5	0.9080
0.0275	H_2SO_4（黃色沉澱）	P	36.336
0.4829	H_2SO_4	P_2O_5	1.0709
0.0629	H_2SO_4（黃色沉澱）	P_2O_5	15.878

A'	A	B	B'
0.3267	H_2SO_4	S	3.0590
0.6532	$H_2SO_4^{++}$	SO_2	1.5309
1.3064	H_2SO_4	SO_2	0.7655
0.8163	H_2SO_4	SO_3	1.2250
1.0912	H_2SO_4	$S_2O_5Cl_2$	0.916
1.1881	H_2SO_4	SO_3HCl	0.8417
0.4084	H_2SO_4	TiO_2	2.4488
0.6665	H_2SO_4	Zn	1.5004
0.8296	H_2SO_4	ZnO	1.2054
1.6459	H_2SO_4	$ZnSO_4$	0.6076
0.8500	I	Ag	1.1765
1.8500	I	AgI	0.5405
0.2794	I	Cl	3.5792
1.0079	I	HI	0.9921
1.3081	I	KI	0.7645
1.6863	I	KIO_3	0.5930
1.5594	I	$NaIO_3$	0.6413
0.4967	I	Na_2SO_4	2.0135
0.4203	I	Pd	2.3790
1.4204	I	PdI_2	0.7040
2.6074	I	Tl	0.6222
1.2090	In	In_2O_3	0.8271
1.4187	In	In_2S_3	0.7047
1.1243	Ir	Ir_2O_3	0.8895
3.5437	K	$KClO_4$	0.2822
1.2046	K	K_2O	0.8302

A'	A	B	B'
6.2169	K	K_2PtCl_6	0.1609
2.2285	K	K_2SO_4	0.4487
0.0571	$K_2Al_2(SO_4)_4 \cdot 24H_2O$	Al	17.51
0.1077	同上	Al_2O_3	9.2859
0.4556	同上	H_2O	2.1949
0.4116	同上	H_2SO_4	2.4293
0.4134	同上	H_2SO_4（＋Al＋K）	2.4190
0.1352	同上	S	7.4004
0.3374	同上	SO_3	2.9635
0.0824	同上	K	12.136
0.0993	同上	K_2O	10.075
0.9756	$K_2Al_2(SO_4)_4$	$NaHCO_3$	1.0251
0.7575	KBF_4	$Na_2B_2O_7 \cdot 10H_2O$	1.3202
0.9064	KBr	Ag	1.1033
1.5779	KBr	AgBr	0.6338
0.6715	KBr	Br	1.4892
0.3285	KBr·	K	3.0440
1.4469	KCl	Ag	0.6911
1.9225	KCl	AgCl	0.5202
0.4756	KCl	Cl	2.1027
0.4891	KCl	HCl	2.0445
1.6438	KCl	$KClO_3$	0.6084
1.8584	KCl	$KClO_4$	0.5381
2.5233	KCl	$KHC_4C_4O_6$	0.3963
3.2602	KCl	K_2PtCl_6	0.3069
1.1686	KCl	K_2SO_4	0.8557

A'	A	B	B'
1.3090	KCl	Pt	0.7639
1.1696	KClO$_3$	AgCl	0.8550
0.2893	KClO$_3$	Cl	3.4563
0.3843	KClO$_3$	K$_2$O	2.6021
0.3399	KClO$_4$	K$_2$O	2.9418
1.6568	KCN	Ag	0.6036
2.0564	KCN	AgCN	0.4863
2.2014	KCN	AgCl	0.4543
0.3184	K$_2$CO$_3$	CO$_2$	3.1409
0.8120	K$_2$CO$_3$	KOH	1.2315
1.2610	K$_2$CO$_3$	K$_2$SO$_4$	0.7930
1.3046	K$_2$CrO$_4$	BaCrO$_4$	0.7666
0.5149	K$_2$CrO$_4$	CrO$_3$	1.9420
1.7224	K$_2$Cr$_2$O$_7$	BaCrO$_4$	0.5807
0.6800	K$_2$Cr$_2$O$_7$	CrO$_3$	1.4706
1.1388	K$_2$Cr$_2$O$_7$	Fe	0.8782
0.3200	K$_2$Cr$_2$O$_7$	K$_2$O	3.1231
0.4395	KHCO$_3$	CO$_2$	2.2752
0.8703	KHCO$_3$	K$_2$SO$_4$	1.1490
1.7141	KHSO$_4$	BaSO$_4$	0.5834
0.6399	KHSO$_4$	KSO$_4$	1.5628
0.7645	KI	I	1.3081
0.2355	KI	K	4.2460
0.4995	KMnO$_4$	Mn$_2$O$_3$	2.0022
0.4826	KMnO$_4$	Mn$_3$O$_4$	2.0721
0.8981	KMnO$_4$	NaMnO$_4$	1.1134

A'	A	B	B'
0.4850	KNO_3	H_2SO_4	2.0617
2.4041	KNO_3	K_2PtCl_6	0.4159
0.8408	KNO_3	$NaNO_3$	1.1894
0.2968	KNO_3	NO	3.3694
0.5342	KNO_3	N_2O_5	1.8721
0.8741	KOH	H_2SO_4	1.1440
1.2315	KOH	K_2CO_3	0.8120
0.8394	KOH	K_2O	1.1913
0.7131	KOH	$NaOH$	1.4024
0.4004	K_2MnO_4	Mn_2O_3	2.4975
0.7117	K_2HAsO_4	$Mg_2As_2O_7$	1.4050
0.7529	K_2O	Cl	1.3282
0.4671	K_2O	CO_2	2.1409
0.7743	K_2O	HCl	1.2915
1.0413	K_2O	H_2SO_4	0.9604
0.8302	K_2O	K	1.2046
2.5270	K_2O	KBr	0.3957
1.5830	K_2O	KCl	0.6317
2.1255	K_2O	$KHCO_3$	0.4705
1.4671	K_2O	K_2CO_3	0..6816
3.9949	K_2O	$KHC_4H_4O_6$	0.2504
3.1231	K_2O	$K_2Cr_2O_7$	0.3200
3.5248	K_2O	KI	0.2837
1.1913	K_2O	KOH	0.8394
2.1466	K_2O	KNO_3	0.4658
2.0616	K_2O	K_2CrO_4	0.4851

A'	A	B	B'
5.1609	K_2O	K_2PtCl_6	0.1938
1.8500	K_2O	K_2SO_4	0.5406
0.6582	K_2O	Na_2O	1.5194
0.8500	K_2O	SO_3	1.1765
0.1609	K_2PtCl_6	K	6.2169
0.3068	K_2PtCl_6	KCl	3.2602
0.2844	K_2PtCl_6	K_2CO_3	3.5177
0.4159	K_2PtCl_6	KNO_3	2.4041
0.1938	K_2PtCl_6	K_2O	5.1609
0.3585	K_2PtCl_6	K_2SO_4	2.7897
1.9521	K_2PtCl_6	$K_2Al_2(SO_4)_2 \cdot 24H_2O$	0.5120
2.0545	K_2PtCl_6	$K_2Cr_2(SO_4)_2 \cdot 24H_2O$	0.4964
0.4013	K_2PtCl_6	Pt	2.4906
0.6931	K_2PtCl_6	$PtCl_4$	1.4427
0.8785	K_2PtCl_6	$PtCl_4 \cdot 5H_2O$	1.1383
0.5170	K_2SiF_6	F	1.9342
0.5444	K_2SiF_6	HF	1.8368
0.6545	K_2SiF_6	H_2SiF_6	1.5279
0.8896	K_2SiF_6	H_2SO_4	1.1241
0.5270	K_2SiF_6	KF	1.8976
0.4730	K_2SiF_6	SiF_4	2.1141
0.3903	K_2SiO_3	SiO_2	2.5622
0.5628	K_2SO_4	H_2SO_4	1.7767

A'	A	B	B'
0.4487	K_2SO_4	K	2.2285
0.8557	K_2SO_4	KCl	1.1686
0.7930	K_2SO_4	K_2CO_2	1.2610
0.5405	K_2SO_4	K_2O	1.8500
2.7897	K_2SO_4	K_2PtCl_6	0.3585
0.6327	K_2SO_4	KS	1.580'4
0.4595	K_2SO_4	SO_2	2.1765
0·.6059	K_3AsO_4	$Mg_2As_2O_7$	1.6503
1.1727	La	La_2O_3	0.8528
6.1096	Li	LiCl	0.1637
5.3231	Li	Li_2CO_3	0.1879
2.1527	Li	Li_2O	0.4645
5.5648	Li	Li_3PO_4	0.1798
1.2965	LiCl	Li_2SO_4	0.7713
0.3523	LiCl	Li_2O	2.8381
0.5956	Li_2CO_3	CO_2	1.6790
2.4727	Li_2O	Li_2CO_3	0.4044
3.6794	Li_2O	Li_2SO_4	0.2718
2.5850	Li_2O	Li_3PO_4	0.3870
0.9569	Li_3PO_4	Li_2CO_3	1.0451

A'	A	B	B'
1. 7595	Li_3PO_4	$LiHCO_3$	0.5682
1.4234	Li_3PO_4	Li_2SO_4	0.7023
0.1262	Li_3PO_4	Li	7.9207
0.7712	Li_3PO_4	LiCl	1.2966
0.7282	Li_3SO_4	SO_3	1.3732
2.9161	Mg	Cl	0.3429
1.6579	Mg	MgO	0.6032
4.5789	Mg	$Mg_2P_2O_7$	0.2184
4.9498	Mg	$MgSO_4$	0.2020
0.7447	$MgCl_2$	Cl	1.3429
0.3488	$MgCl_2 \cdot 6H_2O$	Cl	2.8672
0.5218	$MgCO_3$	CO_2	1.9164
0.6013	$Mg(HCO_3)_2$	CO_2	1.6629
5.7894	MgO	$BaSO_4$	0.1727
1.7590	MgO	Cl	0.5685
1.0913	MgO	CO_2	0.9164
2.4325	MgO	H_2SO_4	0.4111
2.3621	MgO	$MgCl_2$	0.4234
2.0914	MgO	$MgCO_3$	0.2782
3.6294	MgO	$Mg(HCO_3)_2$	0.2755
2.7619	MgO	$Mg_2P_2O_7$	0.36221
2.9859	MgO	$MgSO_4$	0.3349
3.5236	MgO	Na_2SO_4	0.2838
0.7951	MgO	S	1.2576
1.9859	MgO	SO_3	0.5036
1.3932	$Mg_2P_2O_7$	$Ca_2(PO_4)_2$	0.7178
0.8806	$Mg_2P_2O_7$	H_3PO_4	1.1356

A'	A	B	B'
0.2184	$Mg_2P_2O_7$	Mg	4.5789
1.2784	$Mg_2P_2O_7$	Mg（CH_3CO_2）$_2$	0.7822
0.8552	$Mg_2P_2O_7$	$MgCl_2$	1.1692
1.8260	$Mg_2P_2O_7$	$MgCl_2 \cdot 6H_2O$	0.5477
0.7572	$Mg_2P_2O_7$	$MgCO_3$	1.3206
1.3141	$Mg_2P_2O_7$	Mg（HCO_3）$_2$	0.7610
0.3621	$Mg_2P_2O_7$	MgO	2.7619
1.0811	$Mg_2P_2O_7$	$MgSO_4$	0.9250
2.2135	$Mg_2P_2O_7$	$MgSO_4 \cdot 7H_2O$	0.4516
1.0781	$Mg_2P_2O_7$	NaH_2PO_4	0.9276
1.4731	$Mg_2P_2O_7$	Na_3PO_4	0.6789
3.2170	$Mg_2P_2O_7$	$Na_2HPO_4 \cdot 12H_2O$	0.3109
3.4144	$Mg_2P_2O_7$	$Na_3PO_4 \cdot 12H_2O$	0.2929
1.2755	$Mg_2P_2O_7$	Na_2HPO_4	0.7840
1.2758	$Mg_2P_2O_7$	Na_2SO_4	0.7838
1.0336	$Mg_2P_2O_7$	（NH_4）H_2PO_4	0.9675
1.1865	$Mg_2P_2O_7$	（NH_4）$_2HPO_4$	0.8428
0.2787	$Mg_2P_2O_7$	P	3.5877
0.6379	$Mg_2P_2O_7$	P_2O_5	1.5676
1.9389	$MgSO_4$	$BaSO_4$	0.5158
0.8147	$MgSO_4$	H_2SO_4	1.2274
2.0476	$MgSO_4$	$MgSO_4 \cdot 7H_2O$	0.4884
0.6651	$MgSO_4$	SO_3	1.5036
0.3248	$MgSO_4 \cdot 7H_2O$	SO_3	3.0786
0.9469	$MgSO_4 \cdot 7H_2O$	$BaSO_4$	1.0560
2.0923	Mn	$MnCO_3$	0.4779

A'	A	B	B'
0.9469	$MgSO_4 \cdot 7H_2O$	$BaSO_4$	1.0560
2.0923	Mn	$MnCO_3$	0.4779
1.2913	Mn	MnO	0.7744
1.5826	Mn	MnO_2	0.6319
1.4369	Mn	Mn_2O_3	0.6959
1.3884	Mn	Mn_3O_4	0.7203
2.5846	Mn	$Mn_2P_2O_7$	0.3869
1.5838	Mn	MnS	0.6314
0.3828	$MnCO_3$	CO_2	2.6121
1.2352	$MnCO_3$	$Mn_2P_2O_7$	0.8096
0.4973	$Mn(HCO_3)_2$	CO_2	2.0108
0.6204	MnO	CO_2	1.6119
1.6203	MnO	$MnCO_3$	0.6172
1.2256	MnO	MnO_2	0.8159
2.1287	MnO	$MnSO_4$	0.4698
2.0016	MnO	$Mn_2P_2O_7$	0.4996
1.1128	MnO	Mn_2O_3	0.8987
1.2266	MnO	MnS	0.8153
1.1289	MnO	SO_3	0.8859
2.0022	Mn_2O_3	K_2MnO_4	0.4995
0.9662	Mn_2O_3	Mn_3O_4	1.0349
1.9130	Mn_2O_3	$MnSO_4$	0.5227
0.4062	Mn_2O_3	S	2.4619
1.1014	Mn_3O_4	MnO_2	0.9080
2.58也8	Mn_3O_4	K_2MnO_4	0.3869
1.7357	MnS	$MnSO_4$	0.5761

A'	A	B	B'
1.5458	$MnSO_4$	$BaSO_4$	0.6469
0.5303	$MnSO_4$	SO_3	1.8858
1.5000	Mo	MoO_3	0.6667
2.0022	Mo	MoS_3	0.4995
3.8250	Mo	$PbMoO_4$	0.2615
1.3348	MoO_3	MoS_3	0.7492
1.3617	MoO_3	$(NH_4)_2MoO_4$	0.7344
1.0863	MoO_3	$(NH_4)_3PO_4 \cdot (MoO_3)_{12}$	0.9205
2.5500	MoO_3	$Pb\,MoO_4$	0.3923
1.8727	$MoO_4 \cdot (NH_4)_2$	$Pb\,MoO_4$	0.5342
3.3564	N	HNO_2	0.2979
4.4986	N	HNO_3	0.2223
6.0757	N	KNO_2	0.1646
7.2179	N	KNO_3	0.1385
4.9263	N	$NaNO_2$	0.203
3.2841	N	NO_2	0.3045
2.7131	N	N_2O_3	0.3686
3.2841	N	N_2O_4	0.3045
3.8551	N	N_2O_5	0.2594
6.0685	N	$NaNO_3$	0.1648
1.2159	N	NH_3	0.8227
6.9674	N	Pt	0.1435
2.8576	N	SO_3	0.3499
3.4748	Na	Br	0.2878
1.5417	Na	Cl	0.6486
5.5182	Na	I	0.1812
4.4747	Na	NaBr	0.2235

A'	A	B	B'
2.5417	Na	NaCl	0.3934
2.3044	Na	$NaCO_3$	0.4340
1.8261	Na	NaF	0.5476
3.6525	Na	$NaHCO_3$	0.2740
6.5183	Na	NaI	0.1534
1.3478	Na	Na_2O	0.7419
1.7395	Na	NaOH	0.5750
2.7404	Na	Na_2SO_3	0.3649
3.0885	Na	Na_2SO_4	0.3238
0.6224	$Na_2Al_2O_4$	Al_2O_3	1.6067
0.1399	$Na_2Al_2(SO_4)_4 \cdot 24.H_2O$	S	7.1493
0.6925	$Na_2B_4O_7$	B_2O_3	1.4441
1.2287	$Na_2B_4O_7$	H_3BO_3	0.8139
0.3657	$Na_2B_4O_7 \cdot 10 H_2O$	B_2O_3	2.7347
0.6488	同上	H_3BO_3	1.5412
1.3202	同上	KBF_4	0.7575
1.0482	NaBr	Ag	0.9540
1.8247	NaBr	AgBr	0.5480
0.7765	NaBr	Br	1.2827
1.8454	NaCl	Ag	0.5419
2.4519	NaCl	AgCl	0.4078
2.9061	NaCl	$AgNO_3$	0.3441
0.4796	NaCl	CaO	2.0852
0.6066	NaCl	Cl	1.6486
0.6239	NaCl	HCl	1.6030
0.8389	NaCl	H_2SO_4	1.1920
1.8211	NaCl	$NaClO_3$	0.5491

A'	A	B	B'
2.1632	NaCl	$NaClO_4$	0.4623
0.9066	NaCl	Na_2CO_3	1.1030
1.4370	NaCl	$NaHCO_3$	0.6959
1.2149	NaCl	Na_2HPO_4	0.8231
1.7803	NaCl	$NaHSO_3$	0.5617
0.5303	NaCl	Na_2O	1.8858
1.2151	NaCl	Na_2SO_4	0.8230
1.1656	NaCl	$ZnCl_2$	0.8579
1.3331	$NaClO_3$	Cl	3.0023
0.2896	$NaClO_4$	Cl	3.4535
2.2022	Na_2CO_3	$BaSO_4$	0.4541
0.9441	Na_2CO_3	$CaCO_3$	1.0593
0.5290	Na_2CO_3	CaO	1.8905
1.1327	Na_2CO_3	CH_3CO_2H	0.8828
0.4151	Na_2CO_3	CO_2	2.4091
0.6881	Na_2CO_3	HCl	1.4533
0.9253	Na_2CO_3	H_2SO_4	1.08.07
1.3038	Na_2CO_3	K_2CO_3	0.7670
0.4340	Na_2CO_3	Na	2.3044
1.1030	Na_2CO_3	NaCl	0.9066
1.5850	Na_2CO_3	$NaHCO_3$	0.6309
1.9637	Na_2CO_3	$NaHSO_3$	0.5092
0.7549	Na_2CO_3	NaOH	1.3247
0.5849	Na_2CO_3	Na_2O	1.7097
0.7320	$Na_2C_2O_4$	H_2SO_4	1.3661
1.9951	$Na_2Cr_2O_4$	$PbCrO_4$	0.5014

A'	A	B	B'
1.2788	$Na_2Cr_2O_7$	Fe	0.7820
0.3744	$Na_2Cr_2O_7$	H_2SO_4	2.6711
1.2367	$Na_2Cr_2O_7$	Na_2CrO_4	0.8086
0.9294	NaF	CaF_2	1.0760
0.9135	Na_2HAsO_5	$Mg_2As_2O_7$	1.0947
0.4 031	Na_2HAsO_4	As	2.4809
0.6182	Na_2HAsO_4	As_2O_5	1.6177
0.8349	Na_2HAsO_4	$Mg_2As_2O_7$	1.1978
0.6793	$NaHCO_3$	$Al_2(SO_4)_3$	1.4721
1.3938	$NaHCO_3$*	$Ca(H_2PO_4)_2$	0.7175
1.2866	$NaHCO_3$*	$CaH_2P_2O_7$	0.7773
0.8931	$NaHCO_3$	$C_4H_4O_6$	1.1197
0.5238	$NaHCO_3$	CO_2	1.9092
0.5838	$NaHCO_3$	H_2SO_4	1.7129
1.0251	$NaHCO_3$	$K_2Al_2(SO_4)_4$	0.9756
2.2395	$NaHCO_3$	$KHC_4H_4O_6$	0.4465
0.9284	$NaHCO_3$	$KMnO_4$	1.0760
0.2740	$NaHCO_3$	Na	3.6525
0.6309	$NaHCO_3$	Na_2CO_3	1.5851
1.4291	$NaHCO_3$	NaH_2PO_4	0.6997
1.3219	$NaHCO_3$	$Na_2H_2P_2O_7$	0.7565
0.3690	$NaHCO_3$	Na_2O	2.7099
0.4085	NaH_2PO_4	H_2SO_4	2.4482
0.6997	NaH_2PO_4	$NaHCO_3$	1.4291
1.6003	NaH_2PO_4	$NaH_2PO_4 \cdot 4H_2O$	0.6249
0.2582	NaH_2PO_4	Na_2O	3.8728

A'	A	B	B'
0.2585	NaH$_2$PO$_4$	P	3.8678
0.5917	NaH$_2$PO$_4$	P$_2$O$_5$	1.6900
0.3453	NaH$_2$PO$_4$	H$_2$SO$_4$	2.8964
2.5220	Na$_2$HPO$_4$	Na$_2$HPO$_4$·12H$_2$O	0.3965
0.4365	Na$_2$HPO$_4$	Na$_2$O	2.2911
0.9366	Na$_2$HPO$_4$	Na$_4$P$_2$O$_7$	1.0677
0.5001	Na$_2$HPO$_4$	P$_2$O$_5$	1.9995
0.7565	Na$_2$H$_2$P$_2$O$_7$	NaHCO$_3$	1.3219
0.2792	Na$_2$H$_2$P$_2$O$_7$	Na$_2$O	3.5822
0.6397	Na$_2$H$_2$P$_2$O$_7$	P$_2$O$_5$	1.5632
0.3395	Na(NH$_4$)HPO$_4$·4H$_2$O	P$_2$O$_5$	2.9441
0.8968	Na$_3$PO$_4$	H$_2$SO$_4$	1.1151
0.6189	Na$_3$PO$_4$	Mg$_2$P$_2$O$_7$	1.4731
0.5669	Na$_3$PO$_4$	Na$_2$O	1.7639
1.2991	Na$_3$PO$_4$	Na$_2$SO$_4$	0.7698
2.3179	Na$_3$PO$_4$	Na$_3$PO$_4$·12H$_2$O	0.4314
0.4331	Na$_3$PO$_4$	P$_2$O$_5$	2.3091
2.2432	NaHSO$_3$	BaSO$_4$	0.4458
0.4712	NaHSO$_3$	H$_2$SO$_4$	2.1222
0.5617	NaHSO$_3$	NaCl	1.7803
0.2979	NaHSO$_3$	Na$_2$O	3.3570
0.9134	NaHSO$_3$	Na$_2$S$_2$O$_5$	1.0948
0.3081	NaHSO$_3$	S	3.2460
0.6156	NaHSO$_3$	SO$_2$	1.6244
1.5662	NaI	AgI	0.6385
0.8466	NaI	I	1.1812

A'	A	B	B'
0.1534	NaI	Na	6.5183
0.2068	NaI	Na_2O	4.8361
0.6413	$NaIO_3$	I	1.5594
0.7413	$NaNO_3$	HNO_3	1.3490
0.5769	$NaNO_3$	H_2SO_4	1.7334
1.1894	$NaNO_3$	KNO_3	0.8408
0.8117	$NaNO_3$	$NaNO_2$	1.2319
0.3647	$NaNO_3$	Na_2O	2.7423
0.2004	$NaNO_3$	NH_3	4.9911
0.3530	$NaNO_3$	NO	2.8327
0.6353	$NaNO_3$	N_2O_5	1.5740
1.2258	NaOH	H_2SO_4	0.8158
0.7748	NaOH	Na_2O	1.2906
1.1766	NaOH	Na_2SiF_6	0.8499
2.0400	NaOH	$(NH_4)_3PO_4 \cdot (MoO_3)_{12}$	0.4902
3.7651	Na_2O	$BaSO_4$	0.2656
1.9365	Na_2O	CH_3CO_2H	0.5164
2.6463	Na_2O	CH_3CO_2Na	0.3779
1.5820	Na_2O	H_2SO_4	0.6321
0.7419	Na_2O	Na	1.3478
1.8858	Na_2O	NaCl	0.5303
1.7097	Na_2O	Na_2CO_3	0.5849
1.3548	Na_2O	NaF	0.7381
2.7099	Na_2O	$NaHCO_3$	0.3690
2.2911	Na_2O	Na_2HPO_4	0.4365
3.8728	Na_2O	NaH_2PO_4	0.2582

A'	A	B	B'
3.5822	Na_2O	$Na_2H_2P_2O_7$	0.2792
3.3570	Na_2O	$NaHSO_3$	0.2979
2.7423	Na_2O	$NaNO_3$	0.3647
1.2906	Na_2O	$NaOH$	0.7748
3.2916	Na_2O	$NaPO_3$	0.3038
1.7639	Na_2O	Na_3PO_4	0.5669
1.2592	Na_2O	Na_2S	0.7942
2.0334	Na_2O	Na_2SO_3	0.4918
2.2915	Na_2O	Na_2SO_4	0.4364
2.5503	Na_2O	$Na_2S_2O_3$	0.3921
3.0665	Na_2O	$Na_2S_2O_5$	0.3261
2.1458	Na_2O	$Na_4P_2O_7$	0.4660
1.1458	Na_2O	P_2O_5	0.8727
1.2915	Na_2O	SO_3	0.7743
2.9904	Na_2S	$BaSO_4$	0.3344
1.8506	Na_2S	CdS	0.5404
0.4365	Na_2S	H_2S	2.2908
1.2564	Na_2S	H_2SO_4	0.7959
0.7942	Na_2S	Na_2O	1.2592
0.4108	Na_2S	S	2.4348
1.8515	Na_2SO_3	$BaSO_4$	0.5401
0.6511	Na_2SO_3	H_2SO_3	1.5359
0.3890	Na_2SO_3	H_2SO_4	2.5706
2.0135	Na_2SO_3	I	0.4966
0.4918	Na_2SO_3	Na_2O	2.0334
0.5082	Na_2SO_3	SO_2	1.9677

A'	A	B	B'
0.2541	$H_2SO_4 \cdot 7H_2O$	SO_2	3.9356
2.9524	$Na_2S_2O_3$	$BaSO_4$	0.3387
1.5696	$Na_2S_2O_3$	$Na_2S_2O_3 \cdot 5H_2O$	0.6371
1.6431	Na_2SO_4	$BaSO_4$	0.6086
0.3947	Na_2SO_4	CaO	2.5338
1.1547	Na_2SO_4	CH_3CO_2Na	0.8660
0.6904	Na_2SO_4	H_2SO_4	1.4484
1.2267	Na_2SO_4	K_2SO_4	0.8152
0.2838	Na_2SO_4	MgO	3.5236
0.7838	Na_2SO_4	$Mg_2P_2O_7$	1.2758
0.3238	Na_2SO_4	Na	3.0883
0.8230	Na_2SO_4	$NaCl$	1.2151
0.7461	Na_2SO_4	Na_2CO_3	1.3403
0.5913	Na_2SO_4	NaF	1.6912
0.6739	$Na_2S_2O_5$	SO_2	1.4839
1.6904	Na_2SO_4	$NaHSO_4$	0.5916
0.4364	Na_2SO_4	Na_2O	2.2915
0.5495	Na_2SO_4	Na_2S	1.8198
0.8874	Na_2SO_4	Na_2SO_3	1.1269
1.8877	Na_2SO_4	$Na_2SO_4 \cdot 7H_2O$	0.5297
2.2681	Na_2SO_4	$Na_2SO_4 \cdot 10H_2O$	0.4409
1.3383	Na_2SO_4	$Na_2S_2O_5$	0.7472
0.5636	Na_2SO_4	SO_3	1.7743
1.1663	Nd	Nd_2O_3	0.8574
3.6999	NH_3	HNO_3	0.2704
2.8792	NH_3	H_2SO_4	0.3473

A'	A	B	B'
4.9969	NH_3	KNO_2	0.2001
5.9364	NH_3	KNO_3	0.1685
0.8227	NH_3	N	1.2159
4.0517	NH_3	$NaNO_2$	0.2468
4.9911	NH_3	$NaNO_3$	0.2005
2.8207	NH_3	$(NH_4)_2CO_3$	0.3545
3.1409	NH_3	NH_4Cl	0.3184
3.8785	NH_3	$(NH_4)_2HPO_4$	0.2578
6.7570	NH_3	$NH_4H_2PO_4$	0.1480
2.0577	NH_3	NH_4OH	0.4860
13.035	NH_3	$(NH_4)_2PtCl_6$	0.0767
3.8790	NH_3	$(NH_4)_2SO_4$	0.2578
3.174	NH_3	N_2O_5	0.3153
0.1127	$(NH_4)_2Al_2(SO_4)_4 \cdot 24H_2O$	Al_2O_3	8.8738
0.0376	同上	NH_3	26.6235
0.1414	同上	S	7.0719
0.3531	同上	SO_3	2.8320
2.6793	NH_4Cl	$AgCl$	0.3732
0.6628	NH_4Cl	Cl	1.5088
0.6817	NH_4Cl	HCl	1.4669
0.9167	NH_4Cl	H_2SO_4	1.0909
0.9675	$(NH_4)H_2PO_4$	$Mg_2P_2O_7$	1.0336
0.1480	$(NH_4)H_2PO_4$	NH_3	6.7576
0.8428	$(NH_4)_2HPO_4$	$Mg_2P_2O_7$	1.1865
0.2578	$(NH_4)_2HPO_4$	NH_3	3.8785

A'	A	B	B'
0.4896	$(NH_4)_2MoO_4$	Mo	2.0425
0.0165	$(NH_4)_3PO_4(MoO_3)_{12}$	P	60.476
0.0378	同上	P_2O_5	26.424
0.2838	$(NH_4)_2PtCl_6$	HNO_3	3.5232
0.4393	$(NH_4)_2PtCl_6$	Pt	2.2748
0.9188	$(NH_4)_2PtCl_6$	$PtCl_6$	1.0884
1.4392	$(NH_4)_2S$	H_2SO_4	0.6948
1.7665	$(NH_4)_2SO_4$	$BaSO_4$	0.5661
0.7422	$(NH_4)_2SO_4$	H_2SO_4	1.3473
0.2120	$(NH_4)_2SO_4$	N	4.7166
0.2578	$(NH_4)_2SO_4$	NH_3	3.8790
0.5753	$(NH_4)_2SO_4$	N_2O_3	1.7383
0.4298	$(NH_4)_2S_2O_8$	H_2SO_4	2.3268
4.9225	Ni	$NiC_8H_{14}N_4O_4$	0.2032
4.9556	Ni	$Ni(NO_3)_2 \cdot 6H_2O$	0.2018
1.2727	Ni	NiO	0.7858
2.6371	Ni	$NiSO_4$	0.3792
4.7863	Ni	$NiSO_4 \cdot 7H_2O$	0.2089
3.0643	NiO	$NiC_8H_{14}N_4O_4$	0.3263
2.0720	NiO	$NiSO_4$	0.4826
1.8150	$NiSO_4$	$NiSO_4 \cdot 7H_2O$	0.5510
1.5667	NO	HNO_2	0.6382
2.0999	NO	HNO_3	0.4762
2.8362	NO	KNO_2	0.3526
3.3694	NO	KNO_3	0.2968
2.2997	NO	$NaNO_2$	0.4348
2.8327	NO	$NaNO_3$	0.3530

A'	A	B	B'
4.0487	N_2O_3	$Ag\,NO_3$	0.2470
0.9594	N_2O_3	HCl	1.0423
1.6579	N_2O_3	HNO_3	0.6032
1.0798	N_2O_3	H_2SO_3	0.9261
1.2903	N_2O_3	H_2SO_4	0.7750
2.2392	N_2O_3	KNO_2	0.4466
0.3686	N_2O_3	N	2.713
1.8156	N_2O_3	$NaNO_2$	0.5508
0.7895	N_2O_3	NO	1.2666
1.2104	N_2O_3	N_2O_4	0.8262
0.7928	N_2O_4	HCl	1.2617
1.3697	N_2O_4*	HNO_3	0.7301
0.8920	N_2O_4	HSO_3	1.1210
1.0659	N_2O_4	HSO_4	0.9382
0.3045	N_2O_4	N	3.2841
0.6523	N_2O_4	NO	1.5332
0.6752	N_2O_5	HCl	1.4810
1.1668	N_2O_5	HNO_3	0.8571
0.7599	N_2O_5*	H_2SO_3	1.3159
0.9080	N_2O_5	H_2SO_4	1.1013
1.8721	N_2O_5	KNO_3	0.5342
1.5740	N_2O_5	$NaNO_3$	0.6353
0.3153	N_2O_5	NH_3	3.1710
0.5556	N_2O_5	NO	1.7997
0.7038	N_2O_5	N_2O_3	1.4209
1.3353	Os	OsO_4	0.7489

A'	A	B	B'
3.1593	P	H_3PO_4	0.3165
3.5877	P	$Mg_2P_2O_7$	0.2787
3.8678	P	NaH_2PO_4	0.2585
60.476	P	$(NH_4)_3PO_4(MoO_3)_{12}$	0.0165
2.2887	P	P_2O_5	0.4369
5.8936	P_2O_5	Ag_3PO_4	0.1697
1.7193	P_2O_5	$AlPO_4$	0.5815
1.7193	P_2O_5	$Al_2P_2O_8$	0.5186
1.9161	P_2O_5	$CaHPO_4$	0.5219
1.6483	P_2O_5	$Ca(H_2PO_4)_2$	0.6067
1.5214	P_2O_5	$Ca_2P_2O_4$	0.6573
1.7893	P_2O_5	$Ca_2P_2O_7$	0.5589
2.1839	P_2O_5	$Ca_3P_2O_8$	0.4579
2.1239	P_2O_5	$FePO_4$	0.4708
1.1552	P_2O_5	H_3PO_3	0.8657
1.3804	P_2O_5	H_3PO_4	0.7244
1.0709	P_2O_5	H_2SO_4	0.4829
1.5676	P_2O_5	$Mg_2P_2O_7$	0.6379
1.4364	P_2O_5	$NaPO_3$	0.6962
1.9995	P_2O_5	Na_2HPO_4	0.5001
1.6900	P_2O_5	NaH_2PO_4	0.5917
1.5632	P_2O_5	$Na_2H_2P_2O_7$	0.6397
2.9441	P_2O_5	$Na(NH_4)HPO_4 \cdot 4H_2O$	0.3395
0.8729	P_2O_5	Na_2O	1.1458
2.3091	P_2O_5	Na_3PO_4	0.4331
26.424	P_2O_5	$(NH_4)_3PO_4(MoO_3)_{12}$	0.0.378

A'	A	B	B'
1.8727	P_2O_5	$Na_4P_2O_7$	0.5340
5.0278	P_2O_5	$U_2P_2O_{11}$	0.1989
0.5797	Pb	CH_3CO_2H	1.7255
1.5700	Pb	$Pb(C_2H_3O_2)_2$	0.6369
1.3424	Pb	$PbCl_2$	0.7449
1.2897	Pb	$PbCO_3$	0.7754
1.2479	Pb	$(PbCO_3)_2Pb(OH)_2$	0.8014
1.5601	Pb	$PbCrO_4$	0.6410
1.0773	Pb	PbO	0..9283
1.1545	Pb	PbO_2	0.8662
1.1643	Pb	$Pb(OH)_2$	0.8589
1.1549	Pb	PbS	0.8659
1.4639	Pb	$PbSO_4$	0.6831
0.1548	Pb	S	6.4629
0.2551	$PbCl_2$	Cl_2	3.9216
0.1647	$PbCO_3$	CO_2	6·0722
0.1612	$PbCrO_4$	Cr	6.2154
0.2352	$PbCrO_4$	Cr_2O_3	4.2526
0.4551	$PbCrO_4$	$K_2Cr_2O_7$	2.1971
0.5014	$PbCrO_4$	Na_2CrO_4	1.9951
0.6410	$PbCrO_4$	Pb	1.5600.
1.1733	$PbCrO_4$	$Pb(C_2H_3O_2)_2 \cdot 3H_2O$	0.8523
0.7999	$PbCrO_4$	$(PbCO_3)_2Pb(OH)_2$	1.2501
0.6905	$PbCrO_4$	PbO	1.4482
0.7401	$PbCrO_4$	Pb_2O_4	1.3512
0.9383	$PbCrO_4$	$PbSO_4$	1.0657

A'	A	B	B'
0.5642	$PbMoO_4$	Pb	1.7722
0.2615	$PbMoO_4$	Mo	3.8250
0.3923	$PbMoO_4$	MoO_3	2.5500
0.9283	PbO	Pb	1.0772
1.2461	PbO	$PbCl_2$	0.8025
1.1972	PbO	$PbCO_3$	0.8353
1.4842	PbO	$Pb(NO_3)_2$	0.6738
1.3589	PbO	$PbSO_4$	0.7359
0.8659	PbS	Pb	1.1549
0.9328	PbS	PbO	1.0720
0.1340	PbS	S	7.4629
0.7697	$PbSO_4$	$BaSO_4$	1.2991
1.2507	$PbSO_4$	$Pb(C_2H_3O_2)_2 \cdot 3H_2O$	0.7995
0.8525	$PbSO_4$	$(PbCO_3)_2Pb(OH)_2$	1.1731
0.7887	$PbSO_4$	PbO_2	1.2679
0.7535	$PbSO_4$	Pb_3O_4	1.3272
0.7889	$PbSO_4$	PbS	1.2676
0.2640	$PbSO_4$	SO_3	3.7879
3.7270	Pd	K_2PdCl_6	0.2683
2.0024	Pd	$PdCl_2 \cdot 2H_2O$	0.499
3.3791	Pd	PdI_2	0.2959
2.1623	Pd	$Pd(NO_3)_2$	0.4625
2.3979	Pd	HI	0.4170
2.3790	Pd	I	0.4203
0.7096	PdI_2	HI	1.4092

A'	A	B	B'
0.7041	PdI_2	I	1.4204
0.9703	PdI_2	IO_3	1.0306
1.1703	Pr	Pr_2O_3	0.8545
2.4903	Pt	K_2PtCl_6	0.4015
2.6541	Pt	$K_2PtCl_6 \cdot 6H_2O$	0.3768
2.2748	Pt	$(NH_4)_2PtCl_6$	0.4396
1.7266	Pt	$PtCl_4$	0.5792
2.1881	Pt	$PtCl_4 \cdot 5H_2O$	0.4570
1.4423	$PtCl_4$	K_2PtCl_6	0.6934
1.3177	$PtCl_4$	$(NH_4)_2PtCl_6$	0.7589
1.1383	$PtCl_4 \cdot 5H_2O$	K_2PtCl_6	0.8785
1.6775	Rb	AgCl	0.5961
0.4150	Rb	Cl	2.4098
1.4150	Rb	RbCl	0.7067
1.3510	Rb	$RbCO_3$	0.7402
1.0937	Rb	Rb_2O	0.914
1.5622	Rb	Rb_2SO_4	0.6402
3.3871	Rb	Rb_2PtCl_6	0.2952
1.1855	RbCl	AgCl	0.8435
0.2933	RbCl	Cl	3.4098
1.2686	Rb_2CO_3	$RbHCO_3$	0.7883
1.2939	Rb_2O	RbCl	0.7729
1.4284	Rb_2O	Rb_2SO_4	0.7001
0.4178	Rb_2PtCl_6	RbCl	2.3938
0.3987	Rb_2PtCl_6	$RbCO_3$	2.5071
0.5060	Rb_2PtCl_6	$RbHCO_3$	1.9762
0.3229	Rb_2PtCl_6	Rb_2O	3.0972

A'	A	B	B'
3.7382	Rh	Na_3RhCl_6	0.2675
2.0338	Rh	$RhCl_3$	0.4917
5.2848	S	BaS	0.1892
6.7820	S	$BaSO_3$	0.1475
7.2810	S	$BaSO_4$	0.1373
6.0334	S	BaS_2O_3	0.1657
6.3143	S	$BaS_2O_3 \cdot H_2O$	0.2397
2.2117	S	$BaS_4 \cdot H_2O$	0.4521
1.0629	S	H_2S	0.9408
3.0591	S	H_2SO_4	0.3270
2.7417	S	FeS	0.3648
1.8709	S	FeS_2	0.5346
3.4392	S	K_2S	0.2908
2.4348	S	Na_2S	0.4108
6.4630	S	Pb	0.1547
1.9981	S	SO_2	0.5005
2.4972	S	SO_3	0.4005
1. 7616	S_3	BaS	0.5677
1.3212	S_4	BaS	0.7559
3.6439	SO_2	$BaSO_4$	0.27J5
1.5783	SO_2	$Ca（HSO_3）_2$	0.6336
1.2812	SO_2	H_2SO_3	0.7805
1.5309	SO_{2++}	H_2SO_4	0.6532
0.7655	SO_{2*}	H_2SO_4	1.3064
1.6244	SO_2	$NaHSO_3$	0.6156
1.9677	SO_2	Na_2SO_3	0.5082
3.9356	SO_2	$Na_2SO_3 \cdot 7H_2O$	0.2541

A'	A	B	B'
1.2498	SO_2	SO_3	0.8001
0.4255	SO_3	Al_2O_3	2.3501
1.4255	SO_3	$Al_2(SO_4)_3$	0.7015
2.9155	SO_3	$BaSO_4$	0.3430
0.7003	SO_3	CaO	1.4280
1.7003	SO_3	$CaSO_4$	0.5881
1.2250	SO_3	H_2SO_4	0.8163
2.1765	SO_3	K_2SO_4	0.4595
0.5036	SO_3	MgO（in $MgSO_4$）	1.9859
1.5036	SO_3	$MgSO_4$	0.6651
1.8858	SO_3	$MgSO_4$	0.5303
0.7743	SO_3	Na_2O	1.2915
1.7743	SO_3	Na_2SO_4	0.5636
2.0162	SO_3	$Zn SO_4$	0.4960
2.4298	SO_4	$BaSO_4$	0.4116
0.3130	$SO_3 \cdot HCl$	HCl	3.1953
0.8417	$SO_3 \cdot HCl$	H_2SO_4	1.1881
0.4561	$S_2O_5Cl_2$	H_2SO_4	2.1926
2.7649	Sb	$KSbOC_4H_4O_6 \cdot 1/2H_2O$	0.3617
1.8850	Sb	$SbCl_3$	0.5305
1.1997	Sb	Sb_2O_3	0.8336
1.3328	Sb	Sb_2O_5	0.7503
1.4002	Sb	Sb_2S_3	0.7142
1.2662	Sb	Sb_2O_4	0.7897
1.1109	Sb_2O_3	Sb_2O_5	0.9001
1.3462	Sb_2S_3	$SbCl_3$	0.7428

A'	A	B	B'
1.6315	Se	H_2SeO_3	0.6129
1.8336	Se	H_2SeO_4	0.5454
1.4040	Se	SeO_2	0.7123
1.6060	Se	SeO_3	0.6227
2.1307	Si	SiO_2	0.4693
2.6961	Si	SiO_3	0.3709
3.2615	Si	SiO_4	0.3066
2.6814	SiF_4	$BaSiF_6$	0.3729
1.3837	SiF_4	H_2SiF_6	0.7227
2.1141	SiF_4	K_2SiF_6	0.4730
1.1041	SiF_6	K_2SiF_6	0.9860
4.6380	SiO_2	$BaSiF_6$	0.2156
1.2988	SiO_2	H_2SiO_3	0.7699
3.6567	SiO_2	K_2SiF_6	0.2735
2.5622	SiO_2	K_2SiO_3	0.3903
2.0282	SiO_2	Na_2SiO_3	0.4930
1.7296	SiO_2	SiF_4	0.5782
2.6554	SiO_2	SO_3	0.3766
1.5975	SiO_2	$Si(OH)_4$	0.6259
2.3495	SiO_2	$ZnSiO_3$	0.4256
0.5975	Sn	Cl_2	1.6737
1.5974	Sn	$SnCl_2$	0.6261
1.9010	Sn	$SnCl_2 \cdot 2H_2O$	0.5260
2.1949	Sn	$SnCl_4$	0.4555
1.1348	Sn	SnO	0.8812
1.2696	Sn	SnO_2	0.7877

A'	A	B	B'
0.3740	$SnCl_2$	Cl	2.6738
0.3847	$SnCl_2$	HCl	2.6000
0.8421	$SnCl_2$	Fe_2O_3	1.1875
1.1899	$SnCl_2$	$SnCl_2 \cdot 2H_2O$	0.8404
0.5444	$SnCl_4$	Cl	1.8369
0.5599	$SnCl_4$	HCl	1.7861
1.4974	SnO_2	$SnCl_2 \cdot 2H_2O$	0.6678
1.7288	SnO_2	$SnCl_4$	0.5784
2.4389	SnO_2	$SnCl_4(NH_4Cl)_2$	0.4100
0.8938	SnO_2	SnO	1.1188
1.6858	Sr	$SrCO_3$	0.5935
1.1826	Sr	SrO	0.8456
2.0963	Sr	$SrSO_4$	0.4770
1.5300	SrO	$SrCl_2$	0.6536
0.4375	$SrSO_4$	SO_3	2.2943
1.9767	Ta	$PaCl_5$	0.5059
1.2204	Ta	Ta_2O_5	0.8194
1.5177	Te	H_2TeO_4	0.6587
1.8003	Te	$H_2TeO_4 \cdot 2H_2O$	0.5554
1.2509	Te	TeO_2	0.7994
1.3765	Te	TeO_3	0.7265
0.8790	ThO_2	Th	1.1379
1.4155	ThO_2	$ThCl_4$	0.7065
2.2271	ThO_2	$Th(NO_3)_4 \cdot 6H_2O$	0.4492
1.6652	Ti	TiO_2	0.6005
1.1738	Tl	TlCl	0.8519
1.1470	Tl	Tl_2CO_3	0.8718
1.6220	Tl	TlI	0.6165

A'	A	B	B'
1.3040	Tl	TlNO$_3$	0.7669
1.0392	Tl	Tl$_2$O	0.9623
0.7786	Tl$_2$CrO$_4$	Tl	1.2843
0.6775	TlHSO$_4$	Tl	1.4759
0.6165	TlI$_2$	Tl	1.6222
0.5000	Tl$_2$PtCl$_6$	Tl	1.9999
0.5869	Tl$_2$PtCl$_6$	TlCl	1.7038
0.5738	Tl$_2$PtCl$_6$	Tl$_2$CO$_3$	1.7435
0.8111	Tl$_2$PtCl$_6$	TlI	1.2329
0.6520	Tl$_2$PtCl$_6$	TlNO$_3$	1.5337
0.5196	Tl$_2$PtCl$_6$	Tl$_2$O	1.9244
0.6178	Tl$_2$PtCl$_6$	Tl$_2$SO$_4$	1.6187
0.8094	Tl$_2$SO$_4$	Tl	1.2354
0.8817	UO$_2$	U	1.1342
0.8482	U$_3$O$_8$	U	1.1789
0.9621	U$_3$O$_8$	UO$_2$	1.0394
1.7884	U$_3$O$_8$	UO$_2$（NO$_3$）$_2$・6H$_2$O	0.5591
0.6668	U$_2$P$_2$O$_{11}$	U	1.4990
0.7566	U$_2$P$_2$O$_{11}$	UO$_2$	1.3221
1.3137	V	V$_2$O$_2$	0.7612
1.4706	V	V$_2$O$_3$	0.6800
1.6275	V	V$_2$O$_4$	0.6145
1.7843	V	V$_2$O$_5$	0.5604
0.5604	V$_2$O$_5$	V	1.7843
1.2638	V$_2$O$_5$	VO$_4$	0.7913

A'	A	B	B'
2.4739	W	$PbWO_4$	0.4042
0.8519	WO_2	W	1.1739
0.7931	WO_3	W	1.2609
1.9621	WO_3	$PbWO_4$	0.5099
0.8785	Yt_2O_3	Yt	1.1383
0.7882	Y_2O_3	Y	1.2687
1.5004	Zn	H_2SO_4	0.6665
1.2247	Zn	SO_3	0.8165
2.0849	Zn	$ZnCl_2$	0.4796
7.6222	Zn	ZnHg（CNS）	0.1312
1.2448	Zn	ZnO	0.8034
2.3315	Zn	$Zn_2P_2O_7$	0.4289
1.4906	Zn	ZnS	0.6709
2.1035	$ZnCl_2$	AgCl	0.4754
0.5204	$ZnCl_2$	Cl	1.9217
0.8579	$ZnCl_2$	NaCl	1.1656
1.2054	ZnO	H_2SO_4	0.8296
0.9840	ZnO	SO_3	1.0162
1.6749	ZnO	$ZnCl_2$	0.5970
1.1541	ZnO	$ZnCO_3$	0.6490
2.9427	ZnO	$Zn_2P_2O_7$	0.3398
1.1975	ZnO	ZnS	0.8351
1.9840	ZnO	$ZnSO_4$	0.5040
3.5340	ZnO	$ZnSO_4・7H_2O$	0.2830
2.39.57	ZnS	$BaSO_4$	0.4174
2.9510	ZnS	$ZnSO_4・7H_2O$	0.3389
0.4256	$ZnSiO_3$	SiO_2	2.3495
0.4960	$ZnSO_4$	SO_3	2.0162
0.7390	ZrO_2	Zr	1.3532

附錄八　重要無機化合物常用數字表

名　　稱	分　子　式	分子量 或 原子量	1ml 溶液 (1/1N) 所含 之重量	100ml H_2O 之 溶解度
醋酸	CH_3COOH	60.03	0.06003	
鋁	Al	27.10	0.09033	
氯化鋁	Al_2Cl_6	266.96	0.04449	69.87(15°C)
氯化鋁	$Al_2Cl_6 \cdot 12H_2O$	483.15	0.08053	40
氧化鋁	Al_2O_3	102.20	0.01703	不溶解
硫酸鋁	$Al_2(SO_4)_3$	342.38	0.05706	36.1（20°C）
硫酸鋁	$Al_2(SO_4)_3 \cdot 18H_2O$	666.67	0.1111	87
氨	NH_3	17.03	0.1703	
銨	NH_4	18.04	0.1804	
氯化銨	NH_4Cl	53.05	0.5350	
氫氧化銨	NH_4OH	35.05	3505	
硝酸銨	NH_4NO	80.05	0.08005	
硫酸銨	$(NH_4)_2SO_4$	132.14	0.06607	
銻	Sb	121.77	0.06090	
砷	As	74.96	0.03748	
氧化砷	As_2O_5	229.92	0.03832	150
氧化亞砷	As_2O_5	197.92	0.03299	1.7（16°C）
鋇	Ba	137.37	0.06868	
碳酸鋇	$BaCO_3$	197.37	0.09868	0.0022（20°C）
氯化鋇	$BaCl_2$	208.29	0.1041	30.9（0°C）
氯化鋇	$BaCl_2 \cdot 2H_2O$	244.32	0.12212	36.2（0°C）

氫氧化鋇	Ba（OH）₂	171.38	0.08596	
氫氧化鋇	Ba（OH）₂·8H₂O	315.51	0.1577	5.56（15℃）
硫酸鋇	BaSO₄	233.44	0.1167	0.12212
氧化鋇	BaO	153.37	0.07668	1.5（0℃）
過氧化鋇	BaO₂	169,37	0.08469	
溴	Br	79.92	0.07992	4.17(0℃)
碳酸鎘	CdCO₂	172.40	0.08620	不溶解
氯化鎘	CdCl₂	183.32	0.09166	140 (20℃)
氯化鎘	CdCl₂·2H₂O	219.35	0.1097	168 (20° C)
硫化鎘	CdS	144.47	0.07223	不溶解
鈣	Ca	40.00	0.02000	
碳化鈣	CaCO₃	100.07	0.05003	0.0013
氯化鈣	CaCl₂	110.07	0.055495	59.5 (0° C)
氯化鈣	CaCl₂·6H₂O	219.086	0.10954	117.4 (0° C)
氫氧化鈣	Ca(OH)₂	74.09	0.03704	0.17 (0℃)
氧化鈣	CaO	56.07	0.02803	0.13 (0℃)
硫酸鈣	CaSO₄	136.14	0.06807	0.179 (0℃)
硫化鈣	CaS	72.14	0.03607	0.15 (10° C)
碳	C	12.005	0.00300	不溶解
二氧化碳	CO₂	44.00	0.02200	179.67 (0℃)
氯	Cl	35.46	0.03546	150 (0℃)
無水鉻酸	CrO₃	100.00	0.033333	163.4 (0℃)
氧化鉻	Cr₂O₃	152.00	0.02533	不溶解

檸檬酸	$C_6H_8O_7$	192.06	0.06402	133
鈷	Co	58.97	0.02948	
銅	Cu	63.57	0.03178	
氧化銅	CuO	79.57	0.07957	
硫酸銅	$CuSO_4$	159.63	0.1596	20 (0° C)
硫酸銅	$CuSO_4 \cdot 5H_2O$	249.71	0.249.7	31.16 (0° C)
硫化銅	CuS	95.63	0.04781	0.000033
氰	CN	26.005	0.02600	
三氧化二鐵	Fe_2O_3	159.68	0.07984	
氧化亞鐵	FeO	71.84	0.07184	不溶解
硫酸亞鐵	$FeSO_4$	151.90	151.90	
硫酸亞鐵	$FeSO_4 \cdot 7H_2O$	278.01	0.15198	32.8 (0° C)
硫酸銨亞鐵	$Fe(NH_4)_2(SO_4)_2$	392.14	0.3921 3	18 (O°C)
氫溴酸	HBr	80.928	0.08093	221.2 0° C)
氫氯酸	HCl	36.47	0.03647	82.5 (10^C'C)
氫氰酸	HCN	27.02	0.02702	
氫氟酸	HF	20.01	0.02001	264
氫碘酸	HI	127.93	0.1279	
過氧化氫	H_2O_2	34.016	0.01700	
硫化氫	H_2S	34.076	0.01704	437
碘	I	126.92	0.1269	0.0182 (11 ° C)
鐵	Fe	55.84	0.0558	
鉛	Pb	207.20	0.1036	

鉻酸鉛	Pb Cr0$_4$	323.20	0.1616	0.00002 (16°C)
氧化鉛	PbO	223.20	0.1116	
過氧化鉛	PbO$_2$	239.20	0.1196	
硫化鉛	PbS	239.26	0.1196	0.0001
鎂	Mg	24.32	0.1216	
碳酸鎂	MgCO$_3$	84.32	0.4216	0.0106
氯化鎂	MgCl$_2$	95.24	0.04762	52.2 (0°C)
氯化鎂	MgCl$_2$·6H$_2$O	203.34	0.1017	167
氧化鎂	MgO	40.32	0.02016	
硫酸鎂	MgSO$_4$	120.38	0.06019	0.00062
硫酸鎂	MgSO$_4$·7H$_2$O	246.49	0.1232	26.9(0"C)
蘋果酸	H$_2$C$_4$H$_4$O$_5$	134.06	0.06703	76.9(0°C)
錳	Mn	54.93	0.02746	
氯化錳	MnCl$_2$	125.85	0.06292	62.16（10°C）
氧化錳	MnO$_2$	86.93	0.04346	不溶化
硫酸錳	MnSO$_4$	150.99	0.07549	53.2(0°C)
氯化汞	HgCl$_2$	271.52	0.1358	5.73 （0°C）
鎳	Ni	58.68	0.02934	
硝酸	HNO$_3$	63.02	0.06302[2]	
三氧化二氮	N$_2$O$_3$	76.02	0.01900[3]	
五氧化二氮	N$_2$O$_5$	108.02	0.01803[3]	
亞硝酸	HNO$_2$	47.02	0.04702	
氮	N	14.01	0.01401	
草酸	H$_2$C$_2$O$_4$	90.02	0.04501	

草酸	$H_2C_2O_4$	90.02	0.04501	
草酸	$H_2C_2O_4 \cdot 2H_2O$	126.05	0.06302	4.9 (0° C)
磷酸	H_3PO_4	98.06	0.03268	極易溶解
鉀	K	39.10	0.03910	
碳酸氫鉀	$KHCO_3$	100.11	0.1001	22.4 (0° C)
酒石酸氫鉀	$KHC_4H_4O_6$	188.14	0.1881	.37(0°C)
溴化鉀	KBr	119.02	0.11902	53.48 (0°C)
碳酸鉀	K_2CO_3	138.20	0.06910	89.4(0°C)
氯酸鉀	$KClO_3$	122.56	0.02043^3	3.3 (0° C)
氯化鉀	KCl	74.56	0.07456	28.5 (0° C)
鉻酸鉀	K_2CrO_4	104.2	0.06473^3	61.5 (0° C)
氯鉑酸鉀	K_2PtCl_6	486.16	…………	不溶於酒精
氰化鉀	KCN	65.11	0.06515^5	極易溶解
重鉻酸鉀	$K_2Cr_2O_7$	294.20	0.14712	4.9(0°C)
氰化亞鐵鉀	$K_4Fe(CN)_6$	368.30	0.3684	
氰化亞鐵鉀	$K_4Fe(CN)_6 \cdot 3H_2O$	422.35	0.4223	27.8(12°C)
氫氧化鉀	KOH	56.11	0.05611	107 (15⁰ C)
碘酸鉀	KIO_3	214.02	0.03567	4.74 (0° C)
碘化鉀	KI	166.03	0.1660	126.1 (0° C)
硝酸鉀	KNO_3	101.11	0.03370	13.3 (0° C)
亞硝酸鉀	KNO_2	85.11	0.08511	300 (15.5°C)
氧化鉀	K_2O	94.20	0.04710	極易溶解
高錳酸鉀	$KMnO_4$	158.03	0.03161	2.83 （℃）

硫化鉀	K$_2$S	110.26	0.05513	能溶解
硫氰酸鉀	KCNS	97.18	0.09718	177.2(0°C)
酒石酸鉀	K$_2$H$_4$C$_4$O$_6$	226.23	0.1131	能溶解
銀	Ag	10.7.88	0.1079	
硝酸銀	AgNO$_3$	169.89	0.1699	122 (0° C)
鈉	Na	23.00	0.02300	
溴化鈉	NaBr	102.92	0.1029	79.5(0°C)
碳酸氫鈉	NaHCO$_3$	84.01	0.08401	6.90(0°C)
碳酸鈉	Na$_2$CO$_3$	106.00	0.05300	7.1 (0°C)
氯化鈉	NaCl	58.46	0.05846	35.7(0°C)
氰化鈉	NaCN	49.01	0.04901	能溶解
氫氧化鈉	NaOH	40.01	0.04001	133.3 (18°C)
碘化鈉	NaI	149.92	0.1499[1]	158.7 (0°C)
硝酸鈉	NaNO$_3$	85.01	0.02834	72.9(0°C)
亞硝酸鈉	NaNO$_2$	69.01	0.06901	83.3 （20° C) (20°C)
草酸鈉	Na$_2$C$_2$O$_4$	134.00	0.06700	3.22　(15,5°　C)
氧化鈉	Na$_2$O	62.00	0.03100	分　解
磷酸二氫鈉	NaH$_2$PO$_4$	120.06[2]	0.1201	極易溶解
磷酸氫二鈉	Na$_2$HPO$_4$	142.05[2]	0.1421	
磷酸氫二鈉	Na$_2$HPO$_4$·12 H$_2$O	358.24[2]	0.3582	6.3 (0° C)
磷酸鈉	Na$_3$PO$_4$	164.04[2]	0.1640	
硫化鈉	Na$_2$S	78.06	0.03903	15.4 (10° C)
硫代硫酸鈉	Na$_2$S$_2$O$_3$·5H$_2$O	248.20	0.2482	74.7 (0° C)
氯化亞錫	SnCl$_2$	189.62	0.09481	83.9 (0° C)
氯化亞錫	SnCl$_2$· 2H$_2$O	225.65	0.1128	118.7 (0° C)

氧化錫	SnO	134.70	0.06735	不溶解
二氧化硫	SO_2	64.06	0.03203	
三氧化硫	SO_3	80.06	0.04003	
硫酸	H_2SO_4	98.076	0.04904	
酒石酸	$H_2C_4H_4O_6$	150.05	0.07503	115 (0° C)
錫	Sn	118.70	0.05935	
鋅	Zn	65.37	0.03268	
碳酸鋅	$ZnCO_3$	125.37	0.06268	0.001(15°C)
氯化鋅	$ZnCl_2$	136.29	0.06814	209 (0° C)
氧化鋅	ZnO	81.37	0.04068	0.001
硫酸鋅	$ZnSO_4$	161.43	0.08071	43.02 (0° C)
硫酸鋅	$ZnSO_4 \cdot 7H_2O$	287.54	0.1438	115.2 (0° C)
硫化鋅	ZnS	0.04871	0.00069	

附錄九　中英元素名稱對照表及週期表

（一）中英元素名稱對照表

英文	中文	讀音	符號	原子序	原子量
Actinium	錒	阿	Ac	89	(227)
Aluminium	鋁	呂	Al	13	26.97
Americium	鋂	梅	Am	95	(243)
Antimony	銻	梯	Sb	51	121.75
Argon	氬	亞	A	18	39.948
Arsenic	砷	申	As	33	74.92
Astatine	鍔	餓	At	85	(210)
Barium	鋇	貝	Ba	56	137.34
Berkelium	鉳	北	Bk	97	(247)
Beryllimn	鈹	被	Be	4	9.012
Bismuth	鉍	必(入)	Bi	83	208.98
Boron	硼	朋	B	5	10.81
Bromine	溴	臭	Br	35	79·909
Cadmiun	鎘	(格)	Cd	48	112.40
Carbon	鈣	丐	Ca	20	40.08
Californium	鉲	卡	Cf	98	(249)
Carbom	碳	炭	C	6	12.011
Cerimn	鈰	市	Ce	58	140.12
Cesium	銫	色	Cs	55	132.91
Chlorine	氯	綠	Cl	17	35.453
Chromium	鉻	各	Cr	24	52.01
Cobalt	鈷	古	Co	27	58.93

英文	中文	讀音	符號	原子序	原子量
Copper	銅	銅	Cu	29	63·54
Curium	鋦	局	Cm Dy	96	(247)
Dysprosium	鏑	滴(入)	Dy	66	162.5
Einsteinium	鑀	愛	Es	99	(254)
Erbium	鉺	耳	Er	68	167.26
Europium	銪	有	Eu	63	152.0
Fermium	鑽	費	Fm	10	(253)
Fluorine	氟	弗	F	9	19.000
Franeium	鍅	法	Fr	87	(223.0)
Gadolinium	釓	軋(吳)	Gd	64	157.25
Gallium	鎵	家	Ga	31	69,72
Germanium	鍺	者	Ge	32	72.59
Gold	金	金	Au	79	197.10
Hafnium	鉿	哈	Hf	7	178.49
Heliurn	氦	亥	He	2	4.0026
Holnium	鈥	火	Ho	67	164.93
Hydrogen	氫	輕	H	1	100.80
Illinium	鉯	以	IL	61	(146)
Indimn	銦	因	In	49	114.82
Iodine	碘	典	I	53	126.90
Iridium	銥	衣	Ir	77	192.2
Iron	鐵	鐵	Fe	26	55.85

英文	中文	讀音	符號	原子序	原子量
Krypton	氪	克	Kr	36	83.80
Lanthamum	鑭	闌	La	57	138.91
Lawrencium	鐒	勞	Lw	103	(257)
Lead	鉛	鉛	Pb	82	207.19
Lithium	鋰	里	Li	3	6·939
Lutecium	鎦	留	Lu	71	174.97
Magnesium	鎂	美	Mg	12	24·31
Manganese	錳	猛	Mn	25	54·94
Mendelevium	鍆	門	Md	J01	(256)
Mercury	汞	貢	Hg	80	200.59
Molybdenum	鉬	目	Mo	42	95·94
Neodymium	釹	女	Nd	60	144.27
Niobium	鈮	尼	Nb	41.1 41	92·61
Nitrogen	氮	淡	N	7	14.007
Nobelium	鍩	諾	No	102	(254)
Osmium	鋨	俄	Os	76	190.2
Oxygen	氧	養	O	8	15.994
Palladium	鈀	扒	Pb	46	106.4
Phosphorus	磷	燐	P	15	30..974
Platinum	鉑	自	Pt	78	195.09
Plutonium .	鈽	布	Pu	94	(242)
Polonium	釙	朴	Po	84	102

英　文	中文	讀音	符號	原子序	原子量
Potassium	鉀	甲(入〉	K	19	39.096
Praseodymium	鐯	普	Rr	59	140.91
Promethium	鉅	顢	Pm	61	(147)
Protactinium	鏷	僕	Pa	96	231.0
Radium	鐳	雷	Ra	88	226·05
Radon	氡	東	Rn	86	(222)
Rheniun	錸	來	Re	75	186.2
Rhodium	銠	老	Rh	4S	102.91
Rubidimn	銣	如	Rb	37	85.4 7
Rutheniun	釕	了	Ru	44	101.07
Samarium	釤	杉	Sm	62	150.35
Scanldium	鈧	亢〈看)	Sc	21	44.96
Selenium	硒	西	Se	34	78.96
Silicon	矽	夕〈入)	Si	14	28.09
Silver	銀	銀	Ag	47	107.8'70
Sodium	鈉	納	Na	11	22.990
Strpntium	鍶	思	Sr	38	87.62
Sulfur	硫	硫	S	16	32.04
Tantalum	鉭	日	Ta	73	180.94
Technetium	鎝	塔	Tc	43	(99)
Tellurium	碲	帝	Te	52	127.60
Terbium	鋱	式	Tb	65	8.92

英　　文	中文	讀音	符號	原子序	原子量
Thallium	鉈	他	Tl	81	204.37
Thorium'	釷	土	Th	90	232.04
Thulium	銩	丟	Tm	69	8.93
Tin	錫	錫	Sn	50	118.69
Titaniun	鈦	太	Ti	22	47.90
Tungsten or walfram	鎢	烏	w	74	183.85
Uraniwn	鈾	自	U	92	238.103
Vanadiun	釩	凡	V	23	50.94
Xenon	氙	仙	Xe	54	131.30
Ytterbiwn	鐿	意	Yb	70	173.04
Yttrium	釔	乙	Y	39	88.91
Zinc	鋅	辛	Zn	30	65.37
Zirconium	鋯	告	Zr	40	91.22

（二）週期表

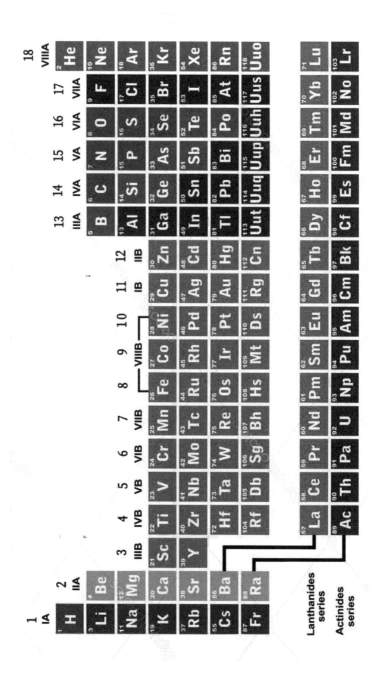

附錄十　溶液

一、何謂溶液 (Solution)

　　大部分的分析化學反應，都在溶液中完成，尤其以水溶液 (Aqueous solution) 為最多，故首應了解溶液的一般特性。

　　所謂溶液，乃是二種以上物質，以具「分子大小 (Molecular Dimensions)」之顆粒，相互分散之均勻混合物。所謂「分子大小」之顆粒，就是指獨立分子、小群分子 (A clusters of molecules)、以及分子的一部分。所謂「分子的一部分」，指的就是離子 (Ions)，其顆粒大小約為 10^{-8}cm。

　　溶液由溶質 (Solute) 與溶劑 (Solvent) 二者所組成。嚴格來說，溶液中量少、且具有較顯著化學反應性之部分，稱為溶質；反之，分量較多、且在化學反應過程中較不活潑之部分，稱為溶劑。例如食鹽溶於水中，生成氯化鈉水溶液時，氯化鈉為溶質，水為溶劑，因食鹽水所起之化學反應，一般皆由氯化鈉成分所引起也；除非在較特殊情況下，水不會有顯著之化學反應。所以氯化鈉是溶質，水則為溶劑。又如蔗糖溶於水中，生成糖液時，蔗糖為溶質，水為溶劑，因為蔗糖之性質較為顯著故也。至於水與酒精〈乙醇〉之混合液，何者為溶質、溶劑，則無明顯之分，端視那一種分量較多，以及此混合液起的化學反應，是水起反應或酒精起反應而定。但一般分析化學上之溶液，水為溶劑，其他成分，諸如酸、鹼、鹽類、或他種有機物等，皆可認為溶質。溶液除了上述所提的固體溶於液體，液體溶於液體外，尚有氣體溶於氣體，氣體溶於液體，固體溶於固體〈固溶液 Solid solution) 等型式，但其在分析化學上較不常見，故不贅述。

二、溶液之濃度表示法

　　溶液為二種以上、且具分子大小顆粒的物質之均勻混合物，表示其互相之間量的關係，稱為濃度表示法；大別有以下二類：

1. 一定容量之溶液所含溶質之重量

(1) 克分子濃度法 (Molarity)

「克分子濃度」指 1 公升溶液中所含溶質之克分子數 (Mole number)；而「克分子量」則是把分子量冠以克，作為度量該物質多寡的基本單位量。例如蔗糖 ($C_{12}H_{22}O_{11}$) 之分子量為 342.3，我們就把 342.3 克的蔗糖，稱為 1 克分子量。設有 1 公升蔗糖溶液中含蔗糖 513.45 克，相當於 513.45/342.30=1.5 克分子數，並稱此溶液之濃度為 1.5「克分子濃度 (Molarity)」，或簡寫為 1.5M。「克分子濃度法」在有獨立分子單位之簡單溶液，甚為明確，惟在離子化合物 (Ionic compounds) 或結合分子 (Associate molecules) 之溶液，則頗易混淆。例如醋酸 (Acetic acid) 之水溶液中，並無獨立之 CH_3COOH 分子存在，此時水溶液中，僅有如下之結合分子：

$$\text{/O-H} \leftarrow \text{O\textbackslash}$$

$$CH_3\text{-C} \qquad \text{C-}CH_3$$

$$\text{\textbackslash O} \rightarrow \text{H-O/}$$

因之把 CH_3COOH 認為是「獨立分子單位」，而用「克分子濃度」表示法，雖然一般仍然使用，但最好用第 (2) 法 (克式量濃度表示法) 表示之，意義比較明確。

(2) 克式量濃度法 (Formality):

所謂「克式量數」，即 1 公升溶液中所含溶質之「克式量數濃度」。所謂「克式量」，乃是把該物質之化學式量 (Formula weight) 冠以克為單位，作為量度該物質多寡的基本單位量。因為很多並無獨立分子單位的物質，如仍用「克分子量」方法，自欠明確，故此時不指明分子單位，而用該化合物的「化學式量」，作為基本單位，既使是分子式或實驗式，亦仍然適用。例如食鹽並無真正的分子單位，NaCl 僅是表示該物質的一種簡單化學式，其式量為 23+35.54 = 58.54，故 58.54 克即是 NaCl 的克式量，而不稱為 NaCl 的克分子量。如 1 公升食鹽水中，含有 60 克之 NaCl，則溶液為 60/58.54=1.03「克式量濃度」，簡寫為 1.03F。故此方法適用於離子化合物或分子單位未明的溶質。

(3) 規定濃度法 (Normality)

　　所謂規定濃度法，就是 1 公升溶液中所含溶質克當量數，來表示溶液的濃度；適用於酸鹼中和和氧化還原反應，需用當量關係的溶液。

　　在酸鹼中和時，1 克當量乃指可以產生 1 克式量水合氫離子（Hydronium ion，H_3O^+）或與 1 克式量水合氫離子（H_3O^+）相反應的量，例如：

$$H_2SO_4+2H_2O \rightarrow 2H_3O^++SO_4^{-2}$$

所以 1 克規定之 H_2SO_4 溶液，1 公升中含有 H_2SO_4（98/2 ＝）49 克；又如 $NaOH \rightarrow OH^-+Na^+$，$OH^-+ H_3O^+ \rightarrow 2H_2O$，故 40 克之 NaOH 稀釋成 1 公升之水溶液，稱為 1 規定濃度。

　　在氧化還原反應中，1 公升溶液中，含有可以獲得或失去 1 單位電荷（96500 Coulombs= 1 faraday）之物質，稱為 1 克規定溶液。在氧化還原中，$KMn^{+7}O_4$ 被還原成 Mn^{++}，即 $Mn^{+7} \rightarrow Mn^{+2}$，158.4/5（克）$KMnO_4$ 可以獲得一單位的陰電荷，故 31.61 克 $KMnO_4$ 稱為 1 克當量，而 1 公升溶液中，含有 31.61 克 $KMnO_4$，稱為 1 克規定濃度。

2. 一定重量的溶劑或溶液所含溶質的重量

(1) 重量克分子濃度 (Molality)

　　1000 克溶劑中，溶入 1 克分子量的溶質，所形成的溶液，稱為 1 克分子溶液（molal solution）；此種濃度表示法，適用於表示溶液的物理性質方面，諸如溶液的沸點上升、凝固點下降之計算上。

(2) 百分率濃度表示法

　　即溶液中所含溶質的重量百分率。例如 :100 克蔗糖水中，含有 12 克蔗糖，即稱為 12% 濃度之溶液。醫藥上和簡單的計算上常用之。

三、溶解度 (Solubility)

　　乙醇 (Ethyl alcohol) 可與水以任何比例混合，形成溶液;而在20°C 時，100 克水僅能溶解 31.6 克 KNO_3。此種在一定溫度下，一定量的溶劑所能溶解的溶質最大重量，稱為此溶質在該溶劑的「溶解度」。此時的溶液，稱為「飽和溶液 (Saturated solution) 」；未達到溶質的溶解度限度的溶液，稱為「未飽和溶液 (Unsaturated Solution) 」。飽和溶液可用以下二法配製：

　　(1)加入過量之溶質於一定量之溶劑中，充分攪拌，迄溶質不能再行溶解為止。

　　(2)加入過量之溶質於一定量之溶劑內，加熱至溶質溶解，然後冷卻至所定之溫度。

　　由此可見，飽和溶液必須有過剩固體溶質共存。有時候用第(2)法配製飽和溶液時，多餘的溶質並未析出。此種含有溶質量超過溶解度的溶液，稱為「過飽和溶液〈 Supersaturated solution)」。由於過飽和溶液顯得不穩定，可用以下兩種方法防止其形成：

　　(1)加入小顆粒的溶質結晶於過飽和溶液中，此時小結晶粒成為結晶核心，可使多餘之溶質析出。

　　(2)強烈攪動溶液，使其達到穩定之平衡（飽和溶液）。

　　(3)以玻璃棒摩擦盛溶液之容器壁。

在分析化學上，過飽和溶液常引起分離上之困難，須要密切注意。

　　影響溶質溶解度的因素有三種：溫度、溶質、溶劑本身的性質等。茲分述如下：

(1)溫度對溶解度的影響

　　大多數固體溶質之溶解度，隨溫度升高而增大，如 KNO_3、NH_4Cl；但有些溶質之溶解度，則隨溫度之升高而降低，如 $Ce_2(SO_4)_3$；有些則與溫度幾無關係，如 $NaCl$。根據 Le chatelier 原理，凡是吸熱反應 (Endothermic reaction)，均因溫度之增高而加速進行；而大多數溶質溶於水時，屬於吸熱反應，故溫度愈高其溶解度愈大。溶質之溶解度與溫度之關係見附圖 10-1。

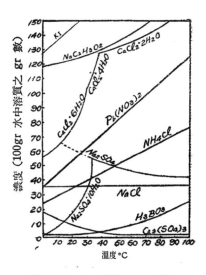

附圖 10-1　溶解度曲線圖

(2) 溶質與溶劑本身的性質對溶解度的影響

　　同一溶劑因不同之溶質而有不同之溶解度，例如乙醇可無限量的溶於水中，但苯（Benzene，C_6H_6）幾不溶於水 (22° C 時，100ml 水，僅能溶解 0.082 克)，這是因為乙醇的分子構造特性與水分子相近，而苯分子與水分子的性質相異很大所致（見附圖 10-2）。

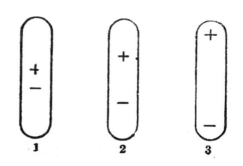

附圖 10-2　分子極性之大小

　　分子因其內部的陰陽電荷重心的一致性，而分為極性分子（Polar molecules）與非極性分子（Nonpolar molecules）。極性分子因分子內一端帶正電荷，他端帶負電荷，故各個分子間之陰陽端互相吸引；反之非極性分子間之互相引力較小。極性溶質分子（甚或離子）與極性溶劑分子互有吸引力，故能互溶，形成溶液；反之非極性溶質分子與極性溶劑分子無親和力，不能互溶，而與非極性溶劑分子互溶。故化學上有所謂相似者互溶或物以類聚（Like dissolves like）之法則，對判斷溶解度方面有很大的幫助。因溶解現象除分子的極性外，還有很多因素，包括化學與物理諸現象在內，故有時候需要更深入的探討。

(3) 壓力對溶解度的影響

　　固體或液體溶質之溶解度受外面壓力的影響很少，但氣體的溶解度與壓力有如下的關係：

$$S = pk$$

S：單位重量溶劑中，氣體溶質的重量。

p：溶液上面該氣體的分壓。

k：比例常數。因溶質與溶劑的種類及溫度的高低，而有個別的常數。

四、電解質與非電解質 (electrolytes & non -electrolytes)

　　電解質如酸、鹼、鹽類的水溶液可以導電；非電解質如乙醇、蔗糖、丙

三醇的水溶液，則不能導電。另外，導電性介於二者之間者，如醋酸、氫氧化銨等弱酸、弱鹼，稱為弱電解質。根據 Arrehenius 之電離說：電解質的分子，在水溶液中能電離成二個或三個以上的離子 (Ion)，帶陽電荷的離子稱為陽離子 (Cation)，帶陰電荷的離子稱為陰離子 (Anion)。當通電流於電解液時，陽離子趨向陰極 (Cathode)，陰離子趨向陽極 (anode)，溶液則因陰、陽離子的遷移 (Migration) 而導電。非電解質因無離子之形成，故不能導電。強電解質因其分子在水溶液中大部分電離成離子，故導電性強；弱電解質因分子僅部分電離成離子，故導電性弱。表示分子電離的程度，稱為電離度 (Degree of ionization)；離子的數目既與導電度有關，故溶液的導電性可用來決定電解質之電離度。

設浸兩片面積為 S cm² 的白金電極，相隔 L cm 距離，平行對立於水溶液中，測定其電阻 (Resistance) 為 R 歐姆 (Ohms)，則

$$R = \omega L/S$$

式中 ω 是 S = 1 cm²，L= 1 cm 時的電阻，稱為比電阻 (Specific resistance)；ω 的逆數 $1/\omega = k$，稱為比導電度 (Specific conductance)。

再設 V 溶液中，含有 1 克當量電解質，其導電度稱為當量導電度 (Equivalent conductance，λ)：

$$\lambda = 1000Vk$$

這裡 V 表示含 1 克當量電解質的溶液體積，故 V 為濃度 C(N) 的逆數:

$$V = 1/C$$

隨電解質溶液的稀釋，比導電度 k 漸漸減少，但當量導電度卻反而漸漸增加，在無限稀釋時，到達一定數值 λ。附表 -1，列出在 18° C 之 NaCl 水溶液，在多種不同濃度時，比導電度 (k) 與當量導電度 (λ) 之關係。

附表 10-1　NaCl 水溶液的克當量導電度

當量濃度	稀　　釋　　度（1000V）	比導電度	當量導電度
1	1,000	0.0744	74.4
0.1	10,000	0.00925	92.5
0.01	100,000	0.001028	102.8
0.001	1000,000	0.0001078	107.8
0.0001	10,000,000	0.00001097	109.7

電解質導電度與離子數目、離子遷移速率 (Speed of migration)、及離子的帶電荷三因素有關。Arrhenius 認為，在一定溫度下，同一種電解質在不同濃度下，其當量導電度之變化僅係離子數目之不同而引起。電解質在無限稀釋下，λ 最大，此時分子全部解離成離子。導電度與離子數目成正比，故在某濃度下電離度可由其當量導電度（λ）與其在無限稀釋下的當量導電度（λ$_O$）之比求得，即 $\alpha = \lambda / \lambda_O$。

　　例 1：0.05M 醋酸（CH$_3$COOH），其比導電度為 0.000324 mhos，其在無限稀釋下之當量導電度為 347.6 mhos，試解其電離度。

　　解：因 CH$_3$COOH $\leftrightarrows$ H$^+$+C$_2$H$_3$O$_2$$^-$

$\lambda_{0.05} = 1000 \times 1/0.05 \times (3.24 \times 10^{-4}) = 6.48$ mhos

$\alpha = \lambda_{0.05} / \lambda_O = 6.48/347.6 = 0.018 = 1.8\%$

　　上述電離度的測定法，適用於弱電解質。強電解質因其在不同濃度下，皆已全部解離成離子，所以此法測定強電解質之電離度，並不是真正電離度，而稱為「可見電離度 (Apparent degree of ionization)」。根據 X-ray 分析結果，固體結晶性電解質在結晶狀態，係已由離子構成，自無理由相信溶液中尚有未解離之分子狀態存在，因此 Arrhenius 之電離說已失其意義。據 Debye-Huechel 之修正，強電解質在水溶液中完全電離，各離子在溶液中，即受電荷相反的離子圈 (Ionic atmosphere) 所包圍，各離子間之靜電引

力，隨濃度之增加而增強，故個別離子之效應因而降低。如 0.1M 之強酸 HCl、HBr、HNO$_3$，以及強鹼 NaOH、KOH 等，其可見電離度為 90%，其他諸如 KCl、NH$_4$NO$_3$ 等為 85%，BaC1$_2$ 為 73%，KFe(CN)$_6$ 為 65%，CuSO$_4$ 為 40%。

五、溶液的凝固點下降、沸點上昇、蒸汽壓下降、及滲透壓增加

電解質在水溶液中解離成離子，可由其溶液之凝固點降低、沸點上昇、蒸汽壓下降、滲透壓增加，比之同一濃度非電解質溶液諸性質之變化更加顯著，而獲得另一佐證。因溶液之這些物理性質變化，僅受溶液中粒子多寡之影響，而與粒子性質無關。

1. 溶液的蒸汽壓下降

在 20°C 純水之飽和蒸汽壓，相當於 17.5mm 水銀柱高，但 1 molality 之非電解質水溶液〈諸如 1 mole 的蔗糖、甘油、尿素等，溶解於 1000 克水中〉，其飽和蒸汽壓為 17.2mm 水銀柱高，故 1000 克水中含有 6.24×10^{23} 溶質顆粒之溶劑蒸汽壓降低量為 0.31mm 水銀柱高；但 1 mole 之 NaCl 水溶液，其飽和蒸汽壓為 16.93 mmHg，其蒸汽壓降低約為 1 mole 蔗糖水溶液之二倍，故可推知 NaCl 在水溶液解離成二個離子。

2. 溶液沸點上昇

根據稀薄溶液理論，設重為 a 克，分子量為 M 之非電解質，溶於 1000 克水中，其溶點上昇為

$\triangle$ T$_b$ = K$_b$ a/M = K$_b$ m (m：mole 之簡稱)

K$_b$ 是 1m 時溶液的沸點上昇，稱為克分子沸點上昇 (Molal boiling-point constant)；水為溶劑時，其數值為 0.52°C。

但 1 m 之電解質水溶液，其沸點上昇大於 0.52°C，其數值隨電解質之電離度而異。1m 之 NaCl，其沸點上昇為 1.0°C，約為 1m 非電解質克分子沸點上昇之二倍，故 NaCl 之「可見電離度 (Apparent degree of ionization) 」為 92%。

3. 溶液凝固點下降

a 克非電解質（分子量 =M）溶於 1000 克水中，其凝固點下降（$\triangle T_f$）可表示如下：

$$\triangle T_f = K_f\, a/M = K_f\, m$$

式中 K_f 與溶質種類無關，係 1000 克水中溶有 1m 非電解質時之凝固點下降，稱克分子凝固點下降 (Molal melting point constant)，其值為 1.86°C（隨溶劑種類改變，各有其一定常數，如溶劑為苯，則 K_f =5.10°C）。

4. 滲透壓 (Osmotic pressure) 增加

當溶液與溶劑之間有半滲透膜 (Semipermeable membrane) 隔開時，溶劑中之溶劑分子繼續向溶液裏滲透，欲防止溶劑分子向溶液滲透，需由外加壓力於溶液，其壓力大小稱為滲透壓。根據稀薄溶液理論，滲透壓與濃度成正比：

$$\pi = mRT$$

π：滲透壓

R：氣體常數

m：濃度 (Molality)

T：絕對溫度

電解質之滲透壓，比之同一濃度之非電解質溶液為高，因其溶液有較多顆粒存在故也。設定 HA 在水溶液中的電離度為 x，則

$$HA \rightleftarrows H^+ + A^-$$

$$1-x \quad x \quad x$$

$$[H^+] = x \quad [A^-] = x \quad [HA] = 1-x$$

故 1 克分子 HA，因部分解離，計生：

$$x + x + (1-x) = (1+x) \ \text{克分子}$$

故 $\qquad \pi = (1+x)\,mRT$

附錄十一　沉澱之生成與溶解

一、物理平衡 (Physical equilibrium)

　　一定溫度下，液體飽和蒸汽壓有一定值，如水在 20°C 之飽和蒸汽壓等於 17.5mm 水銀柱高，溫度不改變，則飽和蒸汽壓不能改變，所以此時液體與其蒸汽成為平衡狀態；在一大氣壓下，水與冰二者僅能在 0°C 時共存，此時水變成冰，與冰溶解成水的速率相等。純水本無蔗糖分子，把蔗糖投入水中，蔗糖分子立刻開始從固體表面分散到水中，隨著分散的分子增多，溶液中的蔗糖分子亦有機會碰回到固體表面，如此等到溶液中的溶質分子濃度達到一定數目時，溶質從固體表面分散到溶液中的分子數目，與溶液中溶質分子回到固體表面，成為固體結晶的分子數目一樣時，即達到飽和，故此時在溶液中的溶質與固體未溶解的溶質成為平衡。平衡現象可用下式表式之：

　　　　A_1〔固體溶質 (Solid solute)〕$\leftrightarrows$ A_2〔溶液中溶質 (Dissolved solute)〕

　　C_{A1}、C_{A2} 各表示未溶解之固體溶質與溶液中已溶解之溶質的濃度。當達到平衡時：

　　　　$C_{A2} / C_{A1} = k$

因 C_{A1} 為純粹溶質，一定溫度時為定數，故上式可簡化為

　　　　$C_{A2} = K$

由上式可知，在一定溫度下，飽和溶液的濃度為定值。

　　碘可小量溶於水，又可溶於 CCl_4（四氯化碳），但水與 CCl_4 不能互溶 (Immiscible liquids)，因此分為二層。於此二相 (Phases) 液中，投入碘，並充分震搖後，設在 CCl_4 中，碘之濃度為 $C_{I2}(CCl_4)$，水中碘之濃度為 $C_{I1}(H_2O)$，則

　　　　$C_{I2}(CCl_4) / C_{I1} H_2O = K$

　　　　K：分佈係數 (Distribution coeffcient)

　　例如以 CCl_4 去抽出 W ml 水溶液所含之 x_0 克的碘時，假定第一次用 A ml CCl_4 抽出後，留在水溶液中的碘為 x_1 克，則

$$Cw = x_1/W \quad C = x_0 - x_1/A$$

$$\therefore C/Cw = [(x_0 - x_1)/A]/[x_1/W] = K$$

$$\therefore x_1 = [W/(W + AK)]x_0$$

第二次用 A ml CCl_4 抽出水溶液中餘碘時，所留在水溶液中的碘為 x_2 克，則

$$[(x_1 - x_2)/A]/[x_2/W] = K$$

$$\therefore x_2 = [W/(W + AK)]x_1$$

$$= [W/(W + AK)^2]x_0$$

如此各以 A ml CCl_4 作 n 次萃取時，若尚留在水溶液中的碘為 xn 克，則

$$x_n = x_0[W/(W + AK)]^n$$

$$= x_0\{1 - [AK/(W + AK)]\}^n$$

$$\doteqdot x_0\{1 - [nAK/(W + AK)]\}$$

但假如以 nA ml CCl_4 作 1 次萃取時，所留在水溶液中的碘為 x 克，則

$$x = x_0[W/(W + nAK)]$$

$$= x_0\{1 - [nAK/(W + nAK)]\}$$

$$\because nAK/(W + AK) >> nAK/(W + nAK)$$

$$\therefore 1 - [nAK/(W + AK)] << 1 - [nAK/(W + nAK)]$$

$$\therefore x_n << x$$

也就是說，將分 nA ml CCl_4 作 n 次抽出，比之單一次用 nA ml 作 1 次萃取有效。分析化學上之萃取分離，時常利用此原理。

二、化學平衡 (Chemical Equilibrium)

1. 可逆反應 (Reversible Reactions)

　　取 2 mole 之 SO_2 與 1 mole 之 O_2 混合氣體，在 530° C 保持總氣壓為一個大氣壓時，可起如下之反應；

$$2SO_2 + O_2 \rightarrow 2SO_3$$

迄原有之 94% SO_2 與 O_2 作用，生成 SO_3 後，作用不再進行為止。反之，取 2 mole 之 SO_3 之氣體，在 530°C 保持一個大氣壓時，SO_3 可起如下之分解；

$$2SO_3 \rightarrow 2SO_2 + O_2$$

迄留存 94% SO_3 時，SO_3 不再進行分解為止。由此二反應可知，溫度為 530°C，總壓力為一大氣壓時，不管開始取 2 mole SO_2 與 1 mole 之 O_2 起反應，或取 2 mole SO_3 起分解，最後混合氣體中含有之 SO_3、SO_2 與 O_2 氣體組成相同。這是因為一方面 SO_2 與 O_2 起反應，而生成之 SO_3，也同時分解成 SO_2 與 O_2。亦即反應物起反應所產生之生成物，亦同時起反應，回復原來之反應物，此種反應稱為可逆反應。大部分之化學反應，都是可逆反應，如不把生成物繼續取出時，反應不能全部完成，最後可達到平衡，此時反應物繼續產生生成物，生成物回復成反應物，但速率相等，故稱為動平衡 (Dynamic equilibrium)。

2. 質量作用定律 (Mass action law)

在可逆反應：

$$A + B + C + \cdots \rightleftarrows D + E + \cdots$$

中，A、B…相碰起反應，生成 D + E +…，同時 E、D…相碰起反應，回復為反應物 A、B…。

質量作用定律謂，化學反應速率 (Rate of chemical reaction) 與反應物之克式量濃度乘積成正比。因 A、B…相碰後始起化學反應，故反應速率與相碰次數成正比，而相碰次數係與濃度之乘積成正比故也。

設 A、B…起反應之速率為 V_1，〔A〕、〔B〕、…各為反應物 A、B…之克式量濃度，則

$$V_1 = K_1 〔A〕〔B〕 \cdots$$

同理，E、D…逆反應之速率為 V_2，〔D〕、〔E〕…，各為 D、E…之克式量濃度，則

$$V_2 = K_2 〔D〕〔E〕 \cdots$$

反應達到平衡時，正反應速率 V_1 與逆反應速率 V_2 相等，即

$$V_1 = V_2$$

$$K_1 〔A〕〔B〕\cdots = K_2 〔D〕〔E〕\cdots$$

$$\therefore \ 〔D〕〔E〕\cdots / 〔A〕〔B〕\cdots = K_1 / K_2 = K$$

故在一定溫度下，可逆反應達到平衡時，反應生成物克式量濃度乘積除以被反應物克式量濃度乘積，其商值 K 為定值，並稱為「平衡常數 (Equilibriurn constants)」，此關係稱為「化學平衡律 (Law of chemical equilibrium)」。

3. 弱電解質的電離平衡 (Ionization of weak electrolytes)

化學平衡律不能使用於完全解離的強電解質，但可應用於部分解離的弱電解質。設弱電解質 BA 在水溶液中電離：

$$BA \rightleftarrows B^+ + A^-$$

並設弱電解質的濃度為 C（M），電離度為 x，則

$$〔B^+〕 = 〔A^-〕 = Cx$$

$$〔BA〕 = C(1-x)$$

因係可逆反應性，由化學平衡律得：

$$〔B^+〕〔A^-〕 / 〔BA〕$$

$$= (Cx)^2 / C(1-x)$$

$$= Cx^2 / C(1-x)$$

$$= Ki$$

式中 Ki 稱為「電離常數 (Ionization constant)」。

（1）弱單鹽基酸之電離 (Ionization of weak mono basic acids)

弱單鹽基酸（醋酸）之電離如下：

$$HOAc + H_2O \rightleftarrows H_3O^+ + OAc^-$$

$$C_{H_3O^+} \cdot C_{OAc^-} / [C_{HOAc}（未解離分子）\times C_{H_2O}] = K$$

因 $C_{H_2O} \fallingdotseq 1000/18 = 55.6$

$$\therefore C_{H_3O^+} \cdot C_{OAc^-} / C_{HOAc}（未解離分子）= K \times 55.6 = Ka$$

例 1. 25°C 時，0.l F CH₃COOH 之電離度為 1.32%，求其電離度常數 Ki。

因　$CH_3COOH + H_2O \leftrightarrows CH_3COO^- + H_3O^+$

$\quad$ 0.1 (1-0.0132) $\qquad$ 0.1×0.0132 $\quad$ 0.1×0.0132

∴ $Ka = [H_3O^+][CH_3COO^-]/[CH_3COOH]$

$\qquad = (0.1×0.0132)^2/0.1×(1-0.0132) = 1.75×10^{-5}$

例 2. 試求 0.050F CH_3COOH 水溶液之水合氫離子（Hydroniun ion）濃度（H_3O^+）。

因　$CH_3COOH + H_2O \leftrightarrows CH_3COO^- + H_3O^+$

設　$[H_3O^+] = x$

則　$[CH_3COO^-] = x$

$\quad [CH_3COOH] = 0.050 - x$

∴ $Ki = 1.75×10^{-5} = x^2/(0.050 - x)$

∴ $x^2 + (1.75×10^{-5})x - 8.75×10^{-7} = 0$

$x = \{ -1.75×10^{-5} + [(1.75×10^{-5})^2 + 3.50×10^{-5}]^{1/2} \} / 2$

∴ $x = 9.35×10^{-4}$ F

註：因 $x = 9.35×10^{-4} << 0.050 - 9.35×10^{-4}$

$\quad 0.050 - x \fallingdotseq 0.050$

$\quad$ ∴ 上面計算可簡化如下

$\quad 1.75×10^{-5} = x^2/(0.050 - x) \fallingdotseq x^2/0.050$

$\quad$ ∴ $x^2 = 0.050 (1.75×10^{-5})$

$\qquad x = 9.35×10^{-4}$ F

（2）弱單鹽基之電離 (Ionization of weak monoprotic bases)

弱鹽基（NH_3）之電離如下：

$\quad NH_3 + H_2O \leftrightarrows NH_4^+ + OH^-$

$\quad [NH_4^+][OH^-]/[NH_3][H_2O] = k$

∴ $[NH_4^+][OH^-]/[NH_3]$（未解離）$= k × [H_2O] = Kb$

$Kb = $弱鹽基之電離常數。

例 3. 試求 0.1F NH_3 水溶液中 OH^- 之濃度（$Kb = 1.8 \times 10^{-5}$）。

解：$NH_3 + H_2O \rightleftharpoons NH_4^+ + OH^-$

　　設 $[OH^-] = x = [NH_4^+]$

　　$x^2 / (0.1 - x) \fallingdotseq x^2 / 0.1 = 1.8 \times 10^{-5}$

　　$\therefore \quad x = [OH^-] = 1.4 \times 10^{-3}$ F

（3）多元鹽基酸之電離 (Ionization of polybasic acid)

多元鹽基酸，如 H_2S，之分段解離如下：

(1) $H_2S + H_2O \rightleftharpoons H_3O^+ + HS^-$ （第一段解離）

$[H^+][HS^-] / [H_2S] = K_1$（第一段電離常數，Primary ionization constant）

(2) $HS^- + H_2O \rightleftharpoons H_3O^+ + S^=$ （第二段解離）

$[H^+][S^=] / [HS^-] = K_2$（第二段電離常數，Secondary ionization constant）

(1) + (2)

(3) $H_2S + 2H_2O \rightleftharpoons 2H_3O^+ + S^=$

$[H^+]^2 [S^=] / [H_2S] = K = K_1 \times K_2$ (Over all equilibrium constant)

例 4. H_2S 之第一電離常數 $K_1 = 9.1 \times 10^{-8}$，試求 0.1M H_2S 水溶液中之氫離子濃度。

解：$H_2S + H_2O \rightleftharpoons H_3O^+ + HS^-$

　　$K_1 = [H_3O^+][HS^-] / [H_2S] = 9.1 \times 10^{-8}$

　　設 $[H_3O^+] = x$

　　因 HS^- 解離度很小，故

　　$[HS^-] \fallingdotseq [H_3O^+] = x$

　　$[H_2S] = 0.1 - x$

$\therefore x^2 / (0.1 - x) = 9.1 \times 10^{-8}$

$x = (0.91 \times 10^{-8})^{1/2} = 0.95 \times 10^{-4} = 9.5 \times 10^{-5}$F

例 5. 求 0.05M H_2S 溶液中，H_3O^+、HS^-、$S^=$ 等，各離子的濃度。

解： $H_2S + H_2O \leftrightarrows H_3O^+ + HS^-$　　　$K_1 = 9.1 \times 10^{-8}$

　　　$HS^- + H_2O \leftrightarrows H_3O^+ + S^=$　　　　$K_2 = 1.2 \times 10^{-15}$

　　　因 $K_1 \gg K_2$

　　　$\therefore [H_3O^+] \fallingdotseq [HS^-] = x$

　　　$K_1 = 9.1 \times 10^{-8} = x^2 / (0.05 - x) \fallingdotseq x^2 / 0.05$ （因 $x \ll 0.05$）

　　　$\therefore [H_3O^+] = [HS^-] = (9.1 \times 0.05 \times 10^{-8})^{1/2} = 6.7 \times 10^{-5}F$

　　　$K_2 = [H_3O^+][S^=] / [HS^-] = 1.2 \times 10^{-15}$

　　　因 $[H_3O^+] \fallingdotseq [HS^-]$　　$\therefore K_2 = [S^=]$

　　　$\therefore [S^=] = K_2 = 1.2 \times 10^{-15}F$

（4）水的電離

水為極弱電解質，可起如下之解離：

$HOH + H_2O \leftrightarrows H_3O^+ + OH^-$

$\therefore K_I = [H_3O^+][OH^-] / [H_2O]^2$

但 $[H_2O] = 1000/18 = 55.5$

$\therefore [H_3O^+][OH^-] = K_I [H_2O]^2 = K_W$

在 25℃時，$K_W = 1 \times 10^{-14}$

$\therefore$ 在純水時，$[H_3O^+] = [OH^-] = (K_W)^{1/2} = (1 \times 10^{-14})^{1/2} = 10^{-7}F$

4. pH 與 pOH 的定義

　　　附表 11-1、-2 顯示，弱酸水溶液中，$[H_3O^+]$ 的濃度很低，如以 10^{-2}、10^{-5}、10^{-6} 等表示之，因用負指數（或小數點）表示，感覺上差別不顯現，且在圖示及使用上不方便。Soerensen 乃提出以氫離子倒數之對數，稱為「pH 指標 (Scale)」表示之：

$$pH = -\log[H_3O^+] = \log\{1/[H_3O^+]\}$$

因此 1×10^{-2}、1×10^{-3}、1×10^{-4}、1×10^{-5}、……等幾何級數之小數值變為算術級數，如 2、3、4、……等數值，用作圖示或數示的感覺上，會比較明確。同樣以 $pOH = -\log[OH^-] = \log 1/[OH^-]$，作為 pOH 的定義（如附表 11-3）

附表 11-1　弱酸之電離常數（室溫）(1/2)

酸　類	分子式	Ka	
醋酸	$HC_2H_3O_2$		1.75×10^{-5}
正砷酸	H_3AsO_4	K_1	5×10^{-3}
		K_2	8.3×10^{-8}
		K_3	6×10^{-10}
安息香酸	$HC_7H_5O_2$		6.3×10^{-5}
硼酸	H_3BO_3		5.8×10^{-10}
碳酸	H_2CO_3	K_1	4.3×10^{-7}
		K_2	5.6×10^{-11}
鉻酸	$HCrO_4$	K_1	2×10^{-1}
		K_2	3.2×10^{-7}
檸檬酸	$H_3C_6H_5O_7$	K_1	8.7×10^{-4}
		K_2	1.8×10^{-5}
		K_3	4×10^{-8}
氰酸	$HCNO$		2×10^{-4}
甲酸	$HCNO_2$		1.77×10^{-4}
氫氟酸	HF		7.2×10^{-4}
硫化氫	H_2S	K_1	9.1×10^{-8}
		K_2	1.2×10^{-15}
碘酸	HIO_3		1.67×10^{-2}
亞硝酸	HNO_2		4×10^{-4}
草酸	$H_2C_2O_4$	K_1	6.5×10^{-3}
		K_2	6.1×10^{-5}

附表 11-1 弱酸之電離常數（室溫）(2/2)

酸　類	分子式	Ka	
石碳酸	HC_5H_5O		1.3×10^{-10}
磷酸	H_3PO_4	K_1	7.5×10^{-3}
		K_2	6.2×10^{-8}
		K_3	4.8×10^{-10}
苯二甲酸	$H_2C_8H_4O_4$	K_1	1.3×10^{-3}
		K_2	3.9×10^{-6}
酒石酸	$H_2C_4H_4O_6$	K_1	9.6×10^{-4}
		K_2	2.9×10^{-5}
硫酸	H_2SO_4	K_1	
		K_2	1.2×10^{-2}
亞硫酸	H_2SO_3	K_1	1.72×10^{-2}
		K_2	6.24×10^{-2}

附表 11-2 弱鹼之電離常數（室溫）

鹼　類	分子式	Kb
氨	NH_3	1.8×10^{-5}
苯胺	$C_6H_5NH_2$	3.8×10^{-10}
二甲胺	$(CH_3)_2NH$	5.12×10^{-4}
乙醇胺	$C_2H_5ONH_2$	2.77×10^{-5}
乙胺	$C_2H_5NH_2$	5.6×10^{-6}
聯胺	NH_2NH_2	3×10^{-6}
甲胺	CH_3NH_2	4.38×10^{-4}
吡啶	C_5H_5N	1.4×10^{-9}
三甲胺	$(CH_3)_3N$	$5.27 \times 10^{-}$

附表 11-3　pH 與 pOH

（H_3O^+）濃度	指數表示法	pH指標	pOH指標
1	1	0	14
0.1	10^{-1}	1	13
....			
0.0001	10^{-4}	4	10
0.00001	10^{-5}	5	9
....			
0.0000001	10^{-7}	7	7
....			
0.000000001	10^{-9}	9	5
0.0000000001	10^{-10}	10	4
....			
0.00000000000001	10^{-14}	14	0

例 6. 求 0.1F HCl 溶液的 pH 數值。

解：因 HCl 全部解離，$[H_3O^+] = 0.1F$

　　∴ pH = -log$[H_3O^+]$ = - log 0.1 = - log 1/10 ＝＋ log 10 = 1

例 7. 求 0.1F CH_3COOH 溶液（Ka = 1.8×10^{-6}）的 pH 數值。

解：$CH_2COOH + H_2O \leftrightarrows H_3O^+ + CH_3COO^-$

　　設：$[H_3O^+] = x$

　　則：$[H_3O^+][CH_3COO^-]/[CH_3COOH] = x^2/(0.1 - x) \doteqdot (x^2/0.1)$
　　　　$= 1.8 \times 10^{-6}$

　　∴ $x = (1.8 \times 10^{-6})^{1/2} = (1.8)^{1/2} \times 10^{-3}$

　　pH = $3 - \log(1.8)^{1/2} = 3 - 0.255/2 = 2.87$

例 8. 已知 pH = 6.8，求氫離子 $[H_3O^+]$ 的濃度。

解：$[H_3O^+] = - \log[- 7 + 0.2]$

　　∴ $[H_3O^+] = - \log 0.2 \times 10^{-7} = 1.6 \times 10^{-7}$

例 9. 求 0.lF NH_4OH 溶液（$K_b = 10^{-6}$）的 pH、pOH 數值。

解：$[OH^-] = (K_b)^{1/2} = (1.8 \times 10^{-6})^{1/2} = (1.8)^{1/2} \times 10^{-3}$

$\therefore$ pOH$= - \log (1.8)^{1/2} \times 10^{-3} = 3 - 0.126 = 2.87$

又$[H_3O^+][OH^-] = Kw = 10^{-14}$

$[-\log(H_3O^+)] + [-\log(OH^-)] = 14$

$\therefore$ pH $+$ pOH $= 14$

$\therefore$ pH $= 14 -$ pOH $= 14 - 2.87 = 11.13$

5. 緩衝溶液

　　加少量強酸或強鹼於純水中，能使水溶液之$[H_3O^+]$，起很大的變化。如 1 公升之水中，加入 0.1 克 fwHCl（3.6458 克 HCl）時，其$[H_3O^+] = 10^{-1}$F，pH=l（純水時，$[H_3O^+]=10^{-7}$F，pH=7）；如加入 0.1 克 fwNaOH（4 克）時，其$[H_3O^+]=10^{-13}$F，pH=13。相反，弱酸與其鹽類（或弱鹼與其鹽類）之水溶液，加入少量強酸或強鹼時，對於$[H_3O^+]$濃度之影響很少。這種不因強酸或強鹼之加入，仍保持近於一定 pH 值之溶液，稱為「緩衝溶液」。

　　例如 1 公升水溶液，含 0.5F $HC_2H_3O_2$ 及 0.5F Na $C_2H_3O_2$，則其$[H_3O^+]$可計算如下：

$HC_2H_3O_2 \leftrightarrows C_2H_3O_2^- + H_3O^+$

$Na\,C_2H_3O_2 \leftrightarrows C_2H_3O_2^- + Na^+$

$[H_3O^+][C_2H_3O_2^-] / [HC_2H_3O_2] = 1.75 \times 10^{-5}$

$[H_3O^+] = [HC_2H_3O_2] / [C_2H_3O_2^-] \times 1.75 \times 10^{-5}$

$\doteqdot 0.5/0.5 \times 1.75 \times 10^{-5}$

pH=4.76

【1】當加入 0.1 克 fw（克式量，gfw）之 HCl 1 公升於此溶液時，則

　　0.1 克 fw H_3O^+　　　$+$　　0.5 克 fw $C_2H_3O_2^-$

　　（由加入之 HCl 而來）（由溶液中之 $NaC_2H_3O_2$ 而來））

　　$\rightarrow$ 0.1 克 fw $HC_2H_3O_2+$ 0.4 克 fw $C_2H_3O_2^-$（過量）

　　故溶液中之$[HC_2H_3O_2] =$ 0.5 克 fw $+$ 0.1 克 fw $=$ 0.6 克 fw

　　　　　　　　　　　　（原來）（上式作用而來）

　　$[C_2H_3O_2^-] =$ 0.5 克 fw $-$ 0.1 克 fw $=$ 0.4 克 fw

$$\therefore \; [H_3O^+] = \{\,[HC_2H_3O_2]\,/\,[C_2H_3O_2^-]\,\} \times 1.75 \times 10^{-5}$$

$$= (0.6/0.4) \times 1.75 \times 10^{-5} = 2.6 \times 10^{-5}\,F$$

pH=4.58

【2】又當加入 0.1 克 fw 之 NaOH 到溶液中，則

$$[H_3O^+] = \{\,[HC_2H_3O_2]\,/\,[C_2H_3O_2^-]\,\} \times 1.75 \times 10^{-5}$$

因 $[HC_2H_3O_2]$ = 0.5 克 fw － 0.1 克 fw ＝ 0.4 克 fw

$[C_2H_3O_2^-]$ = 0.5 克 fw ＋ 0.1 克 fw ＝ 0.6 克 fw

$$\therefore [H_3O^+] = (0.4/0.6) \times 1.75 \times 10^{-5} = 1.2 \times 10^{-5}\,F$$

pH=4.92

由此等數據得知，上述水溶液不管加入強酸或強鹼，其 $[H_3O^+]$ 仍約為 10^{-5} F，即 pH 仍為 4.7 左右，故此溶液有很好之 pH 緩衝性。

又如 NH_4OH 與 NH_4Cl 之混合溶液，亦有很好的緩衝性。緩衝溶液在分析化學的沉澱分離上，有很大的作用。

三、溶解積 (Solubility product)

1. 溶解積定律

投入足量的難溶鹽 AB (s) 於水中，則 AB (s) 溶解〔AB (s) ⇆ A^+ B^-〕，生成離子 A^+、B^-，其速率（Rate）與鹽在水中接觸的表面積（s）成正比，故：

$$Rate_1 = k_1\,s$$

溶液中的 A^+、B^- 離子亦能回到固體表面形成結晶，其速率 Rate2 各與固體鹽表面積及溶液中的 A^+、B^- 離子濃度成正比，故：

$$Rate_2 = k_2\,s\,[A^+]\,[B^-]$$

當固體溶解與溶液中離子析出成固體結晶速率相等時：

$$Rate_1 = Rate_2$$

即 $k_1\,s = k_2\,s\,[A^+]\,[B^-]$

$$\therefore [A^+]\,[B^-] = k_1\,/\,k_2 = Ksp$$

式中 Ksp 稱為溶解積 (Solubility product)。即在定溫下，難溶鹽的飽和溶液中，離子濃度的乘積 Ksp 有一定數值（見附表 11-4）。此種關係，稱為「溶解積定律 (The law of solubility product)」，是決定沉澱生成與溶解的重要條件。

　　水溶液中難溶鹽的陰、陽離子濃度乘積超過其溶解積 Ksp 時，則發生沉澱；否則不生沉澱。換言之，難溶鹽 AB 開始沉澱的條件是：$[A^+][B^-]$ > Ksp；反之，$[A^+][B^-]$ < Ksp，則沉澱尚未生成或已被溶解。

　　如難溶鹽 [AxBy] 組成更為複雜，在水溶液生成 x+y 個離子

　　　　$AxBy \leftrightarrows$　$x\,A^{+n} + yB^{-m}$　　$(xn = ym)$

則 $Ksp=[A^{+n}]^x[B^{-m}]^y$ > K sp K

　　由溶解積定律推知：凡二個溶液混合後，混合液中離子濃度乘積

$[A^{+n}]^x[B^{-m}]^y$ 超過難溶鹽 AxBy 之 Ksp，即能發生沉澱。$CaCO_3$ 之飽和溶液中，

　　固體 $CaCO_3$ 與離子 Ca^{+2}、CO_3^{-2} 成平衡：

　　$CaCO_3$ (Solid) $\leftrightarrows$　$Ca^{+2} + CO_3^{-2}$

　　∴$[Ca^{+2}][CO_3^{-2}]=Ksp=4.8x\,10^{-9}$

　　設若加入固體 Na_2CO_3 於 $CaCl_2$ 溶液中，是否也有 $CaCO_3$ 之沉澱生成？欲解答此問題，須先知道溶液中 Ca^{++} 與 CO_3^{-2} 之濃度。如 1 公升已知濃度為 0.0001 F 之 Ca Cl_2 溶液，加入足量固體 Na_2CO_3，使 CO_3^{-2} 之濃度為 0.01F，此時因溶液中 Ca^{++} 與 CO_3^{-2} 之濃度之乘積：

　　　　　0.01 x 0.0001 = 1 $\times$ 10^{-6}

其數值比之 $CaCO_3$ 溶解積 $4.8x10^{-9}$ 為大，根據溶解積定律，超過溶解積之 $CaCO_3$ 即時沉澱析出。上例中，因欲保持溶液之體積不變，故加入固體之 Na_2CO_3 於溶液中；如固體 Na_2CO_3 改成 Na_2CO_3 水溶液，此時因混合後離子濃度起變化，故需導入計算。混合同體積之 $CaCl_2$ 與 Na_2CO_3 水溶液後，Ca^{++} 與 CO_3^{-2} 之濃度，即變成原來之 2 分之 1。

　　上例中，設如加入之 Na_2CO_3 使 CO_3^{-2} 之濃度僅達到 1×10^{-6}，此時溶液中離子濃度乘積：

$$1 \times 10^{-6} \times 1 \times 10^{-4} = 1 \times 10^{-10}$$

其數值，比 Ksp $(CaCO_3)4.8 \times 10^{-9}$ 為小，故溶液中不會有 $CaCO_3$ 析出。溶解積定律適用於溶解度小於 0.3M 的難溶鹽，至於其它可溶性鹽，如 KCl、$NaNO_3$ 等，則不適用。

附表 11-4　溶解積常數（常溫）（1/4）

難溶鹽	化學式	溶解積常數
醋酸銀	$AgC_2H_3O_2$	1.8×100^{-3}
溴酸銀	$AgBrO_3$	6×10^{-5}
溴化銀	$AgBr$	7.7×10^{-13}
碳酸銀	Ag_2CO_3	6.2×10^{-12}
氯化銀	$AgCl$	1.56×10^{-10}
鉻酸銀	Ag_2CrO_4	9×10^{-12}
氰化銀	$AgCN$	2.2×10^{-12}
碘酸銀	$AgIO_3$	1×10^{-8}
碘化銀	AgI	1.5×10^{-15}
硫代氰酸銀	$AgCNS$	1.2×10^{-12}
氫氧化鋁	$Al(OH)_3$	1.9×10^{-23}
碳酸鋇	$BaCO_3$	8.1×10^{-9}
鉻酸鋇	$Ba CrO_4$	2.4×10^{-19}
氟化鋇	BaF_2	1.7×10^{-6}
溴酸鋇	$Ba(BrO_3) \cdot 2H_2O$	6.5×10^{-16}
草酸鋇	$BaC_2O_4 \cdot 2H_2O$	1.5×10^{-7}
硫酸鋇	$BaSO_4$	1.1×10^{-10}
磷酸銀	Ag_3PO_4	1.8×10^{-28}
硫化銀	Ag_2S	1.6×10^{-4}

附表 11-4　溶解積常數（常溫）(2/4)

氯化氧鉍	BiOCl	2×10^{-8}
三硫化二鉍	Bi_2S_3	1.6×10^{-78}
碳酸鈣	$CaCO_3$	4.8×10^{-9}
氟化鈣	CaF_2	3.2×10^{-12}
碘酸鈣	$Ca(IO_3)_2 \cdot 6H_2O$	6.5×10^{-7}
草酸鈣	$CaC_2O_4 \cdot H_2O$	2.3×10^{-9}
硫酸鈣	$CaSO_4$	6.1×10^{-5}
碳酸鎘	$CdCO_3$	2.5×10^{-1}
草酸鎘	$CdC_2O_4).3H_2O$	1.5×10^{-8}
硫化鎘	CdS	3.6×10^{-29}
氫氧化鉻	$Cr(OH)_2$	1×10^{-30}
一硫化鈷	CoS	7×10^{-23}
氫氧化銅	$Cu(OH)_2$	5.6×10^{-20}
草酸銅	CuC_2O_4	2.9×10^{-8}
碘酸銅	$Cu(IO_3)_2$	1.4×10^{-7}
硫化銅	CuS	8.5×10^{-43}
溴化亞銅	$CuBr$	4.1×10^{-58}
氯化亞銅	$CuCl$	1.8×10^{-7}
碘化亞銅	CuI	5.0×10^{-12}
硫化亞銅	Cu_2S	2×10^{-47}
氫氧化鐵	$Fe(OH)_3$	6×10^{-38}
氫氧化亞鐵	$Fe(OH)_2$	2×10^{-16}

表 11-4 溶解積常數（常溫）(3/4)

草酸亞鐵	FeC_2O_4	21×10^{-7}
硫化亞鐵	FeS	3.7×10^{-19}
硫化亞汞	HgS	3.7×10^{-19}
溴化亞汞	Hg_2Br_{23}	1.3×10^{-21}
氯化亞汞	Hg_2Cl_2	2×10^{-18}
碘化亞汞	Hg_2I_2	1.2×10^{-28}
磷酸銨鎂	$MgNH_4PO_4$	2.5×10^{-12}
碳酸鎂	$MgCO_3$	1×10^{-5}
氟化鎂	MgF_2	6.4×10^{-8}
氫氧化鎂	$Mg(OH)_2$	1.2×10^{-11}
草酸鎂	MgC_2O_4	8.6×10^{-5}
碳酸亞錳	$MnCO_3$	8.8×10^{-11}
氫氧化亞錳	$Mn(OH)_2$	4.5×10^{-14}
硫化亞錳	MnS	1.4×10^{-15}
氫氧化鎳	$Ni(OH)_2$	1.6×10^{-15}
硫化鎳（α）	NiS	1×10^{-22}
硫化鎳（β）	NiS	8.8×10^{-26}
碳酸鉛	$PbCO_3$	4.0×10^{-14}
氯化鉛	$PbCl_2$	4.0×10^{-4}
鉻酸鉛	$PbCrO_4$	2×10^{-14}
氟化鉛	PbF_2	3.7×10^{-8}
氫氧化鉛	$Pb(OH)_2$	2.5×10^{-16}

附表 11-4　溶解積常數（常溫）(4/4)

碘酸鉛	$Pb(IO_3)_2$	2.6×10^{-13}
碘化鉛	PbI_2	1.4×10^{-5}
草酸鉛	PbC_2O_4	2.8×10^{-11}
磷酸鉛	$Pb_3(PO_4)_2$	1.5×10^{-32}
硫酸鉛	$PbSO_3$	2×10^{-5}
硫化鉛	PbS	3.4×10^{-25}
碳酸鍶	$SrCO_3$	1.6×10^{-9}
氟化鍶	SrF_2	2.8×10^{-9}
草酸鍶	SrC_2O_4	5.8×10^{-7}
硫酸鍶	$SrSO_4$	$29. \times 10^{-7}$
氫氧化鋅	$Zn(OH)_2$	4.5×10^{-17}
草酸鋅	ZnC_2O_4	1.5×10^{-9}
硫化鋅	ZnS	1.2×10^{-23}

2. 溶解積與溶解度的關係

難溶鹽，CuCl 與 AgCl 之 Ksp 各如下：

$$[Cu^+][Cl^-] = 1.8 \times 10^{-7} \ (CuCl \ 之 \ Ksp)$$

$$[Ag^+][Cl^-] = 1.56 \times 10^{-10} \ (AgCl \ 之 \ Ksp)$$

很明顯，$[Ag^+] \ll [Cu^+]$，故 AgCl 比 CuCl 還難溶。又如 AgCl 與 Ag_3PO_4 之 Ksp 各如下：

$$[Ag^+][Cl^-] = 1.56 \times 10^{-10} (AgCl \ 之 \ Ksp)$$

$$[Ag^+]^3[PO_4^{-3}] = 1.8 \times 10^{-18} \ (Ag_3PO_4 \ 之 \ Ksp)$$

雖然 Ag_3PO_4 之 Ksp 遠比 AgCl 之 Ksp 小 (100,000,000 分之 1)，實際上 Ag_3PO_4 之溶解度為 6.5×10^{-3} 克／公升（或 1.5×10^{-5}F），比 AgCl 之溶解度 1.9×10^{-3} 克／公升（或 1.3×10^{-5}F）為大。故在相似組成之難溶鹽間，諸如 AgCl、CuCl，$AgIO_3$ 等，其 Ksp 大小，可用來比較其難溶性。反之，組成相異之化合物，因 Ksp 係離子之不同因次方相乘積，不能直接用來當作溶解

性之一種指標，所以需要改成溶解度（克／公升或 F／公升），始能比較其量的關係。一般 Ksp 係由難溶鹽的飽和溶液的溶解度推算而出。反之，已知難溶鹽的 Ksp，亦可以計算，求出其溶解度。

例 10. $Pb_3(PO_4)_2$ 之 Ksp $= 1.5 \times 10^{-32}$，試求其溶解度（克／公升，F／公升）

解：$Pb_3(PO_4)_2 \rightleftharpoons 3Pb^{++} + 2\,PO_4^{-3}$

設：$Pb_3(PO_4)_2$ 之溶解度為 x F／公升，則

$$[Pb^{+2}] = 3x \quad [PO_4^{-3}] = 2x$$

$$Ksp = (3x)^3 \times (2x)^2 = 1.5 \times 10^{-32}$$

$$108x^5 = 1.5 \times 10^{-32}$$

$$x^5 = 14 \times 10^{-35}$$

$$\therefore x = 1.5 \times 10^{-7}F$$

$\therefore$ 溶解度為 $1.5 \times 10^{-7} \times 811.8 = 1.217 \times 10^{-4}$ 克／公升

例：11. CaF_2 之 Ksp 為 3.2×10^{-11}，求飽和溶液中 Ca^{++} 與 F^- 之濃度（F／公升）。

解：$Ksp = [Ca^{+2}][F^-]^2$

設 $[Ca^{+2}] = x \qquad$ 則 $[F^-] = 2x$

$$(x)(2x)^2 = 3.2 \times 10^{-11}$$

$$x^3 = 8 \times 10^{-12}$$

$$\therefore \quad x = 2 \times 10^{-4}$$

$$\therefore \quad Ca^{+2} = 2 \times 10^{-4}F$$

$$[F^-] = 4 \times 10^{-4}F$$

例 12. $PbSO_4$ 溶解度為 4.2×10^{-2} 克／公升，求其 Ksp。

解：$PbSO_4$ 之化學式量 $=303$

$PbSO_4$ 之克式量濃度 (Fomula Solubility) $= 4.2 \times 10^{-2} / 303 = 1.4 \times 10^{-4}$ 克 fw／公升

$Ksp = [Pb^{+2}](SO_4^{-2})$

$\therefore (1.4 \times 10^{-4})(1.4 \times 10^{-4}) = Ksp = 2 \times 10^{-8}$

3. 共同離子 (Common ion) 對溶解度的影響

難溶鹽的溶解度，因共同離子的存在而減少，分析化學上為使難溶鹽的沉澱分離更為完全，在沉澱反應中，常需加過量之試劑，或在沉澱之洗滌上，使用含共同離子的可溶鹽溶液，以減少其因洗滌而被溶解。例如在 AgCl 之飽和溶液中：

$$Ksp = [Ag^+][Cl^-] = 1.56 \times 10^{-10}$$

所以 Ag^+ 與 Cl^- 之濃度：

$$[Ag^+] = [Cl^-] = 1.25 \times 10^{-5}F$$

設加入 $AgNO_3$，使 Ag^+ 之濃度達到 $10^{-3}F$。此時需滿足溶解積定律：

$$[Ag^+][Cl^-] = 1.56 \times 10^{-10}，則$$

$$[Cl^-] = 1.56 \times 10^{-7}$$

亦即加入過量之 Ag^+ 離子，減低 Cl^- 濃度。未加 $AgNO_3$ 時，AgCl 之溶解度為 $1.25 \times 10^{-5}F$；加入 $AgNO_3$ 後，$[Ag^+] = 10^{-3}F$，$[Cl^-] = 1.56 \times 10^{-7}F$，故 AgCl 之溶解度 $= 1.56 \times 10^{-7}F$。

例 13. Ag_2CrO_4 之 $Ksp = 9 \times 10^{-12}$，求其在飽和溶液與 $0.1 F K_2CrO_4$ 溶液中的溶解度（克／公升）。

解： $Ag_2CrO_4 \leftrightarrows 2Ag^+ + CrO_4^{-2}$

$$Ksp = [Ag^+]^2[CrO_4^{-2}]$$

(A) 設飽和溶液中之溶解度為 x F/ 公升：

則 $Ksp = (2x)^2(x) = 9 \times 10^{-12}$

$\therefore x = 1.31 \times 10^{-4}F$

$\therefore Ag_2CrO_4$ 之溶解度為 $1.31 \times 10^{-4} \times 331.8 = 4.35 \times 10^{-2}$ 克／公升。

(B) 設 Ag_2CrO_4 在 $0.1F K_2CrO_4$ 之溶解度為 $x_1 F/$ 公升：

則 $[Ag^+] = 2x_1$　　$[CrO_4^{-2}] = x_1 + 0.1$

$Ksp = [Ag^+][CrO_4^{-2}] = (2x_1)^2(x_1 + 0.1) = 9 \times 10^{-12}$

因 $x_1 << 0.1$

$\therefore (2x_1)^2(x_1 + 0.1) \fallingdotseq (2x_1)^2(0.1) = 9 \times 10^{-12}$

$$\therefore \ x_1 = 4.8 \times 10^{-6}F$$

$$\therefore \ Ag_2CrO_4 \ 在 \ 0.1F \ K_2CrO_4 \ 之溶解度 = 4.8 \times 10^{-6} \times 331.8$$

$$= 1.6 \times 10^{-3} \ 克 \ / \ 公升。$$

(A) 與 (B) 比較，Ag_2CrO_4 在 0.1F K_2CrO_4 中之溶解度為在純水中之 26 分之 1。

4. 沉澱之溶解

根據溶解積定律，凡使難溶鹽溶液中之離子濃度乘積，比該難溶鹽的 Ksp 為低，則溶液中不能產生難溶鹽之沉澱；反之，此時固體難溶鹽溶解，使溶液中之離子濃度乘積回復等於 Ksp，若繼續移去溶液中之離子，則沉澱繼續溶解，補充離子之消耗。溶液中離子之移去，並不限於生成沉澱，其他諸如改成電離度低的可溶性弱電解質，或改成錯離子，或氧化還原改成不同氧化態之離子皆然。

加入酸類於固體 $CaCO_3$ 懸浮之飽和溶液，CO_3^{-2} 因起下列反應而被移除：

$$CO_3^{-2} + H_3O^+ \ \leftrightarrows \ HCO_3^- + H_2O$$

$$CO_3^{-2} + 2\,H_3O^+ \ \leftrightarrows \ H_2CO_3 + 2H_2O \leftrightarrows CO_2 + H_2O$$

故 CO_3^{-2} 作用生成電離度低之 HCO_3^- 離子或 H_2CO_3（繼之變成 CO_2，H_2O），因而溶液中$[Ca^{+2}][CO_3^{-2}]$ < Ksp，固體之$CaCO_3$ 乃溶解補充，使$[Ca^{++}]$$[CO_3^{-2}]$ = Ksp。如酸類繼續添加，移除 CO_3^{-2}，固體 $CaCO_3$ 則繼續溶解。又如 $Ba_2(PO_4)_2$ 因加入稀薄酸液而溶解，其反應如下：

$$Ba_3(PO_4)_2(S) \ \leftrightarrows \ 3Ba^{+2} + 2PO_4^{-3}$$

$$PO_4^{-3} + H_3O^+ \rightarrow HPO_4^{-2} + H_2O$$

即因 H_3O^+ 與 PO_4^{-3} 生成難解離之 HPO_4^{-2}，移去 PO_4^{-3}，使$[Ba^{+2}]^3$ $[PO_4^{-3}]^2$ < Ksp 而溶解。

難溶性鉻酸鹽，可利用 (1) CrO_4^{-2} 還原，生成 Cr^{+3}； (2) 加酸液變成 $Cr_2O_7^{-2}$，而移去 CrO_4^{-2}，使其溶解。$BaCrO_4$ 加入鹽酸，加熱，起以下反應而溶解：

$$BaCrO_4 \ \leftrightarrows \ Ba^{+2} + CrO_4^{-2}$$

$$2CrO_4^{-2} +2H_3O^+ \leftrightarrows 3H_2O+ Cr_2O_7^{-2}$$

$$Cr_2O_7^{-2}+14H_3O^+ + 6Cl^- \leftrightarrows 2Cr^{+3}+7H_2O+3Cl_2 \uparrow$$

其實 H_3O^+ 濃度高時，亦能移除 CrO_4^{-2}（如加入硝酸之情形）。HCl 同時還原 $Cr_2O_7^{-2}$，難溶性鉻酸鹽之溶解，將更為迅速完全。

加 HCl 於 CuS，不能使之溶解，因 CuS 之 Ksp 很小，H_3O^+ 與 S^{-2} 形成 HS^-，H_2S 弱電解質並不足以使〔Cu^{+2}〕〔S^{-2}〕< Ksp，但如改用 HNO_3，則 S^{-2} 被氧化而成 S，溶液中之〔Cu^{+2}〕〔S^{-2}〕< Ksp，CuS 乃行溶解。

AgCl，Ag_3AsO_4 溶解於 NH_3；AgI 溶解於 KCN、$Na_2S_2O_3$。皆係金屬陽離子 Ag^+ 形成錯離子（Complex ion）之故也，容後再述。

附錄十二　錯離子（另名：複合離子）

　　核心離子與中性分子或帶相反電荷之離子結合，形成在水溶液穩定之離子團，諸如：

$$Cd^{++} + 4NH_3 \rightleftharpoons Cd(NH_3)_4^{++}$$

$$Zn^{++} + 4NH_3 \rightleftharpoons Zn(NH_3)_4^{++}$$

$$Cd^{++} + 4CN^- \rightleftharpoons Cd(CN)_4^{--}$$

$$Ag^{++} + S_2O_3^{--} \rightleftharpoons Ag(S_2O_3)^-$$

$$Ag^{++} + 2Cl^- \rightleftharpoons AgCl_2^-$$

$$Sn^{++++} + 6Cl^- \rightleftharpoons SnCl_6^{--}$$

$$Hg^{++} + 4Cl^- \rightleftharpoons HgCl_4^{--}$$

此種新形成的離子團，稱為錯離子 (Complex ions)。為瞭解其性質及在分析化學的用途，需先加研討其結構。

一、錯離子（另稱複合離子）的結構

　　錯離子既係核心離子與多個中性分子或帶相反電荷的離子形成之離子團，此種結合鍵與一般化學結合鍵迴異，根據 Werner' 之理論，原子結合鍵有二種，主結合鍵 (Primary valence) 與副結合鍵 (Auxiliary or secondary valence)，主結合鍵即一般的化學結合鍵，如 Ag^+Cl^-、$Cu^{+2}S^=$ 等離子結合鍵 (Ionic valence)；副結合鍵乃主結合鍵外的結合能力，如 $\{[Co(NH_3)_6^{+3}]Cl_3^-\}$ 中，Co^{+3} 與 Cl^- 之結合鍵為主結合鍵；Cl_3^- 離子為獨立單離子，而 Co^{+3} 與 6 個 NH_3 分子，以副結合鍵結合，此時 Co^{+3} 與 6 個 NH_3 分子，成為 1 新離子團，即錯離子是也。其結構圖如附圖 12-1。圖中之「→」，表示 NH_3 以配位共價 (Coordinate covalent bond) 方式，與核心離子 Co^{+3} 結合，由 NH_3 分子送出一對電子，與核心原子共用，而構成一種與核心離子性質不同的錯離子；如以立體結構式表示，則如附圖 12-2。

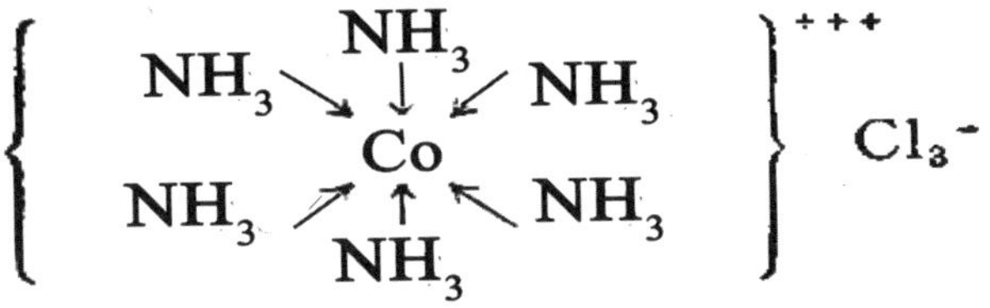

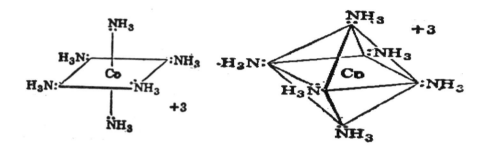

$$\left\{ \begin{array}{ccc} & NH_3 & \\ NH_3 \searrow \downarrow \swarrow NH_3 & \\ & Co & \\ NH_3 \nearrow \uparrow \nwarrow NH_3 & \\ & NH_3 & \end{array} \right\}^{+++} Cl_3^-$$

附圖 12-1　〔Co (NH$_3$)$_6$$^{+3}$〕錯離子平面結構式

附圖 12-2　〔Co (NH$_3$)$_6$$^{+3}$〕錯離子立體結構式

又如 1 克分子〔Co (NH$_3$)$_4$ Cl$_2$〕$^+$Cl$_3^-$ 錯鹽溶液中，只能產生 1 克分子的 Cl$^-$，因〔Co (NH$_3$)$_4$Cl$_2$〕內之 Cl$^-$ 與 Co^{+3} 形成錯離子，故加入 AgNO$_3$，只能產生 1 克分子 AgCl 沉澱。一般把〔Co (NH$_3$)$_4$Cl$_2$〕$^+$ 內之副價結合部分，稱為錯鹽內球 (Inner sphere)，而把錯離子與另外離子結合部分，稱為錯鹽外球 (Outer sphere)。

二、配位數 (Coordination number or ligand)

錯離子 Zn(CN)$_4$$^{-2}$ 係核心離子 Zn^{+2} 與 4 個 CN$^-$ 離子結合而成；又如〔Co(NH$_3$)$_4$Cl$_2$〕$^+$ 錯離子，由核心離子 Co^{+3} 與 4 個 NH$_3$ 中性分子及 2 個 Cl$^-$ 陰離子結合而成。凡此類與核心離子結合，以構成錯離子之分子或離子數目總和，稱為配位數。

配位數的多寡，與各核心原子在週期表上的位置及其離子半徑有關。第 1，2，3 週期中，各元素所形成錯鹽配位數以 4 為最多，其他元素則以 6 為較多；另外，還有 2、5、8 各種配位數。但以 4 與 6 兩種最為普遍。

　　茲舉在分析化學中最常利用的元素的核心原子所形成之錯鹽配位數如次：

$$Ag^+ : 2$$

$$Cu_2^{+2} : 2 \text{，} 3$$

$$O^{-2} \text{、} Pb^{+2} : 3$$

$$Cd^+ \text{、} Cu^{+2} \text{、} Ni^{+2} \text{、} Hg^{+2} \text{、} Zn^{+2} : 4$$

$$Co^{+2} \text{、} Co^{+3} \text{、} Fe^{+2} or Fe^{+3} \text{、} Mn^{+2} \text{、} P_b^{+3} \text{、} Sb^{+3} \text{、} Sn^{+4} : 6$$

三、錯離子之形成與解離

　　核心離子與中性分子或帶相反電荷的離子形成錯離子，是一種可逆反應；Ag+ 與 NH_3 形成錯離子的反應如下：

　　$Ag^+ + 2NH_3 \rightleftarrows Ag(NH_3)_2^+$

　　$\therefore\ K = [Ag(NH_3)_2^+] / [Ag^+][NH_3]^2$

　　K：穩定常數（Stability Constant）

故溶液中，同時含有 Ag^+、NH_3^+ 及 $Ag(NH_3)_2^+$。

　　相反，錯鹽 $Ag(NH_3)_2Cl$ 溶解於水中，解離成 Ag^+、NH_3。反應如下：

　　$Ag(NH_3)_2^+ \rightleftharpoons Ag^+ + 2NH_3$

　　$\therefore\ Kin = [Ag^+][NH_3]^2 / [Ag(NH_3)_2^+]$　　$\therefore\ Kin = 1/K$

Kin 愈大，則愈傾向於分解，故稱為不穩定常數 (Instability Constant) 或解離常數 (dissociation constant)。

　　Co^{+2} 與 CNS^- 之濃溶液混合，形成藍色 $Co(CNS_4)^{-2}$ 錯離子，其反應如下：

　　$Co^{+2} + 4CNS^- \rightleftarrows CO(CNS)_4^{-2}$

其不穩定常數 $Kin = [Co^{+2}][CNS^-]^4 / [Co(CNS)_4^{-2}]$

若加多量水稀釋之，藍色消失，$Co(CNS)_4^{-2}$ 離子解離成 Co^{+2} 與 CNS^-，因此時 $[Co(CNS)_4^{-2}]$、$[Co^{+2}]$、$[CNS^-]$ 之濃度，均以同倍數減低，故代

入上式中，$[Co^{+2}][CNS^-]^4/[Co(CNS)_4^{-2}] <$ Kin，欲回復 Kin 值，$Co(CNS)_4^{-2}$ 乃起解離。

Cd 與 NH_3 形成 $Cd(NH_3)_4^{+2}$ 如次：

$$Cd(NH_3)_4 \leftrightarrows Cd^{+2} + 4NH_3$$

$$[Cd^{+2}][NH_3]^{+4}/[Cd(NH_3)_4^{+2}] = Kin=2.5\times10^{-7}$$

例 1. 溶解 0.1 克式量之 AgCl 於 1 公升氨水中，需 NH_3 之濃度若何？

解：$AgCl \leftrightarrows Ag^+ + Cl^-$

$$[Ag^+][Cl^-] = Ks\rho = 1.6 \times 10^{-10}$$

0.1 M AgCl 溶解後，溶液中 Cl^- 之濃度 $[Cl^-]=0.1$

所以 $[Ag^+][Cl^-] = [Ag^+](0.1) \leqq 1.6 \times 10^{-10} = Ks\rho$

∴ $[Ag^+] \leqq 1.6 \times 10^{-9}$F

$$Ag^+ + 2NH_3 \leftrightarrows Ag(NH_3)_2^+$$

∴ Kin$=[Ag^+][NH_3]^2/Ag(NH_3)_2^+$

$$= 1.6 \times 10^{-9}[NH_3]^2/[0.1 - 1.6 \times 10^{-9}] = 6.8\times10^{-8}$$

∴ $(1.6 \times 10^{-9})(NH_3)^2/0.1 = 6.8\times10^{-8}$

$$[NH_3] = (6.8\times10^{-8}\times0.1/1.6 \times 10^{-9})^{1/2} = (4.25)^{1/2} = 2.06F$$

故溶液中，每公升含 2.06 克式量之游離 NH_3。

又 $0.1FAg^+$ 需與 $0.2FNH_3$ 作成 $Ag(NH_3)_2$ 錯離子，故溶液中 NH_3 之濃度需≥ 2.06 + 0.2F = 2.26F。

例 2. 0.1F $Hg(CN)_4^{-2}$ 溶液中，求 CN^-、Hg^{+2} 的濃度 (F/ 公升) (Kin= 4 $\times10^{-42}$)

解：$Hg(CN)_4^{-2} \leftrightarrows Hg^{+2} + 4CN^-$

設 $[Hg^{+2}] = x$ 則

$$[CN^-] = 4x$$

$$Hg(CN)_4^{-2} = 0.1 - x$$

$$\therefore Kin = [Hg^{+2}][CN^-]^4 / [Hg(CN)_4^{-2}] = x(4x)^4/0.1 - x$$

$$\doteqdot 265x^5/0.1 = 4\times10^{-42}$$

$$\therefore x^5 = 1.5\times10^{-42}$$

$$x = 1.1\times10^{-9}$$

$$\therefore [Hg^{+2}] = 1.1\times10^{-9}F$$

$$[CN^-] = 4x1.1\times10^{-9}F = 4.4\times10^{-9}F$$

例 3. 0.1F $HgCl_4^{-2}$ 溶液中，由濃淡電池的方法，求得 $[Hg^{+2}]=1.3\times10^{-4}$ F，求 $HgCl_4^{-2}$ 之不穩定常數（Kin）。

解： $HgCl_4^{-2} \rightarrow Hg^{+2}+4Cl^-$

$\quad [Hg^{+2}]=1.3x\ 10^{-4}F \quad \therefore [Cl^-] = 4\ x1.3x10^{-4}F$

$\quad [HgCl_4^{-2}]=0.1-1.3x\ 10^{-4}F$

$\quad \therefore Kin=[Hg^{+2}][Cl^-]^4 / [HgCl_4^{-2}] \doteqdot (1.3x\ 10^{-4})(5.2x\ 10^{-4}) / 0.1$

$\qquad =9.5x\ 10^{-17}$

例 4. 求 AgCl 在 3F NH_3 水溶液中的溶解度，並與在純水中之溶解度比較之。（$Ksp=1.56x\ 10^{-10}$，$Kin=6.8x\ 10^{-8}$）

解： (1) $AgCl \rightleftarrows Ag^+ + Cl^-$

$\quad [Ag^+][Cl^-]=1.56x\ 10^{-10}=Ksp$ .... ①

$\quad Ag^++2NH_3 \rightarrow Ag(NH_3)_2^+$

$\quad [Ag^+][NH_3]^2/[Ag(NH_3)_2^+] = 6.8x\ 10^{-8}=Kin$ .... ②

$\quad$ ② / ① $[NH_3]^2/[Ag(NH_3)_2^+][Cl^-] = 4.36\times10^2$

設 $[AgCl]$ 在 3F NH_3 水溶液中的溶解度為 xF

則 $[Cl^-] = x$

$\quad [Ag(NH_3)_2^+] = x - [Ag^+] \doteqdot x \qquad ([Ag^+] << x)$

$\quad [NH_3] = 3 - 2[Ag(NH_3)_2^+] = 3 - 2x \doteqdot 3 \quad (x << 3)$

$\quad \therefore [NH_3]^2/[Ag(NH_3)_2^+][Cl^-] = 3^2/x \cdot x = 4.36\times10^2$

∴　$x = 1.44 \times 10^{-1}F$

∴　AgCl 在 3F NH$_3$ 水溶液中的溶解度為：

143.34x1.44x10^{-1}=20.6g/ 公升。

(2) AgCl 在純水中的溶解度為：

143.34×$(1.56 \times 10^{-10})^{1/2} = 1.79 \times 10^{-3}$ g/ 公升＝ 1.79 mg/ 公升

∴　AgCl 在 3F NH$_3$ 水溶液中的溶解度為在純水中的 1.15x10^4 倍。

例 5. 10ml 0.05F〔Ag(NH$_3$)$_2$$^+$〕中添加 1ml 0.1F NaCl，可否發生 AgCl 沉澱？{Ksp=1.56x 10^{-10}；Kin〔Ag(NH$_3$)$_2$$^+$〕=6.8x 10^{-10}）}

解：　〔Cl$^-$〕＝（1/11）×0.1F ＝ 0.009F

〔Ag(NH$_3$)$_2$$^+$〕＝（10/11）x0.05F ＝ 0.045F

$Ag(NH_3)_2^+ \rightleftharpoons Ag^+ + 2NH_3$

〔Ag$^+$〕〔NH$_3$〕^{2}/〔Ag(NH$_3$)$_2$$^+$〕= 6.8x 10^{-10}

設　〔Ag$^+$〕＝ x　則〔NH$_3$〕＝ 2x

〔Ag(NH$_3$)$_2$$^+$〕＝ 0.045 － x ≒ 0.045

∴　〔Ag$^+$〕〔NH$_3$〕^{2}/〔Ag(NH$_3$)$_2$$^+$〕= x・(2x)^2/0.045 = 6.8x10^{-8}

x = 0.9 × 10^{-3} = 9×10^{-4}F =〔Ag$^+$〕

∴　溶液中 〔Ag$^+$〕〔Cl$^-$〕=9x 10^{-4}（0.009）

=8.1×10^{-6} ＞＞ 1.56x 10^{-10}（Ksp）

故加入 1 ml NaCl 後，會生成沉澱。

各種錯離子解離常數 （不穩定常數），見附表 12-1。

附表 12-1 錯離子解離常數 (不穩定常數)

解離平衡	解離常數
$Al(OH)_4^- = Al(OH)_3(s) + OH^-$	2.5×10^{-2}
$Cd(NH_3)_4^{+2} = Cd^{+2} + 4NH_3$	2.5×10^{-7}
$Cd(CN)_4^{-2} = Cd^{+2} + 4CN^-$	1.4×10^{-17}
$dI_4^{-2} = Cd^{+2} + 4I^-$	5×10^{-7}
$Co(NH_3)_6^{+2} = Co^{+2} + 6NH_3$	1.25×10^{-5}
$Co(NH_3)_6^{+3} = Co^{+3} + 6NH_3$	2.2×10^{-34}
$Cr(OH)_4^- = Cr(OH)_{3(s)} + OH^-$	1×10^{-2}
$Cu(NHa)_4^{+2} = Cu^{+2} + 4NH_3$	4.6×10^{-14}
$Cu(CN)_3^{-2} = Cu^+ + 3CN^-$	5×10^{-28}
$Fe(CNS)_6^- = Fe^{+3} + 6CNS^-$	8×10^{-10}
$Fe(CNS)^{+2} = Fe^{+3} + CNS^-$	3.3×10^{-2}
$Pb(OH)_3- = Pb(OH)_{2(S)} + OH^-$	50
$HgBr_4^- = Hg^{+2} + 4Br^-$	2.2×10^{-22}
$HgCl_4^{-2} = Hg^{+2} + 4Cl^-$	1.1×10^{-16}
$HgI_4^{-2} = Hg^{+2} + 4I^-$	5×10^{-31}
$Hg(CN)_4^{-2} = Hg^{+2} + 4CN^-$	4×10^{-42}
$Hg(CN)_4^{-2} = Hg^{+2} + 4CNS^-$	1×10^{-22}
$Ni(CN)_4^{-2} = Ni^{+2} + 4CN^-$	1×10^{-22}
$Ni(NH_3)_4^{+2} = Ni^{+2} + 4NH_3$	4.8×10^{-8}
$Ag(NH_3)_2^+ = Ag^+ + 2NH_3$	6.8×10^{-3}
$Ag(CN)_2^- = Ag^+ + 2CN^-$	1.8×10^{-19}
$Ag(S_2O_3)_2^{-3} = Ag^+ + 2S_2O_3^{-2}$	6×10^{-24}
$Sn(OH)_3^- = Sn(OH)_{2(S)} + OH^-$	2×10^3
$Sn(OH)_6^{-2} = Sn(OH)_{4(S)} + 2OH^-$	5×10^3
$Zn(NH_3)_4^{+2} = Zn^{+2} + 4NH_3$	2.6×10^{-10}
$Zn(CN)_4^{-2} = Zn^{+2} + 4CN^-$	2×10^{-17}
$Zn(OH)_4^- = Zn(OH)_2(s) + 2OH^-$	10

四、分析化學上常見的錯離子

錯離子以與核心原子結合的分子或離子之形式，大別成二種：

1. 由無機中性分子與核心離子形成之錯離子

H^+、Li^+、Na^+……等，在水中不能單獨存在，而是與中性水分子形成帶水離子 (Hydration)。因水為極性分子 (polar molecule)，分子中陰陽電荷重心未一致，故水分子之陰電荷一端，靠近陽離子時，藉離子雙極 (Ion~dipole) 之靜電荷引力，結合成帶水離子，如 H_3O^+、$Al(H_2O)_6^{+3}$、 $Cr(H_2O)_6^{+3}$、$Be(H_2O)_4^{+2}$ 等，皆為常見的帶水離子。分析化學上把這種帶水離子，仍簡寫為單獨之陽離子。又陰離子亦可與水形成帶水離子。

氨分子 NH_3 極易與多種陽離子形成錯離子。加氨水於 Zn^{+2}，Cu^{+2}，Ni^{+2} 等鹽類中，開始形成氫氧化物 (Hydroxides) 沉澱，反應如下：

$$NH_3 + H_2O \rightleftharpoons NH_4^+ + OH^-$$

$$Zn^{+2} + 2OH^- \rightleftharpoons Zn(OH)_2$$

$$Cu^{+2} + 2OH^- \rightleftharpoons Cu(OH)_2$$

$$Ni^{+2} + 2OH^- \rightleftharpoons Ni(OH)_2$$

當氨過量時，金屬氫氧化物因金屬離子與中性 NH_3 形成穩定之錯離子而行溶解：

$$Zn^{+2} + 4NH_3 \rightleftharpoons Zn(NH_3)_4^{+2}$$

$$Cu^{+2} + 4NH_3 \rightleftharpoons Cu(NH_3)_4^{+2}$$

$$Ni^{+2} + 4NH_3 \rightleftharpoons Ni(NH_3)_4^{+2}$$

其他陽離子與氨形成之錯離子，尚有：$Ag(NH_3)_2^{+2}$、$Cd(NH_3)_4^{+2}$、$Co(NH_3)_6^{+3}$。在上列各反應中，NH_4^+ 的存在，可以抑制 $NH_4(OH)$ 之電離，增加能構成可溶性錯離子的 NH_3 分子濃度，故可增進難溶鹽的溶解。

2. 由陰離子與核心陽離子形成之錯離子

（1）**鹵基錯離子** (Halide complexes)

不溶性的鹵化物，因鹵素離子濃度之增高而溶解，如：

$$AgCl + Cl^- \leftrightarrows AgCl_2^-$$

$$PbCl_2 + 2Cl^- \leftrightarrows PbCl_4^{-2}$$

皆係形成錯離子之故。常見之含氯錯離子，尚有：$CuCl_2^-$、$CuCl_4^{-2}$、$HgCl_4^{-2}$、$AuCl_4^-$、$PtCl_6^{-2}$、$SnCl_6^{-2}$、$CdCl_4^{-2}$ 等。

　　含碘或溴錯離子，計有：$AgBr_2^-$、$PbBr_4^{-2}$、PbI_4^{-2}、BiI_4^-、HgI_4^{-2}、CdI_4^{-2} 等。氟離子因其離子半徑小，離子電場強度較強，故最易形成安定之錯離子，如 SiF_6^{-2}，FeF_6^{-3}、AlF_6^{-3}、BF_4^- 等，即為常見之安定錯離子。

（2）氰基錯離子（Cyanide complexes）

　　多種難溶性氰化物，因與過量之氰離子，形成錯離子而溶解；常見者如：

$$Ag^+ + 2CN^- \leftrightarrows AgCN_2^-$$

$$Cd^{+2} + 4CN^- \leftrightarrows Cd(CN)_4^{-2}$$

$$Fe^{+3} + 6CN^- \leftrightarrows Fe(CN)_6^{-3}$$

$$Cu^+ + 3CN^- \leftrightarrows Cu(CN)_3^{-2}$$

$$Zn^{+2} + 4CN^- \leftrightarrows Zn(CN)_4^{-2}$$

　　其他氰基錯離子尚有 $Hg(CN)_4^{-2}$、$Co(CN)_6^{-3}$、$Ni(CN)_4^{-2}$ 等。因 H_2O^+ 與 CN^- 形成 HCN 弱酸，故加入強酸後，把 CN^- 移除，能分解多種氰基錯離子，例如 $Cu(CN)_3^{-2}$、$Zn(CN)_4^{-2}$、$Hg(CN)_4^{-2}$ 等。而 $Fe(CN)_6^{-2}$、$Fe(CN)_6^{-3}$，則因其安定性佳，在強酸中仍不分解。

（3）硫氰酸基錯離子（Thiocyanate complexes）

　　硫氰酸基錯離子與鹵基錯離子極為相似，如不溶性之 $Ag(CNS)$ $Hg(CNS)_2$ 與適量之硫氰酸根反應如下：

$$AgCNS + CNS^- \leftrightarrows Ag(CNS)_2^-$$

$$Hg(CNS)_2 + 2CNS^- \leftrightarrows Hg(CNS)_4^{-2}$$

Fe^{+3} 與 CNS^- 形成紅色錯離子，組成為 $Fe(H_2O)_5CNS^{+2} \sim Fe(CNS)_6^{-3}$。

（4）硫代硫酸基錯離子（Thiosulfate complexes）

　　常見者有 $Ag(S_2O_3)_2^{-3}$、$Hg(S_2O_3)_2^-$、$Bi(S_2O_3)_3^{-3}$、$Cu_2(S_2O_3)_2^{-2}$、$Pb(S_2O_3)_2^{-2}$ 等錯離子。

底片之AgBr溶於$Na_2S_2O_3$之反應如下：

$$AgBr + 2S_2O_3^{-2} \rightleftarrows Ag(S_2O_3)_2^{-3} + Br^-$$

（5）硫基錯離子

多量之硫離子，可溶解As_2S_3、Sb_2S_3、SnS_2，反應如下：

$$As_2S_3 + 3S^{-2} \rightleftarrows 2AsS_3^{-3}$$

$$Sb_2S_3 + 3S^{-2} \rightleftarrows 2SbS_3^{-3}$$

$$SnS_2 + S^{-2} \rightleftarrows SnS_3^{-2}$$

（6）氫氧基錯離子 (Hydroxide complexes)

多種不溶性氫氧化物，可與酸及鹼生成鹽類而溶解，因此稱為「兩性氫氧化物 (Amphoteric hydroxides)」。氫氧化物與酸之反應如下：

$$Al(H_2O)_3(OH)_3 + 3H_3O^+ \rightleftarrows Al(H_2O)_6^{+3} + 3H_2O$$

$$Zn(H_2O)_2(OH)_2 + 2H_3O^+ \rightleftarrows Zn(H_2O)_4^{+2} + 2H_2O$$

$$Sn(H_2O)_2(OH)_2 + 2H_3O^+ \rightleftarrows Sn(H_2O)_4^{+2} + 2H_2O$$

$$Pb(H_2O)_2(OH)_2 + 2H_3O^+ \rightleftarrows Pb(H_2O)_4^{+2} + 2H_2O$$

$$Cr(H_2O)_3(OH)_3 + 3H_3O^+ \rightleftarrows Cr(H_2O)_6^{+3} + 3H_2O$$

至於與鹼之反應，則可視為氫氧化物與過量之OH^-，形成氫氧基錯離子：

$$Al(H_2O)_3(OH)_3 + OH^- \rightleftarrows Al(H_2O)_2(OH)_4^- + H_2O$$

$$Zn(H_2O)_2(OH)_2 + 2OH^- \rightleftarrows Zn(H_2O)_4^{-2} + 2H_2O$$

$$Sn(H_2O)_2(OH)_2 + OH^- \rightleftarrows Sn(H_2O)(OH)_3^- + H_2O$$

$$Pb(H_2O)_2(OH)_2 + OH^- \rightleftarrows Pb(H_2O)(OH)_3^- + 2H_2O$$

$$Cr(H_2O)_3(OH)_3 + OH^- \rightleftarrows Cr(H_2O)_2(OH)_4^- + H_2O$$

附錄十三　氧化還原反應

一、氧化還原 (Oxidation & Reduction，簡稱：Redox)

有電子的獲得與失去的化學反應稱為氧化還原。失去電子的反應稱為氧化；獲得電子的反應稱為還原。例如：銅之溶解於溴水，產生溴化銅：

$$Cu+Br_2 \rightarrow CuBr_2$$

反應前游離銅的原子價為 0，反應後變成 +2 價的銅離子（Cu^{+2}）；溴則由原子價為 0 的溴分子，變成 -1 價的溴離子 (Br^-)。反應時銅失去電子，溴獲得電子，故銅被溴氧化，溴被銅還原。溴因把銅氧化，故稱氧化劑；銅把溴還原，故稱為還原劑。

$$Cu0 - 2e \rightarrow Cu^{+2}$$

$$Br_20+2e \rightarrow 2Br^-$$

$$Cu+Br_2 \leftrightarrows CuBr_2$$

又如　　$Cl_2+2I^- \rightarrow 2Cl^-+I_2$　　反應中，

因　　$Cl_2+2e \rightarrow 2Cl^-$

$$2I^- - 2e \rightarrow I_2$$

Cl_2 與 I^- 之間，互有電子的移接，Cl_2 獲得電子，I^- 失去電子，CI_2 被 I^- 還原，I^- 被 Cl_2 氧化。

其他反應如　$2HI \rightarrow H_2+I_2$

$$Zn+Cu^{+2} \rightarrow Zn^{+2} +Cu$$

及複雜的化學反應：

$$2MnO_4^- + l0Cl^- +16H^+ \rightarrow 2Mn^{+2}+8H_2O+5Cl_2$$

$$\begin{cases} MnO_4^- + 8H^++5e \rightarrow Mn^{+2}+4H_2O \\ 2Cl^- - 2e_3^- \rightarrow Cl_2 \end{cases}$$

$$ASO_4^{-2}+2H^+ +2I^- \rightarrow AsO_3^{-2}+ H_2O + I_2$$

$$\begin{cases} ASO_4^{-2}+2H^++2e^- \rightarrow AsO_3^{-2}+ H_2O \\ 2I^- - 2e \rightarrow I_2 \end{cases}$$

亦是分析化學常見的氧化還原反應。

二、氧化還原反應方程式的平衡

(Balancing oxidation -reduction equations)

氧化還原反應中，一物質被氧化，另一物質被還原，換句話說，氧化與還原反應同時進行，而其方向相反；一方面失去電子（還原劑），另一方面必獲得同數目的電子（氧化劑），且在氧化還原平衡方程中，兩邊電荷的代數和常為相等。利用此原理可以平衡氧化還原反應方程式：

例 1. Fe^{+2} 在酸性溶液中，被 $KMnO_4$ 氧化為 Fe^{+3} 的化學方程式。

解：其化學反應的骨骼方程式：

$$MnO_4^-+Fe^{+2}+H_3O^+ \rightarrow Mn^{+2}+Fe^{+3}$$

MnO_4^- 中的 Mn^{+2} 由 +7 價被還原為 +2 價，獲得 5 個電子：

$$MnO_4^- +5e \rightarrow Mn^{+2} \quad .... ①$$

Fe^{+2} 由 +2 價被氧化為 +3 價，失去 1 個電子：

$$Fe^{+2} - e \rightarrow Fe^{+3} .... ②$$

根據氧化還原的原理，Fe^{+2} 失去的電子數必等於 MnO_4^- 獲得的電子數；因每一個 MnO_4^- 獲得 5 個電子，每一個 Fe^{+2} 失去 1 個電子，故需 5 個 Fe^{+2} 失去 5 個電子，始能相等，故

$$5Fe^{+2} - 5e \rightarrow 5Fe^{+3} .... ③$$

① + ③ $MnO_4^- +5Fe^{+2} + H_3O^+ \rightarrow Mn^{+2} + 5Fe^{+3}$ ④

左邊的電荷與右邊電荷代數和相等，故

$$MnO_4^-+5Fe^{+2}+ 8H_3O^+ \rightarrow Mn^{+2} +5Fe^{+3}+12H_2O$$

例 2. Al 溶解於濃硫酸中的化學方程式。

解：骨骼方程式：

$$Al+SO_4^{-2}+ H_3O^+ \leftrightarrows H_3O^++SO_2$$

$$Al^0 - 3e \rightarrow Al^{+3} \qquad \times 2 \quad , 得 \ 2Al^0 - 6e \rightarrow 2Al^{+3}$$

$$S^{+6}O_4^{-2}+2e \rightarrow S^{+4}O_2 \quad \times 3 \quad , 得 \ 3SO_4^{-2}+6e \rightarrow 3SO_2$$

$$\therefore 2Al+3SO_4^{-2}+12H_3O^+ \rightarrow 2Al^{+3}+3SO_2+18 H_2O$$

三、氧化還原電位 (Oxidation Potentials)

各種氧化劑（或還原劑）之氧化（或還原）能力不同，I_2 可以氧化亞硫酸根 (Sulfite，SO_3^{-2}) 為硫酸根 (SO_4^{-2})，不能氧化溴離子 (Br^-) 為游離溴 (Br_2)。但 Cl_2 可以氧化亞硫酸根 (SO_3^{-2}) 為硫酸根 (SO_4^{-2})，亦可氧化 Br^- 為 Br_2。氧化還原電位乃是量度各種氧化劑或還原劑的氧化還原能力的一種準據。

把金屬浸於其鹽類之溶液中，則金屬電極 (M) 與其鹽類溶液之間發生電位差，稱為氧化還原電位 (Oxidation potentials) ，例如 Zn 金屬浸於 1F 之 $ZnSO_4$ 溶液中，則鋅金屬變成離子，而溶入溶液中($Zn \rightarrow Zn^{+2} +2e^-$)；若留電子在鋅金屬，溶液中 Zn^{+2} 亦從電極獲得電子，而析出成 Zn 金屬 ($Zn+^2 +2e^- \rightarrow Zn$) ，二者為可逆反應。 因 Zn 金屬離子化的傾勢強，故平衡時鋅電極積聚剩餘的電子，鋅電極與溶液乃發生電位差。

同樣浸銅金屬於 1F $CuSO_4$ 水溶液中，銅金屬之離子化 ($Cu \rightarrow Cu^{+2} +2e^-$)，與水溶液中銅離子之析出 ($Cu^{+2}+2e^- \rightarrow Cu$)，二者亦達到平衡，因銅金屬離子化之傾勢弱，故平衡時，銅電極不能積聚剩餘的電子，反而缺少電子，因此銅電極與溶液之間，亦有一定電位差發生。當 1F $ZnSO_4$ 與 IF $CuSO_4$ 溶液之間，以 KCl 溶液（鹽橋，Salt bridge）連接，Zn 電極與 Cu 電極之間，以導線連接，並串連電位差計，則兩極間發生 1.1 volts 之電位差，鋅電極積聚之電子，流向缺少電子之銅電極，同時起下列反應：

$$Zn+Cu^{+2} \rightarrow Zn^{+2}+Cu$$

即鋅電極之鋅金屬之離子化，因而溶入溶液中。銅離子則從銅電極獲得由鋅電極經由導線而來之電子，而析出銅金屬，構成一個電池 (Galvanic cell)（附圖 13-1）。

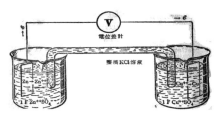

附圖-13-1　Galvanic 電池

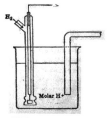

附圖-13-2　氫電池

　　若以與上相同的裝置，而以鉑金屬（惰性電極）浸入 1F KBr，並以 Br₂
溶液替換右邊銅金屬及 1F CuSO₄ 之半電池 (Half cell)，鋅半電池與鉑電
極（溴半電池）之電位差為 1.849 volts，並起下列反應：

$$Zn+Br_2 \rightarrow Zn^{+2}+2Br^-$$

　　各種半電池之間的電位差不同，其大小乃量度該氧化還原趨勢的　一
種表示。故知 Br₂ 氧化 Zn 之趨勢，比 Cu 氧化 Zn 之趨勢大，反應更為完
全。各半電池之間的電位差，既然重要，但如皆需加以測定，則手續繁雜，
麻煩不堪，幸好有一標準半電池，可與各半電池構成電池，測定其電位差，
由此電位差，可以計算出各種組合電池之電位差，甚為方便。

　　電化學上，一般取惰性金屬鉑，加以特別處理 (Platinum black coat-
ing)，浸入 IF H₃O⁺ 水溶液，並通入 1 氣壓 (1atm) 之氫氣而成之氫電極
(Normal hydrogen electrode)，作為比較標準，其電位為 0，而與各半電池
組成之電位差，稱作各該半電池之氧化電位（附圖 13-2）。將比 H₂ 較易失
去電子的元素或離子之氧化電位視為（＋），將比 H₂ 不易失去電子的元素
或離子的氧化電位視為（一）。在 25°C，離子濃度為 1F，氣體為 1 大氣壓
及純粹液體或固體時，氧化電位特稱為標準氧化電位 (Standard electrode
potential)。各種金屬或離子之標準氧化電位如附表 13。

附表 13   標準氧化電位 (1/4)

電極反應	氧化電位（Volts）
$Li \rightarrow Li^{+}+e$	3.02
$Cs \rightarrow Cs^{+}+e$	3.02
$Rb \rightarrow Rb^{+}+e$	2.99
$K \rightarrow K^{+}+e$	2.922
$Ba \rightarrow Ba^{+2}+2e$	2.90
$Sr \rightarrow Sr^{+2}+2e$	2.89
$Ca \rightarrow Ca^{+2}+2e$	2.87
$Na \rightarrow Na^{+}+e$	2.712
$Mg \rightarrow Mg^{+2}+2e$	2.34
$H^{-} \rightarrow 1/2\ H_2+e$	2.33
$Ti \rightarrow Ti^{+2}+2e$	1.75
$Al \rightarrow Al^{+3}+3e$	1.67
$Mn \rightarrow Mn^{+2}+2e$	1.05
$Zn \rightarrow Zn^{+2}+2e$	0.7620
$Cr \rightarrow Cr^{+3}+3e$	0.71
$H_3PO_2+H_2O \rightarrow H_2PO_3+2H^{+}+2e$	0.59
$AsH_3 \rightarrow As + 3H^{+}+3e$	0.54
$Fe \rightarrow Fe^{+2}+2e$	0.44
$Cr^{+2} \rightarrow Cr^{+3}+e$	0.41
$Cd \rightarrow Cd^{+2}+2e$	0.40
$Co \rightarrow Co^{+2}+2e$	0.277
$2Cl^{-} +Pb \rightarrow PbCl_2+2e$	0.268
$Ni \rightarrow Ni^{+2}+2e$	0.250
$H_3PO_3+H_2O \rightarrow H_3PO_4+2H^{+}+2e$	0.20

附表 13　標準氧化電位 (2/4)

電極反應	氧化電位（Volts）
$Cu+I^- \rightarrow CuI+e$	0.187
$Ag+ I^- \rightarrow AgI+e$	0.151
$Sn \rightarrow Sn^{+2}+2e$	0.136
$Pb \rightarrow Pb^{+2}+2e$	0.126
$2Hg + 2I^- \rightarrow Hg_2I_2+2e$	0.0405
$Fe^{+2} \rightarrow Fe^{+3}+3e$	0.036
$H_2 \rightarrow 2H^++2e$	0.000
$Cu+Br^- \rightarrow CuBr+e$	-0.033
$Ag+Br^- \rightarrow AgBr+e$	-0.073
$Cu+Cl^- \rightarrow CuCl+e$	-0.124
$H_2S \rightarrow S+2H^+ +2e$	-0.144
$Sn^{+2} \rightarrow Sn^{+4}+2e$	-0.15
$Cu^+ \rightarrow Cu^{+2}+e$	-0.167
$Cu+2Cl^- \rightarrow CuCl_2^- +e$	-0.19
$H_2SO_4 +H_2O \rightarrow SO_4^{-2}+4H^+ +2e$	-0.20
$Sb+H_2O \rightarrow SbO^+ +2H^++3e$	-0.212
$Ag+Cl^- \rightarrow AgCl+e$	-0.2222
$2Hg+2Cl^- \rightarrow Hg_2Cl_2+2e$	-0.2676
$H_2O+Bi \rightarrow BiO^++2H^++3e$	-0.32
$Cu \rightarrow Cu^{+2}+2e$	-0.344
$Fe(CN)_6^{-4} \rightarrow Fe(CN)_6^{-2} +2e$	-0.36
$3H_2O+S \rightarrow H_2SO_3+4H^++4e$	-0.45
$Cu \rightarrow Cu^++e$	-0.522
$2I^- \rightarrow I_2+2e$	-0.5345
$3I^- \rightarrow I_3^-+2e$	-0.5355
$HAsO_2+2H_2O \rightarrow H_3AsO_4+2H^++2e$	-0.559

附表 13 標準氧化電位（3/4）

電極反應	氧化電位（Volts）
$CuCl \rightarrow Cu^{+2}+Cl^-+e$	-0.566
$3H_2O+2SbO^+ \rightarrow Sb_2O_5+6H^++4e$	-0.64
$CuBr \rightarrow Cu^{+2}+Br^-+e$	-0.657
$H_2O_2 \rightarrow O_2+2H^++2e$	-0.682
$2Cl^-+PtCl_4^{-2} \rightarrow PtCl_6^{-2}+2e$	-0.72
$4Cl^-+Pt \rightarrow PtCl_4^{-2}+2e$	-0.73
$Se+3H_2O \rightarrow H_2SeO_3+4H^++4e$	-0.740
$Fe^{+2} \rightarrow Fe^{+3}+e$	-00771
$2Hg \rightarrow Hg_2^{+2}+2e$	-0.7986
$Ag \rightarrow Ag^++e$	-0.797
$2H_2O+N_2O_4 \rightarrow 2NO_3^-+4H^++2e$	-0.81
$Pd \rightarrow Pd^{+2}+2e$	-0.83
$Hg \rightarrow Hg^{+2}+2e$	-0.854
$Hg_2^{+2} \rightarrow 2Hg^{+2}+2e$	-0.910
$HNO_2+H_2O \rightarrow NO_3^-+3H^++2e$	-0.94
$NO+2H_2O \rightarrow NO_3^-+4H^++3e$	-0.96
$NO+H_2O \rightarrow HNO_2+H^++e$	-0.99
$Au+4Cl^- \rightarrow AuCl_4^-+3e$	-1.00
$3H_2O+I^- \rightarrow IO_3^-+6H^++6e$	-1.085
$2Br^- \rightarrow Br_2(ag)+2e$	-1.087
$H_2O+H_2SeO_3 \rightarrow SeO_4^{-2}+4H^++2e$	-1.15
$1/2\,I_2+3H_2O \rightarrow IO_3^-+6H^++5e$	-1.195
$Pt \rightarrow Pt^{+2}+2e$	-1.2
$2\,H_2O \rightarrow O_2+4H^++4e$	-1.229
$Mn^{+2}+2H_2O \rightarrow MnO_2+4H^++2e$	-1.28

附表 13 標準氧化電位 (4/4)

電極反應	氧化電位（Volts）
$1/2\ Cl_2 + 4H_2O \rightarrow 8H^+ + ClO_4^- + 7e$	-1.34
$Cl^- \rightarrow 1/2\ Cl_2 + e$	-1.358
$2Cr^{+3} + 7H_2O \rightarrow CrO_7^{-2} + 14H^+ + 6e$	-1.36
$Au \rightarrow Au^{+3} + 3e$	-1.42
$Cl^- + 3H_2O \rightarrow ClO_3^- + 6H^+ + 6e$	-1.45
$2\ H_2O + Pb^{+2} \rightarrow PbO_2 + 4H^+ + 2e$	-1.456
$1/2\ Cl_2 + 3H_2O \rightarrow 6H^+ + ClO_3^- + 5e$	-1.47
$Mn^{+2} \rightarrow Mn^{+3} + e$	-1.51
$1/2\ Br_2 + 3H_2O \rightarrow BrO_3^- + 6H^+ + 5e$	-1.52
$4H_2O + Mn^{+2} \rightarrow MnO_4^- + 8H^+ + 5e$	-1.52
$2BiO^+ + 2H_2O \rightarrow Bi_2O_4 + 4H^+ + 2e$	-1.59
$1/2Br_2 + H_2O \rightarrow HBrO + H^+ + e$	-1.59
$Ce^{+3} \rightarrow Ce^{+4} + e$	-1.61
$1/2\ Cl_2 + H_2O \rightarrow H^+ + HClO + e$	-1.63
$MnO_2 + 2H_2O \rightarrow MnO_4^- + 4H^+ + 3e$	-1.67
$Au \rightarrow Au^+ + e$	-1.68
$2\ H_2O + PbSO_4 \rightarrow PbO_2 + SO^{-2} + 4H^+ + 2e$	-1.685
$2\ H_2O \rightarrow H_2O_2 + 2H^+ + 2e$	-1.77
$Co^{+2} \rightarrow Co^{+3} + e$	-1.84
$2SO_4^{-2} \rightarrow S_2O_8^{-2} + 2e$	-2.05
$O_2 + H_2O \rightarrow O_3 + 2H^+ + 2e$	-2.07
$2F^- \rightarrow F_2 + 2e$	-2.85
$2HF \rightarrow F_2 + 2H^+ + 2e$	-3.03

　　電池的標準電位差 (E^0) 可由兩電極的氧化電位差，或氧化電位與還原電位的和而算出（＊），例如由下列電極反應的標準氧化電位可算出 E^0 的數值：

　　〔註〕（＊）氧化電位與還原電位絕對值相等但符號相反。

　　例：

$$\begin{cases} \text{Li} \leftrightarrows \quad \text{Li}^+ + e^- & E^0 = +\ 2.76 \text{ Volts} \\ \text{Li}^+ + e^- \leftrightarrows \text{Li} & E^{+0} = -\ 2.76 \text{ Volts} \end{cases}$$

$$\begin{cases} \text{Fe}^{+2} \to \text{Fe}^{+3} + e^- & E^0 = -\ 0.77 \text{ Volts} \\ \text{Fe}^{+3} + e^- \to \text{Fe}^{+2} & E^{+0} = 0.77 \text{ Volts} \end{cases}$$

$$\begin{array}{ll} \text{Zn} \leftrightarrows \text{Zn}^{+2} + 2e^- & E^0_{Zn} = +\ 0.762 \text{ Volts} \\ -)\ \text{Cu} \leftrightarrows \text{Cu}^{+2} + 2e^- & E^0_{Cu} = -\ 0.337 \text{ Volts} \\ \text{Zn} + \text{Cu}^{+2} \leftrightarrows \text{Zn}^{+2} + \text{Cu} & E^0 = E^0_{Zn} - E^0_{Cu} = 1.099 \text{ Volts} \end{array}$$

或
$$\begin{array}{ll} \text{Zn} \leftrightarrows \text{Zn}^{+2} + 2e^- & E^0_{Zn} = +\ 0.762 \text{ Volts} \\ +)\ \text{Cu}^{+2} + 2e = \text{Cu} & -E^0_{Cu} = -\ 0.337 \text{ Volts} \\ \text{Zn} + \text{Cu}^{+2} \leftrightarrows \text{Zn}^{+2} + \text{Cu} & E^0 = E^0_{Zn} + E^0_{Cu} = 1.099 \text{ Volts} \end{array}$$

　　凡所算出的電池反應的氧化還原電位差 $E^0 > 0$，則反應自左向右；反之 $E^0 < 0$，則反應自右向左，如上例所得結果：$E^0 > 0$，所以自然反應的方向應為：

$$\text{Zn} + \text{Cu}^{+2} \to \text{Zn}^{+2} +$$

由上得結論：還原態之元素或離子，可以還原表中低於自己的氧化態之元素或離子；反之，氧化態之元素或離子，可以氧化高於自己的還元態之元素或離子。二者電位相差愈大，作用達到平衡時，愈為完全。故：

　　　　（$\text{Zn} + \text{Br}_2 \to \text{Zn}^{+2} + 2\text{Br}^-$）比之（$\text{Zn} + \text{Cu}^{+2} \leftrightarrows \text{Zn}^{+2} + \text{Cu}$），反應愈為完全。

　　又電極反應：$\text{M} \to \text{M}^{+n} + ne$

　　　　　　　　　　（re）　（ox.）

之氧化電位與溶液中離子濃度有下列之關係：

$$E = \frac{E^0 - 0.059/n}{n} \log \frac{Cox.}{Cred.}$$

Cred 與 Cox. 各為該元素或離子的還原態與氧化態的濃度。E^0 為標準氧化電位，即 Cred 與 Cox. 各為 1F 時之氧化電位。由上式可知，改變離子濃度亦可顛倒氧化還原之電位順序。

四、分析化學常用的氧化劑與還原劑

1. 氧化劑

最重要者有 $KMnO_4$、$K_2Cr_2O_7$、HNO_3、Na_2O_2、$NH_4S_2O_8$ 等。茲列述如下：

① **高錳酸鉀（$KMnO_4$）**

在酸性溶液中之反應如下：

$$MnO_4^- + 8H^+ + 5e^- \rightarrow Mn^{+2} + 4H_2O$$

$E^0 = 1.52$ Volts，故 $KMnO_4$ 在酸性溶液中，為頗強的氧化劑，常用於氧化 Fe^{+2}、Mn^{+2}、Cu^+、Sn^{+2}、As^{+3}、Sb^{+3}、Ti^{+3}、Mo^{+3} 等離子，以及無機酸 HNO_2、H_2SO_3、H_2S、H_2O_2、$HCNS$，有機酸 $HCOOH$、$(COOH)_2$ 等。

但在中性或鹼性溶液中之反應如下：

$$MnO_4^- + 2H_2O + 3e^- \rightarrow MnO_2 + 4OH^-$$

$E^0 = 0.57$volts

如用於氧化滴定 Mn^{+2} 鹽類，反應：

$$3Mn^{+2} + 2MnO_4^- + 2H_2O \rightarrow 5MnO_2 + 4H^+$$

② **重鉻酸鹽（$Cr_2O_7^{-2}$）**

$Cr_2O_7^{-2}$ 之氧化還原反應如下：

$$Cr_2O_7^{-2} + 14H^+ + 6e^- \leftrightarrows 2Cr^{+3} + 7H_2O$$

$E^0 = 1.26$Volt

故 $Cr_2O_7^{-2}$ 之氧化能力比 MnO_4^- 弱，在酸性溶液中，MnO_4^- 能氧化 Cr^{+3} 為 $Cr_2O_7^{-2}$ ：

$$6MnO_4^- + 10Cr^{+3} + 11H_2O \rightarrow 6\,Mn^{+2} + 5Cr_2O_7^{-2} + 22H^+$$

$Cr_2O_7^{-2}$ 在鹼性溶液中，改變成 CrO_4^{-2}

$$Cr_2O_7^{-2} + H_2O \leftrightarrows 2CrO_4^{-2} + 2H^+$$

$Cr_2O_7^{-2}$ 亦常用於氧化 Fe^{+2} 等離子。

③ **硝酸**（**HNO_3**）

視硝酸之濃度和還原劑被氧化之難易，會產生 N_2O_4、 NO、 N_2、 NH_2OH、NH_3 等。

（a）濃硝酸與一般還原劑時：

$$2NO_3^- + 4H^+ + 2e^- \rightarrow N_2O_4 + 2H_2O$$

如 $2NO_3^- + 4H^+ + Cu \rightarrow N_2O_4 + 2H_2O + Cu^{+2}$

（b）稀硝酸與一般之還原劑時：

$$NO_3^- + 4H^+ + 3e^- \rightarrow NO + 2H_2O$$

（c）1:1 硝酸與一般之還原劑時：

1:1 硝酸與一般之還原劑時，NO_3^- 被還原為 N_2O_4 與 NO 之混合物。

（d）稀硝酸與活性還原劑時：

稀硝酸與活性還原劑時，產生 NH_2OH、NH_3 等； 如與 Al、Zn、Mg 等活性還原劑時之作用然。

④ **過氧化物**（**H_2O_2、Na_2O_2**）

在鹼性溶液中之反應如下：

$$HO_2^- + 8\,H_2O + 2e^- \rightarrow 3OH^- \qquad E^0 = -\,0.87\ \text{Volts}$$

在酸性溶液中之反應如下：

$$H_2O_2 + 2H^+ + 2e^- \rightarrow 2H_2O \qquad E^0 = 1.77\ \text{Volts}，$$

由此可知在酸性溶液中，H_2O_2 之氧化力較強。但實際上 H_2O_2 當氧化劑時，一般皆在鹼性、中性或弱酸性下行之。因其在酸性液中作用緩慢，且易被強氧化劑氧化成 O_2 。

如　$H_2O_2 \rightarrow O_2 + 2H^+ + 2e^-$　　　　　　$E^0 = 0.682$ Volts

　　　$5H_2O_2 + 2MnO_4^- + 6 H^+ \rightarrow 8H_2O + 2Mn^{+2} + 5O_2$

⑤**過硫酸鹽**（Persulfates $S_2O_8^{-2}$）

　　分析化學上常用的最強氧化劑：

　　　$S_2O_8^{-2} + 2e^- \rightarrow 2SO_4^{-2}$　　　　　　$E^0 = 2.05$ Volts

如加入（$NH_4)_2S_2O_8$（或 $K_2S_2O_8$）於 Mn^{+2} 溶液中，Ag^+ 為催化劑，Mn^{+2} 被氧化為 MnO_4^-，作用如下：

　　　$5S_2O_8^{-2} + 2Mn^{+2} + 8H_2O \rightarrow 10SO_4^{-2} + 2MnO_4^- + 16H^+$

2. 還原劑

　　氧化還原電位順序表上，氫電極以上的金屬，皆是很好的還原劑，如：

　　　　　　$Na \rightleftarrows Na^+ + e^-$　　　　$E^0 = 2.713$Volts

　　　　　　$Al \rightleftarrows Al^{+3} + 3e^-$　　　　$E^0 = 1.67$ Volts

　　　　　　$Zn \rightleftarrows Zn^{+2} + 2e^-$　　　$E^0 = 0.762$ Volts

　　　　　　$Fe \rightleftarrows Fe^{+2} + 2e^-$　　　$E^0 = 0.440$ Volts

　　活潑金屬如 K、Na、Al、Mg 等，因其還原作用激烈，且與水中之 H^+ 作用，不能控制，故不常用，至於 Zn、Fe、Pb、Sn 等金屬，在適當之 H_3O^+ 情形下，可以用為還原劑，其他常用的還原劑，尚有 $SnCl_2$、I^-、 SO_3^{-2}、S^{-2} 等。茲分述如下：

① $SnCl_2$：

　　　$Sn^{+2} \rightarrow Sn^{+4} + 2e^-$　　　　　$E^0 = 0.15$ Volts

如：　$O_2 + 4H^+ + 2Sn^{+2} \rightarrow 2Sn^{+4} + 2H_2O$

　　　$Hg^{+2} + Sn^{+2} \rightarrow Sn^{+4} + Hg$

或　　$2Hg^{+2} + Sn^{+2} \rightarrow Sn^{+4} + Hg_2^{+2}$

② I^-：

　　　$2I^- \rightarrow I_2 + 2e^-$　　　　　　$E^0 = -0.5345$Volts

I^- 常用於檢驗 NO_2^-，作用如下：

$$2I^-+2NO_2^- +4H^+ \rightarrow I_2 +2NO +2H_2O$$

產生之 I_2，以澱粉變色反應或溶於 CCl_4 之特殊顏色而確定之。

又 $2I^- +AsO_4^{-2} +2H^+ \rightarrow I_2 + AsO_3^{-2} +H_2O$

③ SO_3^{-2}：

$$SO_3^{-2}+H_2O \rightarrow SO_4^{-2}+2H^++2e^- \qquad E^0 = -0.20\text{Volts}$$

如還原 ClO_3^- 為 Cl^- 之作用如下：

$$3SO_3^{-2}+ ClO_3^- \rightarrow 3SO_4^{-2}+ Cl^- \qquad E^0 = -0.20\text{Volts}$$

④ S^{-2}：

$$H_2S \rightarrow S+2H^++2e^- \qquad\qquad E^0 = -0141\text{Volts}$$

如：$H_2S + I_2 \rightarrow S+2H^++2I^-$

$2H_2S + SO_3^{-2}+2H^+ \rightarrow 3S+3H_2O$

附錄十四　陽離子分屬概論

　　利用沉澱劑，使混合之「陽離子分屬」沉澱，是為陽離子系統分析之基礎。分屬沉澱分離後，再加以適當處理，則可由各屬之沉澱物，檢定各屬員之存在。普通定性分析所討論的陽離子計有：銀 (Ag^+)、鉛 (Pb^{+2})、汞 (Hg_2^{+2}) 汞 (Hg^{+2})、銅 (Cu^{+2})、鉍 (Bi^{+2})、鎘 (Cd^{+2})、砷 (As^{+3})、錫 (Sn^{+2})(Sn^{+3})、銻 (Sb^{+3})，鐵 (Fe^{+2})(Fe^{+3})，錳 (Mn^{+2})，鈷 (Co^{+2})、鎳 (Ni^{+2})、鋅 (Zn^{+2})、鋁 (Al^{+3})、鉻 (Cr^{+3})、鋇 (Ba^{+2})、鈣 (Ca^{+2})、鍶 (Sr^{+2})、鎂 (Mg^{+2})、鈉 (Na^+)、鉀 (K^+) 及銨離子 (NH_4^+) 等，分成五屬如下：

　　第一屬 (Group 1)：又稱為銀屬 (Silver group)。本屬各屬員離子之氯化物，難溶於水及稀酸中。銀 (Ag)、鉛 (Pb^{+2})、亞汞 (Hg_2^{+2}) 離子屬之。使用之沉澱劑為稀鹽酸 (HCl)。

　　第二屬 (Group II)：又稱為硫化氫屬 (Hydrogen sulfide group)。此屬員之氯化物皆溶於水，但其硫化物難溶於 0.3F HCl 水溶液。汞 (Hg^{+2})、鉛 (Pb^{+2})、鉍 (Bi^{+3})、銅 (Cu^{+2})、鎘 (Cd^{+2})、銻 (Sb^{+3})、錫 (Sn^{+4}) 等離子屬之。(Pb^{+2} 係第一屬鉛之殘餘，因 $PbCl_2$ 之溶解度約為 1 克 /100 克水，部份留於溶液中之故；可於 0.3F HCl 溶液中，通入 H_2S 而沉澱之。)

　　第三屬 (Group III)：又稱硫化銨屬 (Ammonium sulfide group)。此屬員之氯化物溶於 0.3F HCl 水溶液，但在 NH_4Cl 或 NH_4NO_2 之鹼性緩衝溶液中，通入 H_2S，則成硫化物及氫氧化物之沉澱。鋁 (Al^{+3})、鉻 (Cr^{+3})、鐵 (Fe^{+3})、錳 (Mn^{+2})、鈷 (Co^{+2})、鎳 (Ni^{+2})、鋅 (Zn^{+2}) 等陽離子屬之。

　　第四屬 (Group IV)：又稱碳酸銨屬 (Ammonium carbonate group)。屬員之氯化物，硫化物、氫氧化物等，皆不隨 Gr. I、Gr. II、Gr. III 等屬沉澱，而要在鹼性緩衝溶液與 $(NH_4)_2CO_3$ 作用，生成碳酸鹽沉澱，鋇 (Ba^{+2})，鍶 (Sr^{+2})，鈣 (Ca^{+2}) 屬之。

　　第五屬 (Group V)：又稱為可溶性屬 (Soluble group)。此屬員之陽離子在上述情況下，皆不生沉澱，計有 Mg^{+2}，Na^+，K^+，NH_4^+ 等。

　　總之，以上各屬的分離，係基於其氯化物、硫化物、氫氧化物及碳酸鹽之不溶於水、酸或鹼中，利用溶解積與共同離子效應等原理而成者，有關數據詳解，需另列示各屬之討論。

參考文獻

①Analysis of Copper and its alloys ; by W. T. EL Weld and I.R. Scholes

②Standard methods of Chemical Analysis , Val. 1 and Vol. 2 ; by F.P. Treadwell

③New Method in analytical Chemistry ; by Ronald Belcher and Cecil L ·Wilson

④American Society of Testing Materials (簡稱ASTM) , Part 32

⑤Outline of methods of Chemical analysis ; by G.E.F. Lundell and James IRVin Hoffman

⑥Applied inorganic analysis ; by G.E.F·Lundell,H.A. Bright , W.F.Hillebrand , and J.I.Hoffman

⑦Quantitative Chemical analysis ; by Leicester F.Hamilton , and Stephen G.Simpson

⑧Spot tests in inorganic analysis ; by Fritz Feigl

⑨Modern inorganic Chemistry ; by J.W.Mellor

⑩A Treatise on Quantitative inorganic analysis ; by J.W.Mellor , and H.V. Thompson

⑪Qualitative analysis , Vol 1 and Vol 2 ; by William.T.Hall

⑫ Japanese Industrial Standand (簡稱 JIS)

⑬定性分析化學；潘貫著。

⑭定性化學；孫錫洪著。

⑮工業分析；蘇嘉思著。

⑯定性分析化學；林成業。

中英名稱對照表

一　劃

乙醚〔Ether ether or ether, $(C_2H_5)_2O$〕

乙二醇（Glycol）

乙二胺（Ethylenediamine）

乙醇胺（Monoethanolamine）

乙硫脲（Ethanthiol, CH_3CSNH_2）

乙硫醇酸（Mercaptoacetic acid）

乙硫醯胺（Thioacetamide）

乙酸丁酯（Butyl acetate）

乙醯丙酮（Acetyl acetone）

乙基黃酸鉀（Potassium ethyl xanthate）

乙硫羰酸銨（Ammonium thioacetate, CH_3COSNH_4）

乙醯醋酸乙酯（Ethyl acetoacetate）

二　劃

丁醇（Butyl alcohol）

二乙醚（Ethyl ether）

二酮類（Diketone）

二苯胺（Diphenyl ammine）

二苯鉻 (O)〔Bis-benzene Chromium
　　(O), $(C_6H_6)_2Cr$）〕

二苯胺（Diphenylamine）

二氨絡（Diammine）

二苯胺（Diphenylamine）

二級銻（Secondary antimony）

八面體（Octahedra）

丁原醇（Butyl Carbitol or diethyleneglycalmonobutyl
　　ether）

n- 丁醇（n-Butyl alcohol）

β- 二酮基（β -diketone）

二氟化銨（Ammonium bifluoride）

二氧六圜（Dioxane）

二異丙醚（Diisopropyl ether）

二草酸鹽（Dioxalate）

二氧化鈦（Titania, TiO_2）

二氧化鉬（Molybdenum dioxide, MoO_2）

二氧化釩（Vanadium dioxide）

二氧化錳（Manganese dioxide）

二乙二醇丁醚（Butyldigol 或 Butyl carbitol）

二甲基衍生物（2-Methyl derivative）

二甲基丁二肟（Dimethylglyoxime）

二硫代草酸鹽（Dithiooxalate）

二氧化鉻〔Chromium(IV) oxide, CrO_2〕

二氧化鉛（Lead dioxide）

二硫化碳（Carbon disulfide）

二溴取代（Dibromosubstituted）

二次硬化（Secondary hardening）

二苯碘鉻 (I) [Bis-biphenyl chromium (1)　iodide
　　, $(C_6H_5 \cdot C_6H_5) \cdot CrI$]

二價釩鹽（Hypovanadous salt）

二 -β- 萘卡松（Di-β-Naphthylcarbazone）

二甲酚橙（Xylenol orange），學名：3,3'-[N,N'-
　　di(carboxymethyl)- aminomethyl]-o--
　　cresolsulfonphthalein)

5,7- 二溴 - 羥肟（5,7-Dibromo-oxine）

二乙氨基苯（Diethylaniline）

二「羥乙基」胺（diethanolamine）

二甲喹啉酸（Quinaldinic acid）

2,3- 二硫丙硫醇（2,3-Dimercaptopropanol）

二苯基卡塞（Diph enylcarbazide）

5,7- 二溴 -8- 羥喹啉（5,7-Dibromo-8-
　　hydroxyquinoline）

二甲喹啉酸鈉或銨（Sodium or Ammonium
　　quinaldinate）

二羥基順丁烯二酸（dihydroxymaleic acid）

二乙二硫氨基甲酸（Diethyldithiocarbamate）

α- 二呋喃基乙二酮二肟（α -Furildioxime）

5,6- 二甲基弗洛因（5,6-Dimethylferroin）

4,7- 二甲基弗洛因（4,7-Dimethylferroin）

丁基塞羅梭夫（Butyl cellosolve）

二苯對氨基聯苯（Diphenylbenzidine）

二溴取代生成物（Dibromosubstituted product）

二對硝基苯卡塞（Di-p-Nitrophenylcarbazide）

二硫氨基甲酸鹽（Dithiocarbamate）

二安替比林甲烷（Diantipyrinylmethane）

1,8- 二羥基萘 -2,7- 二磺酸〔（Chromotropic acid, $C_{10}H_4(OH)_2(SO_3H)_2$）〕

1,8- 二羥基萘 -3,6 二磺酸
〔（1,8-Dihydroxynaphthalene--3,6-disulfonic acid）〕

5,7- 二溴取代生成物（5,7-dibromo substitution product）

二羥基順丁烯二酸（Dihydroxymaleic acid）

二乙二硫氨基甲酸鹽（Diethyldithiocarbamate）

二乙基二硫氨基甲酸鉬（Molybdenumdiethyl dithiocarbamate）

二乙基二硫氨基甲酸鈉（Sodium diethyldithio-carbamate, 簡稱 SDDC）

二硫氨基甲酸二乙基銨（Diethylammonium dithiocarbamate）

二甲基丁二肟酒精溶液（Alcoholic dimethyl-glyoxime）

二乙二硫氨基甲酸鎘複合物（Cadmium diethyldithiocarbamate）

二乙基二硫氨基甲酸二乙基
銨（Diethylammonium diethyldi-thiocarbamate, DADC）

三　劃

三硫化二銻（另稱硫化亞銻，Antimony trisulfide, Sb_2S_3）

三氯醛水合物（Chloral hydrate）

三烷基硫磷酸鹽（Trialkylthiophosphate）

三異辛基硫磷酸鹽（Triisooctylthiophosphate）

四　劃

水合（Dehydrate）

水化（Hydration）

化性（Chemical activity）

水楊酸（Salicylic acid）

六氨絡（Hexammine）

水楊酸鈉（Sodium salicylate）

水楊醛肟（Salicylaldoxime）

五氧化釩（Vanadium pentoxide 或 Vanadic oxide）

五溴化銻（Antimony pentabromide）

五氯化銻（Antimonic chloride, $SbCl_5$）

五氟化物（Pentafluoride）

六個配位（Coordination position）

六氰鈷鹽（Hexacyanocobaltate）

六水合物（Hexahydrate）

中速濾紙（Medium paper）

化學活性（Chemical reactivity）

五氧化二磷（Pentoxide）

元素態矽（Elementary silicon）

六共價結合（Hexacovalency）

六甲烯四胺（Hexamethylenetetramine）

六氯銻酸鹽 (III)[Hexachloroantimonate(III), $[SbCl_6]^{-3}$]

水溶性膠體（Hydrosol）

水合氧化物（Hydrated oxide or Hydrous oxide）

水楊酸鹽法（Salicylate method）

水合氧化銻（III）〔Hydrated antimony(III) oxide〕

六亞硝基鈷鉀 (Potassium Hexanitritocobalate)

六氨絡複合物 Hexammine commplex,

六鹵銻陰離子（Hexahaloantimony anion）

水合釩醯離子〔Hydrated vanadyl Ion, (VO^{+2})〕

水合三氯乙醛（Chloral hydrate）

水楊醛肟鎳鹽（Nickel salt of salicylaldoximate）

丹寧酸（Tannic acid）

丹寧（Tannin）

化學藥劑（Chemical）

化合物 (Compound)

五劃

白磷 (White phosphorus)

白錫 (White tin)

戊醇 (Amyl alcohol)

1- 戊醇 (1-Pentanol)

白合金 (White metal)

四共價 (Tetravalent)

四苯砷 (Tetraphenylarsonium)

四面體 (Tetrahedron)

戊醇醚 (Amyl alcohol ether)

四氯化釩 (Vanadium tetrachloride, VCl_4)

四氧化釩 (Vanadium tetroxide 或 hypovanadic oxide, V_2O_4)

四甲基藍 (Methylene blue)

四氯化物 (Tetrachloride)

四氯化碳 (Carbon tetrachloride)

四氯化鉻 〔Chromium (IV) chloride, $CrCl_4$〕

四共價結合 (Tetracovalency)

四硫磺酸離子 (Tetrathionate ion, $S_4O_6^{-2}$)

3,4,7,8- 四甲基弗洛因 (3,4,7,8-Tetramethyl ferroin)

四氨絡複合物 (Tetrammine；如〔$Co(NH_3)_4$ X_2, X 代表陽離子〕)

四氨鎘複合離子〔Tetrammine cadmium, $Cd(NH_3)_4^{+2}$〕

四乙基鉛〔Tetraethyl Lead, $Pb(C_2H_5)_4$〕

四甲基藍 (Methylene Blue)

四氰鎳鹽複合離子〔Tetracyanonickelate(II), $Ni(CN)_4^{-2}$〕

四銨型陰離子樹脂 (Quaternary ammonium type)

卡可喹啉 (Cacotheline, $C_{21}H_{21}N_3O_7$)

正鎢酸鹽 ($M_2O \cdot WO_3 \cdot nH_2O$)

正釩酸鹽 (Orthovanadate)

正銻酸根 (Ortho-antimonate, SbO_4^{-3})

正磷酸鹽 (Orthophosphate)

正磷酸三鈉 (Trisodium orthophosphate)

正磷酸丁酯 (n-Butyl phosphate)

正丁醇 (n-Butyl alcohol)

正已醇 (n-Hexanol)

正銻根 (Antimonic, Sb^{+5})

正電荷 (Electropositive)

正鎢酸 (Orthotungstic acid, H_2WO_4)

正式還原電位 (Formal reduction potantial)

正苯氨基苯甲酸 (n-Phenyl-anthranilic acid)

正二戊甲基丙酮 (n-Amyl methyl ketone)

安息香酸鹽 (Benzoate) 學名 4-Isopropyl-1,2-Cyclohexanedione dioxime

未帶氫離子 (Unprotonated)

未加緩衝劑 (unbuffered)

石墨 (Graphite)

石墨化 (Graphitization)

石油醚 (Petroleum ether)

石英 (Quartz)

石灰肺症 (Silicosis)

甲醇胺 (Methanolamine)

甲酸 (Formic acid)

甲氧基乙醇 (Methyl"Cellosolve", 學名：Ethylene Glycol Monomethyl Ether、Methyl Glycol 及 2-Methoxyethanol 等三種。分子式：$CH_3OCH_2CH_2OH$。) 。

甲基紅 (Methyl red)

甲基橙 (Methyl orange)

未帶氫離子 (Unprotonated)

2- 甲喹啉酸 (Quinaldinic acid)

外指示劑 (Exteral indicator)

白合金 (White metal)

白磁板 (Spot plate)

甲基環已肟 (4-Methylnioxime, 學名：4-Methyl-1,2-Cyclohexanedionedioxime 4-Isoppropylnioxime, 或 白矽石 (Cristobalite)

甲基麝香草酚紫 (Methylthymol Blue)

4- 甲基 - 烯 -**[3]**- 酮 -**[2]** 〔4-Methyl-2-

Pentanone, MPT〕

甲基異丁酮 （Methyl isobutyl ketone）

α- 甲基喹啉酸 （Quinaldiniacid）

「甲醚丙酮 （Methyl ether ketone）

甲醛 （Formaldehyde）

甲苯 （**Tol**uene）

1- 甲基吡啶 （picoline）

六 劃

次磷酸 （Hypophosphorus acid, H_3PO_2）

次磷酸鹽 （Hypophosphite）

次氯酸鹽 （Hypochlorite）

次溴酸鹽 （Hypobromite）

次釩酸鹽 （Hypovanadate 或 Vanadite, $M_2V_4O_9$, M 代表正一價陽離子）

次硝酸鉍 〔Bismuth subnitrate, $Bi_2O_2(OH)NO_3$〕

次氯酸鉍 （Bismuthyl Chloride）

安息香酸 （Benzoic acid）

加鎳黃銅 （Nickel brass）

次乙基二銨 （Ethylenediammonium）

安息香酸鹽 （Benzoate）

安息香肟鋁鹽 （Aluminum benzoate）

加鉛特種黃銅 （Lead brass）

加錫特殊黃銅 （Tin brass）

加鋁特殊黃銅 （Aluminum brass）

安替比林次甲基胺 （Antipyrenemethylene amine）

安替比林碘鉍酸鹽 （Antipyrene iodobismuthate）

安息香酸銨 （Ammonium benzoate）

成酸化合物 （Acid forming compound）

共沉作用 （Coprecipitation）

有機相 （Organic phase）

有機金屬複合物法 （Organometallic complexes）

有機沉澱劑法 （Organic precipitation reagent）

有機銅複合物 （Organocopper complex）

有機矽化合物 （Organosilicon compounds）

西門鐵 （Cementite）

次屬 （Subgroup）

七 劃

辛昆 （Zincon），學名：

0- {2-[α-(2-Hydroxy-5-sulfophenylazo)-benzylidene]-hydrazino]-benzoic acid}

汞齊 （Amalgam）

辛可寧 （另名金雞納鹼, Cinchonine）

汞陰極 （Mercury cathode）

汞齊法 （Amalgamation p rocess）

赤磷 （Red phosphorus）

赤血鹽 （或稱鐵氰化鉀） （Ferricyanide）

赤鐵礦 （Hematite, Fe_2O_3

汞陰極電解裝置 （Mercury cathode cell）

低碳錳鐵 (Low-carbon ferromanganese)

八 劃

乳酸 （Lactic acid）

矽酸 （Silicidic acid, H_4SiO_4）

苯肼 （Phenylhydrazine）

亞錫 （Stannous tin）

乳膠液 （Colloidal solution）

矽鐵齊 （Ferrosilicon）

矽青銅 （Silicon bronze）

矽酸鹽 （Silicate）

矽鋅礦 （Willemite, Zn_2SiO_4）

矽鎢酸 （Silicotungstic acid, $SiO_2 \cdot 12WO_3 \cdot 24H_2O$）

亞硫酸 （Sulfurous acid 或 Hydrogen sulfite）

亞鉻鹽 （Chromous salt）

苯砷酸 （Phenylarsonic acid）

苯噻唑 〔2-(0-Hydroxyphenyl)benzoxazole, HPB〕

苯磺酸 （Phenolsulfonic acid）

亞銻根 （Antimonous, Sb^{+3}）

苯甲酸 （Benzoic acid, C_6H_5COOH）

矽鉬酸鹽 〔Silico-12-molybdate〕

矽鋅青銅 （Silzinc bronze）

亞砷酸鹽 （Arsenite）

亞磷酸鹽（Phosphite）

亞鐵氰酸（Ferrocyanic acid）

亞硝酸鹽（Nitrite）

亞硫酸鹽（Sulfite）

亞硝基苯（Nitrosobenzene）

亞氯酸鈉（Sodium chlorite）

亞錫酸鈉（Sodium stannite）

亞鐵離子（Ferrous iron）

亞硝基 -R- 鹽〔（Nitroso-R-Salt），
　　學名：Disodium1-nitroso-2naphthol-3,-
　　6-disulfonate〕

亞硝酸鹽（Nitrite）

苯砷酸鉍（Phenylarsonate, H_5AsO_3BiOH）

亞鐵氰離子〔Hexacyanoferrate(II)〕

亞鐵氰化銅〔Cupric ferrocyanide, $Cu_2Fe(CN)_6$〕

1- 亞硝基 -2- 萘酚（1-Nitroso-2-naphthol）

焦亞硫酸鹽（Pyrosulfite）

亞鐵氰化鉀（Potassium ferrocyanide）

α- 亞硝基 -β- 萘胺（α -Nitroso-β-
　　Naphthylamine, 簡稱α -Ni-β-Na）

β- 亞硝基 -α- 萘胺（β -Nitroso-α-
　　Naphthylamine, 簡稱β -Na-α--Ni）

亞鐵氰化鎘〔Cadmium
　　hexacyanoferrate（II）,$Cd_2Fe(CN)_6$〕

亞鐵氰化銀（Silver ferrocyanide）

亞鐵氰化物（Ferrocyanide）

苯甲醯丙酮（Benzoylacetone）

苯乙醇酸鹽〔Mandelate；$C_6H_5CH(OH)COO^-$〕

亞鐵胺複合物（Iron(II) amine complex）

亞鐵氰複合物 {Ferrocyanide complex，
　　$[Fe(CN)_6]^{-4}$ }

亞硝基化合物（Nitro compound）

3- 亞硝基水楊酸（3-Nitrososalicylic acid）　　1-
　　亞硝基 -2- 萘酚，（1-Nitroso-2-naphthol
　　NINA）

亞鐵氰化鈾氧（Uranyl ferrocyanide）

苯二甲酸氫鉀（Potassium acid phthatate）

1,2- 二羥基苯 -3,5- 二磺酸二鈉鹽（Disodium salt
　　of 1,2-dihydroxybenzene-3,5-disulfonic acid,
　　DDDA）。

鈦酸鈉（Sodium phthalate）

金屬酚肽（Metalphthalein）

金屬氫氧化物（Metal hydroxide）

金紅石（Rutile, TiO_2）

金雞鈉鹼（Cinchonine）：

肥粒鐵（Ferrite）

明礬（Alums）

明亮度（Brightness）

矽鉬酸鹽複合離子〔Silicomolybdate complex ion
　　or Silico-12-Molybdate；$(SiMo_{12}O_{40})^{-4}$〕

亞銻化合物之溶解性（Solubility of antimonous
　　compound）

兩性化合物（Amphoteric compound）

兩性金屬（Amphoteric metal）

兩性（Amphoteric）

苦土混合液（Magnesia mixture）

波長（Wave length）

鈦（Titanium,Ti）

鈦合金（Titanium-base alloys）

鈦鐵礦（Ilmenite, FeTiO）

鈦龍〔Tiron（商品名），Disodium
　　4,5-Dihydroxy-1,3benzene disulfonic
　　$C_6H_4Na_2O_8S_2$〕

九 劃

氨基苯甲酸（Anthranilic acid）

氨基苯甲酸鈉（Sodium anthranilate）

架構礦物（The framework minerals）

耐火磚（Refractory）

耐酸鋼（Duriron）

茜素紅 -S（Alizarine red S 或 Sodium
　　Alizarinsulfonate）

茜素紅磺酸（Alizarin sulphonic acid）

十二劃

氯 (Chlorine)

溴 (Bromine)

氯仿 (Chloroform, CHCl)

氯胺 -B (Chloramine-B)

氯苯 (Chlorobenzene)

稀土族 (Rare earths)

稀釋效應 (Effect of dilution)

無定形二氧化矽 (Amorphous silica)

無化性 (Unreactive)

無機相 (Aqueous phase)

無機酸 (Mineral acid)

無水磷鉬酸酐 (Phosphomolybdic anhydride, $P_2O_5 \cdot 24MoO_3$)

單氯醋酸鹽 (Monochloroacetate)

單一氧酸基團 (Oxyacid radical)

單水合物 (Monohydrate)

陽離子樹脂交換管柱 (Cation-Exchang resin column)

氰氣 (Cyanogen, C_2N_2)

硝基 (Nitro)

硫乙醯胺 (Thioacetamide；C_2H_5NS)

硫脲 (Thiourea)

硫酸 (Sulfuric acid)

黑磷 (Black phosphorus)

檸檬酸鹽 (Citrate)

檸檬酸 (Citric acid)

檸檬酸銨 (Ammonium Citrate)

焦磷酸鎂 (Magnesium pyrophosphate)

焦磷酸鹽 (Pyrophosphate)

焦磷酸鎘 (Cadmine Pyrophosphate, $Cd_2P_2O_7$)

焦硫酸鹽 (Pyrosulfate)

陽離子磷酸鐵複合物 (Cationic complex of ferric phosphate)

陽離子交換樹脂 (Cation-exchange resin)

鉬酸 (Hetoropoly molybdic acid)

氯化鐵 (Ferric chloride)

氯化銻 （另名：五氯化銻, Antimony pentachloride, SbCl$_5$)

氯化物 (Chloride）

氯化鈉 (Sodium chloride)

氯化鉻 (Chromic Chloride, $CrCl_3$)

氯化銨 Ammonium chloride)

氯酸鹽 (Chlorate)

氯鉻醯 (Chromyl chloride)

氟化鈉 (Sodium fluoride)

氰化物 (Cyanide)

氰化銀 (Silver cyanide)

氰化法 (Cyanide process)

硝酸鹽 (Nitrate)

硝酸釷 (Thorium nitrate)

硝基苯 (Nitrobenzene)

硫酸鉀 (Potassium sulfate)

硫酸喹啉 (Quinine sulphate)

硫酸鉻〔Chromium（III）sulfate〕

硫酸鉍 (SBismuth Sulfate, $Bi_2 (SO_4)_3$)

硫酸鐵 (Ferric sulfate)

硫酸錳〔Manganese（II）sulfate〕

硫酸鉛 (Lead sulfate)

硫酸硒 (Ceric sulfate)

硫化物 (Sulfide)

硫化鎘 (Cadmium Sulfide)

硫化銅 (Cupric sulfide, CuS)

硫化鈉 (Sodium sulfide)

硫化鉬 (Molybdenum sulphide, MoS_2)

硫化錫 (Stannic sulfide)

硫化釩 (Vanadium sulfide)

硫化氫 (Hydrogen sulfide)

硫化銨 (Ammonium sulfide)

硫化銻 (Antimony Pentasulfide Sb_2S_5

硫化鉛 (Lead sulfide)

硫代鹽 (Thio salt)

硫鉬酸 （Thiomolybdate）

氯化亞錫 （Stannous chloride）

氯化亞鈦 （Titanous chloride）

氯化亞鉻 （Chromous chloride, $CrCl_2$）

氯化羥胺 （Hydroxylamine hydrochloride）

氯化銻酸（另名：氯氧化亞銻或氯化氧銻，
Antimony oxychlorid or Antimonyl chloride,
SbOCl）

氯化氧鉍 （Bismuth oxychloride, BiOCl）

氯鉻酸鉀 （Potassium clorochromate,
$KCrO_3Cl$）

硫酸亞鐵 （Ferrous sulfate）

硫酸亞鉻 （Chromous sulfate）

硫酸亞銻 〔Antimony Sulfate, $Sb_2(SO_4)_3$〕

硫酸銨鎳 〔Nickelous ammonium sulfate; $NiSO_4$
$(NH_4)_2 \cdot 6H_2O$〕

硫酸銨鐵 （Ferric ammonium sulfate）

硫酸氫鉀 （Potassium hydrogen sulfate）

硫酸氧鈦 （Titanyl sulfate, $TiOSO_4 \cdot 2H_2O$）

硫酸奎寧 （Quinine sulfate）

硫酸聯氨 （Hydrazine sulfate, $(NH_2)_2 \cdot H_2SO_4$）

硫酸鉻鉀 另名：鉻鋁礬，Chromic potassium
sulfate 或 chrome alum, $KCr(SO_4)_2 \cdot 2H_2O$）

硫酸銨鈷 （Cobalt ammonium sulfate）

硫氰化物 （Thiocyanate）

硫氰化鉀 （Potassium thiocyanate）

硫氰化銨 （Ammonium thiocyanate）

硫氰化鐵 （Ferric thiocyanate, FSCN）

硫氰化銀 （Silver thiocyanate）

硫錫酸鈉 （Sodium thiostannate）

硫代酸類 （Thio or sulfo acids）

硫乙醯胺 （Thioacetamide）

硫化亞鐵 （Ferrous sulfite）

硫鎳鐵礦 〔Pentlandite, (Ni, Fe)S〕

硫碳酸鉀 （Potassium thiocarbonate）

硫鎢酸鹽 （Thiotungstate）

硫代硫酸鹽 （Thiosulfate）

硫代硫酸鈉 （Sodium bisulfite）

硫代釩酸鹽 （Thiovanadate）

硫氰化亞鐵 （Ferrous thiocyanate）

硫氰化汞鋅 〔Zinc tetrathiocyanomercurate(II),
$ZnHg(SCN)_4$〕

硫氰化汞銨 ｛Ammonium mercury thiocyanate, (NH_4)
$_2Hg(SCN)_4$｝

硫醇苯嘧唑 （Mercaptobenzimidazole）

2- 硫醇 - 苯噻唑 （2-Mercapto-benzothiazole）

硫氰化亞銅 （Cuprous thiocyanate）

硫氰化吡啶 （Pyridine thiocyanate）

硫氰化汞鋅 （Zinc tetrathiocyanomercurate）

硫亞銻酸鈉 （Sodium thioantimonite）

硫酸馬錢子鹼 （Brucine sulfate）

硫氰化鎢複合物 （Tungsten thiocyanate complex）

硫氰化二吡啶鋅 〔Dipyridinozine(II)thiocyanate〕

硫酸甲酯氨基酚 （Methylaminophenol sulfate）
硫酸銨亞鐵 〔Ferrous ammonium
sulfate, $(NH_4)_2Fe(SO_4)_2 \cdot 6H_3O$〕

硫酸二苯胺 （Diphenylamine sulfate）

過氯酸 （Perchloric acid）

過碘酸 （Periodic acid）

過鉻酸 （Perchromic acid）

過釩酸 （Pervanadic acid）

醋酸鹽 （Acetate）

過濾瓶 （Filter flask）

過電位 （Overpotential）

過電壓 （Overvoltage）

過碘酸鹽 （Periodate）

過碘酸鉀 （Potassium periodate）

過碘酸鈉 （Sodium periodate）

過碘酸鉛 （Lead periodate）

過鉬酸鹽 （Permolybdate）

過硫酸銨 （Ammonium persulfate）

過鎢酸鹽 （Pertungstate）

過渡系列 （Transition series）

過渡元素 （Transition element）

過氯酸鹽 （Perchlorate）

過氧化物 （Peroxide）

過氧化氫 （Hydrogen peroxide）

過氧化銀 （Silver peroxide）

過氧化釩 （Peroxy vanadium）

過氧鉻酸 （Peroxy chromic acid）

過氧釩酸 （Peroxy vanadic acid）

過氧化銀 （Silver peroxide）

過氯酸鹽 （Perchlorate, ClO_4^{-2}）

過氧複合物 （Peroxy complex）

過氧硫酸釩 （Vanadium peroxide sulfate）

過氧二硫酸鹽 （Peroxy disulfate）

過氧二硫酸鉀 （Potassium peroxydisulfate）

過氧化鐵離子 （Perferrite,FeO_3^{-2}）

過渡金屬化合物 （Intermetallic compound）

過氧化物陰離子 （Peroxidic anion）

過氯酸銀 （Silver perchloride）

過渡金屬 （Transition metal）

硝酸亞錳 （Manganous nitrate）

氯化鋯醯基 （Zirconyl chloride）

氯化六水鉻 （Chromic chloried hexahydrate）

氯化四苯砷 （Tetraphenylarsonium chloride）

氯亞錫酸鹽 （Chlorostannite）

黃酸鉀 （Potassium xanthate, $AgC_3H_5OS_2$）

黃血鹽 （Ferrocyanide, 或稱亞鐵氰化鉀）

黃色或藍色矽鉬酸鹽 （Silico-12-molybdate yellow）

氰化鈷四苯砷 （Tetraphenylarsonium tetrathiocyanatocobaltate）

混合氯氟化銻 （V） （Mixed antimony(V) chloride fluorides）

氯化三正丁基銨 （Tri-n-butylammonium chloride）

氯化三苯甲基砷 （Triphenylmethylarsonium chloride）

硫氰化鉬複合物 〔Molybdenum thiocyanate complex；$Na_2[MoO(SCN)_5]$〕

硫氰化二異喹啉鋅 〔Diisoquinolinozinc thiocyanate, $Zn(C_9H_7N)_2(CNS)_2$〕

硝酸二次乙基二氨銅 **(II)** 〔Bis （ethylenediamino） copper(II) nitrate〕

等量莫耳 （Equimolar）

異性化合物 （Heteropoly compound）

十三 劃

電解 （electrolysis）

電阻 （Resistance）

電位量測計 （Potentiometer）

電流量測法 （Amperometry）

電位測定 (Potentiometric)

電鍍介質 （Media）

電動序列 （Electromotive series）

電位量測滴定法 （Potentiometric titration）

電解銅 （Refined copper）

碘酸 （Iodic acid）

碘酸鹽 （Iodate）

碘酸鉀 （Potasium iodate）

碘化銨 （Ammonium iodide）

碘化鉀 （Potassium iodide）

碘化鉍 （Bismuth Iodide）

碘酸鉍 （Bismuth iodate）

碘化亞銅 （Cuprous iodide）

碘滴定法 （Iodometric titration）

碘測定法 （Iodometric method）

碘化二比啶亞鐵 （Ferrous dipyridyl iodide）

碘五氨絡鈷 （Iodopentammine colalt salt）

碘滴定終點 （Iodometric end point）

碘加成生成物 （Iodine addition product）

碘銅鹽複合物 （Iodocuprate complex , CuI_2^-）

碘鉍酸萘酚菎 （Naphthoquinone iodobismuthate）

感應 （Induction）

鉬藍 (Molybdenum blue)

鉬酸 (Molybdic acid)

羥胺 （Hydroxylamine）

羥菎 (Hydroquinone)

羥基 （Hydroxyl group）

傾泌法 （Decantation）

鉬酸鹽 (Molybdate, Mo_4^{-3})

鉬酸銨 （Ammonium molybdate）

鉬酸鉛 （Lead molybdate）

鉬酸鈉 （Sodium molybdate）

鉬鎢酸 （Molybdotungstic acid）

鉬酸鎘 （Cadmium molybdate）

鉬酸鉍 （Bismuth Molybdate, $Bi_2(MoO_4)_3$）

8- 羥喹啉 （Oxine）

酚萘 （β-Naphthoquinoline）

酚紫 （Naphthol Violet）

酚太 (Phenolphthalein)

酚太試劑 （Phenol phthalein reagent）

酚太終點 （Phenolphthalein end point）

奧斯田鋼 (Austenic steel)

羥基磷灰石〔Hydroxy-apatite, $Ca_5(PO_4)_3OH$） 〕

8- 羥喹啉鋁鹽 （Aluminum Quinolate, $Al(C_9H_6NO)_3$）

8- 羥喹啉鉬鹽 （Molybdenum 8-hydroxyquinolate）

8- 羥喹啉鉻鹽 （Chromium 8-Quinolinolate）

8- 羥喹啉鐵鹽 （Ferric oxinate）

8- 羥喹啉鎂鹽 （Magnesium 8-hydroxyquinolate 或 Magnessium oxinate）

8- 羥喹啉鎢鹽 （Tungsten 8-hydroxyquinolate）

8- 羥喹啉鎘鹽 （Cadmium oxinate）

8- 羥喹啉鉍鹽 （Bismuth 8-Hydroxyquinolinate）

8- 羥喹啉釩鹽 （Vanadium oxinate）

8- 羥喹啉鋅鹽 （Zinc 8-Hydroxyquinolate 或 Zinc oxinate）

四硫氰化汞〔Tetrathiocyanomercurate(II)〕

「碘 - 澱粉」複合體 （Iodo-starch）

鉬藍複合離子 (Molybdemum blue complex)

鉬醯基化合物 （Molybdenyl compound）

羥代偶氮染料 （Hydroxylated azo dye）

1,8- 羥基萘二磺酸 -[2,7]
　　（1,8-Dihydroxyphthalene-3, 6-disulfonic acid, 或簡稱 Chromotropic）

8- 羥喹啉化合物 （oxinate compound）

鉬醯基硫氰化物 （Molybdenyl thiocyanate）

碘化三苯基甲基砷 （Triphenylmethyl-arsoniumiodide）

「碘 - 亞銻酸」複合離子 （Iodo-antimonite complex）

8- 羥喹啉及其衍生物 （8-Hgdroxyquinoline and derivatives）

組成不定 (Uncertainty of composition)

溶解度 (Solubility of product)

溶解積 (Solubility product)

溶解積常數 （Solubility product coustant, Ksp）

溶解性 （Solubility）

移轉 (shifting)

十四　劃

鉻鐵 （Ferrochrome）

碳化鎢 （Tungsten carbid）

碳化矽 （Silicon carbide）

碳酸鋅 （Zinc carbonate）

碳酸鈉 （Sodium carbonate）

碳化矽 （Silicon carbide）

鉻酸鹽 （Chromate or Chromic salt）

鉻酸鉛 （Lead chromate）

鉻酸鉀 （Potassium chromate）

鉻酸鈉 （Sodium chromate, Na_2CrO_4）

鉻酸銀 （Silver chromate, Ag_2CrO_4）

鉻酸鋇 （Barium Chromate, $BaCrO_4$）

鉻酸鍶 （Strontium chroma, $SrCrO_4$）

鉻酸鉍 （Bismuth chromate）

鉻鐵礦 （Chromite）

鉻揉皮 （Chrome-tanned leather）

鉻離子 （Chromic ion）

維他命 C （Ascorbic acid）

鉻酸離子　(Chromium ion)

鉻化合物　(Chromous compound)

鉻酸亞汞　(Mercurous chromate, Hg_2CrO_4)

溴酸鉀　(Potassium bromate)

「溴酸鹽 - 溴化物」試劑　(Bromate-bromide reagent)

5- 溴 -2- 氨基苯甲酸　(5-Bromo-2-aminobenzoic acid)

溴焦性沒食子酸紅 (Bromopyrogallol Red)

對稱二苯基二氨脲　(sym – Diphenyl carbizide 或 1,5-Diphenyl carbohydrazide, $C_6H_5 \cdot NH \cdot NH \cdot CO \cdot NH \cdot NH \cdot C_6H_5$)

對銅特具沉澱力之基團〔 (Copper specific group), $- CH(OH)C(NOH) -$〕

對金屬具敏感性之指示劑　(Metal-sensitive indicator)

銅合金　(Copper-base alloys)

銅矽合金　(Cu-Si Alloys)

銅合金　(Copper-base alloys)

DDC 銅鹽　(Copper diethyldithiocarbamate)

複合物測定法　(Complexometric method)

複合離子　(Complex ion)

複合型多硫化物離子　(Complex polysulfide ion)

複合化　(Complexation)

複合化合物　(Complex Compound)

複合劑　(Complexing agent)

複合物　(Complex)

複合物測定法　(Complexometric method)

複合物生成反應法　(Complex-forming reaction)

複合硫鹽　(Complex thio salt)

對過氧釩酸　(o-Peroxyvanadic acid)

酸水解作用　(Acid hydrolysis)

酸性氧化物　(Acid oxide)

酸性鎢酸鹽　(Acid wolframate)

酸 - 鹽基性質　(Acid-base properties)

鉻座標化學　(Chromium coordinationchemistry)

鉻醯氯化物　(Chromyl chroride, CrO_2Cl_2)

酸性硫化氫族　(Acid hydrogen sulfide group)

鉻醯基化合物　(Chromyl compound)

酸不溶物沉澱劑　(Acid insoluble precipitants)

酯類 (Ester)

溴化　(Brominated)

溴化氧鉍　(Bismuth oxybromide)

溴化鉀　(potassium bromide)

溴化三苯硫　(Triphenylsulfonium bromide)

溴化物　(Bromide)

溴化六胺鎳〔Hexamminenickel(II) bromide〕

溴化錫　(Stannic bromide)

5- 溴磷氨基苯甲酸　(5-Bromoanthranilic acid)

溴鹽　(Bromide)

溴鄰苯三酚紅　(Bromopyrogallol Red；學名： Dibromopyrogallolsulfonephthalein)

溴滴定法 (Bromometric)

溴水　(Bromine water)

溴甲酚紫　(Bromocresol Purple)

溴酸鹽 (Bromate)

對苯二酚　(Hydroquinone)

2- (對羥苯基) 苯噻唑,　〔2-(o-Hydroxyphenyl) benzoxazole；HPB〕

對 - 四甲二氨基二苯甲烷　(p-Tetramethyl-diaminodiphenylmethane, TDDM)〔Hydrol, $(CH_3)_2NC_6H_4CH(OH)C_6H_4N- (CH_3)_2$〕

對二苯氨基聯苯　(Diphenylbenzidine, DPB, $C_6H_5 \cdot NH \cdot C_6H_4 \cdot C_6H_4 \cdot NH \cdot C_6H_5$) 5- 對 - 乙醯氨基苯偶氮 -8- 羥喹啉　(5-p-Acetoaminophenylazo-8-hydroxyquinoline, AAPH)

對硝基二偶氮氨基偶氮苯 (p-Nitrodiazoaminoazobenzene)

對苯羥基砷酸　(p-Hydroxyphenylarsenic acid)

鄰氨基酚　(o-Aminophenol)

鄰過氧釩酸　(o-Peroxyvanadic acid)

「酸 - 鹽基」指示劑　(Acid-base indicator)

對鎢酸銨　(Ammonium paratungstate)

磷鉬酸銨 (Magnesium ammonium phosphate, $(NH_4)_3P(Mo_3O_{10})_4$)

磷鎢酸鹽 （phosphotungstate）

磷鎢酸銨 (Ammonium phosphotungstate, $(NH_4)_3 PO_4 \cdot 12WO_3 \cdot H_2O$)

磷鎢鉬酸 （Phosphotungstomolybdic acid）

磷酸銨鎘 （Cadmium ammonium phosphate）

磷酸銨鋅 （Zinc Ammonium phosphate, NH_4ZnPO_4）

還原氧化法 （Redox method）

磺酸 （Sulfonic acid）

磺酸二苯胺鋇 （Barium diphenylamine sulfonate）

磺基陰離子 （Sulfo anion）

磺基水楊酸 （Sulfosalicylic acid）

磺基水楊酸鹽 （Sulfosalicylate）

磺酸二苯胺 （Diphenylamine sulfonic acid）

磺酸二苯胺鉀 （Potassium diphenylamine sulfonate）

磺酸二苯胺鋇 （Barium diphenylamine sulfonate）

磺酸二苯對氨基聯苯 （Diphenylbenzidine sulfonate）

磺酸氨基萘酚 （Aminonaphtholsulfonic acid）

磺酸茜素 （Alizarine sulphonic acid）

磷酸銨鎂 （Magnesium ammonium phosphate, $MgNH_4PO_4 \cdot 6H_2O$）

磷酸三鈉 （Trisodium phosphate）

磷酸三鈣 （Tricalcium phosphate）

磷酸鹽岩 （Phosphate rock）

磷苯二酚 （catechol）

戴賽松鎘 （Cadmium dithizonate）

戴賽松鹽 （Dithizonate）

磷酸三丁酯 （Tributyl phosphate）

磷酸二氫銨 （Dihydrogenammonium phosphate）

磷酸氫二銨 （Diammonium hydrogen phosphate）

磷酸氫二鈉 （Disodium hydrogen phosphate）

磷酸二銨鹽 （Diammonium phosphate）

磷鎢釩酸鹽 （Phosphotungstovanadate）

磷釩鉬酸鹽法 (Phosphovanadomolybdate method)

磷鉬黃複合離子 （Phosphomolybdate complex ion）

磷酸正丁酯 （n-Butyl phosphate）

磷青銅 （Phosphor bronz）

磷氨基苯甲酸鈉 （Sodium anthranilate）

戴賽松鈷複合物 （Cobalt dithiozonate）

戴賽松鎳複合物 （Nickel dithiozonate）

磷酸銨鎂六水合物 (Magnesium ammonium phosphate hexahydrate)

磷釩鉬酸鹽複合鹽 (Phosphovanadomolybdate conplex，$(NH_4)_3PO_4 \cdot NH_4VO_3^- \cdot 16MoO_3$)

醛類 (Aldehyde)

醚類 （Ethers）

載體 （Carrier）

「還原－氧化」法 （Redox reaction）

還原大氣 （Reducing atmosbere）

還原氧化指示劑 （Redox indicator）

還原電位 （Reduction potential）

十八 劃

檸檬酸鹽 (Citrate)

檸檬酸 （Citric acid）

檸檬酸銨 （Ammonium Citrate）

醚 （Ether）

鎢酸鈉 （Sodium tungstate）

鎢酸 （Tungstic acid）

鎢鐵 （Ferrotungsten）

鎢酸鈣礦 （Scheelite, $CaWO_4$）

鎳青銅 （Nickel bronze）

鎳銀 （Nickel Silver）

鎳鉻劑 （Nichrome）

鎳二甲基丁二肟 （Nickel Dimethylglyoxime）

鎳氰化物 （Hexacyanonikelate）

類質同晶體 （Isomorphous）

鎢錳鐵礦 〔Wolframite, （Fe, Mn） WO_4〕

鎢酸鹽 （Tungstate, WO_4^{-3}）

十九 劃

蟻酸 （Formic acid）

離子族群 （Group of ions）

編　後　語

　　欲知本書來龍去脈，讓我們先認識一個人—抗戰時期的軍政部兵工署長俞大維博士。他分別在哈佛大學與柏林大學深造，博士後研究，專攻數理邏輯與哲學。

　　後因興趣逐漸轉向彈道研究，嗣成為彈道學專家，也由此奠定對兵學之深厚基礎。由於俞大維對兵工界的影響，筆者就讀的兵工學院，彈道學列入必修課程。

　　1928 年，北伐成功，全國統一，國民政府開始著手軍經建設，俞大維 1929 年 6 月返國，積極從事兵工整建，以落實合乎時代之軍事工業，對當時兵工現代化做出許多貢獻。

　　1937 年抗戰爆發，俞大維指揮將沿海 30 餘座兵工廠、鋼鐵廠、材料廠、及兵工技術單位以有限之人力、物力與獸力搬運，陸續西遷內陸繼續生產，為抗戰中國國防工業生產貢獻卓越，並獲頒青天白日勳章。

　　因為兵器屬於精密器械，其品質之優劣，關乎戰場上戰士之生命與國家之存亡，因此其製造原料、過程及成品，必須經過化學、力學及金相檢驗；而化學方面，軍政部長何應欽上將與兵工署長俞大維中將同時署名頒布「兵工材料化學檢驗法」一書，全國統一作業。後因筆者服務之「高雄六十兵工廠」當時屬於全國最大機械製造廠，主要製作平射武器，如機槍，刺刀、槍彈，組件繁多，有些材料，如特殊鐵鎳釩鈦鉻等合金鋼、銅銻鋅鉛錫等合金以及彈藥等，需自行煉製（如鈦釩槍管合金鋼無法外購），其他如鎂、錳、鉬、鎢、銀、鉍、鎘、鈷、硫、磷等材料，則需煉製廠另行處理；另外，機槍自原料至成品，每一段製程，均需嚴格檢驗，因此「兵工材料化學檢驗法」內容，已不敷使用，而且該書以文學方式平鋪直敘，層次不明，每

一作業過程亦無註釋，因此化驗員，無法了解分析原理，分析結果錯誤頻仍，因此作者才興起重編本書之念頭。

　　本書段落分明，而且每一章的「分析實例」中的「分析步驟」，均有詳實的註釋，俾利分析者，詳悉分析理論，俾免分析錯誤。本書係作者在該廠服務歷時約七年期間所採用者，分析結果準確。寫作伊始，承蒙當時在我試驗室服少尉預官，今已退休的台大農化系教授丁一倪博士指教，完成第二章後就退伍了，期間雖短，但讓我獲益良多。

　　有一次實驗室定碳儀故障，無法提供化驗結果，M16 輕機槍槍管製造廠無法進行生產，老師傅見狀，拿起尚未化驗的鋼料，放在快轉之砂輪上，端視打出火花片刻，立刻報出鋼料含 C %，後經實地化驗，誤差在小數點第二位。民國四、五十年，師傅們讀書不多，但盡忠職守，手藝高超，諺曰「聞道有先後，術業有專攻」良有以也。

　　原來鋼料與旋轉中之砂輪接觸時，在空中能形成一條條光亮的火花線條。含碳量大者，流線細而短，火花線條還會分枝，枝上開花，花上並附花粉；含碳量愈大花粉也愈多；碳量大到某種程度時，花粉結實累累，宛如稻穗。另外，藉著火花顏色，亦可研判其他合金元素的含量。讓人驚嘆，這些現象莫非是上帝的傑作。由產生的火花所表現的特質，可迅速鑑定鋼料的種類及化學成份。因此欲判別機械成品的各部材料而無法取樣時，以手砂輪機研磨其不重要之表面，而得火花特質，即可判別材質。或煉鋼時，取少量鋼鐵熔液快速凝固後，藉其火花特質，可立即得知成份，結果可作為煉製過程之重要參考。因此作者在首章碳的定量法中，特別列出「火花觀測法」，這種方法，在其他化學分析書籍，尚未見到。

　　本書由蘭臺出版社楊容容副總編輯編審。楊小姐溫文儒雅，年輕美麗又大方，第一次編審化學專書，剛開始時，錯誤難免，讓人莞薾，譬如將水的分子式 H_2O 寫成 H2O，殊不知前者表示兩個氫一個氧，後者表示一個氫兩個氧，但她虛心學習，求好心切，這本上千頁的化學專著，雖然段落層疊，錯縱複雜，但打開書來，上下左右，一目了然，不輸行家編寫，甚至還找出作者的錯誤，讓作者免於出糗，顯示她對編審本書的專注、細

心、聰明、與智慧。感恩！感恩！

　　長期的寫作，也感恩我的同修（信同一種宗教的夫妻的簡稱）俞鳳英女士，忍耐長期的寂寥，提供長期的後勤補給，以及不時的敦促與鼓勵，使作者終於完成了二十多本書的撰寫與出版，提供兩岸三地許多名大學及政府機構的收藏（見《禪味集》一書）。筆者才疏學淺，錯誤難免，敬請各位先進指正以便改進！無任感荷。

作者張奇昌敬書

於 2021 年 9 月 9 日

國家圖書館出版品預行編目資料

金屬材料化學定性定量分析法 / 張奇昌著. -- 初版. -- 臺北市：蘭臺
出版社, 2021.10　冊；　公分. -- (自然科普；6)
ISBN 978-986-99137-2-0(全套：平裝)
1.金屬材料 2.分析化學

440.35　　　　　　　　　　　　　　　110005210

自然科普6

金屬材料化學定性定量分析法(下)

作　　者：張奇昌
主　　輯：楊容容
校　　對：沈彥伶、古佳雯
美　　編：陳勁宏
封面設計：陳勁宏
出 版 者：蘭臺出版社
發　　行：蘭臺出版社
地　　址：台北市中正區重慶南路1段121號8樓之14
電　　話：(02)2331-1675或(02)2331-1691
傳　　真：(02)2382-6225
E— MAIL：books5w@gmail.com或books5w@yahoo.com.tw
網路書店：http://5w.com.tw/
　　　　　https://www.pcstore.com.tw/yesbooks/
　　　　　https://shopee.tw/books5w
　　　　　博客來網路書店、博客思網路書店
　　　　　三民書局、金石堂書店
總 經 銷：聯合發行股份有限公司
電　　話：(02) 2917-8022　　傳 真：(02) 2915-7212
劃撥戶名：蘭臺出版社　帳號：18995335
香港代理：香港聯合零售有限公司
電　　話：(852)2150-2100　　傳 真：(852)2356-0735
出版日期：2021年10月 初版
定　　價：新臺幣1600元整（平裝套書不分售）
ISBN：978-986-99137-2-0